河南省“十四五”普通高等教育规划教材

基于Revit平台的BIM建模实训教程

主编　肖建清

郑州大学出版社

内容提要

本书是河南省“十四五”普通高等教育规划教材，与“十三五”国家重点出版物出版规划项目图书《为什么是BIM　BIM技术与应用全解码》互为姊妹篇，本书侧重于项目实训。教学团队设计了一个完整的教学项目实例——综合楼，围绕着综合楼BIM模型，详细地讲解了标高、轴网、墙体、门、窗、楼板、屋顶、天花板、柱、梁、楼梯、坡道、栏杆扶手、场地、洞口、构件、模型文字、房间、族等的创建过程，同时也详细介绍了建筑施工图、漫游动画的创建方法，每一章节都配有相应的教学视频。

本书可作为普通高等学校土木工程、工程管理、建筑学、工程造价、交通土建等相关专业BIM教学的教材，也可作为其他类型学校或企业的BIM培训教材。

图书在版编目(CIP)数据

基于Revit平台的BIM建模实训教程/肖建清主编.—郑州：郑州大学出版社，2022.8(2023.2 重印)
ISBN 978-7-5645-8887-8

Ⅰ.①基…　Ⅱ.①肖…　Ⅲ.①建筑设计-计算机辅助设计-应用软件-教材　Ⅳ.①TU201.4

中国版本图书馆CIP数据核字(2022)第120383号

基于Revit平台的BIM建模实训教程
JIYU Revit PINGTAI DE BIM JIANMO SHIXUN JIAOCHENG

策划编辑	崔青峰　祁小冬	封面设计	苏永生
责任编辑	李　蕊	版式设计	凌　青
责任校对	刘永静	责任监制	李瑞卿

出版发行	郑州大学出版社	地　　址	郑州市大学路40号(450052)
出 版 人	孙保营	网　　址	http://www.zzup.cn
经　　销	全国新华书店	发行电话	0371-66966070
印　　刷	河南龙华印务有限公司		
开　　本	787 mm×1 092 mm　1/16		
印　　张	18.75	字　　数	435千字
版　　次	2022年8月第1版	印　　次	2023年2月第2次印刷

书　　号	ISBN 978-7-5645-8887-8	定　　价	69.00元

编写指导委员会

The compilation directive committee

本书作者

Authors

主　　编　肖建清

副 主 编　杨玉东

编写人员　张　萍　刘　玉　张　薇

序

Preface

近年来，我国高等教育事业快速发展，取得了举世瞩目的成就。随着高等教育改革的不断深入，高等教育工作重心正在由规模发展向提高质量转移，教育部实施了高等学校教学质量与教学改革工程，进一步确立了人才培养是高等学校的根本任务，质量是高等学校的生命线，教学工作是高等学校各项工作的中心的指导思想，把深化教育教学改革，全面提高高等教育教学质量放在了更加突出的位置。

教材是体现教学内容和教学要求的知识载体，是进行教学的基本工具，是提高教学质量的重要保证。教材建设是教学质量与教学改革工程的重要组成部分。为加强教材建设，教育部提倡和鼓励学术水平高、教学经验丰富的教师，根据教学需要编写适应不同层次、不同类型院校，具有不同风格和特点的高质量教材。郑州大学出版社按照这样的要求和精神，组织土建学科专家，在全国范围内，对土木工程、建筑工程技术等专业的培养目标、规格标准、培养模式、课程体系、教学内容、教学大纲等，进行了广泛而深入的调研，在此基础上，分专业召开了教育教学研讨会、教材编写论证会、教学大纲审定会和主编人会议，确定了教材编写的指导思想、原则和要求。按照以培养目标和就业为导向，以素质教育和能力培养为根本的编写指导思想，科学性、先进性、系统性和适用性的编写原则，组织包括郑州大学在内的五十余所学校的学术水平高、教学经验丰富的一线教师，吸收了近年来土建教育教学经验和成果，编写了本、专科系列教材。

教育教学改革是一个不断深化的过程，教材建设是一个不断推陈出新、反复锤炼的过程，希望这些教材的出版对土建教育教学改革和提高教育教学质量起到积极的推动作用，也希望使用教材的师生多提意见和建议，以便及时修订、不断完善。

王光远

前言

Forword

近年来,互联网、大数据、云计算、人工智能、区块链等技术加速创新,日益融入经济社会发展各领域全过程,数字经济发展速度之快、辐射范围之广、影响程度之深前所未有,正在成为重组全球要素资源、重塑全球经济结构、改变全球竞争格局的关键力量。习近平总书记强调,发展数字经济是把握新一轮科技革命和产业变革新机遇的战略选择。

数字经济主要包括两个方面,数字产业化和产业数字化。所谓的数字产业化,是指在新一轮科技革命中,要加速在5G、集成电路、软件、人工智能、大数据、云计算、区块链等新技术领域的自主创新,打造自主创新新高地,同时更要将新技术转化为实实在在的生产力,基于新技术开发新产品、提供新服务,形成新产业。所谓的产业数字化,是指在传统产业中应用数字技术,促进传统产业的转型升级,提升传统产业的效率,提高传统产业的竞争力及效益。因此,数字产业化和产业数字化代表着全面建设社会主义现代化强国的两大战略方向。

BIM技术是传统基础建设行业转型升级的重要支撑。BIM(Building Information Modeling)建筑信息模型指在建设工程及设施全生命周期内,对其物理和功能特性进行数字化表达,并依此设计、施工、运营的过程和结果的总称。从BIM概念提出以来,BIM的内涵在不断深化,应用范围也在不断拓展,目前已扩展到项目的策划、设计、施工、运维等全生命周期。而且,随着BIM技术与5G、人工智能、GIS、物联网等其他数字技术的不断融合,BIM技术展现出越来越强大的生命力。

众所周知,当今世界,国与国之间的竞争,实质就是科技的竞争,人才的竞争。无论是数字产业化还是产业数字化,我国都面临着人才短缺的问题,BIM技术人才的短缺尤为突出。因此,如何高效地培养出大量的应用型、复合型、创新型BIM人才,助力于现代化强国建设,是高校、行业、企业、政府等相关方共同关注的热点和难点。

在BIM技术人才的培养过程中我们发现,BIM技术是有一定技术门槛的,无论是学校的学生,还是企业的技术人员,学习起来都有些吃力。而且,随着BIM课程的不断前移,面向的学生都是低年级,几乎是零基础。虽然已出版的BIM书籍很多,但很难找到一本浅显易懂、比较适合于新手的教材。因此,学院组织了一部分教学经验比较丰富的教师,着手于编写两本BIM教材,一本侧重于BIM概论,一本侧重于BIM实训。侧重于BIM概论的教材,是由李军华教授主编的《为什么是BIM BIM技术与应用全解码》,

已于2021年10月由机械工业出版社出版发行。本书是另一本，侧重于BIM实操实训的教材，由肖建清教授担任主编，杨玉东博士担任副主编，张萍、刘玉、张薇参与编写。具体分工为：肖建清负责第3章、第10章和第12章，杨玉东负责第6章、第13章和第15章，张萍负责第5章、第8章和第11章，刘玉负责第2章、第4章和第7章，张薇负责第1章、第9章和第14章。

本书通过一个完整工程案例——综合楼，实现相关重点知识的学习。全书共分15章，除了第1章软件界面及基本操作、第13章注释、第15章族三个独立章节之外，其余章节都是围绕着综合楼项目。为了实现教学的高效，让学生在做中学，能够举一返三，基于多年的BIM课程教学经验，综合楼案例并没有过多地强调尺寸和标准，重心更多地放在了习惯和思维的培养上，希望能给予学习者更大的裨益。需要申明的一点是，综合楼项目完全是从教学的角度自己设计出来的，切勿从工程应用角度过度审视。

本书获批河南省普通高等教育"十四五"规划教材建设项目立项建设，得到了河南省新工科研究与实践项目(2020JGLX065)、河南省线上线下混合式一流本科课程"BIM技术及应用"、河南省重点现代产业学院"数字建筑产业学院"、河南省本科高校课程思政样板课程"土木工程概论"、河南省本科高等学校精品在线开放课程"房屋建筑学"、河南省虚拟仿真实验教学项目"不同条件下框架结构的内力和位移虚拟仿真实验"的资助和支持。

本书的编写，参考了有关书籍，尤其是廖小烽、王群峰编著的《Revit 2013/2014建筑设计火星课堂》，特致谢意。同时也得了郑州大学出版社的大力支持。在编写的过程中，安阳师范学院BIM技术中心的学生王文端、黄嘉康、郑修福、魏艺林、刘玉康、王佳慧、唐敏慧、肖家琪、王梓炫、李秋雨、黄宁杰、袁丽霞、朱盼盼、李自豪、王浩宇、冯敏敏、祁欢、朱驿嘉、李晓晴、戚江涛、李云阳、朱晨欣，参与了资料的整理，在此一并表示感谢。

由于编者水平有限，难免有错漏之处，敬请广大读者和同行批评指正。

肖建清

2022年2月1日

目录 ONTENTS

第 1 章　软件界面及基本操作

1.1　启动和关闭软件

Revit 软件的启动一般可以通过双击桌面图标或单击开始菜单中的菜单项实现，如图 1.1-1 所示。关闭 Revit 软件可以通过单击 Revit 软件界面右上角的关闭按钮或文件选项卡中的退出按钮完成。

启动和关闭软件

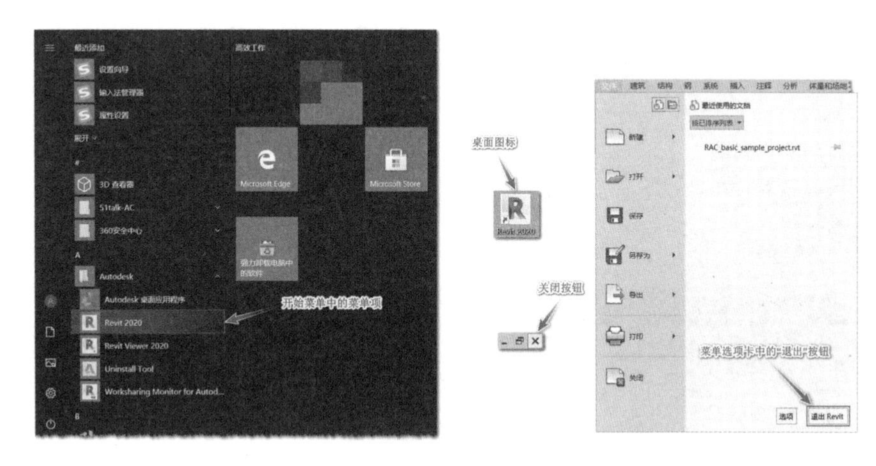

图 1.1-1　软件的启动和关闭

1.2　软件界面简介

1.2.1　软件界面

启动 Revit 后，首先打开的是主视图，如图 1.2.1-1 所示。通过主视图，我们可以访问模型文件和族文件，或者新建模型文件和族文件。左侧有"打开"和"新建"按钮，右侧列举了最近使用的文件，如果是第一次启动 Revit，右侧列出的是系统自带的样例文件。

软件界面

单击"建筑样例项目"文件，打开该项目。然后单击顶部的"默认三维视图"工具，可以看到 Revit 的软件界面，如图 1.2.1-2 所示。软件界面由以下部分组成：文件选项卡、快速访问工具栏、信息中心、功能区（含功能区选项卡、功能区上下文选项卡、功能区面板、工具）、选项栏、项目浏览器、属性选项板、类型选择器、绘图区、视图控制栏、状态栏。

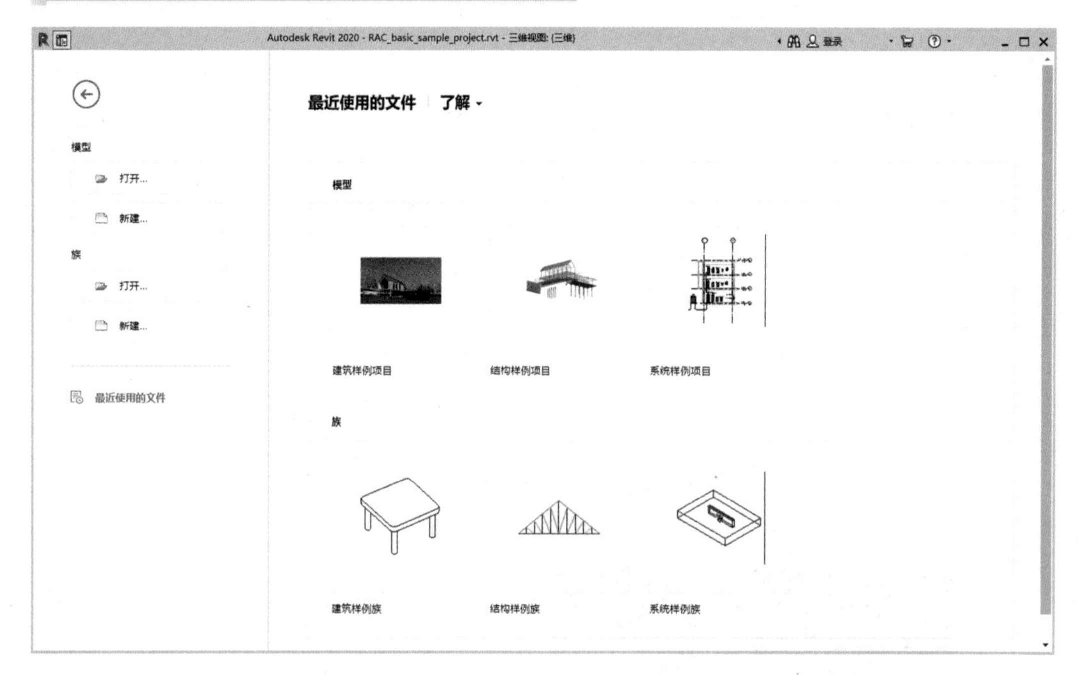

图 1.2.1-1　主视图

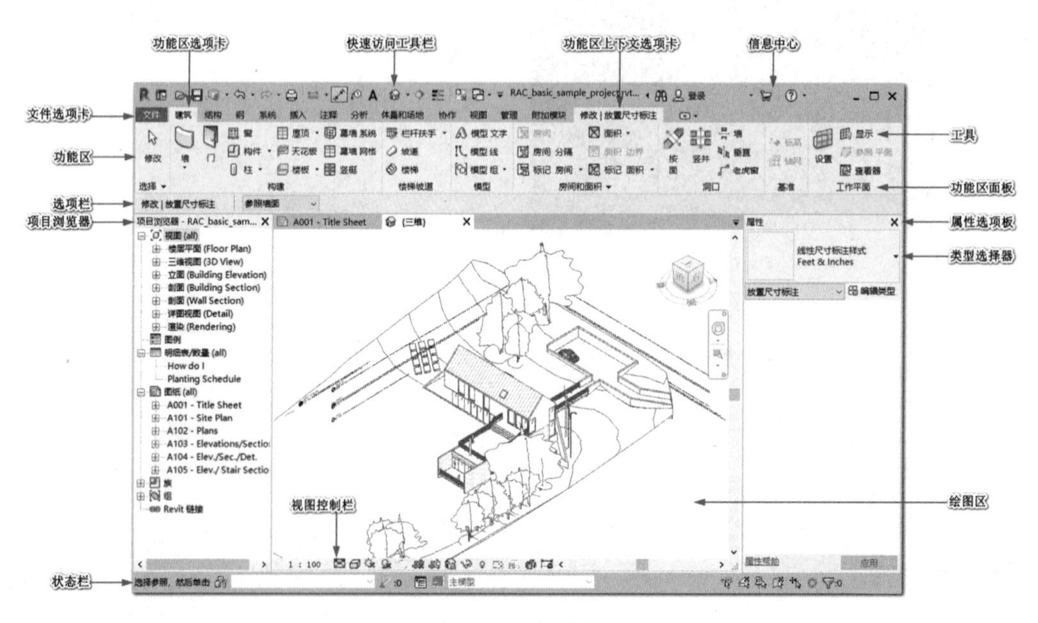

图 1.2.1-2　软件界面

修改软件界面

1.2.2　修改软件界面

(1)软件界面面板

软件界面中,有些面板是属于主框架面板,例如项目浏览器面板、属性面板(属性选项板）等，这些面板的显示及隐藏、悬浮及停靠操作比较频繁。

1）显示及隐藏。单击打开“视图”选项卡，在“窗口”面板中单击“用户界面”下拉按钮，如图 1.2.2-1 所示，在下拉列表中勾选“项目浏览器”和“属性”，便可以显示面板，去掉勾选就隐藏了面板。隐藏面板的快捷方法是直接单击面板右上角的关闭按钮，显示属性面板的快捷方法是在绘图区单击右键，在右键菜单中单击“属性”工具，如图 1.2.2-2 所示。

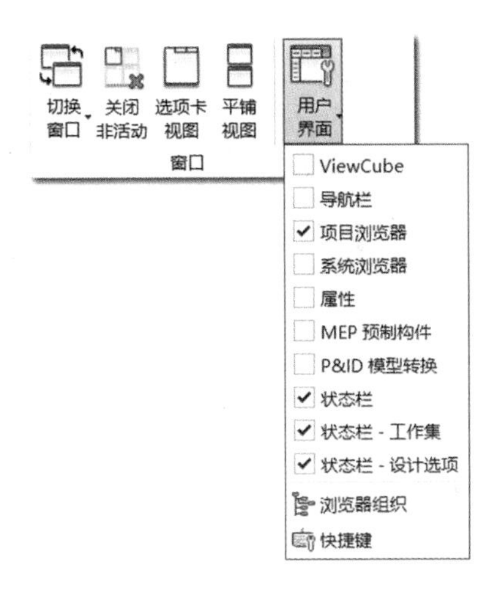

图 1.2.2-1　“用户界面”工具

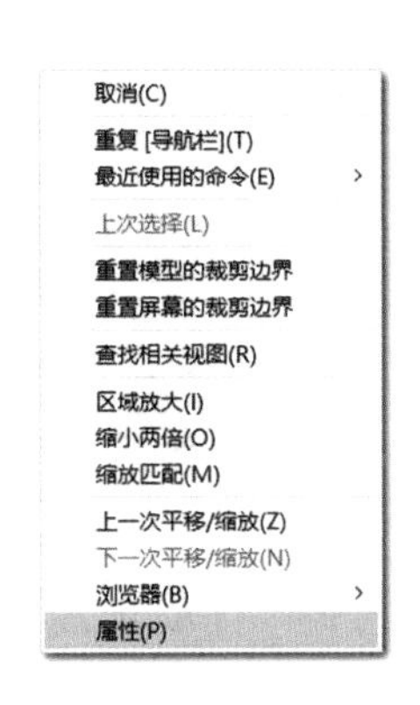

图 1.2.2-2　右键菜单

2）悬浮及停靠。若属性面板停靠在侧边，在属性面板的标题栏上按住鼠标不放拖离侧边，属性面板便悬浮于软件界面之上，如图 1.2.2-3 所示。在属性面板的标题栏上按住鼠标不放拖动到左侧边缘，属性面板便停靠在左侧，如图 1.2.2-4 所示，注意是鼠标箭头的尖部与左侧边缘对齐。可以将面板停靠在绘图区的上下左右任意一侧。

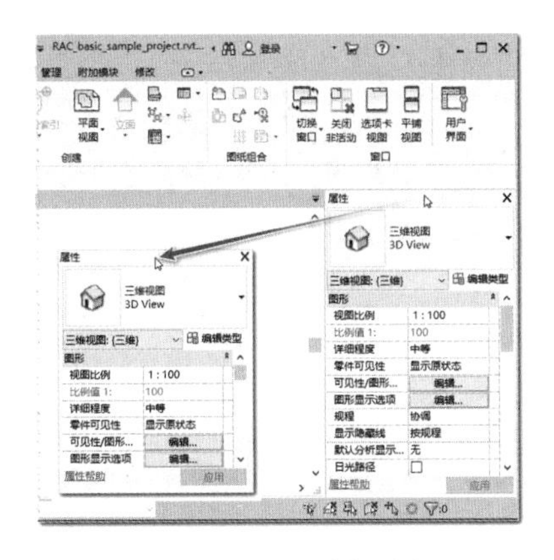

图 1.2.2-3　悬浮面板

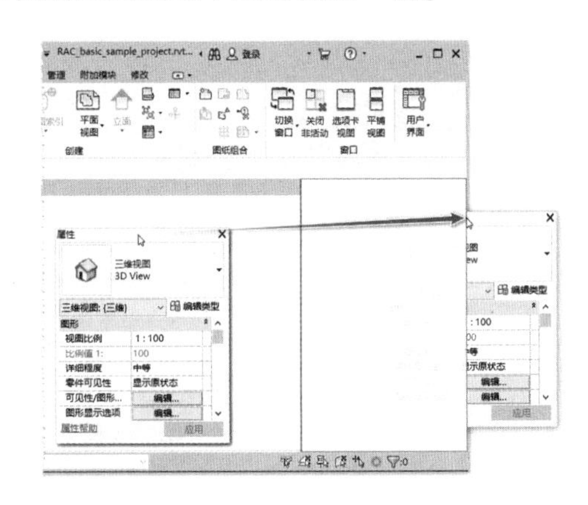

图 1.2.2-4　停靠面板

（2）绘图区背景颜色

单击文件选项卡，单击“选项”按钮打开“选项”对话框，单击左侧的“图形”切换到图形面板，如图 1.2.2-5 所示。单击背景右侧的按钮，打开“颜色”对话框，选择一个合适的背景颜色,单击"确定"按钮关闭"颜色"对话框。在"选项"对话框中,单击"确定"按钮退出该对话框,完成绘图区背景颜色的更改。

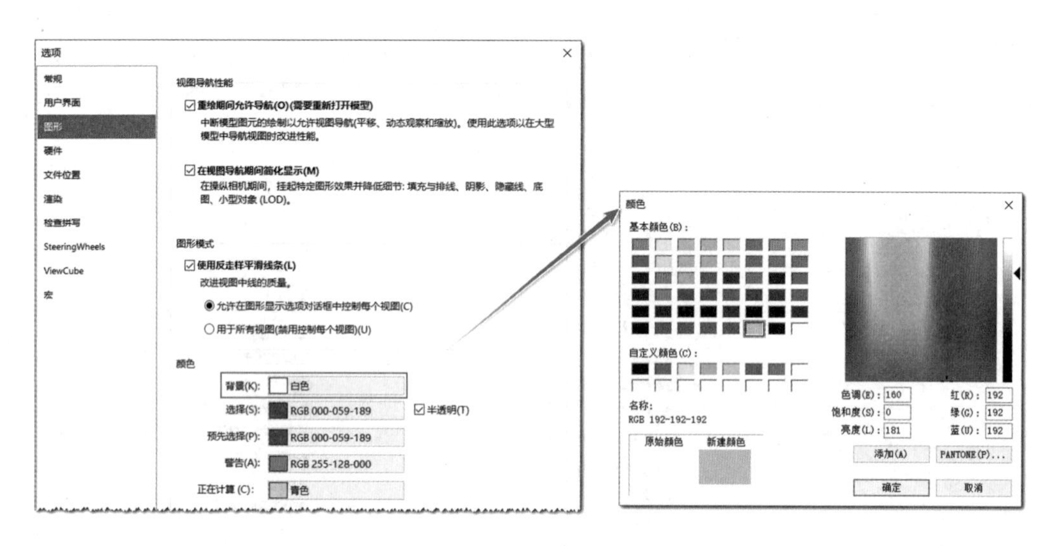

图 1.2.2-5 更改背景颜色

(3)功能区选项卡及面板

1)选项卡的隐藏及显示。有时候为了让软件界面看起来更为简洁,可以隐藏一部分功能区的选项卡。例如在建筑建模阶段,结构、钢、系统选项卡可能用不上,此时可将它们隐藏。单击文件选项卡,单击"选项"按钮打开"选项"对话框,单击左侧的"用户界面"切换到用户界面面板。在工具和分析列表中,去除"结构"和三个"系统"相关项的勾选,如图 1.2.2-6 所示,再单击"确定"按钮退出该对话框,软件界面中便隐藏了结构、钢、系统三个选项卡。需要再次显示时,在"选项"对话框重新勾选相关项便可。

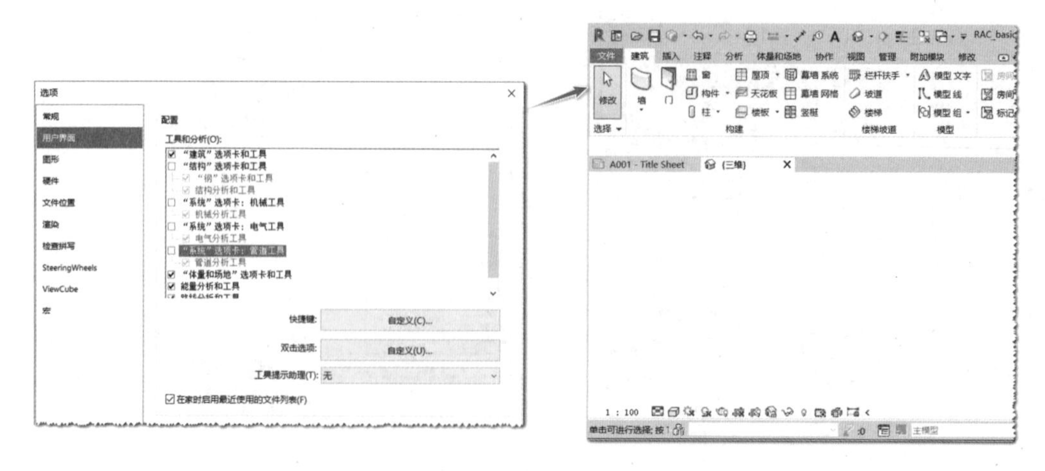

图 1.2.2-6 隐藏和显示选项卡

2）功能区显示样式。在功能区的右上角有一个独立的小分割按钮，点击左侧箭头朝上的按钮时可直接进行功能区显示样式循环切换，点击右侧箭头朝下的下拉按钮时，如图 1.2.2-7 所示，在下拉列表中可选择欲切换的显示样式。Revit 一共提供了四种样式：显示完整的功能区（默认）、最小化为面板按钮、最小化为面板标题、最小化为选项卡，如图 1.2.2-8 所示。当功能区最小化时，可以增加绘图区的空间，方便绘图区的操作。

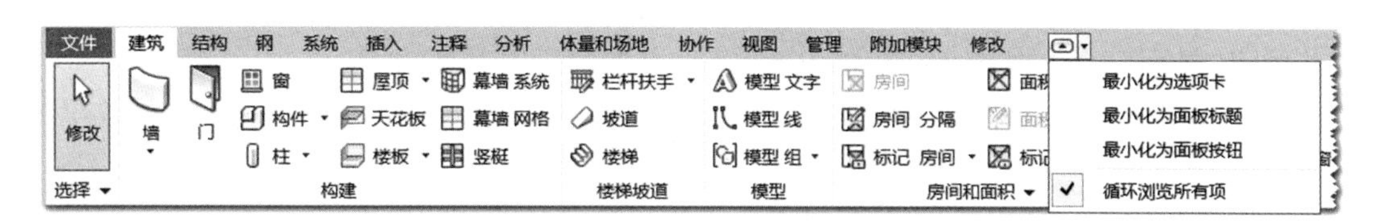

图 1.2.2-7　样式切换按钮

（a）完整的功能区

（b）最小化为面板按钮

（c）最小化为面板标题

（d）最小化为选项卡

图 1.2.2-8　功能区的四种显示样式

1.3　项目文件操作

（1）新建项目

主视图新建项目。单击软件图标右侧的主视图按钮，随时可以切换到主视图，在主视图的左侧，如图 1.3-1 所示，单击“新建”按钮打开“新建项目”对话框，选择合适的样板文件便可新建一个 Revit 项目。

项目文件操作

文件选项卡新建项目。点击打开文件选项卡，如图 1.3-1 所示，依次单击“新建”“项目”，同样可以打开“新建项目”对话框，新建一个 Revit 项目。

(2)打开项目

快速访问工具栏工具打开项目。点击快速访问工具栏中的“打开”工具,如图 1.3-1 所示,弹出“打开”对话框,在磁盘中找到需要打开的 Revit 项目文件,单击“打开”按钮便可打开项目文件。

文件选项卡打开项目。点击打开文件选项卡,如图 1.3-1 所示,依次单击“打开”“项目”,同样可以弹出“打开”对话框,选择相应的 Revit 项目点击“打开”按钮。

主视图打开项目。切换到主视图,在主视图的左侧,如图 1.3-1 所示,单击“打开”按钮,弹出“打开”对话框,选择相应的 Revit 项目点击“打开”按钮。

双击 Revit 项目文件打开项目。在电脑磁盘中找到需要打开的 Revit 项目文件,如图 1.3-1 所示,双击该文件,操作系统会自动使用关联应用程序打开该项目文件。

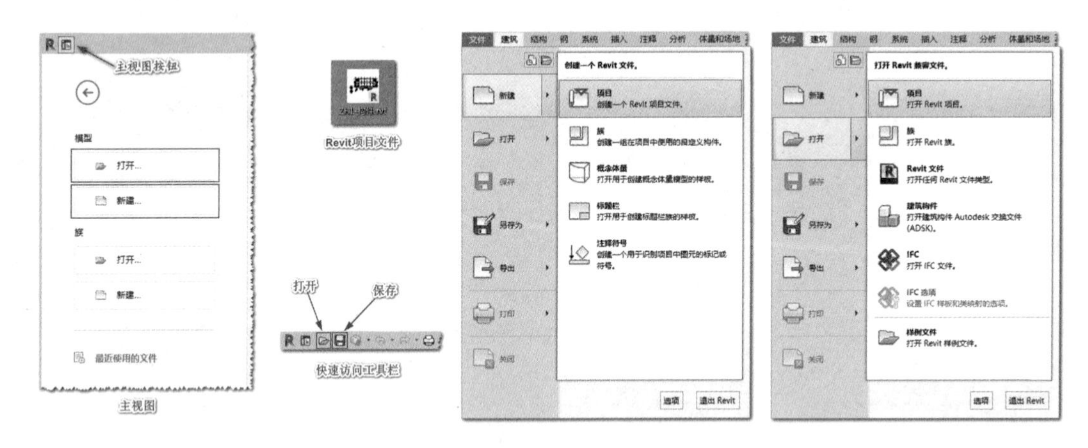

图 1.3-1　新建和打开项目文件

(3)保存项目

快速访问工具栏工具保存项目。单击快速访问工具栏中的“保存”工具,如图 1.3-1 所示,弹出“另存为”对话框,选择保存的路径、文件名,文件类型按默认的“项目文件(* .rvt)”,再单击“保存”按钮便可保存项目文件。

文件选项卡保存项目。单击打开文件选项卡,如图 1.3-2 所示,单击“保存”按钮可以以覆盖原文件的方式保存项目文件的修改。在文件选项卡中,依次单击“另存为”“项目”,同样可以打开“另存为”对话框,选择保存的路径、文件名,文件类型按默认的“项目文件(* .rvt)”,再单击“保存”按钮便可保存项目文件备份。

(4)关闭项目

文件选项卡关闭项目。单击打开文件选项卡,如图 1.3-2 所示,单击“关闭”按钮便可关闭当前项目文件,但不会关闭 Revit 软件。

关闭所有窗口关闭项目。在绘图区顶部,将当前项目所有已打开的视图全部关闭,Revit 将自动关闭项目文件。

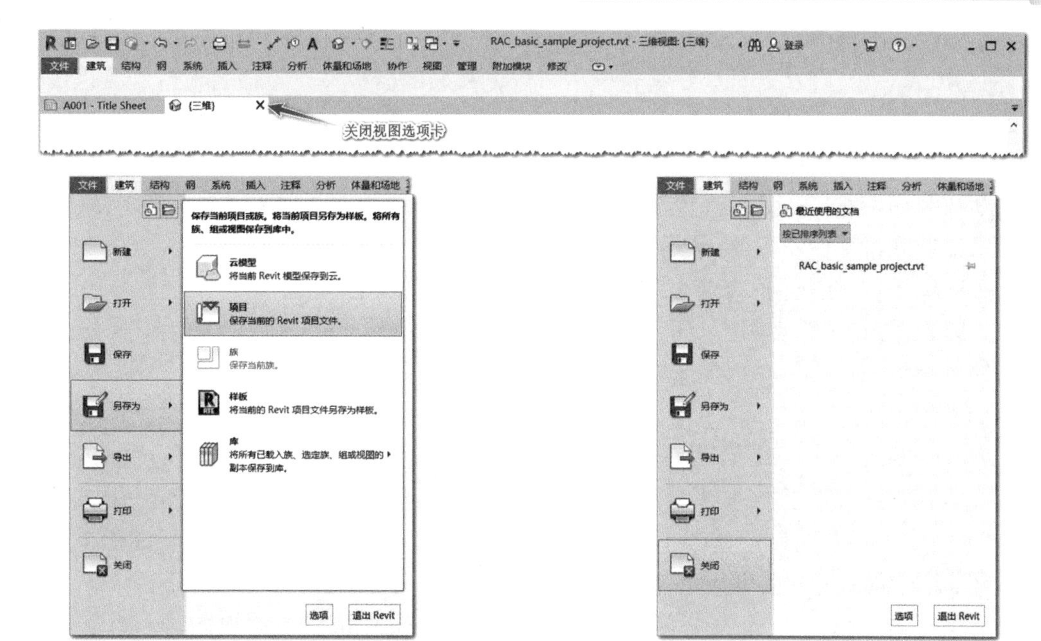

图 1.3-2　保存和关闭项目文件

1.4　视图控制工具

视图控制工具

(1)项目浏览器

项目浏览器用于组织和管理当前项目中包含的所有信息,包括项目中所有视图、明细表、图纸、族、组、链接的 Revit 模型等项目资源,如图 1.4-1 所示。Revit 按逻辑层次关系组织这些项目资源,方便用户管理。单击 ⊞ 号可以展开分支,显示下一层项目资源,点击 ⊟ 号可以折叠分支。

(2)视图基本操作

打开视图:在项目浏览器中,如图 1.4-1 所示,双击视图名称便可打开相应的视图,并自动切换到打开的视图。

关闭视图:单击视图选项卡右侧的关闭按钮,便可关闭相应的视图。每个项目必须至少有一个视图处于打开状态,若关闭了所有视图,Revit 会自动关闭项目。当打开的视图较多,逐个关闭费事时,在“视图”选项卡的“窗口”面板中,单击“关闭非活动”工具可以将所有非当前视图全部关闭,如图 1.4-1 所示。

切换视图:单击相应的视图选项卡,便可切换到相应的视图。当视图处于关闭状态时,视图选项卡中是找不到的,必须通过项目浏览器打开视图。切换视图还有一种效率比较低的方法,在“视图”选项卡的“窗口”面板中,单击“切换窗口”的下拉按钮,如图 1.4-1 所示,可以在下拉列表中切换到相应的视图,同样,未打开的视图是不会出现在列表中的。

平铺视图:在“视图”选项卡的“窗口”面板中,如图 1.4-1 所示,单击“平铺视图”工具可以将所有已打开的视图铺满绘图区。

重命名视图:在项目浏览器中,单击选择“视图”,间隔一定时间后再单击该视图名称,便会出现一个在位编辑框,在编辑框中可以输入新的名称完成重命名。打开在位编辑框的另一个方法是,右键单击视图,在右键菜单中单击“重命名”工具。

(3)鼠标控制视图

缩放视图:通过鼠标滚轮,上滚是放大,下滚是缩小。还有一种不太常用的方法,同时按住 Ctrl 键和鼠标中键不放,然后再移动鼠标。

移动视图:按住鼠标中键不放,再移动鼠标。

旋转视图:在三维视图中,同时按住 Shift 键和鼠标中键不放,然后再移动鼠标。

缩放匹配:双击鼠标中键。

(4)视图盒子(ViewCube)

ViewCube 是一个三维导航工具,显示了当前的视角,有多种预设的视角可以进行快速切换,例如标准视图、等轴测视图、主视图等,如图 1.4-1 所示。若视图未显示 ViewCube,单击打开“视图”选项卡,在窗口面板中单击“用户界面”下拉按钮,如图 1.2.2-1 如图,勾选 ViewCube 便可显示。导航栏的显示或隐藏,方法相同。

切换视角:单击上下前后左右六个面,可以快速切换到相应的俯视图、仰视图、前视图、后视图、左视图和右视图六个标准视图。单击八个顶点,可以快速切换到相应的等轴测视图。单击“主视图”图标,可以快速切换到主视图(默认的也是一种等轴测视图)。

(5)导航栏

导航栏中包括控制盘(Steering Wheel)、缩放控制和控制栏选项,如图 1.4-1 所示。控制盘是一个二维和三维导航工具,可以缩放和平移视图,回放视图操作的历史记录等。缩放控制包括区域放大、缩小两倍、缩放匹配等。大部分功能都可通过鼠标实现,使用鼠标操作效率更高。

(6)视图控制栏

视图控制栏用于控制视图的显示状态,常用的工具包括视图比例、详细程度、视觉样式、显示/隐藏渲染对话框、临时隐藏/隔离、显示隐藏的图元等,如图 1.4-1 所示。

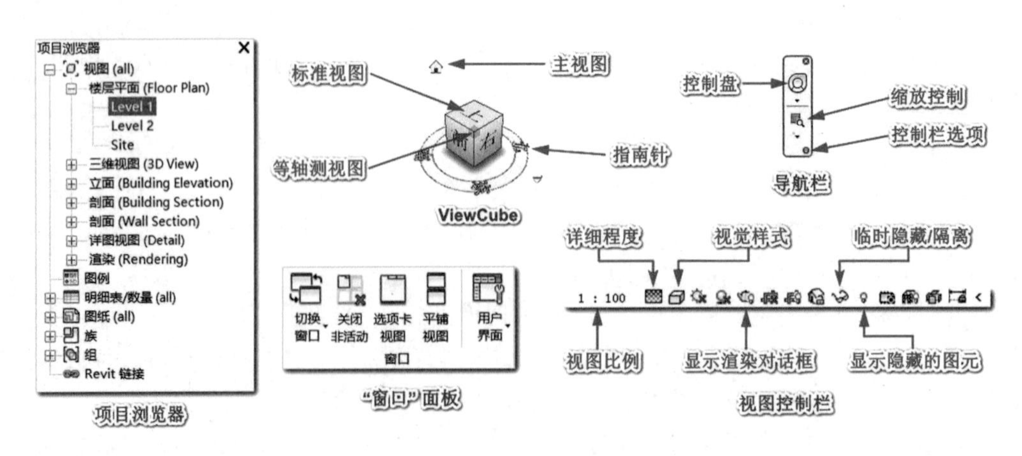

图 1.4-1　视图控制工具

1.5　常用图元操作

1.5.1　图元类型

Revit 中的图元分为三种类型：模型图元、基准图元和视图专有图元，如图 1.5.1-1 左图所示。模型图元表示建筑的实际三维几何图形，例如墙、窗、门、屋顶、楼板、风管等。基准图元可帮助定义项目上下文，例如：轴网、标高、参照平面。视图专有图元只显示在放置这些图元的视图中，可帮助对模型进行描述或归档。例如：尺寸标注、标记、符号、详图线、填充区域等。Revit 中的图元也称为族，族包含图元的几何定义和图元所使用的参数。图元的每个实例都由族定义和控制，也称为族实例，族的相关概念如图 1.5.1-1 右图所示。

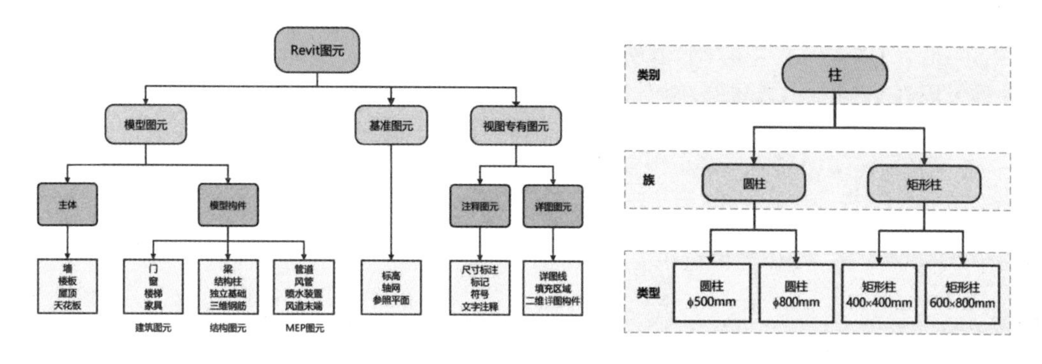

图 1.5.1-1　图元类型

1.5.2　选择图元

选择图元是 Revit 编辑和修改操作的基础，也是软件中最常用的操作。根据不同的绘制情况，可以通过点选、框选、交叉框选方式选择图元，也可以通过右键菜单选择所有同类型图元，通过组合键增选、减选，通过 Tab 键循环选择重叠图元。

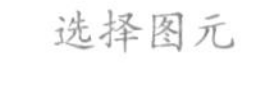

选择图元

启动 Revit 软件，打开“图元基本操作练习.rvt”项目文件（288 页可扫码下载该文件）。在项目浏览器中双击“标高 1”，切换至“标高 1”楼层平面视图。

（1）点选。移动鼠标到图元上时，Revit 会高亮显示图元，如图 1.5.2-1 左图所示，单击鼠标左键便可选中图元。

（2）框选。在左上位置单击鼠标绘制起点，往右下方向移动鼠标到合适位置，单击鼠标绘制终点，由起点和终点确定的实线框中完整包含的图元将被选择，如图 1.5.2-1 中图所示。当然，从左下往右上确定的范围也是实线框，也是框选方式。在状态栏的最右侧显示了当前选择的图元数量。

（3）交叉框选。在右下位置单击鼠标绘制起点，往左上方向移动鼠标到合适位置，单击鼠标绘制终点，与起点和终点确定的虚线框相交的所有图元将被选择，如图 1.5.2-1 右图所示。当然，从右上往左下确定的范围是虚线框，是交叉框选方式。

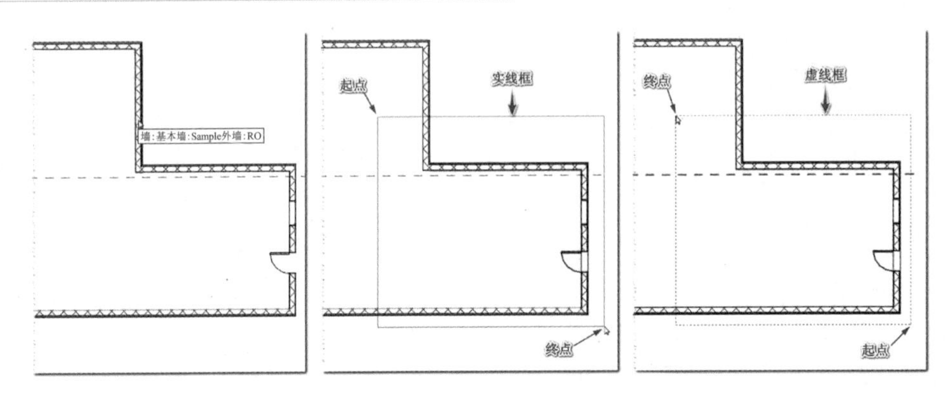

图 1.5.2-1　点选、框选、交叉框选图元

(4) Tab 键选择。移动鼠标到窗图元上保持鼠标悬停其上，此时窗高亮显示，如图 1.5.2-2 左图所示，表示如果此时单击鼠标将选择窗；单击键盘上的 Tab 键一次，此时墙高亮显示，如图 1.5.2-2 右图所示，表示如果此时单击鼠标将选择墙。对于重叠图元，使用 Tab 键可以在重叠图元之间循环切换，以便我们选择所需的图元。

(5) 选择同类型全部实例。右键单击任意一面墙，打开右键菜单，依次单击"选择全部实例""在视图中可见"，如图 1.5.2-3 所示，便可以将当前视图中该种类型的墙全部选中。如果选择的是"在整个项目中"，那么无论该类型的图元在当前视图中显不显示，只要是在同一项目中，便都会被选中。

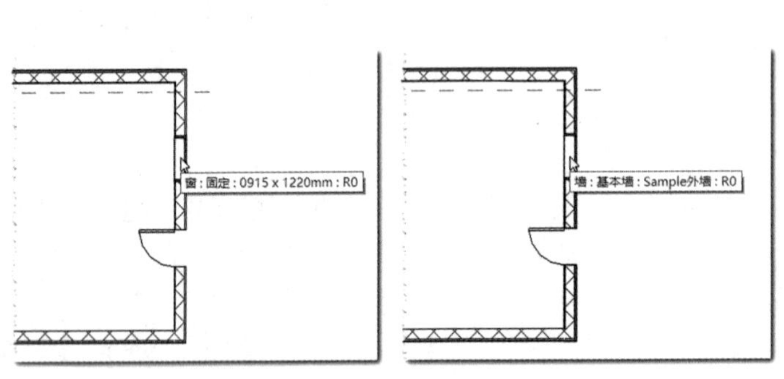

图 1.5.2-2　Tab 键选择图元

图 1.5.2-3　右键菜单

(6) 增选、减选。如果想给当前图元选择集添加图元，可以按住 Ctrl 键不放，此时鼠标指针变为 ，使用点选、框选和交叉框选的方式将新选择的图元添加到选择集。如果想将图元从选择集中去除，可以按住 Shift 键不放，此时鼠标指针变为 ，使用点选、框选和交叉框选的方式将需要去除的图元选中，便可将其去除。

(7) 过滤图元。有些时候，我们需要选择的图元是一定范围内的几种类别的图元，可以使用框选或交叉框选配合过滤器的方式提高工作效率。

使用框选方式选择右下角的图元，如图 1.5.2-1 中图所示，Revit 自动切换到"修改 | 选择多个"上下文选项卡。在"选择"面板中单击"过滤器"工具，如图 1.5.2-4 所示，打开"过滤器"对话框。也可以通过单击状态栏最右侧的"过滤器"图标 :4 打开"过滤器"

对话框。在“过滤器”对话框中，可以将不需要的图元类别去掉勾选，常用的操作也可以先单击“放弃全部”去掉所有勾选，然后再勾选需要选择的图元类别。此处，我们去掉“墙”的勾选，如图 1.5.2-5 所示，单击“确定”按钮关闭该对话框，我们便从选择集中去除了墙图元。

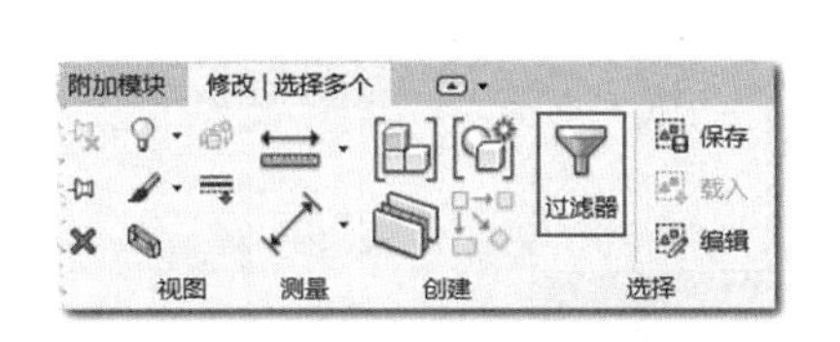

图 1.5.2-4　“过滤器”工具

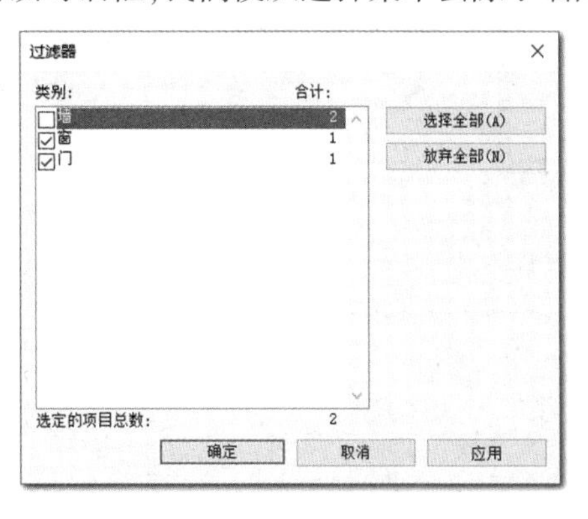

图 1.5.2-5　“过滤器”对话框

1.5.3　修改图元

对于图元的修改，是 Revit 中使用频率非常高的操作，在绝大多数的选项卡及上下文选项卡都会出现一个“修改”面板，可以实现图元的移动、对齐、旋转、偏移、复制、镜像、修剪、删除、阵列等操作，如图 1.5.3-1 所示。一般的操作顺序为：①选择图元；②激活面板工具；③设置修改参数；④修改图元。或者将①、②互换顺序，需要按键盘上的回车键确认选择图元完成。

以下墙图元为例，介绍图元的修改：

(1) 移动。移动工具可将图元移动到指定的新位置。操作顺序为：①单击选择墙图元。②在上下文选项卡中单击“修改”面板中的“移动”工具，如图 1.5.3-1 所示，进入移动修改状态。③在选项栏中勾选“约束”。④在视图中的任意位置单击绘制移动起点，沿水平向右移动鼠标保持朝右的方向不变，然后在键盘上输入“2000”回车，通过临时尺寸标注确定终点，Revit 根据起点和终点确定的方向及线段距离将图元移动到新的位置，如图 1.5.3-2 所示。按 Esc 键两次退出移动修改状态。注意，起点和终点仅仅是参照，不一

修改图元
-移动

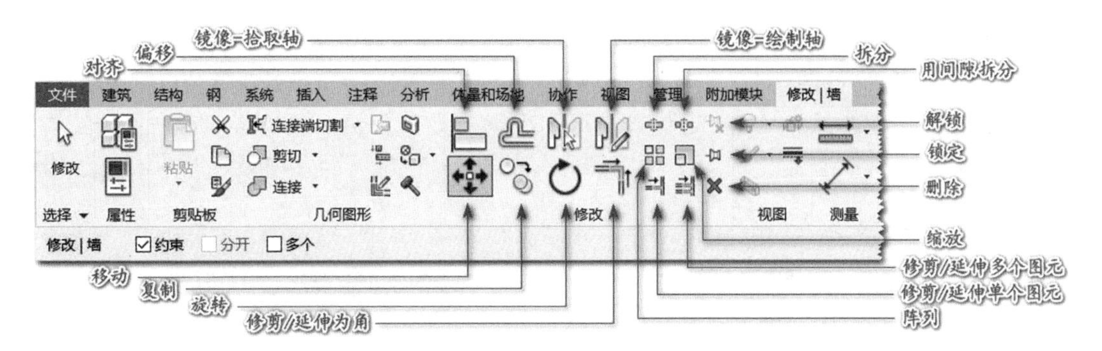

图 1.5.3-1　修改图元工具及选项栏

定要在图元上选择点，若选项栏中没有勾选“约束”，绘制终点的时候按住 Shift 键不放也能限制图元仅沿着水平、垂直方向移动。

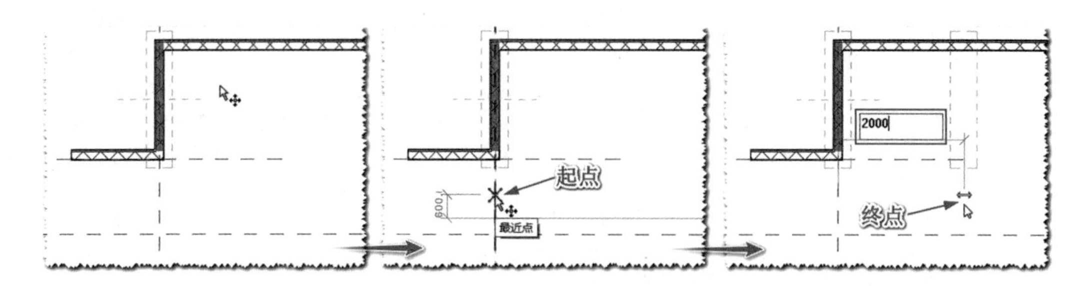

图 1.5.3-2　移动图元

修改图元-对齐

(2) 对齐。对齐工具可将单个或多个图元与指定的图元进行对齐，对齐也是一种移动操作。操作顺序为：①在上下文选项卡中单击“修改”面板中的“对齐”工具，进入移动修改状态。②单击选择水平参照平面，出现了一条浅蓝色的对齐参照线，如图 1.5.3-3 所示。③在选项栏中不勾选“多重对齐”，首选设置为“参照墙面”，如图 1.5.3-4 所示。④单击墙的表面，将墙移动到墙表面对齐到参照线的位置。按 Esc 键两次退出修改状态。

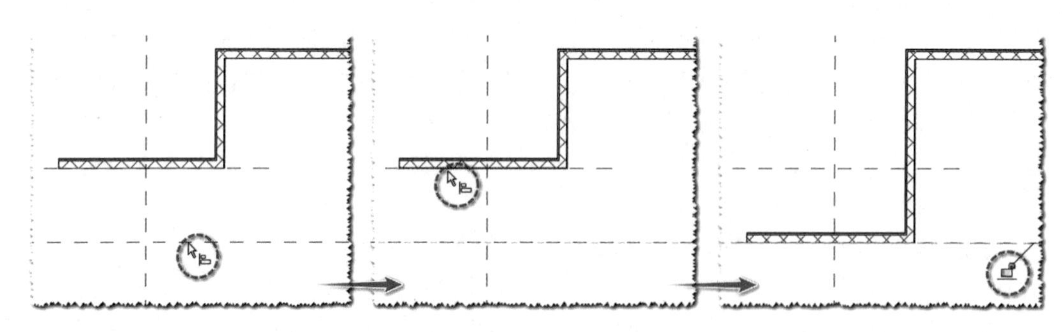

图 1.5.3-3　对齐图元

修改图元-复制

(3) 复制。复制工具是复制所选图元到新位置的工具，仅在相同视图中使用。它跟“剪贴板”面板中的“复制到粘贴板”有所不同，“复制到粘贴板”工具可以在相同或不同的视图中使用，得到图元的副本。操作顺序为：①单击选择墙图元。②在上下文选项卡中单击“修改”面板中的“复制”工具，进入复制修改状态。③在选项栏中勾选“约束”和“多个”，如图 1.5.3-5 所示。④在视图中单击墙的角点绘制起点，沿水平方向移动 1200 后单击绘制终点，复制生成第 1 个墙图元。再沿水平方向移动 1200 后单击绘制第 2 个终点，复制生成第 2 个墙图元，如图 1.5.3-6 所示。按 Esc 键两次退出修改状态。

☐多重对齐　首选：参照墙面

图 1.5.3-4　对齐选项栏参数

修改 | 墙　☑约束　☐分开　☑多个

图 1.5.3-5　复制选项栏参数

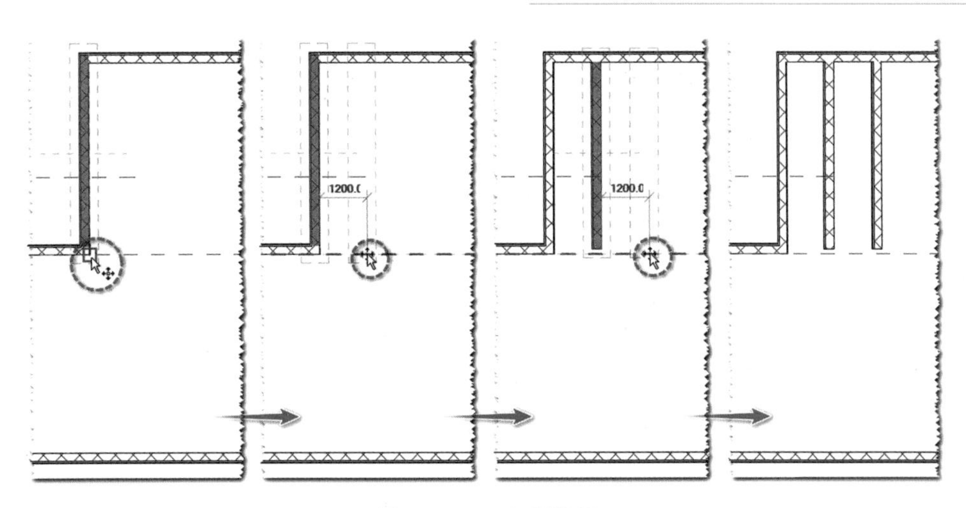

图 1.5.3-6　复制图元

修改图元-偏移

（4）偏移。偏移工具是指将图元按照固定的距离进行移动。操作顺序为：①在上下文选项卡中单击“修改”面板中的“偏移”工具，如图 1.5.3-7 所示，进入偏移修改状态。②在选项栏中选择“数值方式”，偏移设置为 2000，不勾选“复制”选项。③移动鼠标靠近墙图元时，可以预览到偏移后的位置，单击墙图元完成偏移操作，如图 1.5.3-8 所示。注意，当鼠标指针位于墙中心的左侧时，将向左偏移图元；当鼠标指针位于墙中心的右侧时，将向右偏移图元。按 Esc 键两次退出修改状态。

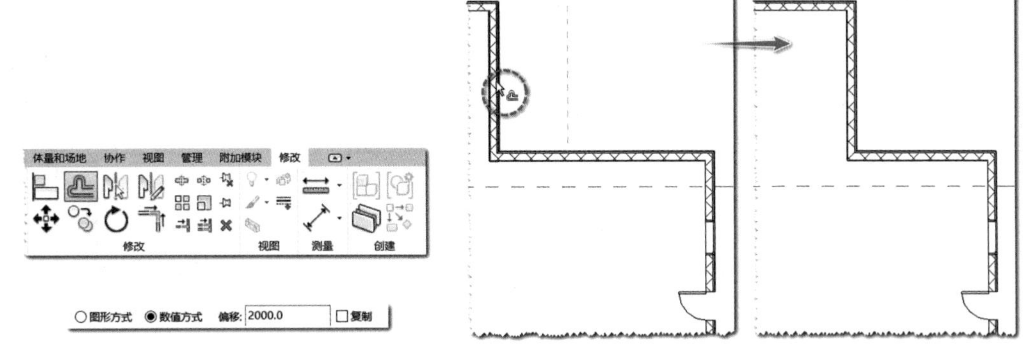

图 1.5.3-7　“偏移”工具和选项栏　　图 1.5.3-8　偏移图元

修改图元-旋转

（5）旋转。旋转工具用来绕轴旋转选定的图元。操作顺序为：①单击选择墙图元。②在上下文选项卡中单击“修改”面板中的“旋转”工具，进入旋转修改状态。③在选项栏中不勾选“分开”和“复制”，角度不输入数值，如图 1.5.3-9 所示。④单击旋转中心按住鼠标不放，将旋转中心拖拽到墙的右上角后松开鼠标；沿垂直向下方向单击任意一点，该点与旋转中心的连线生成起始线作为参照线；沿逆时针方向移动 30°后单击，该点与旋转中心的连线生成结束线，或在选项栏中输入 30（正数代表逆时针方向，负数代表顺时针方向）回车确定结束线，完成图元的旋转修改，如图 1.5.3-10 所示。按 Esc 键两次退出修改状态。

图 1.5.3-9　旋转选项栏参数

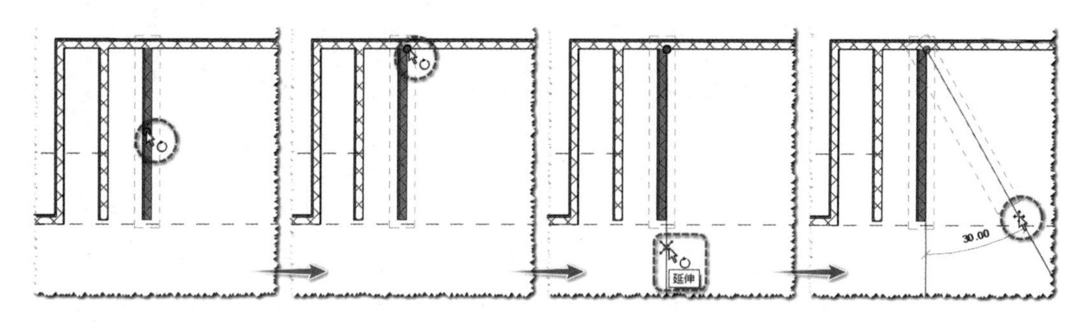

图 1.5.3-10　旋转图元

修改图元-镜像

(6)镜像-拾取轴和镜像-绘制轴。镜像工具也是一种移动或复制类型工具,镜像工具是通过指定镜像中心线(亦称镜像轴)或绘制镜像中心线后,进行对称移动或复制图元的工具。操作顺序为:①单击选择墙图元。②在上下文选项卡中单击“修改”面板中的“镜像-拾取轴”工具,进入镜像修改状态。③在选项栏中勾选“复制”。④单击水平参照平面,以该参照平面为镜像轴复制生成了一个新的墙图元,如图 1.5.3-11 所示。绘制轴镜像相类似,①单击选择墙图元。②在上下文选项卡中单击“修改”面板中的“镜像-绘制轴”工具,进入镜像修改状态。③在选项栏中勾选“复制”。④在视图中单击绘制起点,沿水平方向往右再单击绘制终点,将以起点和终点的连线为镜像轴复制生成了一个新的墙图元,如图 1.5.3-11 所示。按 Esc 键两次退出修改状态。

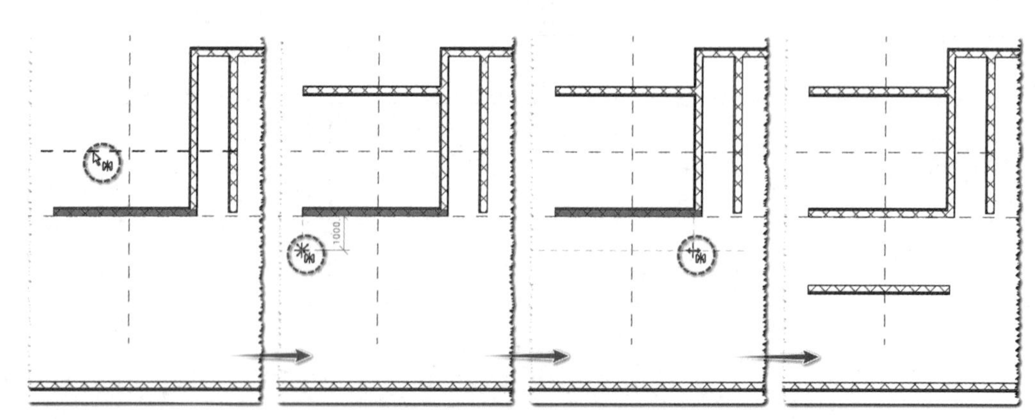

图 1.5.3-11　镜像图元

修改图元-修剪/延伸为角

(7)修剪/延伸为角。操作顺序为:①在上下文选项卡中单击“修改”面板中的“修剪/延伸为角”工具,进入修剪/延伸为角修改状态。②单击选择第 1 个墙图元,再移动到第 2 个墙图元,出现一条延伸后的预览线,单击鼠标便完成了将两面墙延伸相交成角的操作,如图 1.5.3-12 所示。按 Esc 键两次退出修改状态。

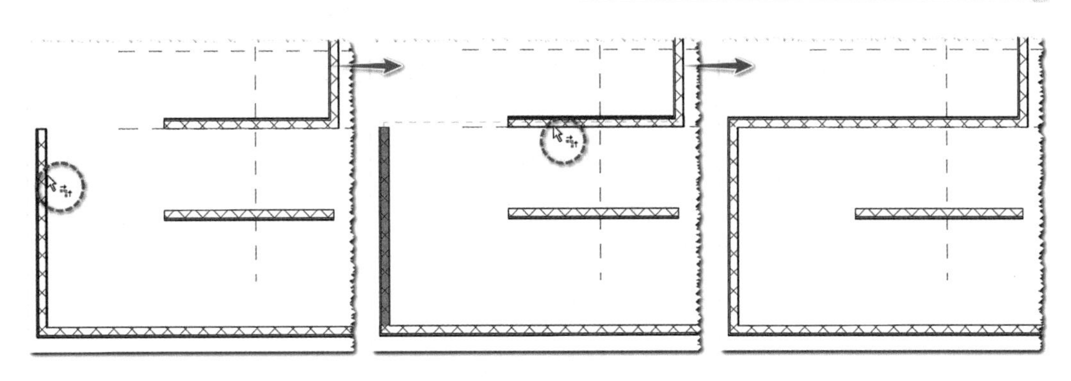

图 1.5.3-12　修剪/延伸为角

(8)修剪/延伸单个图元。操作顺序为:①在上下文选项卡中单击“修改”面板中的“修剪/延伸单个图元”工具,进入修剪/延伸单个图元修改状态。②单击选择右侧垂直墙图元的表面作为参照边界线,再单击左侧水平墙图元,水平墙图元将自动延伸到参照边界线位置,如图 1.5.3-13 所示。按 Esc 键两次退出修改状态。

修改图元-修剪/延伸单个图元

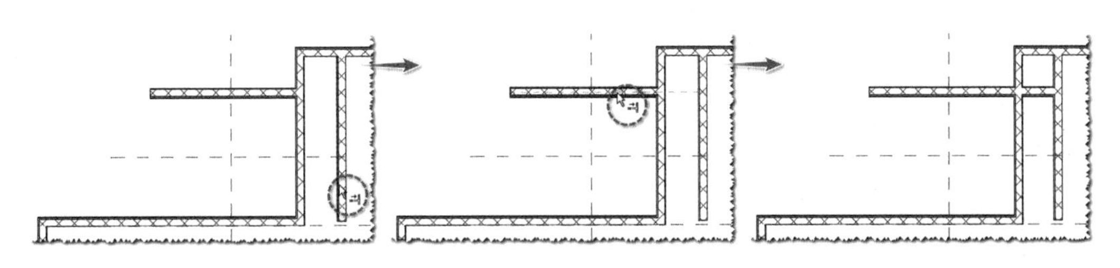

图 1.5.3-13　修剪/延伸单个图元

(9)修剪/延伸多个图元。操作顺序为:①在上下文选项卡中单击“修改”面板中的“修剪/延伸多个图元”工具,进入修剪/延伸多个图元修改状态。②单击选择下侧水平墙图元的表面作为参照边界线;再单击上侧垂直墙图元 1,垂直墙图元 1 将自动延伸到参照边界线位置;再单击上侧垂直墙图元 2,垂直墙图元 2 也将自动延伸到参照边界线位置,如图 1.5.3-14 所示。按 Esc 键两次退出修改状态。

修改图元-修剪/延伸多个图元

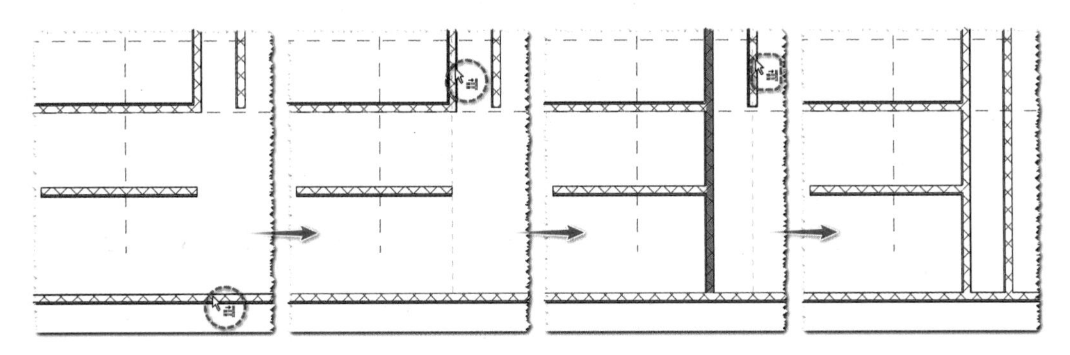

图 1.5.3-14　修剪/延伸多个图元

修改图元-阵列

（10）阵列。操作顺序为：①单击选择墙图元。②在上下文选项卡中单击“修改”面板中的“阵列”工具，进入阵列修改状态。③在选项栏中选择“线性”，不勾选“成组并关联”，项目数设置为 5，移动到设置为“第二个”，勾选“约束”，如图 1.5.3-15 所示。④在视图中单击任意位置绘制起点，此处单击的是墙表面的中心点，再沿水平方向移动 1000 距离单击绘制终点，将以 1000 的等间距水平向右复制生成另外 4 个墙图元，如图 1.5.3-16 所示。按 Esc 键两次退出修改状态。注意，阵列方式有两种，线性阵列和径向阵列；若勾选了“成组并关联”，则阵列后的 5 个墙图元将自动成组成为一个整体；项目数中包含参照图元。

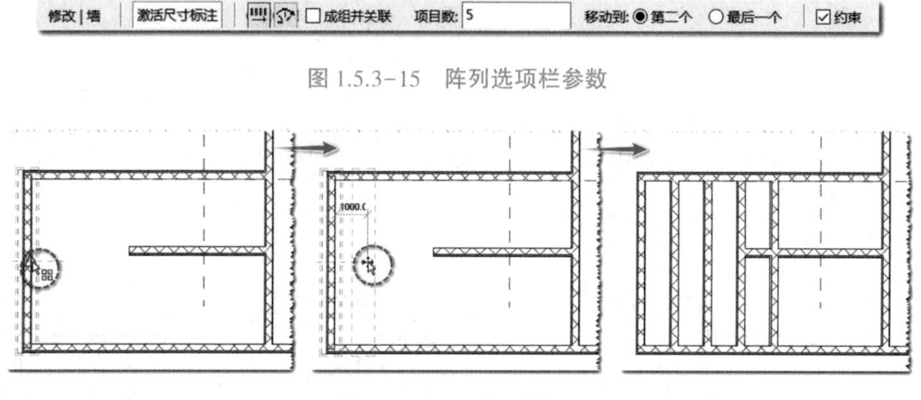

图 1.5.3-15　阵列选项栏参数

图 1.5.3-16　陈列图元

修改图元-缩放

（11）缩放。缩放工具适用于线、墙、图像、DWG 和 DXF 导入对象等，以图形方式或数值方式来按比例缩放图元。操作顺序为：①单击选择墙图元。②在上下文选项卡中单击“修改”面板中的“缩放”工具，进入缩放修改状态。③在选项栏中选择“图形方式”。④在视图中单击墙的左端点绘制原点，再单击墙的右端点绘制拖拽点，原点和拖拽点的连线距离作为参照，沿水平方向往左单击墙的中心点作为拖拽点的新位置完成墙图元的缩放，新位置点到原点连线的距离与原距离的比值即为缩放比例，如图 1.5.3-17 所示。按 Esc 键两次退出修改状态。

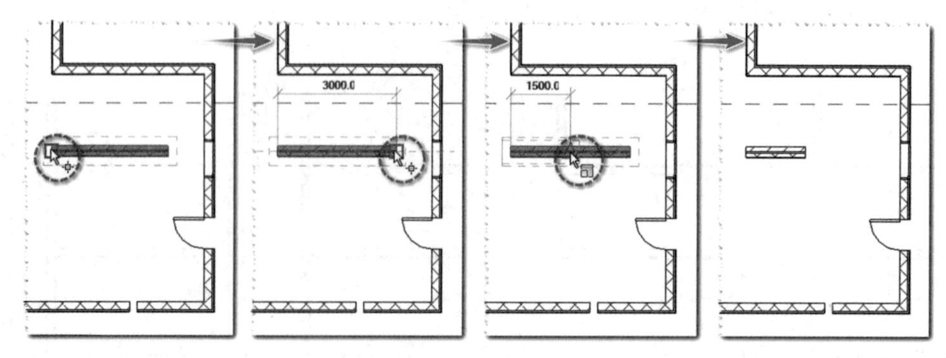

图 1.5.3-17　缩放图元

（12）拆分和用间隙拆分。其作用是在选定点剪切图元（例如墙或线），产生的各部分可单独进行修改。操作顺序为：①在上下文选项卡中单击“修改”面板中的“拆分”工具，进入拆分图元修改状态。②在水平墙图元准备切分的位置单击鼠标便完成了图元的拆分，原来的墙图元变成了两面墙，如图1.5.3-18所示。按Esc键两次退出修改状态。“用间隙拆分”工具的使用类似：①在上下文选项卡中单击“修改”面板中的“用间隙拆分”工具，进入拆分图元修改状态。②在选项栏中连接间隙设置为200（其数值范围为：1.6～304.8）。②在水平墙图元准备切分的位置单击鼠标便完成了图元的拆分，原来的墙图元变成了两面墙，同时两面墙之间存在200的间隔，如图1.5.3-18所示。按Esc键两次退出修改状态。

修改图元-拆分图元

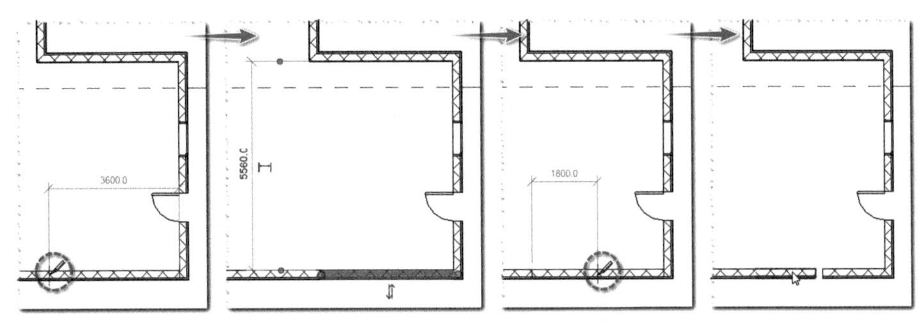

图1.5.3-18 拆分和用间隙拆分图元

（13）锁定、解锁。锁定工具是为了防止误操作造成的图元移动。例如，在图1.5.3-19左图中需要锁定水平参照平面，操作顺序为：①单击选择水平参照平面。②在上下文选项卡中单击“修改”面板中的“锁定”工具，该参照平面处于锁定状态，出现一个锁定符号。需要解锁时，单击选择图元，再单击“解锁”工具便完成了解锁，此时图元上没有锁定符号，如图1.5.3-19右图所示。

修改图元-锁定、解锁

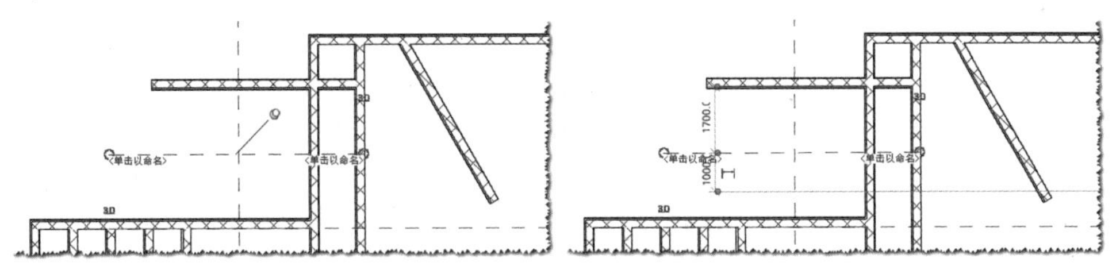

图1.5.3-19 锁定和解锁图元

（14）删除。使用前面介绍的选择图元的方法，首先选择需要删除的图元，再单击键盘上的Delete键删除图元，或在上下文选项卡的“修改”面板中，单击“删除”工具删除图元。

修改图元-删除

1.6 辅助操作工具

1.6.1 参照平面

参照平面和标高、轴线一样，都是基准图元，用于项目和项目中构件的定位。参照平面主要用于局部定位，相对独立，也相对简单。我们在楼层平面图、立面视图、剖面视图等中都可以创建参照平面。在建筑、结构、钢、系统选项卡中都有一个“工作平面”面板，面板中有“参照平面”工具，如图 1.6.1-1 左图所示。

参照平面

单击“参照平面”工具，进入绘制参照平面模式，Revit 自动切换到“修改|放置 参照平面”上下文选项卡，如图 1.6.1-1 所示。绘制方式有两种，直接绘制线方式和拾取视图中已有线方式，默认选择“线”绘制方式。在视图中通过绘制起点和终点，便可完成参照平面的绘制。在视图看到的是一条直线段，但实际上是一个垂直于当前视图往上下无限延伸的平面，因此，在其他平行于或正交于当前视图的其他视图中也可以看到参照平面的投影线，也可以利用参照平面进行局部定位。参照平面是一个比较高效的工具。

图 1.6.1-1 “参照平面”工具及上下文选项卡

当视图中参照平面数量较多时，可以通过属性面板修改“名称”参数进行命名，方便参照平面的识别和查找。

1.6.2 临时尺寸标注

临时尺寸
标注

在 Revit 中绘制或修改图元时，Revit 会自动捕捉图元（或当前鼠标指针）与周围参照图元的位置关系，显示与参照图元之间的距离或角度等，可以实现图元的快速定位。一般而言，在局部定位方面，临时尺寸标注比参照平面更为高效，尽量使用临时尺寸标注进行局部定位。

设置临时尺寸标注捕捉规则。切换到“管理”选项卡，在“设置”面板中单击“其他设置”下拉按钮，在下拉列表中单击“临时尺寸标注”工具，打开“临时尺寸标注属性”对话框，如图 1.6.2-1 所示。在“临时尺寸标注属性”对话框中，对于墙、门和窗这类有多个特征位置的图元，可以设置预期的参照位置。例如，如果选择墙的“核心层的面”，Revit 会以墙的核心层表面作为临时尺寸标注的尺寸界线。

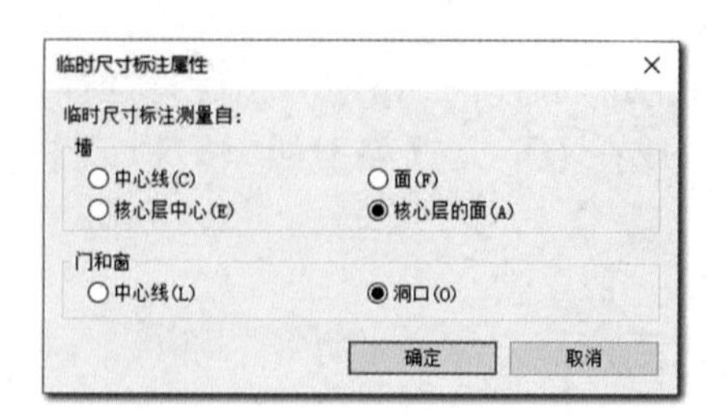

图 1.6.2-1 设置捕捉规则

更改参照图元。单击选择墙图元，可以看到 Revit 自动捕捉的参照图元以及显示的临时尺寸标注，单击垂直方向上部的拖拽夹点按住鼠标不放，如图 1.6.2-2 所示，拖放到水平参照平面上，松开鼠标后便更改了垂直方向上部的参照图元。

使用临时尺寸标注进行定位。单击临时尺寸标注数值,出现一个在位编辑框,在编辑框中输入数值 1500,或输入计算公式“=500 * 3”,如图 1.6.2-3 所示,按键盘上的 Enter 回车键。Revit 将当前墙移动到了距水平参照平面 1500 的位置,实现了墙的定位。

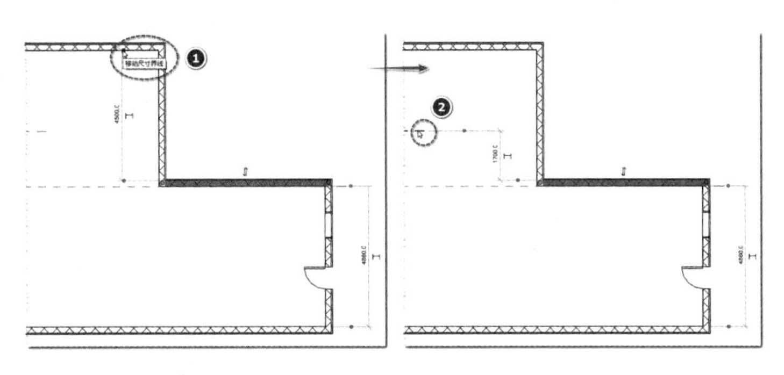

图 1.6.2-2　更改参照图元

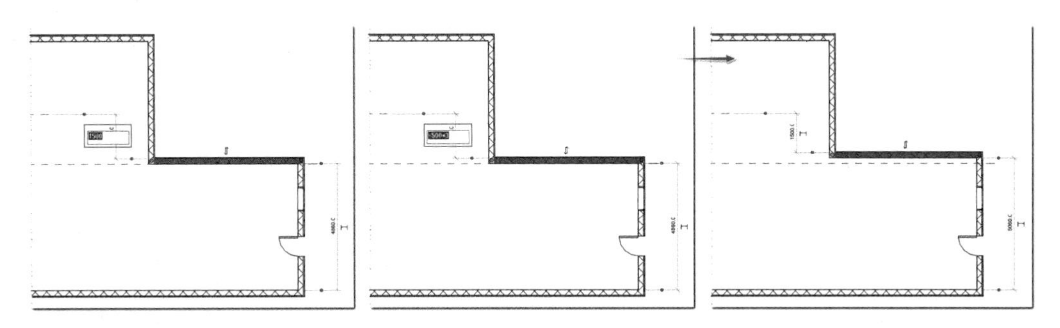

图 1.6.2-3　使用临时尺寸标注进行定位

第 2 章　标高和轴网

标高和轴网是建模中重要的定位信息，是建模的工作基础与前提条件。标高反映建筑构件在高度方向上的定位情况，轴网反映建筑构件在平面上的定位情况。一般先创建标高，后创建轴网，这样轴线自动与所有标高线相交，能在所有楼层平面视图中显示出来。当然，标高与轴网交替创建也是可以的，尤其是在方案设计阶段，此时需要对显示的范围做相应的调整。综合楼的标高和轴网比较简单，如图 2-1 和图 2-2 所示。

对于图元的创建，一般遵循 5 个步骤：①选择绘制视图；②激活面板工具；③选择图元类型；④设置绘制参数；⑤绘制图元。强调 5 个步骤，其主要目的是让学习者养成一种良好习惯，避免丢三落四造成反复修改，浪费时间。

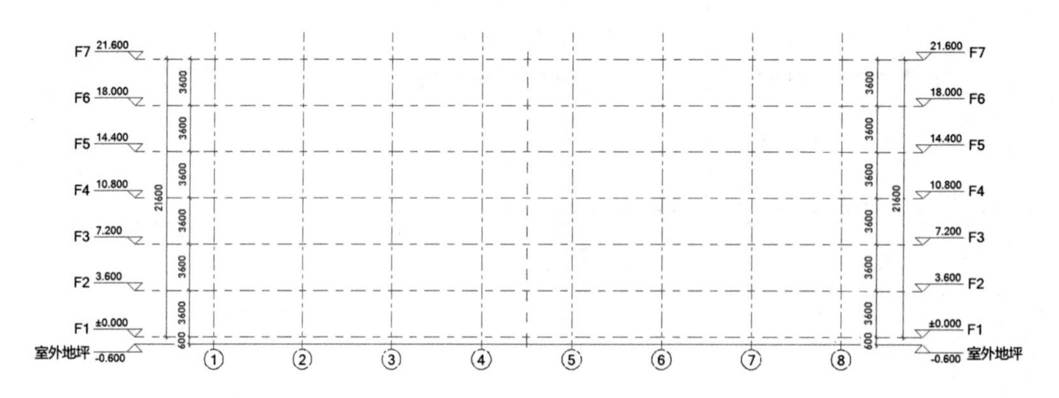

图 2-1　标高(南立面视图)

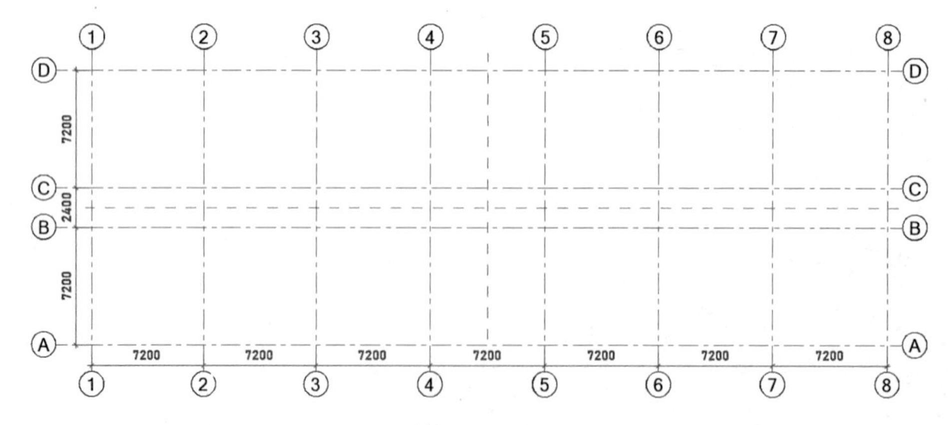

图 2-2　轴网(F1 楼层平面)

2.1　标高

Revit 中建筑的标高一般都有 3 种类型：上标头、下标头和正负零标头。正负零标高使用正负零标头类型，正负零以上的标高使用上标头类型，正负零以下的标高使用下标头类型（制图规范中无此规定）。样板文件中已自带 2 个标高，所以简单修改名称和标高值便可用。综合楼正负零以上的标高都是等间距的，使用阵列的方式最方便。出于学习目的，F3 标高使用了直接绘制的方法，F4～F7 使用了阵列的方法，室外地坪使用了复制的方法。

Step01　选择绘制视图

在项目浏览器中，如图 2.1-1 所示，单击“立面（建筑立面）”前的“+”号展开，双击下面的“南”，切换至南立面视图。此时南立面视图中会自动显示“建筑样板”中默认的“标高 1”和“标高 2”，如图 2.1-2 所示。在此视图中，蓝色倒三角为标高图标，图标上方的数字为标高值，标高线端点文字为标高名称。Revit 中标高值是以“米”为单位的，其他标注都是以“毫米”为单位。

创建标高

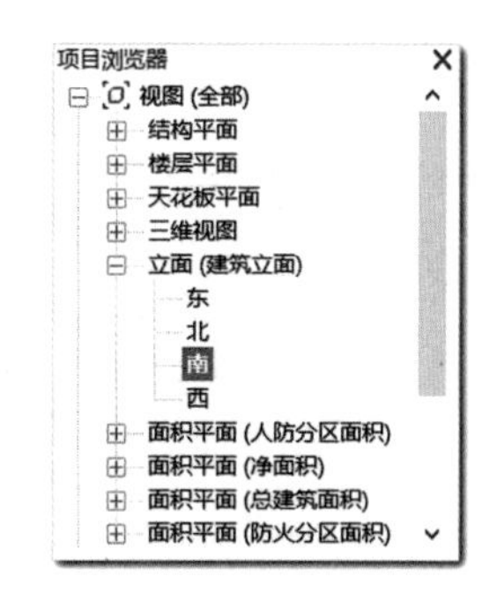

图 2.1-1　项目浏览器

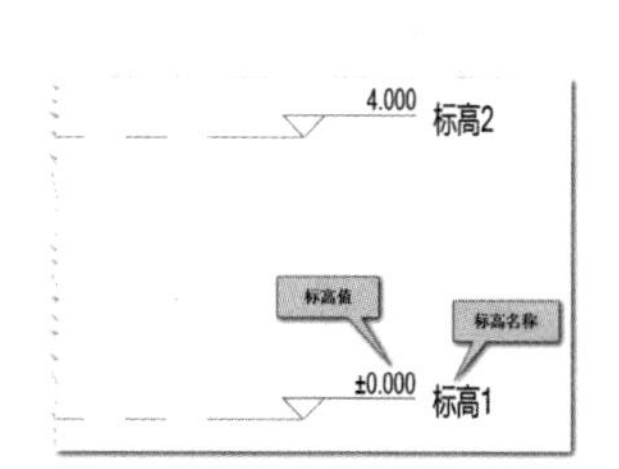

图 2.1-2　标高 1 和标高 2

Step02　修改现有标高

1）修改“标高 1”。鼠标移动到“标高 1”附近，“标高 1”蓝色高亮显示，单击“标高 1”选择“标高 1”。移动鼠标再单击 “标高 1”的标高名称，将会出现一个编辑框，如图 2.1-3 所示。在编辑框中输入“F1”，按键盘上的 Enter 回车键，将弹出一个“确认标高重命名”对话框，如图 2.1-4 所示。单击对话框中的“是”按钮，完成标高 1 的重命名，同时，其对应的楼层平面视图也从原来的“标高 1”重命名为“F1”，如图 2.1-5 所示。

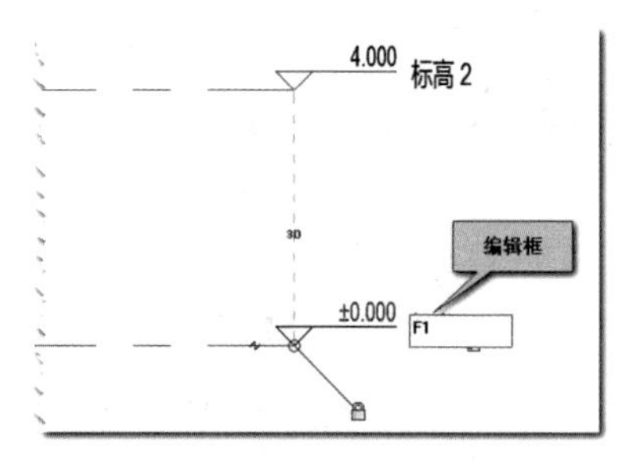

图 2.1-3　标高名称的编辑框

图 2.1-4　“确认标高重命名”对话框

2）修改“标高 2”。除了上述的在位修改方式，也可以通过属性参数修改。鼠标移动到“标高 2”附近，“标高 2”蓝色高亮显示，单击“标高 2”选择“标高 2”。在属性面板中，将“立面”从“4000”更改为“3600”，将“名称”从“标高 2”更改为“F2”，如图 2.1-6 所示。单击属性面板中的“应用”按钮，或直接按键盘上的回车键，将弹出一个“确认标高重命名”对话框，单击对话框中的“是”按钮完成对“标高 2”的修改。

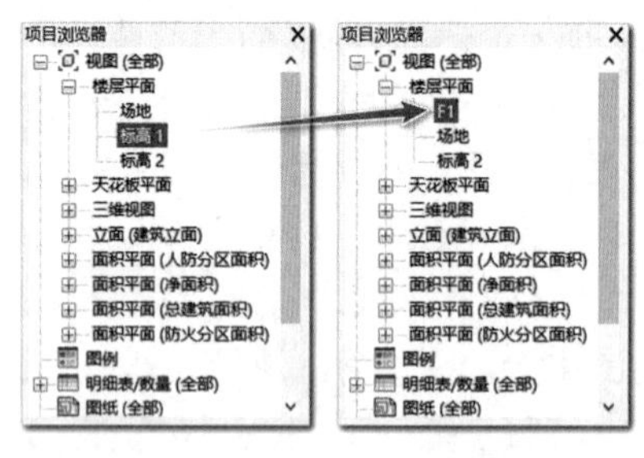

图 2.1-5　楼层平面视图更名

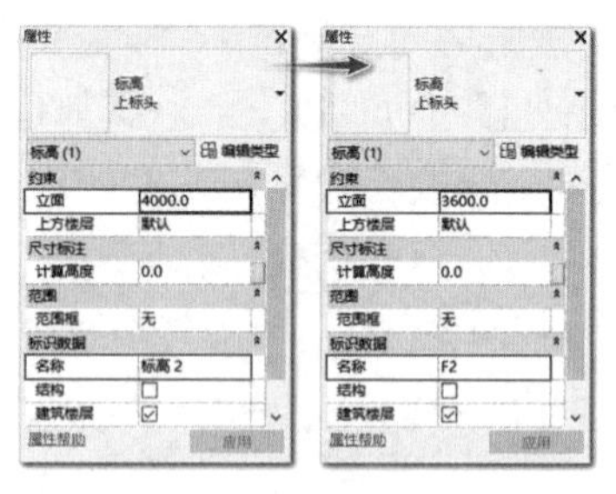

图 2.1-6　修改标高名称和数值

Step03　激活面板工具

单击打开“建筑”选项卡，在“基准”面板中单击“标高”工具，进入绘制标高状态，如图 2.1-7 所示，自动切换至“修改|放置 标高”上下文选项卡，如图 2.1-8 所示。

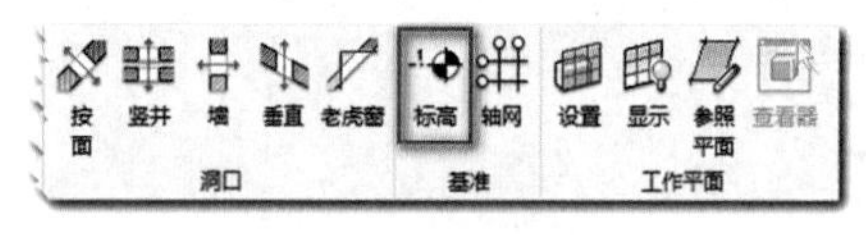

图 2.1-7　“标高”工具

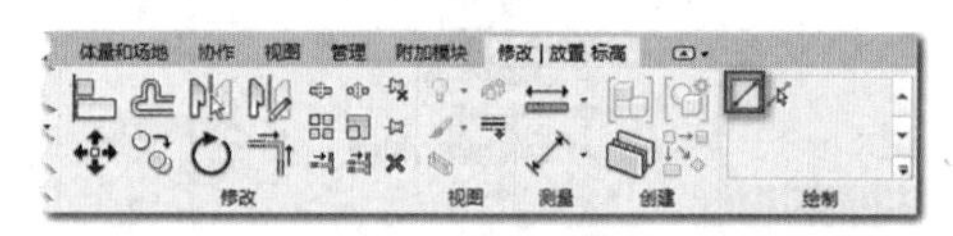

图 2.1-8　“修改|放置 标高”上下文选项卡

Step04　选择图元类型

在属性面板的类型选择器中单击下拉按钮，在列表中选择“上标头”，如图 2.1-9 所示。

Step05　设置绘制参数

1）选择绘制方式。在“修改|放置 标高”上下文选项卡中，选择“绘制”面板中的“直线”工具，如图 2.1-8 所示。

2）设置绘制参数。在“修改|放置 标高”选项栏中，勾选“创建平面视图”，这样在绘制标高时，会以标高名称在楼层平面创建一个对应的平面视图；单击“平面视图类型”按钮，弹出“平面视图类型”对话框，如图 2.1-10 所示，仅选择其中的“楼层平面”，单击“确定”按钮关闭对话框；“偏移”设置为“0.0”。属性面板中保持默认参数不变，如图 2.1-9 所示。

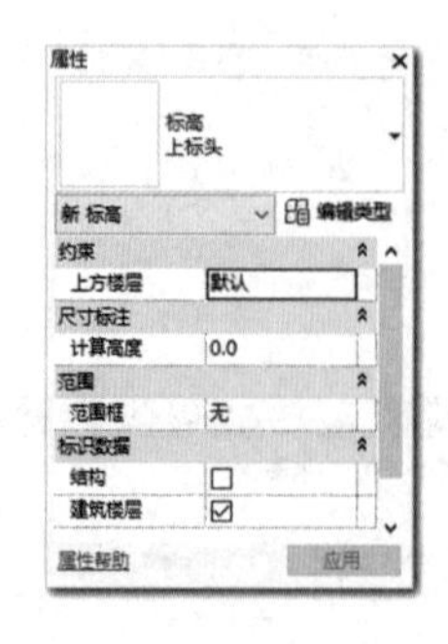

图 2.1-9　属性面板及类型选择器

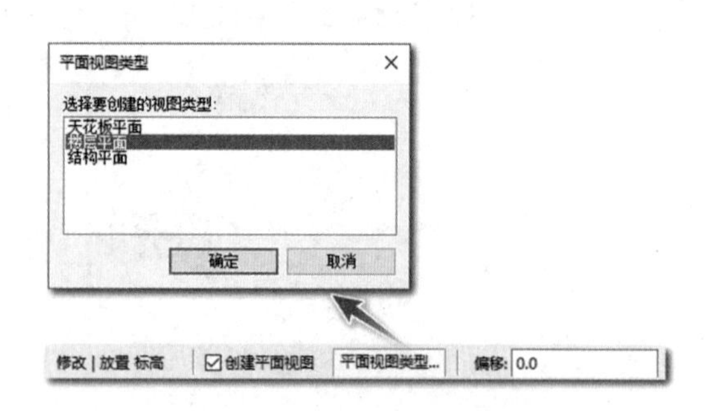

图 2.1-10　选项栏及“平面视图类型”对话框

Step06　绘制标高 F3

Revit 处于标高绘制状态，在绘图区域内，鼠标指针会变为“⊞”的形式，鼠标指针与现有标高之间会显示一个临时尺寸标注，用来显示当前鼠标的位置。首先确定标高的起点，当鼠标移动到 F2 标高左侧并与 F2 标高左侧端点靠近时，Revit 会自动捕捉已有标高左侧端点，并显示出端点对齐的蓝色虚线，沿着蓝色虚线向上移动到距 F2 标高 3600 的位置时，单击鼠标绘制 F3 标高的起点，如图 2.1-11 左图所示。若依靠移动鼠标很难定位时，可保持鼠标在蓝色虚线方向 F2 标高的上面任意位置，然后直接在键盘中输入数字“3600”，按键盘上的回车键，也能绘制出 F3 标高的起点，如图 2.1-11 中图所示。然后再确定标高的终点，水平移动鼠标至 F2 标高右侧与已有标高对齐时也会出现一条蓝色虚线，如图 2.1-11 右图所示，在蓝色虚线位置单击鼠标，绘制 F3 标高的终点，便绘制出了 F3 标高，如图 2.1-13 所示。直接绘制标高 F3 的同时，项目浏览器中会自动创建一个与该标高相对应的楼层平面 F3，如图 2.1-12 所示。

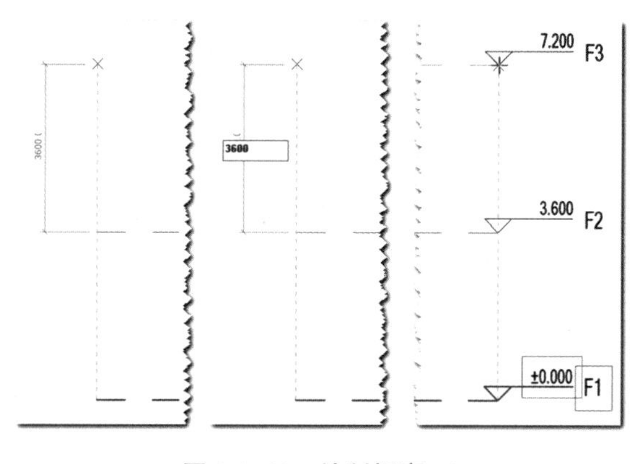

图 2.1-11　绘制标高 F3

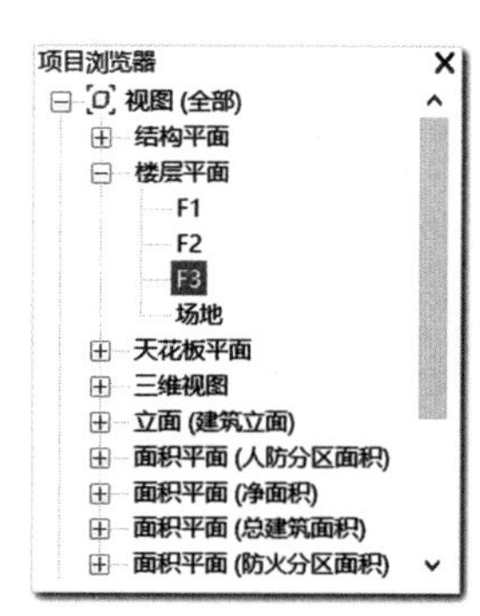

图 2.1-12　楼层平面 F3

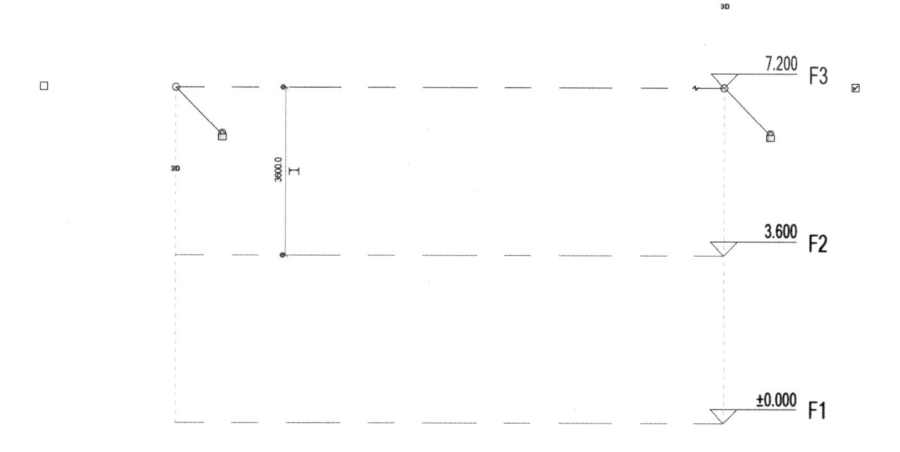

图 2.1-13　标高 F3

Step07 阵列生成标高 F4～F7

1）选择一个现有标高。阵列需基于一个已有标高进行，单击选中标高 F3，在“修改|标高”上下文选项卡中，如图 2.1-14 所示，单击“修改”面板中的“阵列”工具，进入阵列修改状态。

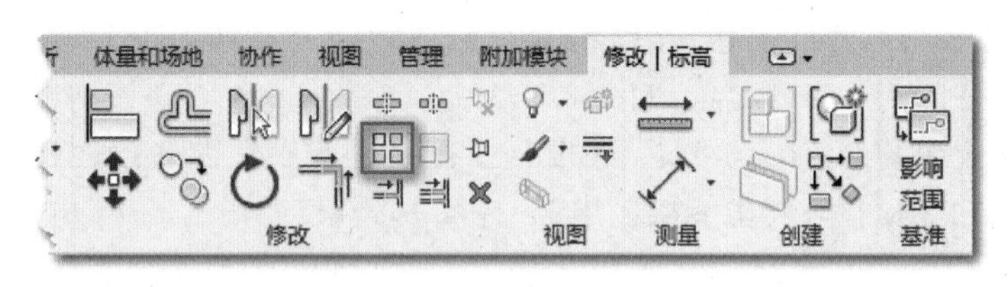

图 2.1-14 “阵列”工具

2）设置选项栏参数。如图 2.1-15 所示，选择“线性”阵列方式，不勾选“成组并关联”，项目数设置为“5”（包括选择的已有标高 F3），“移动到：”选择“第二个”，勾选“约束”，表示只能在竖直或者水平方向阵列。

修改 | 标高　□成组并关联　项目数：5　移动到：◉第二个　○最后一个　☑约束　激活尺寸标注

图 2.1-15 选项栏参数

3）阵列生成新标高。在已有标高 F3 上任意位置单击选择一个移动起点，向上移动鼠标至距离 F3 标高 3600 的位置，单击鼠标确定移动终点，Revit 将以起点到终点的垂直距离（即 3600）作为两标高的间距向上复制生成 4 个新的标高 F4～F7，如图 2.1-16 所示。

若移动终点位置不好确定，可通过键盘直接输入 3600 修改临时尺寸标注的数值确定。由于勾选了“约束”选项，因此移动终点只能位于移动起点的上下位置，与水平的夹角一直保持为 90°。标高名称会出现重叠是临时性的，属于正常现象，Revit 会将下一个标高名称 F4 显示出来。阵列方式生成的新标高，在项目浏览器的楼层平面中不会自动创建相应平面视图。

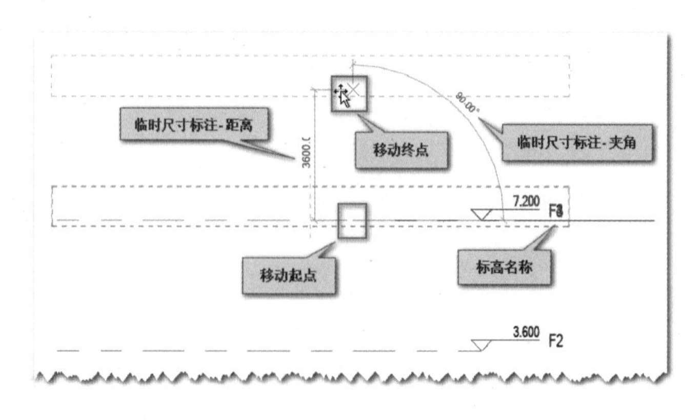

图 2.1-16 阵列生成新标高

Step08 复制生成标高“室外地坪”

1）选择一个现有标高。单击选中标高 F1，在“修改|标高”上下文选项卡中，如图

2.1-17所示，单击“修改”面板中的“复制”工具，进入复制修改状态。

2）设置选项栏参数。在选项栏中，如图 2.1-18 所示，勾选“约束”选项，不勾选“多个”。

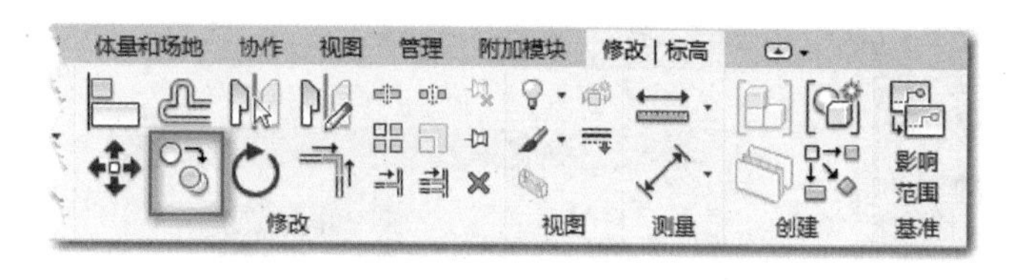

图 2.1-17　“复制”工具

图 2.1-18　选项栏参数

3）复制生成新标高。在已有标高 F1 上任意位置单击选择一个移动起点，向下移动鼠标，通过键盘直接输入“600”后单击回车键确定终点位置，复制生成一个新的标高 F8，如图 2.1-19 左图和中图所示。复制方式生成的新标高，在项目浏览器的楼层平面中不会自动创建相应平面视图。

4）修改标高类型及名称。确认 F8 处于选中状态，若没有选中，可点击标高 F8 选中它，在属性面板的类型选择器中单击下拉按钮，在下拉列表中选择“下标头”，将标高族类型从“正负零标高”更改为“下标头”。在绘图区点击标高名称，在编辑框中输入“室外地坪”，单击键盘上的回车键，完成标高名称的修改，如图 2.1-19 右图所示。

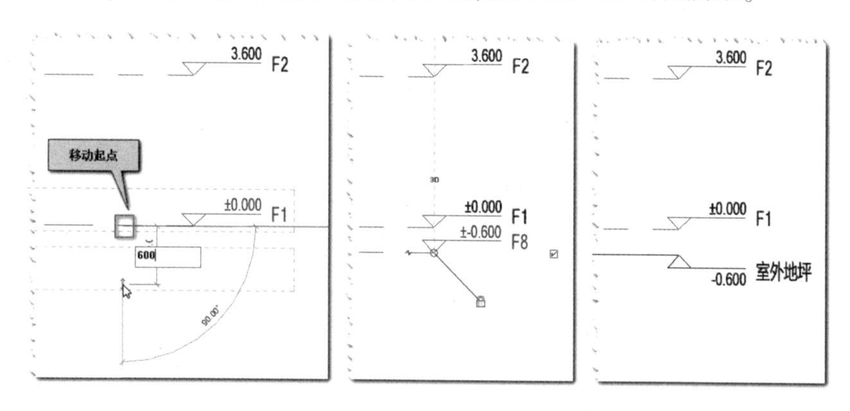

图 2.1-19　复制生成标高“室外地坪”

Step09　修改标高类型

每一个项目，都应该根据制图规范以及个人偏好，设置标高族类型的显示属性，如颜色、线型、标头符号等。

1）修改正负零标头类型。单击选择标高 F1，属性面板的类型选择器中显示了当前使用的族类型“正负零标高”。单击“编辑类型”按钮，打开“类型属性”对话框，如图 2.1-20 所示。在“类型属性”对话框中，单击“颜色”右侧的按钮，打开“颜色”对话框，如图 2.1-21 所示，选择一种颜色，比如蓝色，然后单击“确定”按钮，完成颜色设置。“端点 1 处的默认符号”和“端点 2 处的默认符号”表示标高线两端是否显示标高标头，本项目选择两端显示，两个参数都勾选。其余参数按照默认设置不变，单击“确定”，完成“正负零标头”族类型修改。

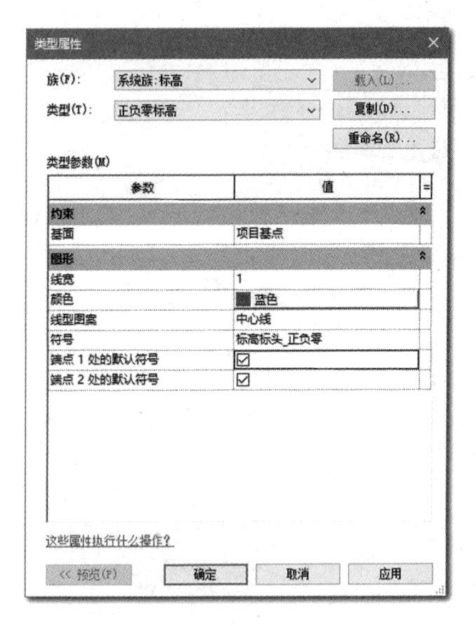

图 2.1-20 “类型属性”对话框

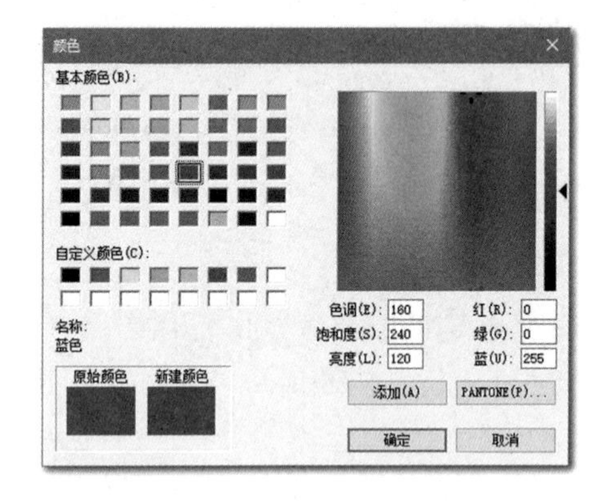

图 2.1-21 “颜色”对话框

2)修改上标头类型。方法同上,单击选择标高 F2(或标高 F3~F7 中任意一个),属性面板的类型选择器中显示了当前使用的族类型“上标头”。单击“编辑类型”按钮,打开“类型属性”对话框。在“类型属性”对话框中,颜色设置为蓝色,勾选“端点 1 处的默认符号”和“端点 2 处的默认符号”,其余参数按照默认设置不变,单击“确定”,完成“上标头”族类型修改。

3)修改下标头类型。单击选择标高“室外地坪”,在属性面板的类型选择器中显示了当前使用的族类型“下标头”。单击“编辑类型”按钮,打开“类型属性”对话框。在“类型属性”对话框中,颜色设置为蓝色,勾选“端点 1 处的默认符号”和“端点 2 处的默认符号”,其余参数按照默认设置不变,单击“确定”,完成“下标头”族类型修改。

Step10　创建楼层平面视图

用直接绘制方式创建的标高,Revit 自动创建出名称相同的楼层平面视图,用阵列和复制方式创建的标高,Revit 不会自动创建楼层平面视图,需要我们自己创建和标高对应的楼层平面视图。

点击打开“视图”选项卡,在“创建”面板中单击“平面视图”下拉按钮,在下拉列表中选择“楼层平面”,如图 2.1-22 所示,打开“新建楼层平面”对话框,如图 2.1-23 左图所示。

在“新建楼层平面”对话框中,默认勾选了“不复制现有视图”,列出了所有未创建楼层平面视图的已建标高。单击第一个标高,然后按住 Shift 键,单击最后一个标高,即选中对话框中所有标高,单击“确定”按钮关闭该对话框,便创建出了与选择标高名称一致的相应楼层平面视图,如图 2.1-23 右图所示。

在“新建楼层平面”对话框中选择已建标高时,也可以按住 Ctrl 键点选其中的某几个标高进行非连续选择。如果不勾选“不复制现有视图”,列表框中将列出全部已建标高,可以为某一标高创建多个楼层平面视图。

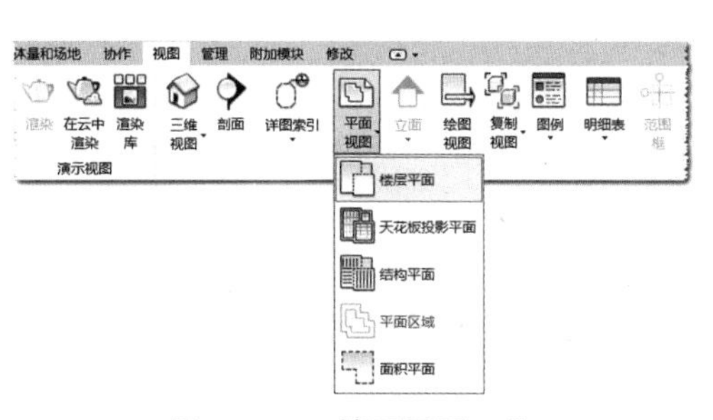

图 2.1-22　楼层平面工具

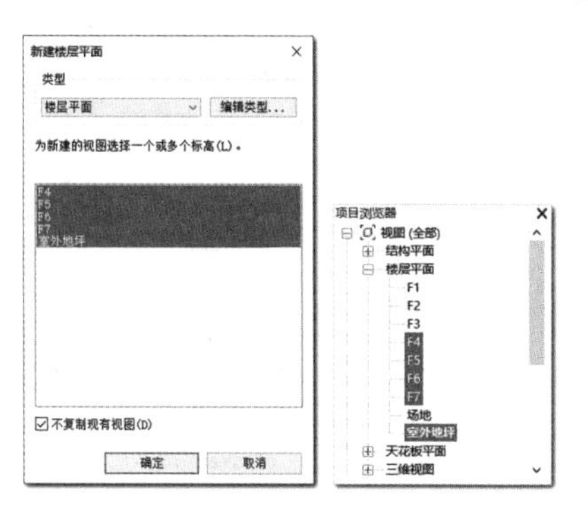

图 2.1-23　“新建楼层平面”对话框

2.2　轴网

创建轴网

综合楼垂直轴线 8 条,间距相等,均为 7200 mm,因此采用“直线”方式绘制轴线 1,然后“阵列”生成垂直轴线 2~8。水平轴线 4 条,轴线间距不等,采用“直线”方式绘制第一条轴线 A,以轴线 A 为参照,“复制”生成其他水平轴线 B~D。

Step01　选择绘制视图

在项目浏览器中,如图 2.2-1 所示,双击“楼层平面”中的 F1,切换至 F1 楼层平面视图。

Step02　激活面板工具

单击打开“建筑”选项卡,在“基准”面板中单击“轴网”工具,如图 2.2-2 所示,进入轴网绘制状态,自动切换到“修改|放置 轴网”上下文选项卡,如图 2.2-2 所示。

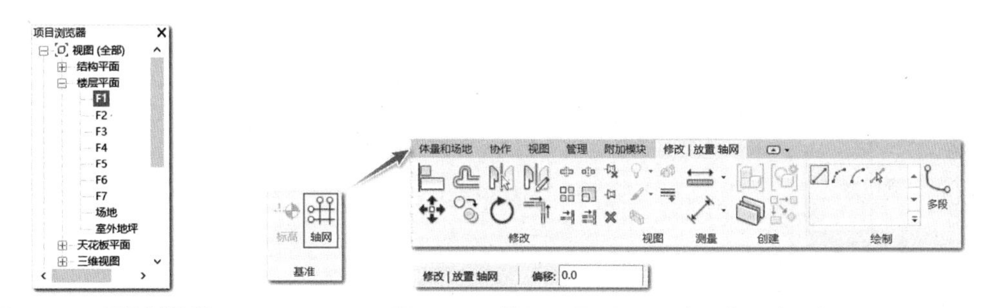

图 2.2-1　项目浏览器　　图 2.2-2　轴网工具、上下文选项卡及选项栏

Step03　选择图元类型

在类型选择器中单击下拉按钮,在列表中选择“轴网 6.5mm 编号”,如图 2.2-3 所示。单击属性面板中的“编辑类型”按钮,打开“类型属性”对话框。在“类型属性”对话框中,单击“轴线末段颜色”右侧栏按钮,打开“颜色”对话框,选择红色,然后单击“确定”按钮,完成颜色设置。“平面视图轴号端点 1”和“平面视图轴号端点 2”均勾选,其余参数不变,单击“确定”,完成轴线“轴网 6.5mm 编号”类型属性设置。

Step04　设置绘制参数

选择绘制方式。在“修改|放置 轴网”上下文选项卡中,选择“绘制”面板中的“直线”工具,如图 2.2-2 所示。

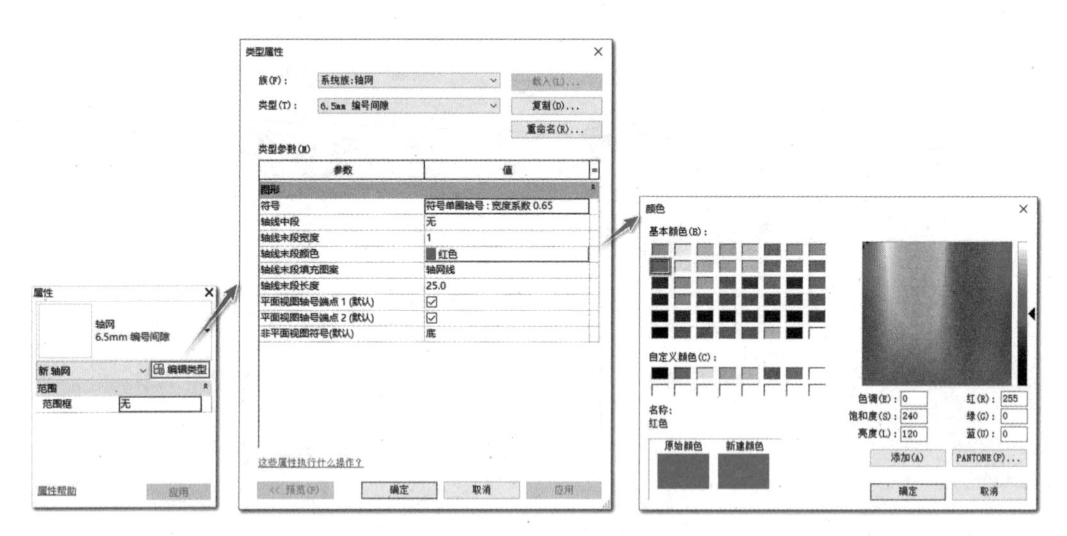

图 2.2-3　修改类型参数

在“修改|放置 轴网”选项栏中，如图 2.2-2 所示，偏移设置为“0.0”。属性面板中保持默认参数不变。

Step05　绘制垂直轴线 1

绘制垂直轴线 1。在左下方任意位置单击绘制轴线 1 的起点。沿垂直方向向上移动鼠标，Revit 会自动显示和水平方向的夹角度数，保持 90°垂直上移(移动鼠标的同时按着 Shift 键可以使鼠标保持垂直方向)，在合适位置再次单击鼠标绘制轴线 1 的终点，如图 2.2-4 所示，系统自动生成标号为 1 的轴线，轴线标号按照轴网创建的顺序依次递增。按 Esc 键两次退出轴网绘制状态。

Step06　阵列生成垂直轴线 2~8

1)激活面板工具。单击选择轴线 1，在上下文选项卡的“修改”面板中单击“阵列”工具，进入阵列修改状态。此时轴线 1 标头出现重叠数字 2，如图 2.2-5 所示，Revit 显示了下一个将创建的轴线名称，由于当前位置与轴线 1 重合了，不用理会。

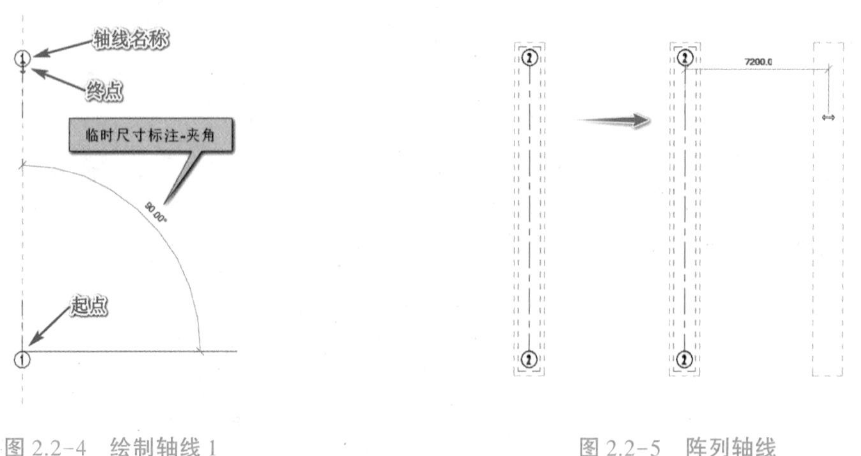

图 2.2-4　绘制轴线 1

图 2.2-5　阵列轴线

2）设置修改参数。在选项栏中，如图 2.2-6 所示，选择“线性”阵列方式，不勾选“成组并关联”，项目数设置为“8”（包括选择的现有轴线 1），“移动到”选择“第二个”，勾选“约束”，“激活尺寸标注”按默认不激活。

修改 | 参照平面　☐成组并关联　项目数: 8　移动到: ◉第二个　○最后一个　☑约束　激活尺寸标注

图 2.2-6　选项栏参数

3）阵列生成新轴线。单击轴线 1 上任意一点，确定移动起点，向右移动鼠标，保持水平向右的方向，不用理会临时尺寸标注数值的大小，直接在键盘上输入“7200”，单击回车键，Revit 会根据设定的阵列规则等间距生成垂直轴线 2~8，轴线间距值均为 7200 mm，如图 2.2-7 所示。新建轴线类型属性与已有轴线 1 一致，轴线标号数字自动按顺序递增。

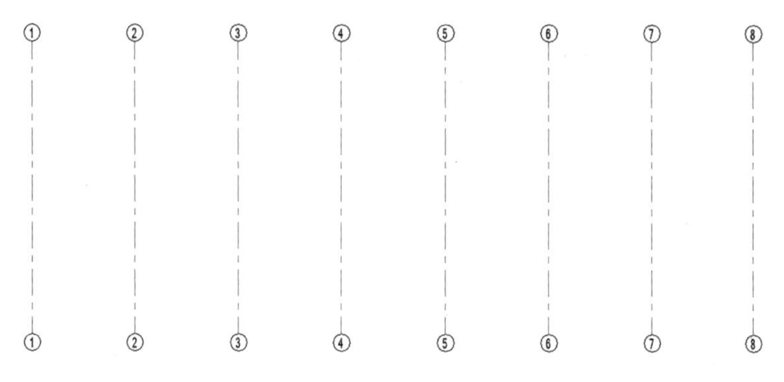

图 2.2-7　阵列生成的轴线 2~8

Step07　绘制水平轴线 A

1）激活面板工具。单击“建筑”选项卡，在“基准”面板中单击“轴网”工具。

2）选择图元类型。在属性面板的类型选择器中单击下拉按钮，在列表中选择“轴网 6.5 mm 编号”。

3）设置绘制参数。在“修改|放置 轴网”上下文选项卡中，选择“绘制”面板中的“直线”工具。在“修改|放置 轴网”选项栏中，偏移设置为“0.0”。属性面板中，保持默认参数不变。

4）绘制水平轴线 A。鼠标移动到垂直轴线 1 的左下方任意位置单击，绘制水平轴线 A 的起点，按着 Shift 键保持水平约束的同时，向右移动鼠标到垂直轴线 8 的右侧单击，确定水平轴线 A 的终点，完成水平轴线 A 的绘制，轴线标号自动递增为 9，如图 2.2-8 所示。按 Esc 键两次退出轴网绘制状态。双击标号 9，在弹出的编辑框中输入“A”，按键盘上的回车键确认，完成轴线标号的更改。

Step08　复制生成水平轴线 B~D

1）激活面板工具。单击选择轴线 A，在“修改|轴网”上下文选项卡的“修改”面板中，单击“复制”工具，如图 2.2-9 所示，进入复制修改状态。

2）设置修改参数。在“修改|轴网”选项栏中，如图 2.2-9 所示，勾选“约束”和“多个”选项。

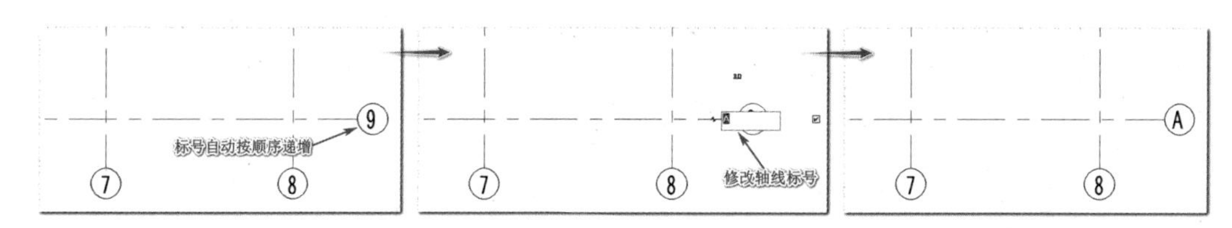

图 2.2-8　绘制水平轴线 A

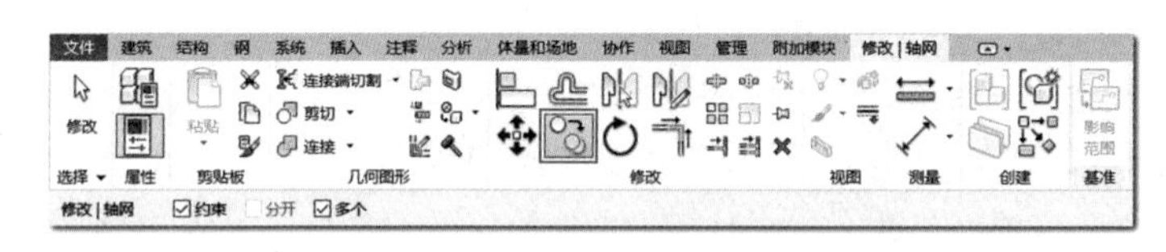

图 2.2-9　“复制”工具及选项栏参数

3）复制生成水平轴线 B。在轴线 A 上任意位置单击确定起点，向上移动鼠标确保方向为垂直向上，通过键盘直接输入“7200”确定新轴线与轴线 A 的间距，如图 2.2-10 所示，按键盘上的回车键确定终点位置，便复制生成了水平轴线 B。

由于勾选了复制“多个”选项，复制第二个时（即轴线 C 时），Revit 会以新生成的轴线 B 作为参照，以生成轴线 B 时的终点作为复制轴线 C 点的起点，向上移动鼠标确保方向为垂直向上，通过键盘直接输入“2400”确定轴线 C 与轴线 B 的间距，按键盘上的回车键确定终点位置，便复制生成了水平轴线 C，如图 2.2-10 所示。

重复上述操作，向上移动鼠标确保方向为垂直向上，通过键盘直接输入 7200 确定轴线 D 与轴线 C 的间距，按键盘上的回车键确定终点位置，便复制生成了水平轴线 D，如图 2.2-10 所示。按 Esc 键两次退出复制修改状态。

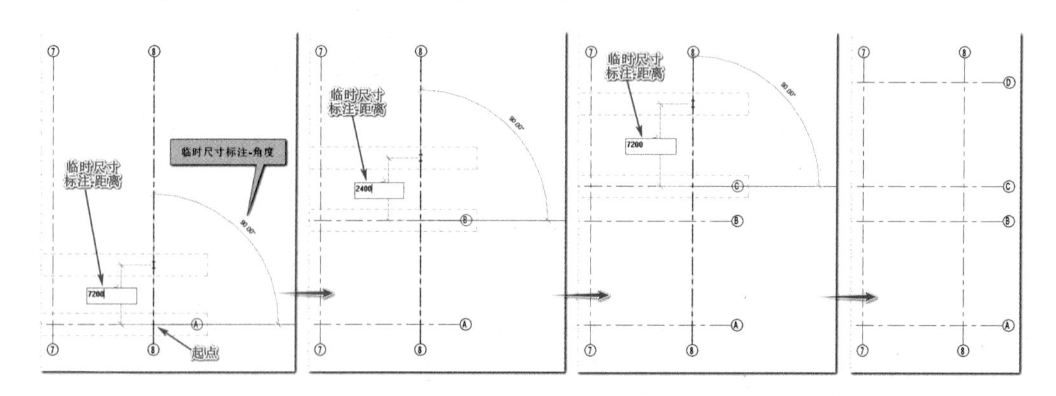

图 2.2-10　复制生成水平轴线 B～D

Step09　锁定轴网

轴网完成后，框选所有轴线，在“修改|轴网”上下文选项卡中单击“修改”面板中的“锁定”工具，如图 2.2-11 所示，将绘制好的轴网锁定，以确保整个轴网的位置不会因误操作移位。完成后的轴网如图 2.2-12 所示。

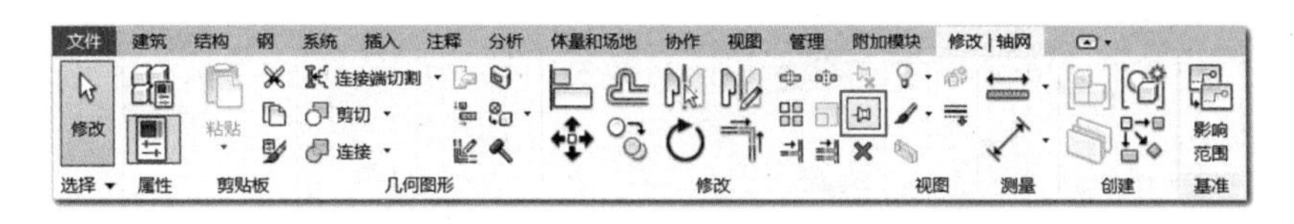

图 2.2-11　“锁定”工具

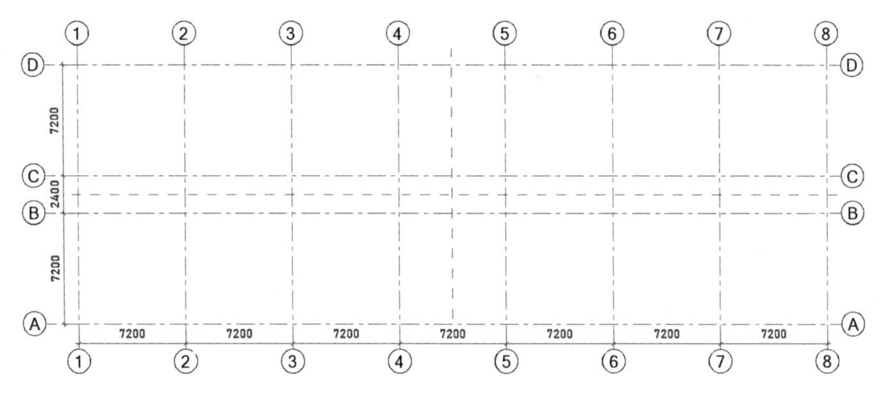

图 2.2-12　综合楼轴网

切换至其他楼层平面视图，查看在该视图中是否生成了与 F1 楼层平面视图相同的轴网。如果在某些楼层平面视图看不见刚绘制的轴线，可以切换到立面图，通过调整轴网线的端点来调整轴网线的可见范围。

Step10　绘制参照平面

综合楼整体是对称的，为了后续的方便，我们使用“参照平面”工具创建两条主对称轴。

在“建筑”选项卡中，单击“工作平面”面板中的“参照平面”工具，如图 2.2-13 所示，进入绘制参照平面状态，自动切换到“修改 | 放置 参照平面”上下文选项卡。在上下文选项卡中，选择线绘制方式。在选项栏中，偏移设置为“0.0”。

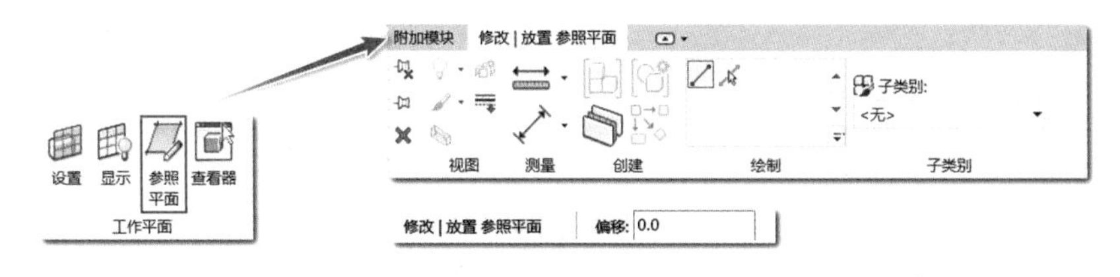

图 2.2-13　“参照平面”工具及“修改 | 放置 参照平面”上下文选项卡

在 D 轴线上侧，4、5 轴线中间位置单击鼠标绘制起点，移动鼠标到 A 轴线下侧，同样在 4、5 轴线中间位置单击鼠标绘制终点，完成竖向参照平面的绘制。在属性面板中，单击名称右侧的单元格，输入“SN”进行参照平面命名，如图 2.2-14 所示。绘制参照平面时，如果很难定位到 4、5 轴线中间位置，可以先大概绘制一条竖向参照平面，单击右侧的临时尺寸标注数值，在编辑框中输入“3600”回车，如图 2.2-15 所示，完成竖向参照平面的精确定位。

同理，在 1 轴线左侧，B、C 轴线的中间位置单击鼠标绘制起点，在 8 轴线的右侧，B、C 轴线的中间位置单击鼠标绘制终点，完成水平参照平面的绘制。在属性面板将其命名为 EW。

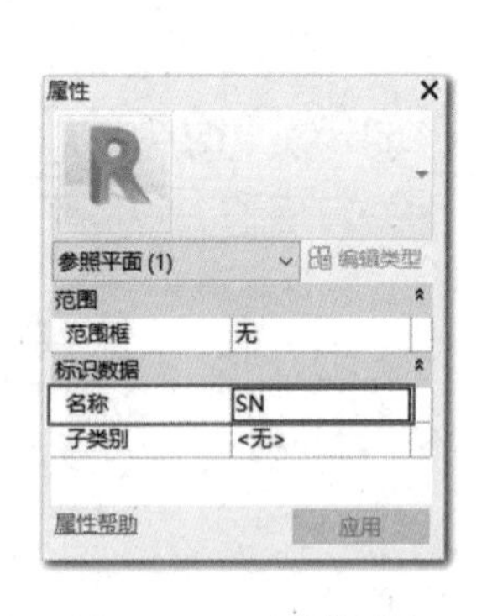

图 2.2-14　属性面板

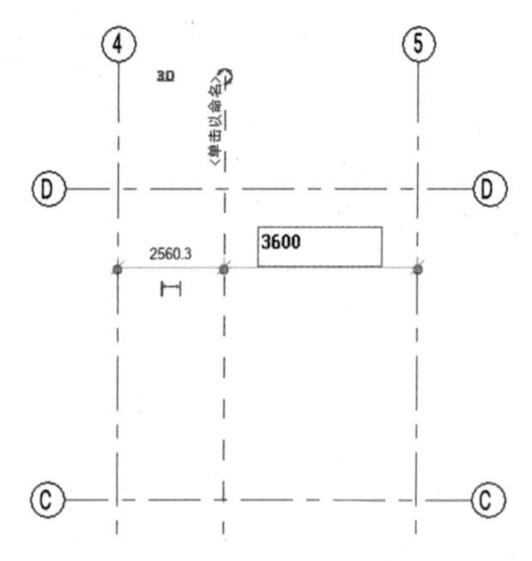

图 2.2-15　临时尺寸标注定位

第 3 章　墙体

墙体是建筑的重要构件之一。综合楼的墙体涵盖了 Revit 中的三种基本类型:基本墙、幕墙和叠层墙。墙体的创建在 Revit 中比较灵活,可以依照施工建设过程逐层创建;也可依照设计的思路先创建标准层,再复制生成其他层;也可将建筑、结构、装饰融为一体,同步创建。本章我们主要学习墙体的绘制方法,并不考虑实际工程中效率问题。以一层墙体为例,我们的目标是创建如图 3-1 所示的综合楼墙体,平面图(部分)如图 3-2 所示。

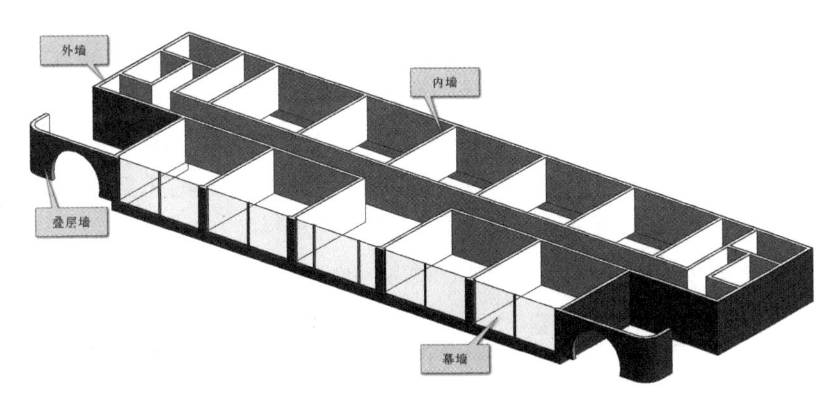

图 3-1　综合楼墙体

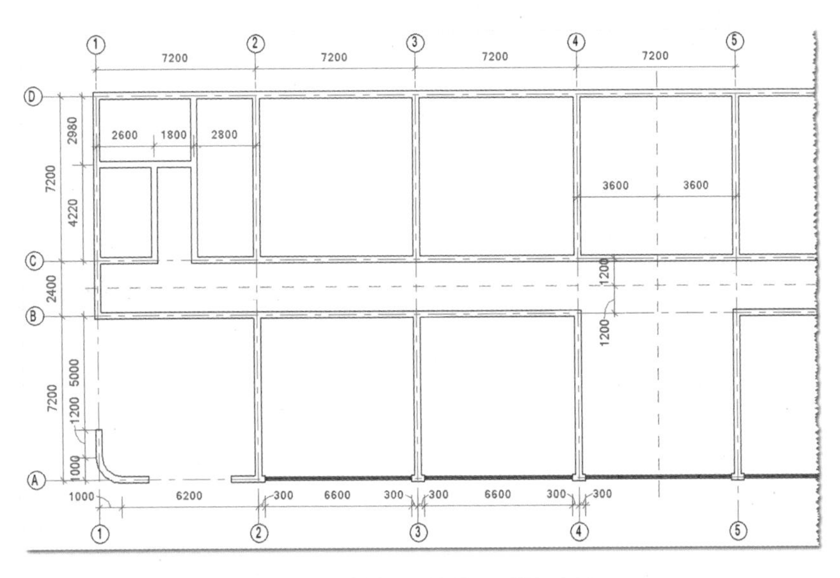

图 3-2　综合楼 F1 墙体平面图(部分)

3.1　基本墙

3.1.1　绘制 F1 外墙

Step01　选择绘制视图

在项目浏览器中，双击“楼层平面”中的 F1，切换至 F1 楼层平面视图。

Step02　激活面板工具

单击打开“建筑”选项卡，在“构建”面板中单击“墙”分割按钮的下拉按钮，在下拉列表中选择“墙：建筑”工具，进入放置墙状态，自动切换至“修改 | 放置 墙”上下文选项卡，如图 3.1.1-1 所示。

Step03　新建图元类型

在属性面板中，单击类型选择器的下拉按钮，在下拉列表中选择“常规-200mm”的基本墙，如图 3.1.1-2 所示。单击属性面板中的“编辑类型”按钮，打开“类型属性”对话框。在“类型属性”对话框中，如图 3.1.1-3 所示，单击“复制”按钮，打开“名称”对话框，输入名称“ZHL-F1-F2-外墙”后单击“确定”按钮关闭“名称”对话框。在“类型属性”对话框中，功能设置为“外部”，单击结构参数后的“编辑”按钮，打开“编辑部件”对话框，如图 3.1.1-4 所示。

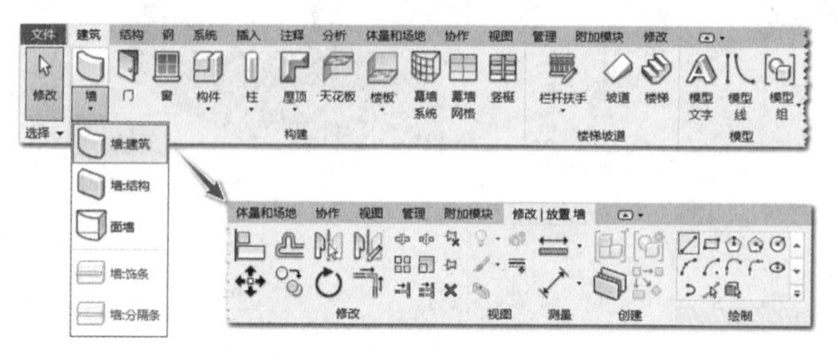

图 3.1.1-1　墙工具及“修改 | 放置 墙”上下文选项卡

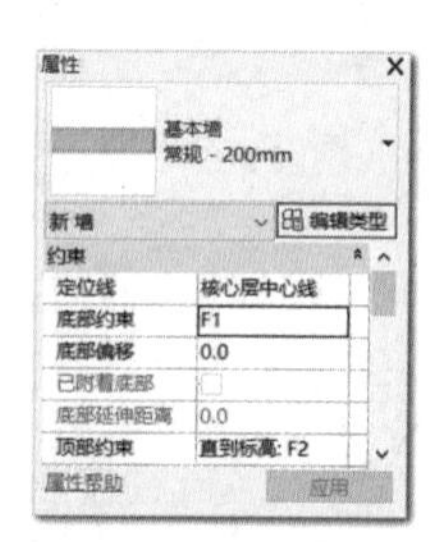

图 3.1.1-2　类型选择器

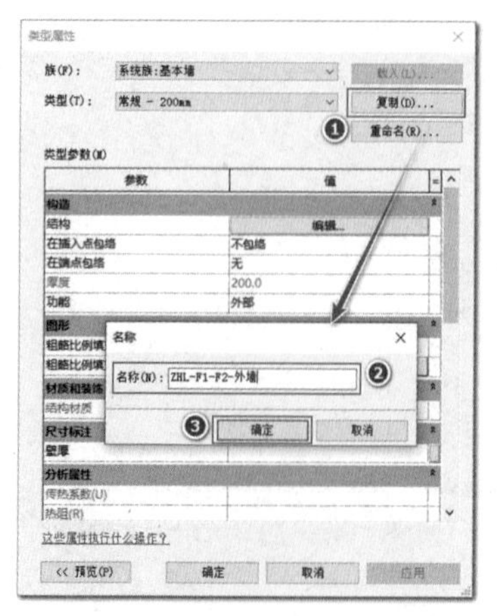

图 3.1.1-3　新建族类型

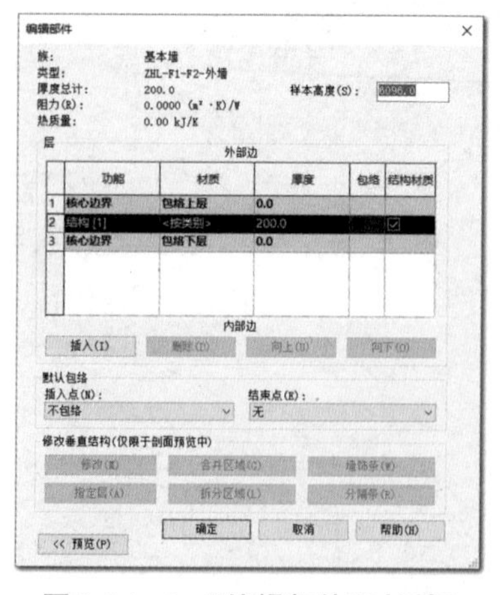

图 3.1.1-4　“编辑部件”对话框

Step04　创建墙的四层结构

单击数字 2 选择结构[1]层，单击“插入”按钮，Revit 将在“结构[1]”上边(即靠近墙的外部边)新建一层。保持新插入的层处于选中状态，若不在选中状态，单击左侧的数字便可选中新插入的层，单击“向上”按钮，将新插入层移动至核心边界(包络上层)的上边。再次单击“插入”按钮，在靠近墙外部边再新建一层。

单击数字 4 选择“结构[1]”层，单击“插入”按钮，在“结构[1]”上边新建一层。保持新插入的层处于选中状态，单击两次“向下”按钮，将新插入层移动至核心边界(包络下层)的下边(即靠近墙的内部边)。“ZHL-F1-F2-外墙”便有了四层结构，如图 3.1.1-5 所示。

Step05　设置每一层的功能和厚度

确认 4 层对应的功能参数设置为“结构[1]”。单击 1 层对应功能参数的单元格，再单击单元格右侧的下拉按钮，从下拉列表中选择“面层 2[5]”。同理，设置 2 层为“保温层/空气层[3]”，6 层为“面层 1[4]”，如图 3.1.1-5 所示。

单击面层 2[5]对应厚度参数的单元格，输入数值“10.0”(默认单位 mm)。同理，设置保温层/空气层[3]的厚度为“30.0”，结构[1]的厚度为“240.0”，面层 1[4]的厚度为“20.0”，如图 3.1.1-5 所示。

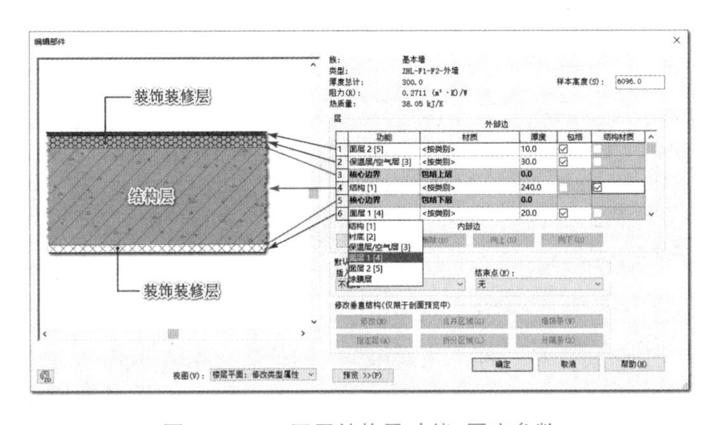

图 3.1.1-5　四层结构及功能、厚度参数

Step06　设置保温层和结构层材质

单击保温层/空气层[3]对应材质参数的单元格，再点击单元格右侧的浏览按钮，打开“材质浏览器”对话框，如图 3.1.1-6 所示。在材质浏览器的搜索栏中输入“保温层”回车，材质列表中将列举出与“保温层”相关的材质，选择材质列表中的“隔热层/保温层-空心填充”，然后单击“确定”按钮，关闭“材质浏览器”对话框并将“隔热层/保温层-空心填充”材质赋予该层。

同理，单击结构[1]层的材质浏览按钮，打开“材质浏览器”对话框，如图 3.1.1-7 所示。在材质列表中没有现浇混凝土，单击“显示/隐藏库面板”按钮打开左下侧的材质库，依次单击展开“主视图”“AEC 材质”“混凝土”，在右侧列表中找到“混凝土，现场浇注-C35”单击选择，再单击右侧的“添加”小按钮将该材质添加到项目材质库中，在项目材质列表中选择刚添加的“混凝土，现场浇注-C35”材质，单击“确定”按钮关闭“材质浏览器”对话框，将“混凝土，现场浇注-C35”材质赋予了结构[1]层。

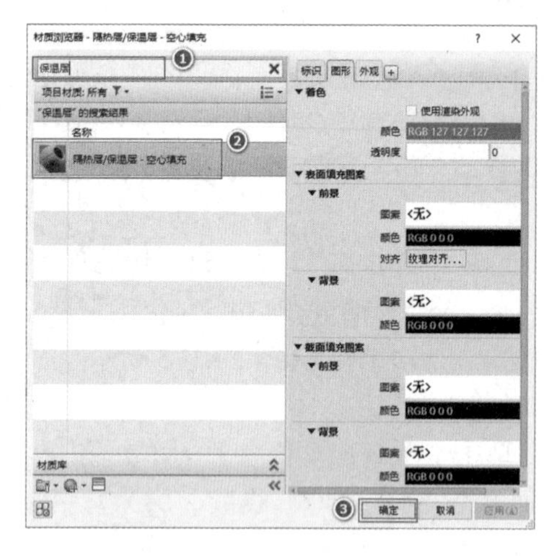

图 3.1.1-6 “材质浏览器”对话框

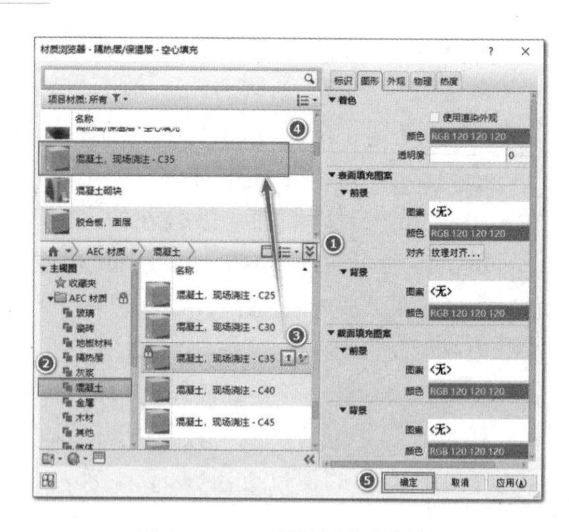

图 3.1.1-7 现浇混凝土材质

Step07 设置面层 2 材质

单击面层 2[5]的材质浏览按钮，打开“材质浏览器”对话框，如图 3.1.1-8 所示。在“材质浏览器”搜索栏中输入“粉刷”回车，列表中没有粉刷材质，但材质库中列举了与“粉刷”相关的材质，选择“粉刷，茶色，织纹”，再单击右侧的“添加”小按钮将该材质添加到项目材质库中。右键单击刚添加的材质，在右键菜单中单击“复制”，复制了一份新的材质，在编辑框中将名称更改为“ZHL-F1-F2-外墙粉刷”，如图 3.1.1-9 所示。若材质名称不在编辑状态时，可在材质名称上单击右键，打开右键菜单，然后单击“重命名”进入编辑状态。

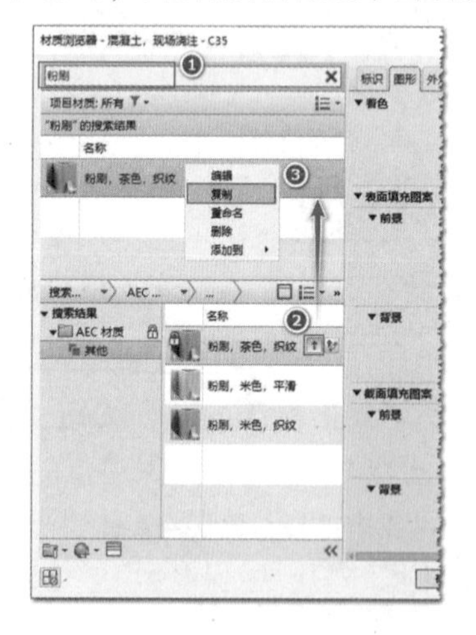

图 3.1.1-8 粉刷材质

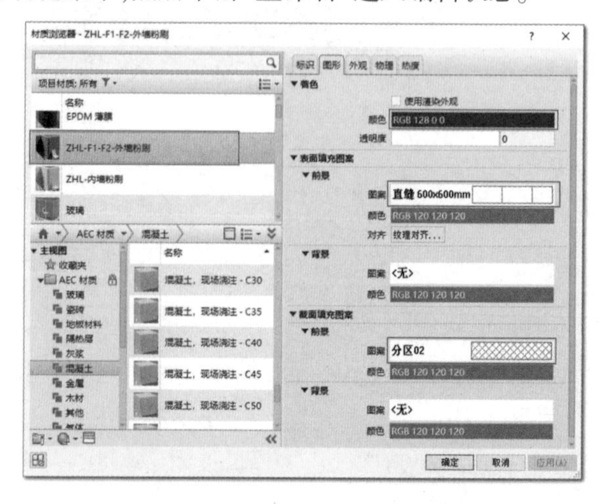

图 3.1.1-9 “ZHL-F1-F2-外墙粉刷”材质

确认“ZHL-F1-F2-外墙粉刷”处于选中状态，在“材质浏览器”对话框的右侧，切换至“图形”选项卡，如图 3.1.1-9 所示。单击着色中颜色右侧按钮，打开“颜色”对话框，如图 3.1.1-10 所示，选择一种自己喜欢的颜色，比如深红色，然后单击“确定”按钮，完成颜色的设置。透明度保持为默认的 0。在表面填充图案中，单击前景中图案右侧按钮，打开“填充样式”对话框，如图 3.1.1-11 所示，选择填充图案类型为“模型”，在下拉列表中选择“直缝 600×600 mm”，然后单击“确定”按钮，完成表面前景填充图案的设置。在截面填充图案中，单击前景中图案右侧按钮，打开“填充样式”对话框，如图 3.1.1-12 所示，确认填充图案类型为“绘图”，在下拉列表中选择“分区 02”，然后单击“确定”按钮，完成截面前景填充图案的设置。其他参数保持默认不变。注意，在制图规范中，对于截面填充图案也有相关规定，本书为了外观对比鲜明随意搭配了填充图案。同理，也可以将结构[1]的截面填充图案更改为“混凝土-钢砼”，将保温层/空气层[3]的截面填充图案更改为“松散-泡沫塑料”。

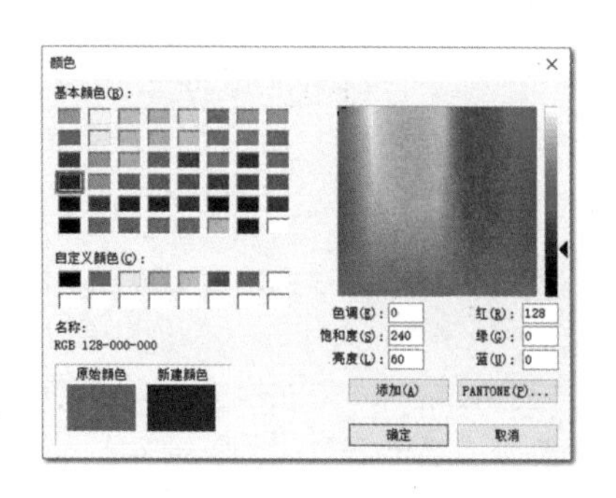

图 3.1.1-10　“颜色”对话框

图 3.1.1-11　表面填充

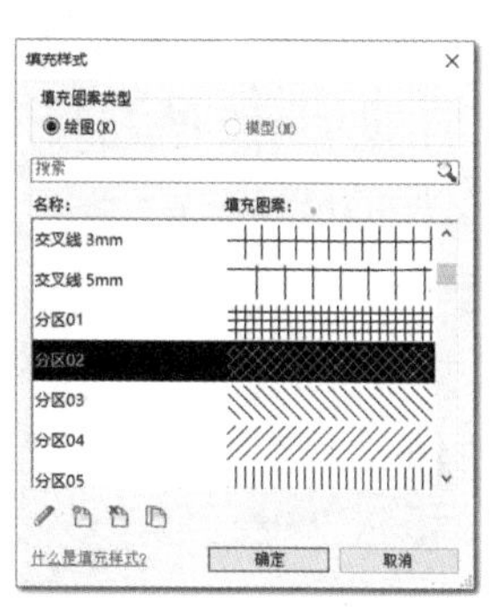

图 3.1.1-12　截面填充

确认“ZHL-F1-F2-外墙粉刷”处于选中状态，在“材质浏览器”对话框的右侧，切换至“外观”选项卡，如图 3.1.1-13 所示。单击“替换此资源”按钮，打开“资源浏览器”对话框，如图 3.1.1-14 所示。在“资源浏览器”对话框中，选择一种自己喜欢的材质，比如“空心砖”，双击“空心砖”材质，完成材质资源的替换，然后单击“资源浏览器”对话框右上角的关闭按钮关闭该对话框。此外，在“外观”选项卡中，我们还可以调整材质的“颜色”“平铺”“光泽度”等参数。

在“材质浏览器”对话框中，单击“确定”按钮，完成面层 2[5]材质的设置。

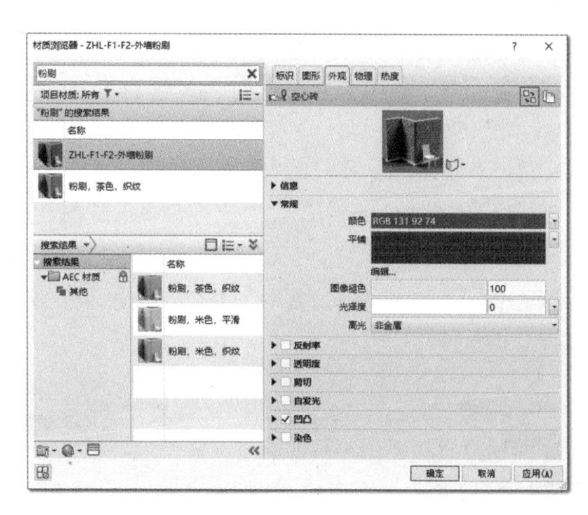

图 3.1.1-13　“外观”选项卡

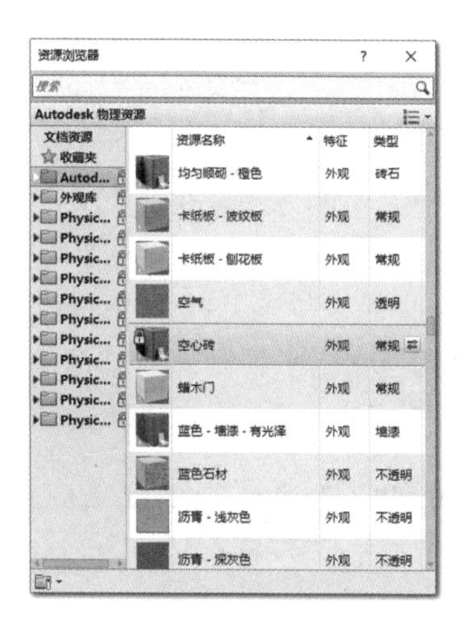

图 3.1.1-14　“资源浏览器”对话框

Step08　设置面层 1 材质

单击面层 1[4]的材质浏览按钮,打开“材质浏览器”对话框。在材质列表中,右键单击“ZHL-F1-F2-外墙粉刷”,在右键菜单中单击“复制”,新建一种新材质“ZHL-F1-F2-外墙粉刷(1)”,输入“ZHL-内墙粉刷”回车,将其重新命名,如图 3.1.1-15 所示。

确认“ZHL-内墙粉刷”处于选中状态,在“材质浏览器”对话框的右侧,切换至“图形”选项卡。将着色中的颜色设置为白色;在“表面填充图案”中,将前景图案设置为“无”;在“截面填充图案”中,将前景图案设置为“分区 02”,其他参数保持不变。切换至“外观”选项卡。单击“替换此资源”按钮,打开“资源浏览器”对话框。在“资源浏览器”对话框中,替换为“精细-白色”材质。在“材质浏览器”对话框中,单击“确定”按钮,完成面层 1[4]材质的设置,如图 3.1.1-16 所示。

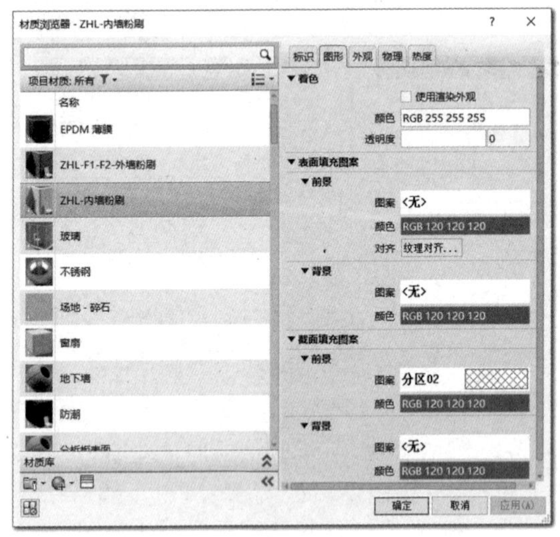

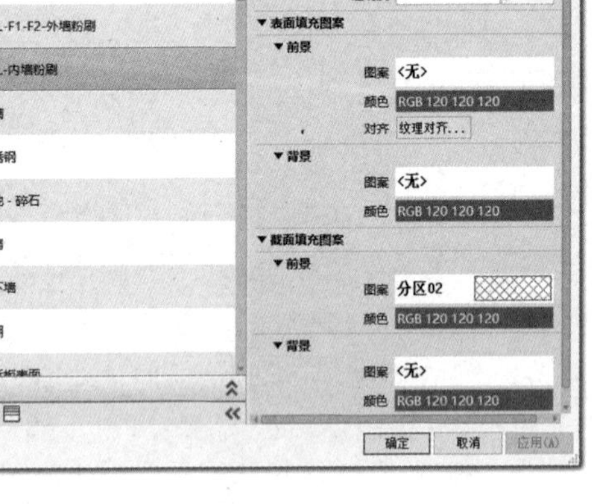

图 3.1.1-15　“ZHL-内墙粉刷”材质

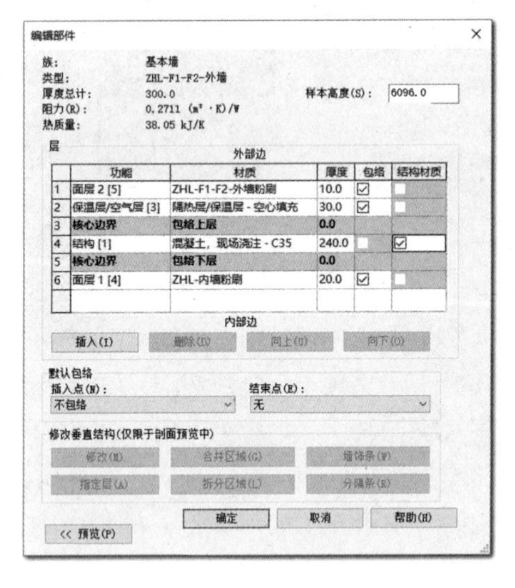

图 3.1.1-16　材质参数

单击“编辑部件”对话框中的“确定”按钮,完成“ZHL-F1-F2-外墙”结构的设置。单击“类型属性”对话框中的“确定”按钮,完成“ZHL-F1-F2-外墙”族类型的设置。

Step09　设置绘制参数

设置绘制方式。在上下文选项卡中,选择“绘制”面板中的“直线”工具。

设置绘制参数。在选项栏中,如图 3.1.1-17 所示,设置墙的生成方向为“高度”,顶部约束(即结束位置)为 F2,定位线设置为“核心层中心线”对齐方式,勾选“链”选项,偏移设置为“0.0”,不勾选“半径”选项,连接状态设置为“允许”。定位线参数和偏移参数的含义,如图 3.1.1-18、图 3.1.1-19 所示。

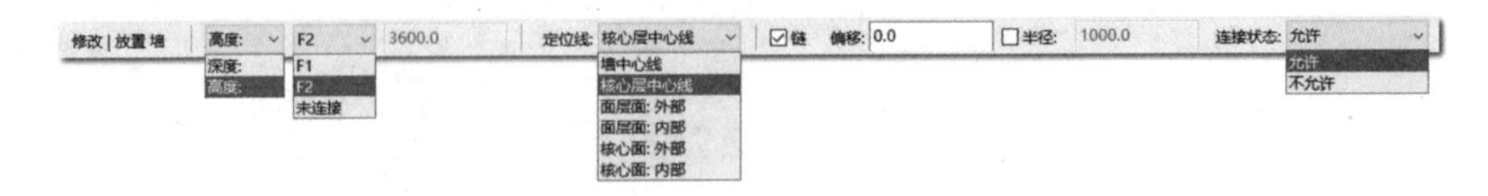

图 3.1.1-17　选项栏

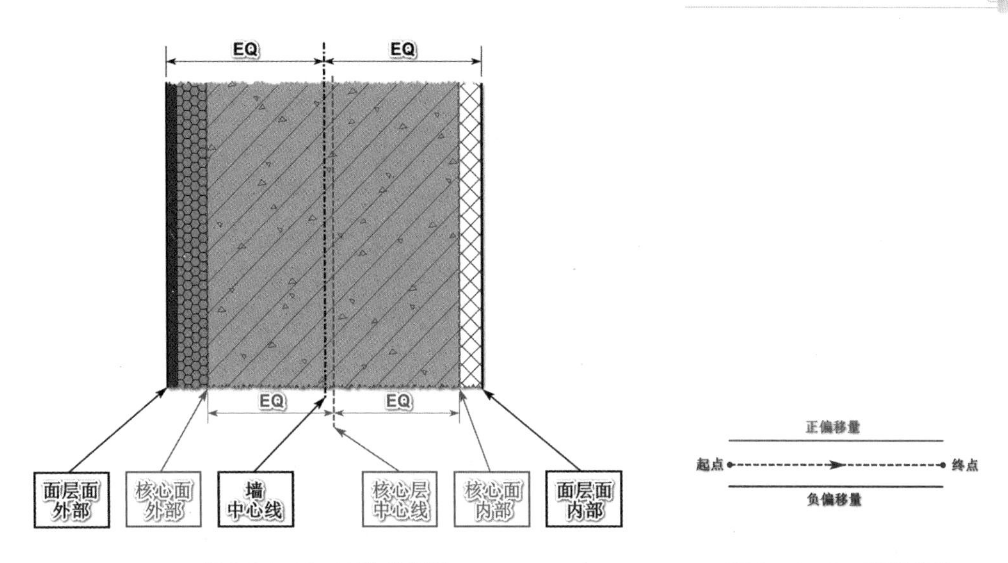

图 3.1.1-18　定位线参数

图 3.1.1-19　偏移参数

在属性面板中，定位线为“核心层中心线”，与选项栏相应参数相关联并保持一致。底部约束为 F1，与 Step01 中选择的当前视图标高一致。顶部约束为“直到标高：F2”，与选项栏相应参数相关联并保持一致。底部偏移设置为“0.0”，顶部偏移设置为“0.0”。

Step10　绘制第 1～6 面外墙

通过按住鼠标中键不放移动鼠标可以移动视图，滚动鼠标可以缩放视图，适当地移动和放大视图。移动鼠标指针至 B 轴线和 1 轴线的交点附近，Revit 将会自动捕捉两轴线的交点，单击鼠标左键绘制墙的起点。移动鼠标指针，Revit 将在起点和当前鼠标位置之间显示墙的预览示意图。沿 1 轴线垂直向上移动鼠标，直到 1 轴线与 D 轴线的交点位置，单击作为第 1 面墙的终点，完成第 1 面墙的绘制。由于勾选了“链”选项，Revit 会以第 1 面墙的终点作为第 2 面墙的起点。继续沿 D 轴线移动鼠标，捕捉到 D 轴线与 8 轴线的交点单击鼠标，作为第 2 面墙的终点，完成第 2 面墙的绘制。继续沿 8 轴线移动鼠标，捕捉到 8 轴线与 B 轴线的交点单击鼠标，完成第 3 面墙的绘制。按键盘上的 Esc 键一次，退出“链”绘制模式，但仍处于绘制墙状态。

移动鼠标至 1 轴线与 B 轴线的交点单击鼠标，绘制第 4 面墙的起点，沿 B 轴线移动鼠标至 B 轴线与 2 轴线的交点单击鼠标，完成第 4 面墙的绘制。继续沿 2 轴线移动鼠标，捕捉到 2 轴线与 A 轴线的交点单击鼠标，完成第 5 面墙的绘制。继续沿 A 轴线向右移动鼠标，在距离 2 轴线“300”的位置单击鼠标，完成第 6 面墙的绘制。如果移动鼠标不好精确定位第 6 面墙的终点，可以先沿 A 轴线绘制一面随意长度的墙，然后选择该面墙，通过修改临时尺寸标注修改墙的长度为“300”，如图 3.1.1-20 所示。按键盘上的 Esc 键两次，退出墙绘制模式。

切换至默认三维视图，在视图控制栏中切换视觉样式为着色，切换视图方向为“东南轴测”视图，如图 3.1.1-21 所示，观察所绘制的墙是否正确；第 1～3 面墙按照顺时针方向绘制，内外方向是正确的，但第 4～6 面墙按逆时针方向绘制，其内外方向不正确。切换到 F1 楼层平面，选择第 6 面墙，如图 3.1.1-22 所示，方向控件 ⇵ 处于墙的上部，说明墙的外侧位于上部，墙的方向控件处于哪一侧代表墙的“外部边”就在哪一侧，可以通过单击方向控件或按键盘空格键反转墙的内外侧。反转第 4~6 面墙的内外侧方向。

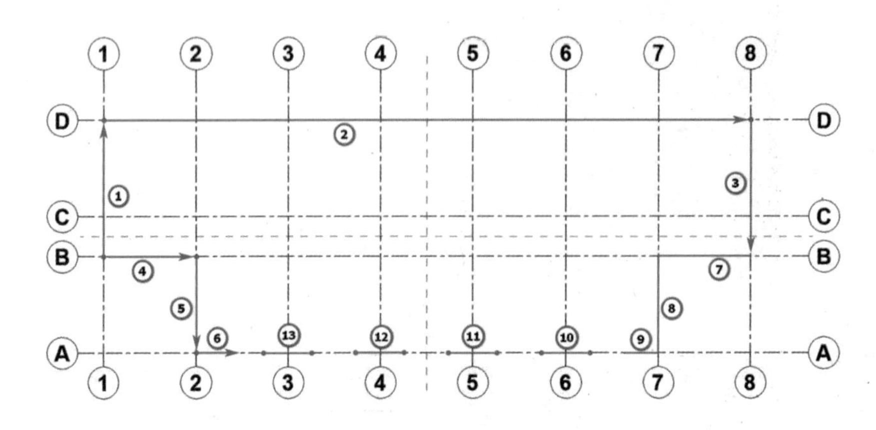

图 3.1.1-20 绘制一层外墙

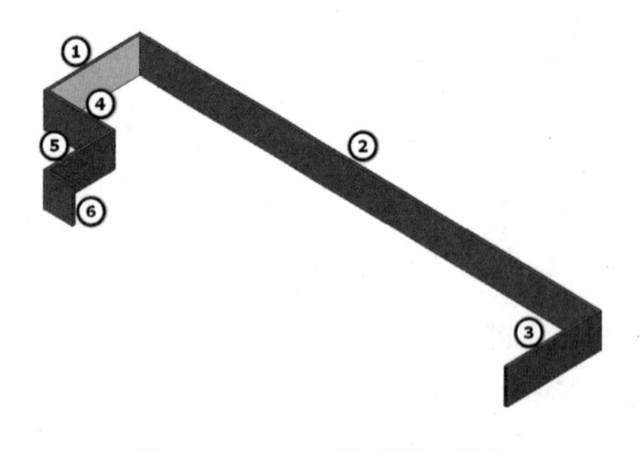

图 3.1.1-21 三维视图中的墙

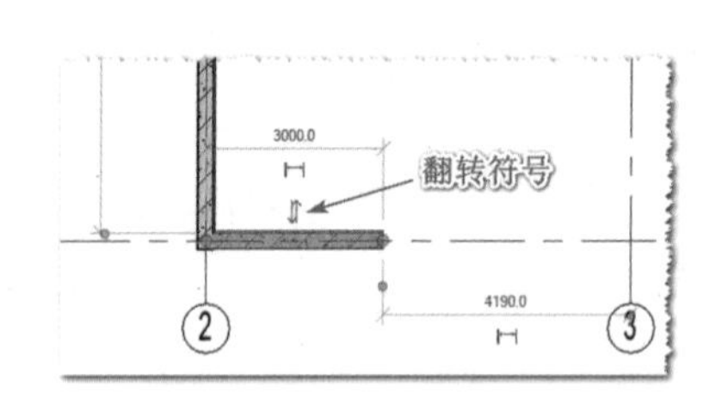

图 3.1.1-22 墙的内外方向

Step11 镜像生成第 7~9 面外墙

框选第 4~6 面墙，在上下文选项卡中单击“过滤器”工具，确认“过滤器”对话框“类别”列表中只有“墙”，若有其他类别则去掉其他类别的勾选，单击“确定”按钮。在上下文选项卡中单击“镜像 - 拾取轴”工具，勾选选项栏中“复制”参数，然后在绘图区选择参照平面 SN，复制生成第 7~9 面墙。按 Esc 键一次退出修改状态。

Step12 绘制第 10 面外墙

在 6 轴线的右侧距离 6 轴线“300”的 A 轴线上单击绘制第 10 面墙的起点，沿着 A 轴线向左，在 6 轴线的左侧距离 6 轴线“300”的 A 轴线上单击绘制第 10 面墙的终点，完成第 10 面墙的绘制。

Step13 复制生成第 11~13 面外墙

点选或框选第 10 面墙，在上下文选项卡中单击“复制”工具，勾选选项栏中“约束”和“多个”，然后在 6 轴线上任意位置单击鼠标作为起点，移动鼠标至 5 轴线单击终点，复制生成第 11 面墙。同理，再移动鼠标至 4 轴线、3 轴线分别单击，复制生成第 12、13 面墙。生成第 11~13 面墙时，使用“阵列”工具更为高效。至此，我们完成了一层所有外墙的绘制。随时可切换至默认三维视图，查看外墙绘制的效果。

3.1.2 绘制 F1 内墙

绘制 F1
内墙

Step01 选择绘制视图

在项目浏览器中,双击“楼层平面”中的 F1,切换至 F1 楼层平面视图。

Step02 激活面板工具

单击打开“建筑”选项卡,在“构建”面板中单击“墙”下拉按钮,在下拉列表中选择“墙:建筑”工具,进入放置墙状态,自动切换至“修改|放置墙”上下文选项卡。

Step03 新建墙类型

在属性面板中,单击类型选择器的下拉按钮,在下拉列表中选择“ZHL-F1-F2-外墙”的基本墙。单击属性面板中的“编辑类型”按钮,打开“类型属性”对话框。在“类型属性”对话框中,如图 3.1.2-1 所示,单击“复制”按钮,打开“名称”对话框,输入“ZHL-内墙”后单击“确定”按钮关闭该对话框,便新建了一种名为“ZHL-内墙”的基本墙类型。

Step04 修改墙类型参数

在“类型属性”对话框中,将功能设置为“内部”,单击结构参数后的“编辑”按钮,打开“编辑部件”对话框。在“编辑部件”对话框中,单击选择“保温层/空气层[3]”,单击“删除”按钮,删除“保温层/空气层[3]”,剩下三层结构。

对于面层 2[5],将厚度更改为“20”,单击材质右侧的浏览按钮,打开“材质浏览器”对话框。在材质列表中选择“ZHL-内墙粉刷”,单击“确定”按钮将“ZHL-内墙粉刷”材质赋予“面层 2[5]”层,如图 3.1.2-2 所示。其他参数保持不变。单击“编辑部件”对话框中的“确定”按钮,完成“ZHL-内墙”结构的设置。单击“类型属性”对话框中的“确定”按钮,完成“ZHL 内墙”族类型的设置。

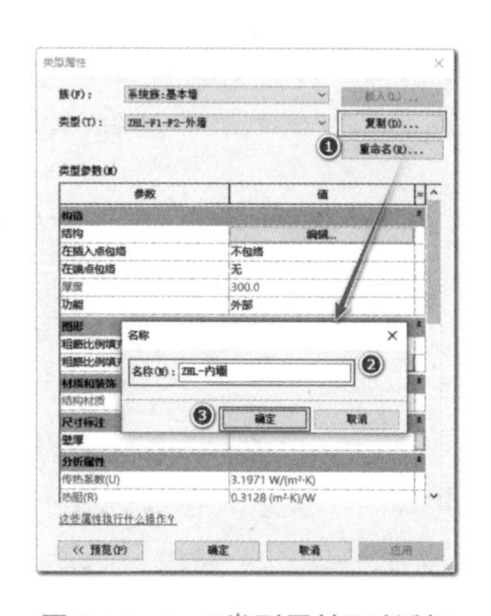

图 3.1.2-1 “类型属性”对话框

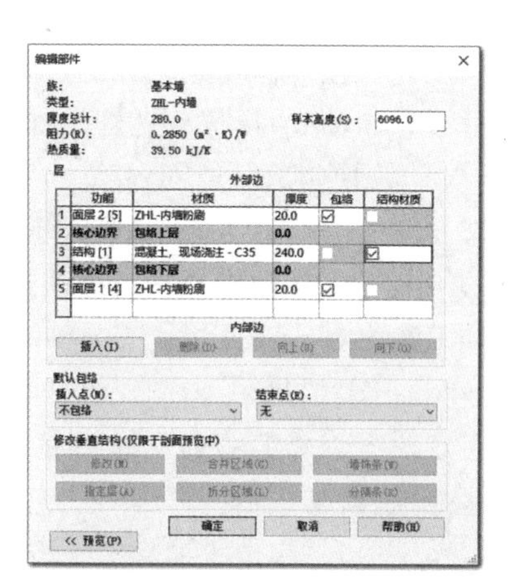

图 3.1.2-2 “编辑部件”对话框

Step05 设置绘制参数

设置绘制方式。在上下文选项卡中,选择“绘制”面板中的“直线”工具。

设置绘制参数。在选项栏中,设置生成方向为“高度”,顶部约束为 F2,定位线为“核心层中心线”,偏移为“0.0”,不勾选“链”和“半径”选项,连接状态设置为“允许”。属性面板中的参数保持默认。

Step06　绘制第 1~3 面内墙

单击 1 轴线和 C 轴线的交点绘制起点，再单击 8 轴线和 C 轴线的交点绘制终点，完成第 1 面内墙的绘制，如图 3.1.2-3 所示。注意，捕捉交点的过程当中，可以移动、放大视图，确保捕捉的是正确的点。同理，捕捉 2 轴线和 B 轴线的交点、7 轴线和 B 轴线的交点绘制第 2 面内墙，捕捉 2 轴线和 D 轴线的交点、2 轴线和 C 轴线的交点绘制第 3 面内墙。

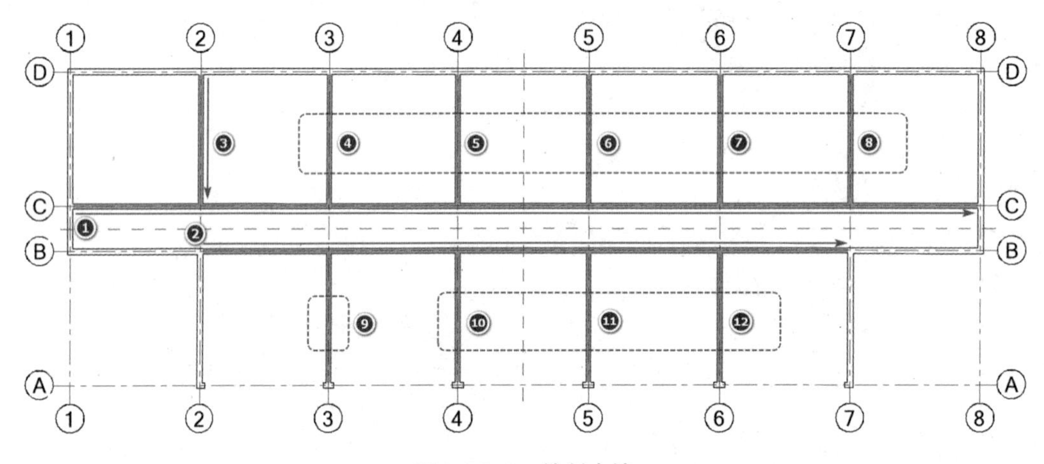

图 3.1.2-3　绘制内墙

Step07　阵列生成第 4~8 面内墙

选择图元。框选 2 轴线上的第 3 面内墙。激活面板工具。在上下文选项卡中，单击“修改”面板中的“阵列”工具，进入阵列修改状态。设置修改参数。在选项栏中，选择“线性”方式，不勾选“成组并关联”，项目数设置为“6”，移动到选择“第二个”，勾选“约束”。

阵列图元。在 2 轴线上任意位置单击选择一个起点，在 3 轴线上单击选择一个终点，将以 2 轴线和 3 轴线间的距离（即“7200”），向右等间距复制生成了第 4~8 面内墙。

Step08　镜像生成第 9 面内墙

框选 3 轴线上的第 4 面内墙，在上下文选项卡中，单击“修改”面板中的“镜像-拾取轴”工具单击，进入镜像修改状态。在选项栏中，勾选“复制”选项。单击参照平面 EW，以参照平面 EW 为对称轴复制生成 3 轴线上第 9 面内墙。

Step09　复制生成第 10~12 面内墙

单击选择 3 轴线上的第 9 面内墙，在上下文选项卡中，单击“修改”面板中的“复制”工具，进入复制修改状态。在选项栏中，勾选“约束”和“多个”选项。在 3 轴线上任意位置单击选择一个起点，在 4 轴线上单击选择一个终点，复制生成了 4 轴线上的第 10 面内墙。同理，依次在 5 轴线和 6 轴线上单击选择一个终点，复制生成 5 轴线和 6 轴线上的第 11 面内墙和第 12 面内墙，如图 3.1.2-3 所示。按 Esc 两次，退出墙的绘制状态。

Step10　绘制西侧楼梯间及卫生间内墙

单击打开“建筑”选项卡，在“构建”面板中单击“墙”下拉按钮，在下拉列表中选择“墙：建筑”工具，进入放置墙状态，自动切换到“修改 | 放置墙”上下文选项卡。在属性面板中，单击类型选择器的下拉按钮，在下拉列表中选择“ZHL-内墙”的基本墙。在上下文

选项卡中，单击“绘制”面板中的“直线”工具。在选项栏中，设置生成方向为“高度”，顶部约束为 F2，定位线为“核心层中心线”，偏移为“0.0”，不勾选“链”和“半径”选项，连接状态设置为“允许”。属性面板中的参数保持默认。

在 1、2 轴线以及 C、D 轴线之间，绘制垂直和水平的 3 面内墙，如图 3.1.2-4 左图所示。然后利用临时尺寸标注来精确定位 3 面内墙的位置，选择墙⑬，确认右侧夹点位于 2 轴线上，单击右侧临时尺寸标注数值，在编辑框中输入“2800”回车，完成墙 13 的定位，如图 3.1.2-4 中图所示。同理，利用临时尺寸标注，将墙⑭移到距 D 轴线“2980”的位置，将墙⑮移动到距离 1 轴线“2600”的位置，如图 3.1.2-6 右图所示。

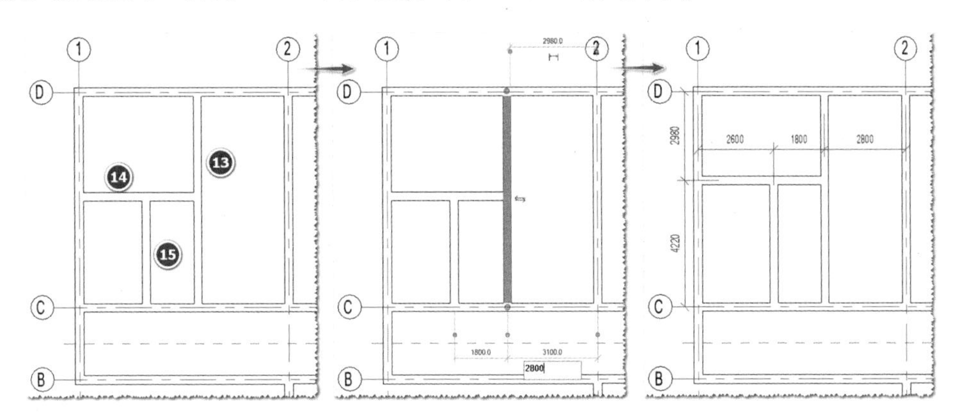

图 3.1.2-4　绘制楼梯间及卫生间内墙

Step11　镜像生成东侧楼梯间及卫生间内墙

交叉框选西侧楼梯间及卫生间的 3 面内墙，在上下文选项卡中，单击“修改”面板中的“镜像-拾取轴”工具，在选项栏中勾选“复制”选项，单击参照平面 SN，以参照平面 SN 为对称轴复制生成东侧的楼梯间及卫生间内墙⑯~⑱。

Step12　修改入口处内墙

在上下文选项卡中，单击“修改”面板中的“拆分图元”工具，进入拆分图元修改状态。在 B 轴线第 2 面内墙的靠近中间位置单击鼠标，第 2 面内墙被拆分成两面墙②和⑲，如图 3.1.2-5 所示。

在上下文选项卡中，单击“修改”面板中的“修剪/延伸为角”工具，进入“修剪/延伸为角”修改状态。单击内墙②需保留部分的任意位置，再单击内墙⑩，将 2 面墙修剪为角。同理，将内墙⑲及内墙⑪也修剪为角。按 Esc 键两次退出“修剪/延伸为角”修改状态。

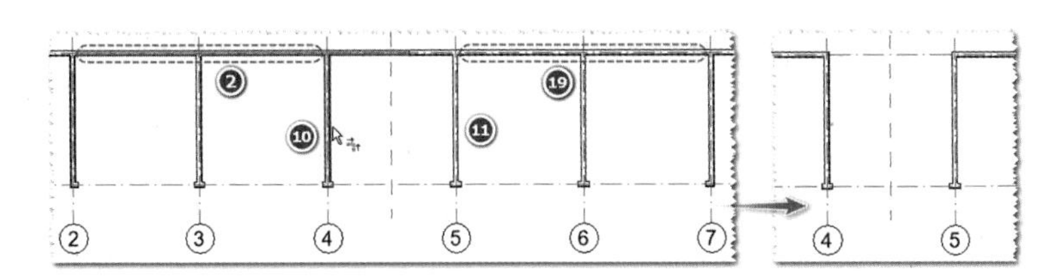

图 3.1.2-5　修改入口处内墙

Step13　修改盥洗室内墙

在上下文选项卡中，单击“修改”面板中的“拆分图元”工具，进入拆分图元修改状态。在西侧盥洗室的南侧内墙①上单击鼠标，将内墙拆分成两面墙①和⑳，如图 3.1.2-6 所示。

在上下文选项卡中，单击“修改”面板中的“修剪/延伸为角”工具，进入“修剪/延伸为角”修改状态。单击 C 轴线左侧内墙①需保留部分，再单击盥洗室西侧内墙⑮，将 2 面墙修剪为角。同理，将 C 轴线右侧内墙⑳及盥洗室东侧内墙⑬也修剪为角，按 Esc 键两次退出修剪/延伸为角修改状态。同理，修改东侧盥洗室的内墙。

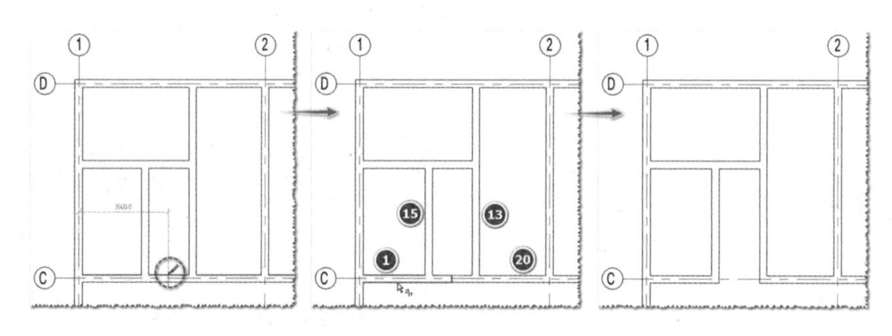

图 3.1.2-6　修改盥洗室内墙

切换至默认三维视图，我们可以看到内墙绘制后的效果，如图 3.1.2-7 所示。

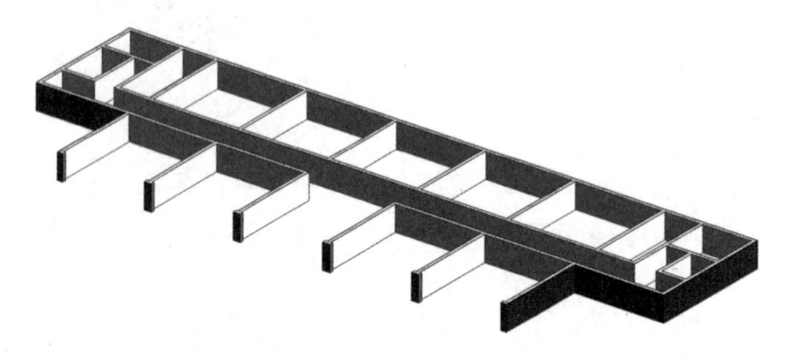

图 3.1.2-7　绘制内墙后的效果

3.1.3　绘制其他楼层内外墙

绘制其他楼层内外墙

(1)绘制 F2 外墙

由于 F2 楼层的外墙与 F1 楼层的外墙是一样的，因此，我们无须一面墙一面墙进行绘制，可以使用“层间复制”的方法进行创建。

Step01　切换操作视图

在项目浏览器中，双击“楼层平面”中的 F1，切换至 F1 楼层平面视图。

Step02　选择 F1 所有外墙

右键单击任意一面外墙，在右键菜单中，依次单击“选择全部实例”“在视图中可见”，将当前视图中的该类型(“ZHL-F1-F2-外墙”)的所有外墙选中。

Step03　层间复制外墙

在上下文选项卡中，单击“剪贴板”面板的“复制到剪贴板”工具，将外墙复制到剪贴板。然后再单击“粘贴”的下拉按钮，在下拉列表中单击“与选定的标高对齐”工具，打开“选择标高”对话框。在“选择标高”对话框中，单击选择 F2，单击“确定”按钮关闭对话框并将剪贴板中的外墙复制到了 F2 楼层。

（2）绘制室外地坪外墙

室外地坪到 F1 标高的外墙与 F1 楼层的外墙大部分相同，少数几面墙不同。因此我们仍然可以使用“层间复制”的方法先创建室外地坪楼层平面的外墙，然后再做少量的修改便可。

Step01　切换操作视图

在项目浏览器中，双击“楼层平面”中的 F1，切换至 F1 楼层平面视图。

Step02　选择 F1 所有外墙

右键单击任意一面外墙，在右键菜单中，依次单击“选择全部实例”“在视图中可见”，将当前视图中该类型（“ZHL-F1-F2-外墙”）的所有外墙选中。

Step03　层间复制外墙

在上下文选项卡中，单击“剪贴板”面板的“复制到剪贴板”工具，将外墙复制到剪贴板。然后再单击“粘贴”的下拉按钮，在列表中单击“与选定的标高对齐”工具，打开“选择标高”对话框。在“选择标高”对话框中，单击选择“室外地坪”，单击“确定”按钮关闭对话框并将剪贴板中的外墙复制到了“室外地坪”楼层。

弹出警告信息，提示有多面墙存在重叠的情况，并高亮显示了第 1 面存在重叠情况的墙。单击“下一个警告”按钮，可以显示出下一个警告的信息，并高亮显示下一面存在重叠情况的墙。单击“关闭”按钮关闭警告信息。

Step04　切换操作视图

在项目浏览器中，双击“楼层平面”中的“室外地坪”，切换至室外地坪楼层平面视图。

Step05　调整视图范围

因为室外地坪楼层平面的视图范围设置不合适，无法正确选择室外地坪楼层平面中的墙体，如图 3.1.3-1 所示，因此首先需要调整视图范围。在属性面板中，单击视图范围右侧的“编辑”按钮，打开“视图范围”对话框。在该对话框中，设置剖切面偏移为 300.0（室外地坪到 F1 的高度为“600.0”，此数值不能超过“600.0”），顶部偏移为“500.0”，单击“确定”按钮完成视图范围的设置。此时，在室外地坪楼层平面视图中显示的墙仅有 Step03 复制生成的外墙，如图 3.1.3-2 所示。

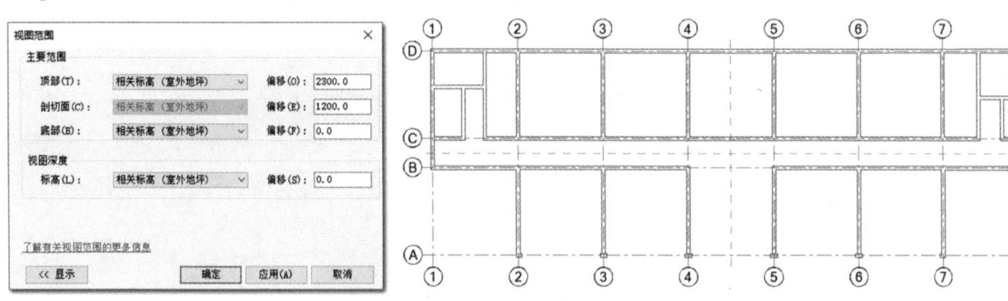

图 3.1.3-1　视图范围调整前

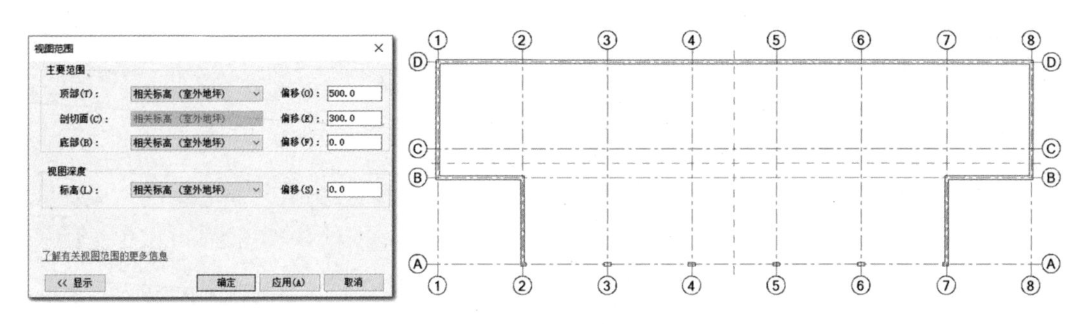

图 3.1.3-2　视图范围调整后

Step06　修改外墙图元

框选所有的外墙，在属性面板中，将顶部约束从“直到标高：F2”更改为“直到标高：F1”，顶部偏移从“-600”更改为“0.0”，单击“应用”按钮，完成室外地坪楼层平面外墙参数的更改。

框选 3~7 轴线处 A 轴线上的外墙，单击键盘上 Delete 键将该 5 面墙删除。

切换到“修改”选项卡，在“修改”面板中单击“修剪/延伸为角”工具，然后单击 2 轴线处 A 轴线方向的外墙，再单击 7 轴线上的外墙，两面墙延伸相交成角。按 Esc 键两次退出修改状态，完成室外地坪楼层平面外墙的绘制，如图 3.1.3-3 所示。

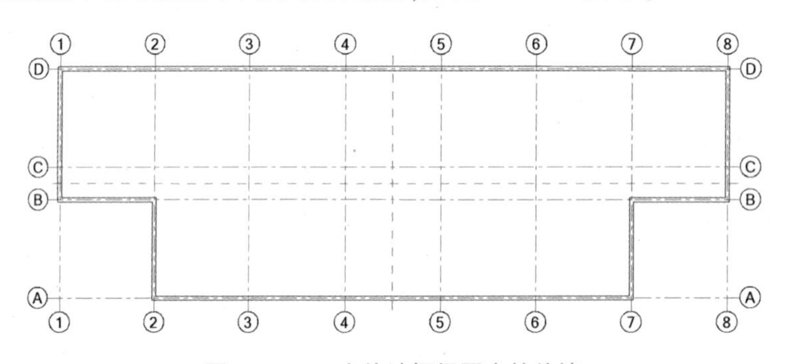

图 3.1.3-3　室外地坪视图中的外墙

(3)绘制 F3~F5 外墙

由于 F3~F5 楼层的外墙与 F1、F2 楼层的外墙相比，结构及对应位置是一样的，唯一的区别是室外粉刷的颜色不同，对于绝大部分相同少量不同的情形，我们可以采用先复制再修改的方式提高工作效率。

Step01　切换操作视图

在项目浏览器中，双击“楼层平面”中的 F2，切换至 F2 楼层平面视图。

Step02　选择 F2 所有外墙

右键单击任意一面外墙，在右键菜单中，依次单击“选择全部实例”“在视图中可见”，将当前视图中的所有外墙选中。

Step03　复制生成 F3 外墙

在上下文选项卡中，单击“剪贴板”面板的“复制到剪贴板”工具，将外墙复制到剪贴板。然后再单击“粘贴”的下拉按钮，在下拉列表中单击“与选定的标高对齐”工具，打开

“选择标高”对话框。在“选择标高”对话框中，单击选择 F3，单击“确定”按钮关闭对话框。将剪贴板中的外墙复制到了 F3 楼层。

Step04　切换操作视图

在项目浏览器中，双击“楼层平面”中的 F3，切换至 F3 楼层平面视图。

Step05　选择 F3 所有外墙

右键单击任意一面外墙，在右键菜单中，依次单击“选择全部实例”“在视图中可见”，将当前视图中的所有外墙选中。

Step06　修改 F3 外墙类型

单击属性面板中的“编辑类型”按钮，打开“类型属性”对话框。在“类型属性”对话框中，单击“复制”按钮，打开“名称”对话框，输入名称“ZHL-F3-F5-外墙”后单击“确定”按钮。在“类型属性”对话框中，功能设置为“外部”，单击结构参数后的“编辑”按钮，打开“编辑部件”对话框。

在“编辑部件”对话框中，单击面层 2[5]的材质浏览按钮，打开“材质浏览器”对话框。在材质列表中，右键单击“ZHL-F1-F2-外墙粉刷”打开右键菜单，单击“复制”新建一种新材质，输入“ZHL-F3-F5-外墙粉刷”回车，给新材质重命名。

在“材质浏览器”对话框的右侧，切换至“图形”选项卡。在着色中，将颜色设置为一种自己喜欢的颜色，例如粉红色，其他参数保持不变。切换至“外观”选项卡，单击“替换此资源”按钮，打开“资源浏览器”对话框。同样选择一种相近的、自己喜欢的材质，比如“粉红色”，如图 3.1.3-4 所示，完成面层 2[5]材质的设置。

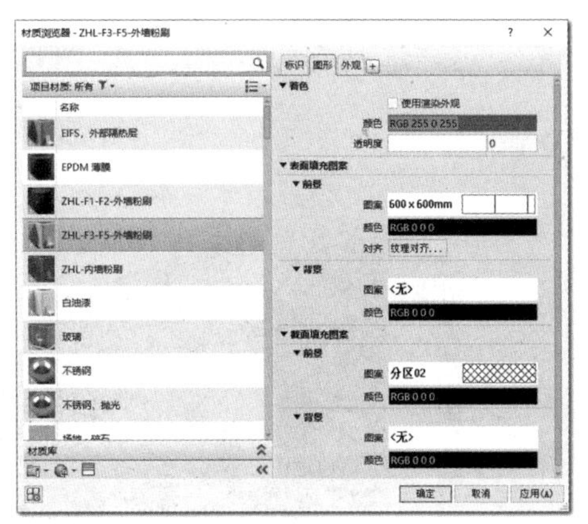

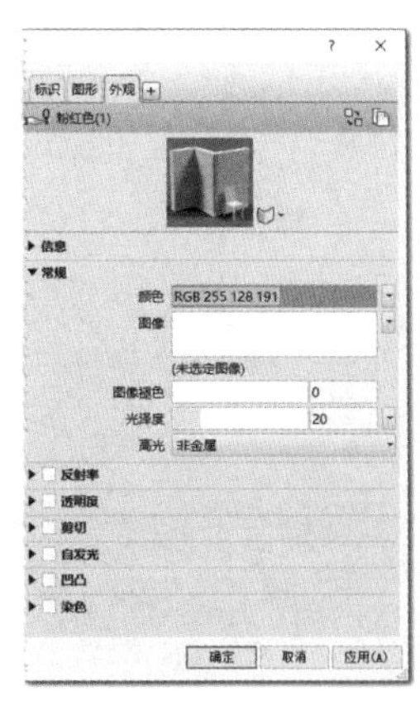

图 3.1.3-4　材质参数

单击“编辑部件”对话框中的“确定”按钮，完成“ZHL-F3-F5-外墙”结构的设置。单击“类型属性”对话框中的“确定”按钮，完成“ZHL-F3-F5-外墙”族类型的设置。F3 楼层平面中所有外墙的类型都设置成了“ZHL-F3-F5-外墙”。

Step07　复制生成 F4、F5 外墙

确认 F3 所有外墙仍处于选中状态，在上下文选项卡中，单击“剪贴板”面板中的“复制到剪贴板”工具，然后单击“粘贴”的下拉按钮，在下拉列表中单击“与选定的标高对齐”工具，打开“选择标高”对话框。在该对话框中，按住 Ctrl 键同时选择 F4、F5，单击“确定”

按钮,将 F3 楼层的外墙复制到了 F4、F5 楼层。

(4)绘制阁楼外墙

阁楼外墙的类型与 F3~F5 楼层的相同,但位置不对应,因此,不能使用复制的方法生成,我们采用直接绘制的方法。

Step01　选择绘制视图

在项目浏览器中,双击"楼层平面"中的 F6,切换至 F6 楼层平面视图。

Step02　激活面板工具

单击打开"建筑"选项卡,在"构建"面板中单击"墙"下拉按钮,在下拉列表中选择"墙:建筑"工具,进入放置墙状态。

Step03　设置图元类型

在属性面板中,单击类型选择器的下拉按钮,在下拉列表中选择"ZHL-F3-F5-外墙"的基本墙类型。

Step04　设置绘制参数

设置绘制方式。在上下文选项卡中,选择"绘制"面板中的"直线"工具。

设置绘制参数。在选项栏中,设置生成方向为"高度",顶部约束为 F7,定位线为"核心层中心线",偏移为"0.0",勾选"链"选项,不勾选"半径"选项,连接状态设置为"允许"。在属性面板中,参数保持默认。

Step05　绘制阁楼外墙

适当地移动、缩放视图。如图 3.1.3-5 所示,捕捉 D 轴线和 3 轴线的交点绘制起点,再捕捉 D 轴线与 6 轴线的交点绘制终点,绘制第 1 面墙。同理,再捕捉 6 轴线与 A 轴线的交点、A 轴线与 3 轴线的交点、3 轴线与 D 轴线的交点,绘制第 2~4 面墙。按 Esc 键两次,退出墙绘制状态。

切换至默认三维视图,我们可以看到阁楼外墙绘制后的效果,如图 3.1.3-6 所示。

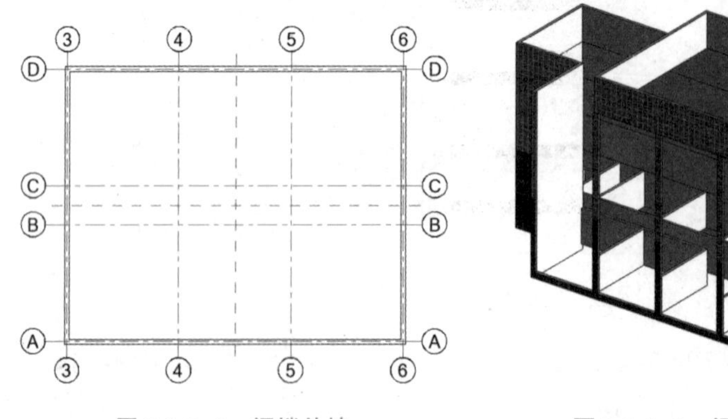

图 3.1.3-5　阁楼外墙

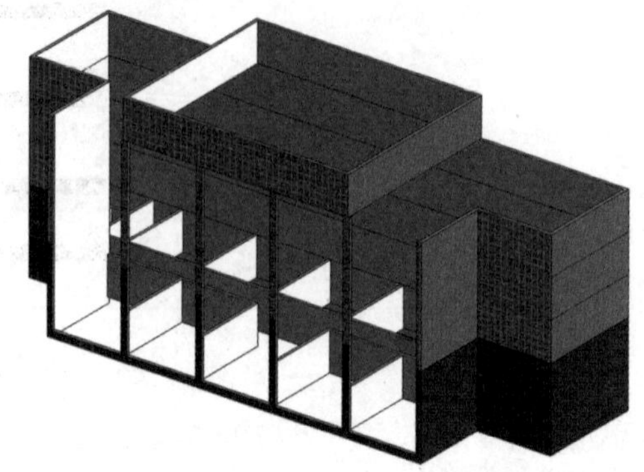

图 3.1.3-6　阁楼外墙绘制后的效果

(5)绘制女儿墙

女儿墙东西两侧对称,并且女儿墙的类型及位置与 F3~F5 楼层的基本相同,因此可以使用"层间复制"的方法先创建出一侧的女儿墙,再使用镜像的方法生成另一侧的女儿墙。

Step01　切换操作视图

在项目浏览器中，双击“楼层平面”中的 F5，切换至 F5 楼层平面视图。

Step02　选择 F5 外墙

使用交叉框选的方法把 6 轴线东侧的所有外墙选中，如图 3.1.3-7 所示，通过“过滤器”将其他类别的图元过滤，仅保留 5 面外墙。

Step03　复制生成 F6 女儿墙

在上下文选项卡中，单击“剪贴板”面板的“复制到剪贴板”工具，将外墙复制到剪贴板。然后再单击“粘贴”的下拉按钮，在下拉列表中单击“与选定的标高对齐”工具，打开“选择标高”对话框。在“选择标高”对话框中，单击选择 F6，单击“确定”按钮关闭对话框并将剪贴板中的外墙复制到了 F6 楼层。

Step04　切换操作视图

在项目浏览器中，双击“楼层平面”中的 F6，切换至 F6 楼层平面视图。可以看到刚复制生成的 F6 外墙处于选中状态。

Step05　修改女儿墙高度

在属性面板中，将顶部约束更改为“未连接”，将“无连接高度”更改为“1200”，单击“应用”按钮，完成女儿墙高度的修改。

Step06　绘制参照平面

单击打开“建筑”选项卡，在“工作平面”面板中单击“参照平面”工具，以“线”绘制方式在右下角分别绘制 2 个参照平面，参照平面与 A 轴线、8 轴线的距离都是“1000”，如图 3.1.3-8 所示。

Step07　修剪/延伸女儿墙

修剪 D 轴线女儿墙。在上下文选项卡中，单击“修改”面板中的“修剪/延伸单个图元”工具。单击 6 轴线上阁楼外墙的面层面外部，再单击 D 轴线上的女儿墙，修剪该段女儿墙使其左侧与阁楼外墙平齐，如图 3.1.3-8 所示。

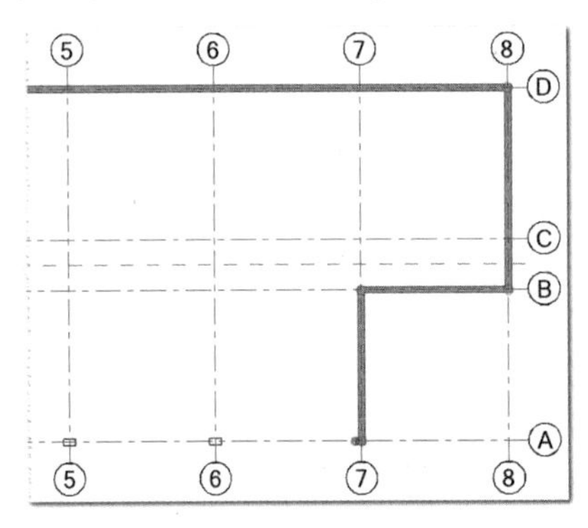

图 3.1.3-7　选择 F5 外墙

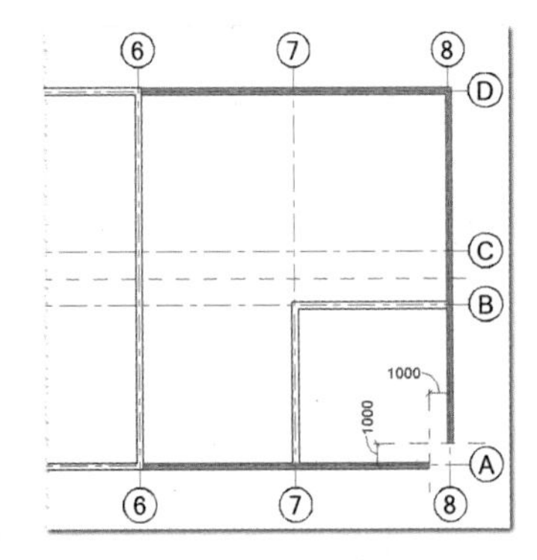

图 3.1.3-8　修剪/延伸女儿墙

延伸女儿墙。确认仍处于“修剪/延伸单个图元”修改状态，单击水平参照平面，再单击 8 轴线上的女儿墙，将该段女儿段延伸到水平参照平面。同理，将 A 轴线上的女儿墙分别向西、向东延伸到 6 轴线上阁楼外墙、垂直参照平面，如图 3.1.3-8 所示。

Step08　绘制东侧圆弧段女儿墙

单击打开“建筑”选项卡，在“构建”面板中单击“墙”下拉按钮，在下拉列表中选择“墙:建筑”工具，进入墙放置状态。在类型选择器中选择“ZHL-F3-F5-外墙”的基本墙。在上下文选项卡中，选择“绘制”面板中的“起点-终点-半径弧”工具。在选项栏中，设置生成方向为“高度”，顶部约束为“未连接”，无连接高度为“1200”，定位线为“核心层中心线”，偏移为“0.0”，不勾选“链”和“半径”选项，连接状态设置为“允许”。

捕捉 8 轴线与水平参照平面的交点绘制起点，如图 3.1.3-9 所示，捕捉 A 轴线与垂直参照平面的交点为终点，移动鼠标到 8 轴线和 A 轴线之间，自动捕捉到圆弧上的点单击，完成东侧圆弧段女儿墙的绘制。

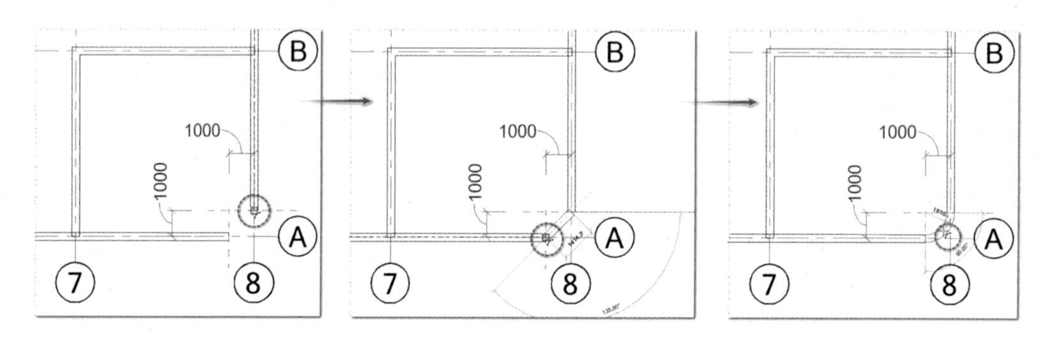

图 3.1.3-9　绘制东侧圆弧段女儿墙

Step09　镜像生成西侧女儿墙

交叉框选方式把 6 轴线东侧的所有女儿墙选中，通过“过滤器”将其他类别的图元过滤，仅保留 6 面女儿墙。在上下文选项卡中，单击“修改”面板中的“镜像-拾取轴”工具，在选项栏中勾选“复制”选项，单击参照平面 SN，以参照平面 SN 为对称轴复制生成西侧女儿墙。

(6)绘制 F2~F5 内墙

当“标准层”的墙体创建之后，除了使用“层间复制”的方法创建其他楼层的墙体之外，也可以通过直接修改墙体的参数生成其他楼层的墙体。

Step01　切换操作视图

在项目浏览器中，双击“楼层平面”中的 F1，切换至 F1 楼层平面视图。

Step02　选择 F1 所有内墙

右键单击任意一面内墙，在右键菜单中，依次单击“选择全部实例”“在视图中可见”，将当前视图中“ZHL-内墙”类型的所有内墙选中。

Step03　修改内墙高度

在属性面板中，将“顶部约束”修改为“直到标高:F6”，其他参数不变，单击“应用”按钮更新修改。

Step04　绘制 F2 内墙

在项目浏览器中，双击“楼层平面”中的 F2，切换至 F2 楼层平面视图。

单击打开“建筑”选项卡，在“构建”面板中单击“墙”下拉按钮，在下拉列表中选择“墙:建筑”工具，进入墙放置状态。在类型选择器中选择“ZHL-内墙”的基本墙。在上下文选项卡中,选择“绘制”面板中的“直线”工具。在选项栏中,设置生成方向为“高度”,顶部约束为 F6,定位线为“核心层中心线”,偏移为“0.0”,不勾选“链”和“半径”选项,连接状态设置为“允许”。

捕捉 4 轴线与 B 轴线的交点绘制起点,再捕捉 5 轴线与 B 轴线的交点绘制终点,完成 F2 内墙的绘制,如图 3.1.3-10 所示。

切换至默认三维视图,观察内墙顶部从 F2 向上延伸到 F6 后的效果,如图 3.1.3-11 所示。

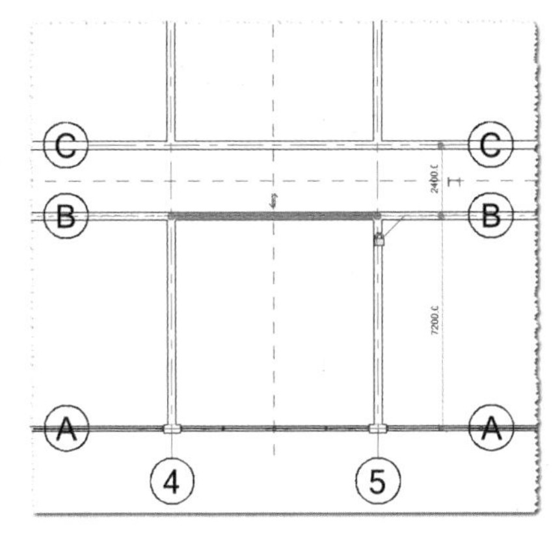

图 3.1.3-10　绘制 F2 内墙

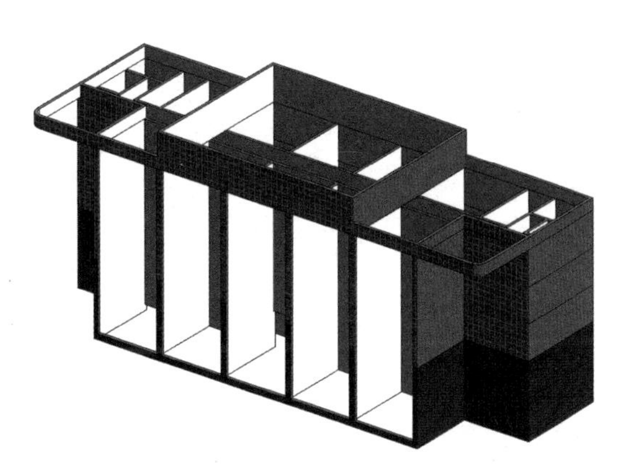
图 3.1.3-11　内墙绘制后的效果

(7)绘制 F6 楼梯间外墙

Step01　选择绘制视图

在项目浏览器中,双击“楼层平面”中的 F6,切换至 F6 楼层平面视图。

Step02　激活面板工具

点击打开“建筑”选项卡,在“构建”面板中点击“墙”下拉按钮,在下拉列表中选择“墙:建筑”工具,进入放置墙状态。

Step03　设置图元类型

在属性面板中,单击类型选择器的下拉按钮,在下拉列表中选择“ZHL-F3-F5-外墙”的基本墙类型。

Step04　设置绘制参数

设置绘制方式。在上下文选项卡中,选择“绘制”面板中的“直线”工具。

设置绘制参数。在选项栏中,设置生成方向为“高度”,顶部约束为 F7,定位线为“核心层中心线”,偏移为“0.0”,勾选“链”选项,不勾选“半径”选项,连接状态设置为“允许”。在属性面板中,参数保持默认。

Step05　绘制 F6 东侧楼梯间外墙

适当地移动、缩放视图。如图 3.1.3-12 所示,捕捉 C 轴线和 7 轴线的交点绘制起点,再捕捉 D 轴线与 7 轴线的交点绘制终点,绘制第 1 面墙。同理,再捕捉 D 轴线与楼梯间东侧内墙中心线的交点、楼梯间东侧内墙中心线与 C 轴线的交点、C 轴线与 7 轴线的交点,绘制第 2~4 面墙。按 Esc 键两次,退出墙绘制状态。

Step06 镜像生成 F6 西侧楼梯间外墙

以框选方式选择刚绘制的 F6 东侧楼梯间四面外墙。在上下文选项卡中,点击"修改"面板中的"镜像-拾取轴"工具,在选项栏中勾选"复制"选项,点击参照平面 SN,以参照平面 SN 为对称轴复制生成西侧楼梯间外墙。按 Esc 键一次,退出墙的选择状态。

Step07 修改女儿墙

点击打开"修改"选项卡,在"修改"面板中点击"拆分图元"工具,然后在东侧 D 轴线上的女儿上点击鼠标,如图 3.1.3-13 所示,将女儿墙拆分成两段。在"修改"面板中点击"修剪/延伸单个图元"工具,点击楼梯间左侧外墙的外表面,再点击刚拆分出的左段女儿墙,将该女儿墙修剪成右截面与楼梯间左侧外墙的外表面对齐。同理,将刚拆分出的右段女儿墙延伸,使该女儿墙的左截面与楼梯间右侧外墙的外表面对齐。同理,再拆分、修剪/延伸西侧 D 轴线上的女儿墙。

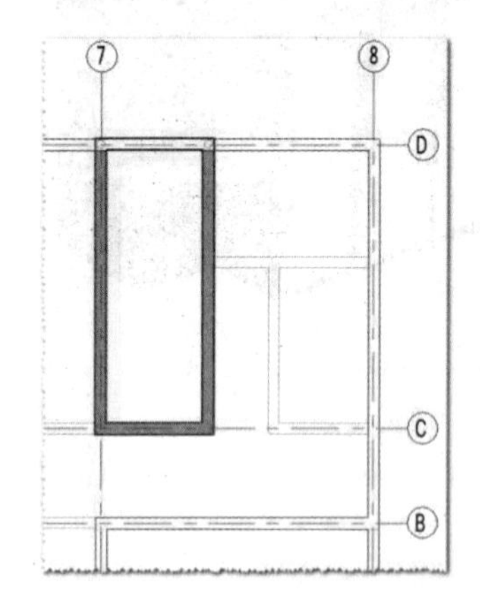

图 3.1.3-12 绘制东侧楼梯间外墙

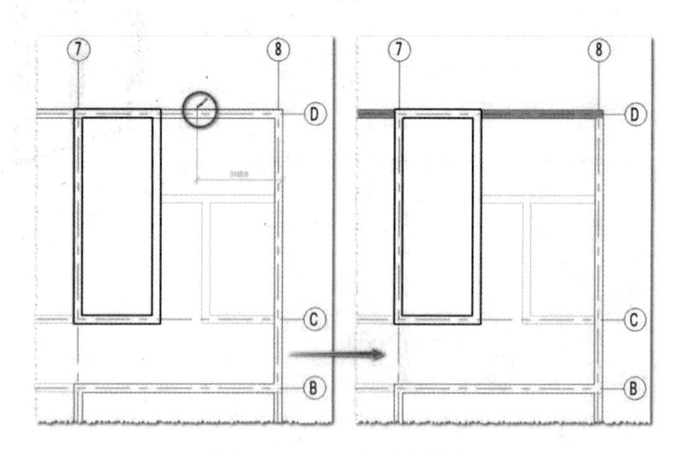

图 3.1.3-13 修改女儿墙

3.2 叠层墙

Step01 选择绘制视图

在项目浏览器中,双击"楼层平面"中的 F1,切换至 F1 楼层平面视图。

叠层墙

Step02 激活面板工具

单击打开"建筑"选项卡,在"构建"面板中单击"墙"下拉按钮,在下拉列表中选择"墙:建筑"工具,进入放置墙状态,自动切换至"修改|放置墙"上下文选项卡。

Step03 新建图元类型

在属性面板中,单击类型选择器的下拉按钮,在下拉列表中选择"外部-砌块勒脚砖墙"的叠层墙类型。单击属性面板中的"编辑类型"按钮,打开"类型属性"对话框。在"类型属性"对话框中,如图 3.2-1 所示,单击"复制"按钮,打开"名称"对话框,输入名称"ZHL-叠层墙"后单击"确定"按钮创建一种新类型。单击结构参数后的"编辑"按钮,打开"编辑部件"对话框,如图 3.2-2 所示。

在"编辑部件"对话框中，单击底部 2 层的名称单元格，在下拉列表中选择"ZHL-F1-F2-外墙"基本墙类型，高度修改为"7200"。单击顶部 1 层的名称单元格，在下拉列表中选择"ZHL-F3-F5-外墙"基本墙类型，保持高度为"可变"。单击"确定"按钮完成叠层墙结构的设置，再单击"类型属性"对话框中的"确定"按钮，完成"ZHL-叠层墙"墙类型的设置。

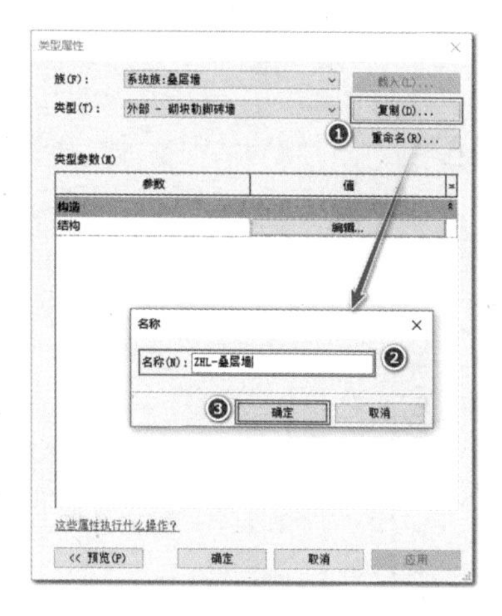

图 3.2-1　"类型属性"对话框

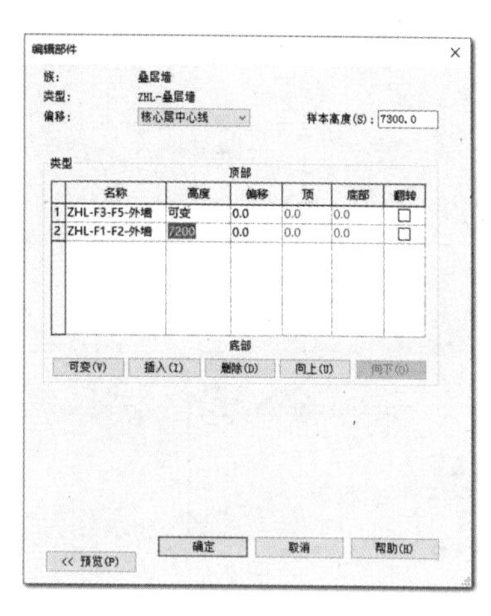

图 3.2-2　"编辑部件"对话框

Step04　设置绘制参数

设置绘制方式。在上下文选项卡中，选择"绘制"面板中的直线工具。

设置绘制参数。在选项栏中，设置墙的生成方向"高度"，顶部约束为 F6，定位线为"核心层中心线"，偏移为"0.0"，勾选"链"选项，不勾选"半径"选项，连接状态设置为"允许"。在属性面板中，参数保持默认。

Step05　绘制东侧叠层墙

在 8 轴线上距离 A 轴线"2200"的位置处单击绘制起点，捕捉 8 轴线与水平参照平面的交点单击绘制终点，绘制了第 1 面叠层墙。在上下文选项卡中，选择"绘制"面板中的"起点-终点-半径弧"工具，捕捉 A 轴线与垂直参照平面的交点单击绘制第 2 面墙的终点，移动鼠标到 8 轴线和 A 轴线之间，自动捕捉到圆弧上的点单击，完成第 2 面圆弧段叠层墙的绘制。在上下文选项卡中，选择"绘制"面板中的"直线"工具，捕捉 A 轴线与 7 轴线阁楼外墙外部层面的交点单击绘制终点，完成第 3 面墙的绘制，如图 3.2-3 所示。

Step06　修改叠层墙轮廓

在项目浏览器中，双击"楼层平面"中的"南"，切换至南立面视图。

单击选择第 3 面叠层墙，在视图控制栏中，单击"临时隐藏/隔离"，在列表中选择"隔离图元"工具，隐藏除第 3 面叠层墙之外的其他所有图元。在上下文选项卡中，单击"模式"面板中的"编辑轮廓"工具，进入叠层墙的轮廓编辑状态，红色的线代表了墙的轮廓。

绘制上侧的任意封闭边界。首先在上下文选项卡中，选择"绘制"面板中的直线工具，单击鼠标绘制起点，向右上方移动鼠标到适当位置单击绘制第 2 个点，完成直线段的绘制。然后选择"绘制"面板中的"相切-端点弧"工具，单击第 3 个点，第 4 个点，第 5 个点,最后单击起点,如图 3.2-4 所示,绘制成封闭图形。

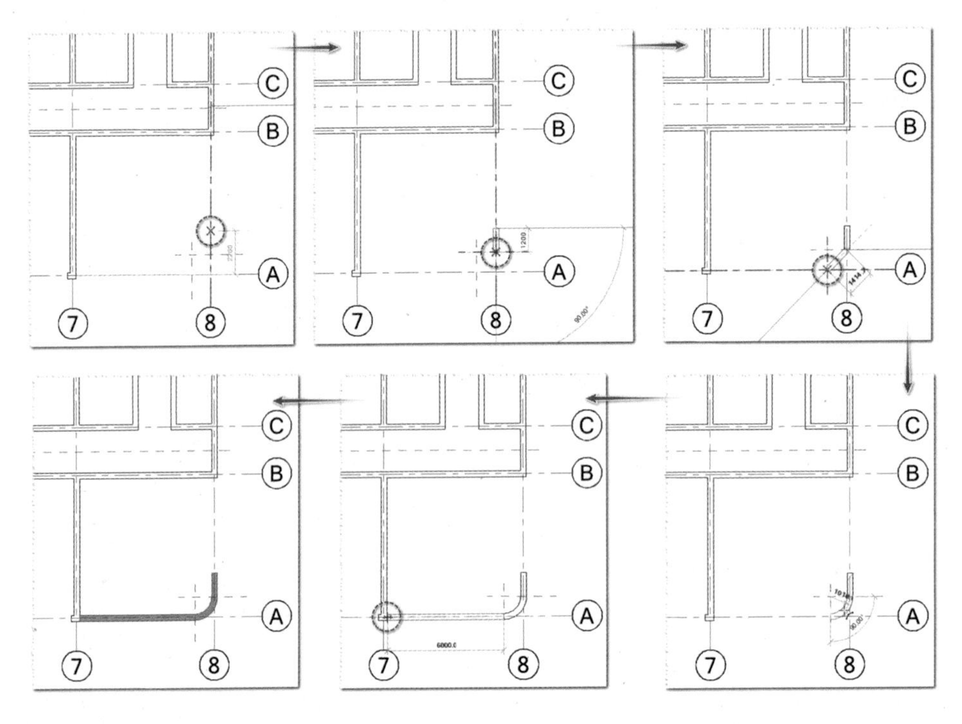

图 3.2-3　绘制东侧叠层墙

绘制中间的圆形封闭边界。在上下文选项卡中,选择“绘制”面板中的“圆形”工具。在 F3 标高叠层墙水平中间位置单击确定圆心,移动鼠标时,实时显示了以圆心到当前鼠标点为半径的圆轮廓,鼠标移动至合适位置时单击,绘制成封闭的圆形边界,如图 3.2-4 所示。

绘制下侧的圆弧形边界。在上下文选项卡中,选择“绘制”面板中的“起点-终点-半径弧”工具。在叠层墙的底边界上左侧单击、右侧单击绘制起点和终点,然后向上移动鼠标,圆弧的大小合适时单击鼠标,完成圆弧段边界的绘制。圆弧段边界与底边界相交,必须进行修改。在上下文选项卡中,单击“拆分图元”工具,然后在底边界靠近中间位置单击,底边界被拆分为两段。在“修改”面板中单击“修剪/延伸为角”工具,依次单击底边界的左段和圆弧段,完成左侧的修剪,然后再依次单击底边界的右段和圆弧段,完成右侧的修剪,确保叠层墙的外轮廓边界也是一个封闭图形,如图 3.2-4 所示。

以上封闭图形是为了演示不同边界轮廓的效果,形状可随意绘制。在上下文选项卡中,单击“模式”面板中的“完成编辑模式”按钮,Revit 会根据各封闭边界按规则生成叠层墙的外观。

Step07　镜像生成西南角叠层墙

在项目浏览器中,双击“楼层平面”中的 F1,切换至 F1 楼层平面视图。

交叉框选刚才绘制的 3 面叠层墙,使用“过滤器”去除其他类别图元的选择,选择集仅保留 3 面叠层墙。

在上下文选项卡中,单击“修改”面板中的“镜像-拾取轴”工具,进入镜像修改状态。

然后单击参照平面 SN,以参照平面 SN 为对称轴复制生成西侧的 3 面叠层墙。

切换至默认三维视图,我们可以看到叠层墙绘制后的效果,如图 3.2-5 所示。

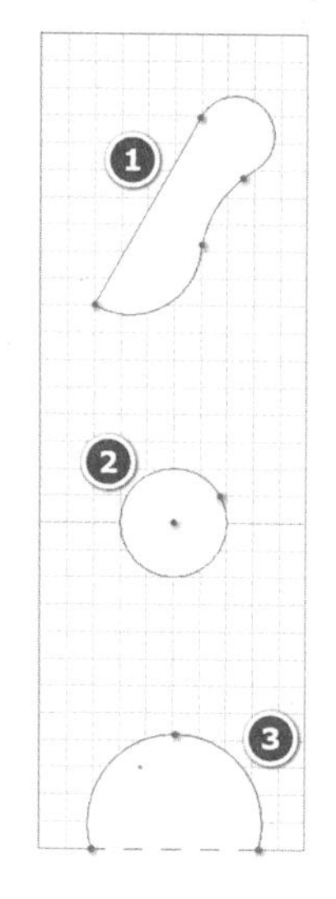

图 3.2-4　叠层墙边界轮廓

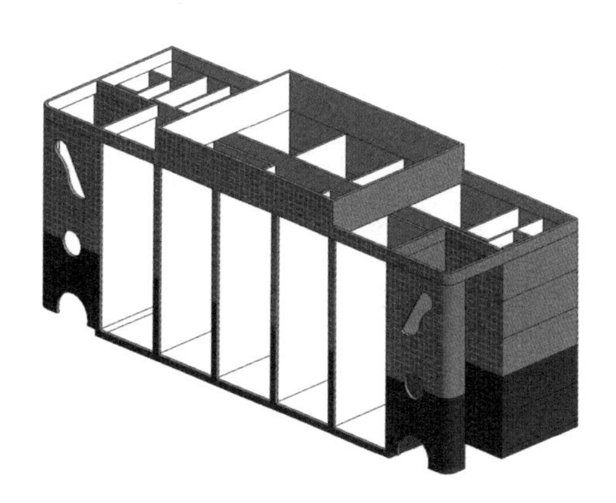

图 3.2-5　叠层墙绘制后的效果

3.3　幕墙

3.3.1　绘制外部幕墙

绘制外部幕墙

Step01　选择绘制视图

在项目浏览器中,双击“楼层平面”中的 F1,切换至 F1 楼层平面视图。

Step02　激活面板工具

单击打开“建筑”选项卡,在“构建”面板中单击“墙”下拉按钮,在下拉列表中选择“墙:建筑”工具,进入放置墙状态,自动切换至“修改|放置墙”上下文选项卡。

Step03　新建图元类型

在属性面板中,单击类型选择器的下拉按钮,然后在下拉列表中选择“幕墙”的幕墙族类型。单击属性面板中的“编辑类型”按钮,打开墙“类型属性”对话框。在“类型属性”对话框中,单击“复制”按钮,打开“名称”对话框,输入名称“ZHL-外部幕墙”后单击“确定”按钮创建一种新的类型。“类型属性”对话框中其他参数先不做任何修改,单击“确定”按钮。

Step04　设置绘制参数

设置绘制方式。在上下文选项卡中,选择“绘制”面板中的“线”工具。

设置绘制参数。在选项栏中,设置生成方向为“高度”,顶部约束为 F6,定位线为“核心层中心线”,偏移为“0.0”,不勾选“链”和“半径”选项,连接状态设置为“不允许”。在属性面板中,参数保持默认,底部偏移和顶部偏移均为“0.0”。

Step05 绘制第 1~2 面外部幕墙

适当缩放、移动视图。捕捉到 7 轴线处外墙的左截面与 A 轴线的交点，单击鼠标绘制起点，再捕捉到 6 轴线处外墙的右截面与 A 轴线的交点，单击鼠标绘制终点，完成第 1 面外部幕墙的绘制。同理，捕捉到 6 轴线处外墙的左截面与 A 轴线的交点，单击鼠标绘制起点，再捕捉到 5 轴线处外墙的右截面与 A 轴线的交点，单击鼠标绘制终点，完成第 2 面外部幕墙的绘制，如图 3.3.1-1 所示。按 Esc 键两次退出放置墙状态。

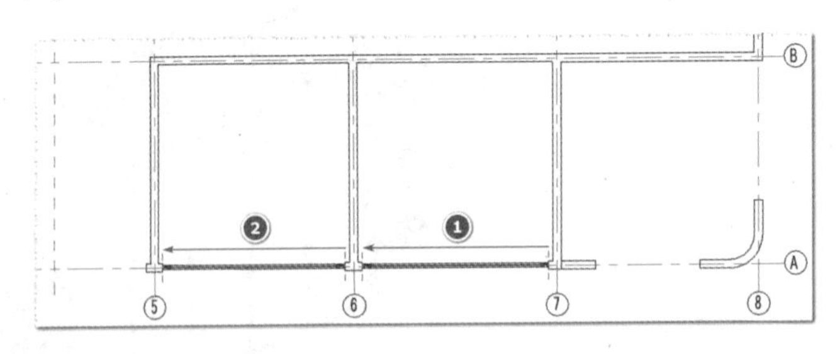

图 3.3.1-1 绘制外部幕墙

Step06 镜像生成第 3~4 面外部幕墙

右键单击刚绘制的任意一面外部幕墙，在右键菜单中，依次单击“选择全部实例”“在视图中可见”，选择 2 面外部幕墙。在上下文选项卡中，单击“修改”面板中的“镜像-拾取轴”工具，勾选选项栏中的“复制”选项，然后单击参照平面 SN，以参照平面 SN 为镜像轴复制生成第 3~4 面外部幕墙。

3.3.2 修改外部幕墙

修改外部幕墙

Step01 划分网格

单击选择任意一面外部幕墙。确认类型选择器中当前选择是“ZHL-外部幕墙”，单击“编辑类型”按钮，打开“类型属性”对话框。在“类型属性”对话框中，将垂直网格的布局设置为“固定距离”，间距设置为“3300.0”，勾选“调整竖梃尺寸”。将水平网格的布局设置为“固定距离”，间距设置为“3600.0”，勾选“调整竖梃尺寸”，如图 3.3.2-1 所示，单击“确定”按钮完成网格的设置。按 Esc 键两次退出修改状态。我们可以在默认三维视图中看到，原来整块大“玻璃”被网格分割成了一块一块小“玻璃”（嵌板）的效果，如图 3.3.2-2 所示。

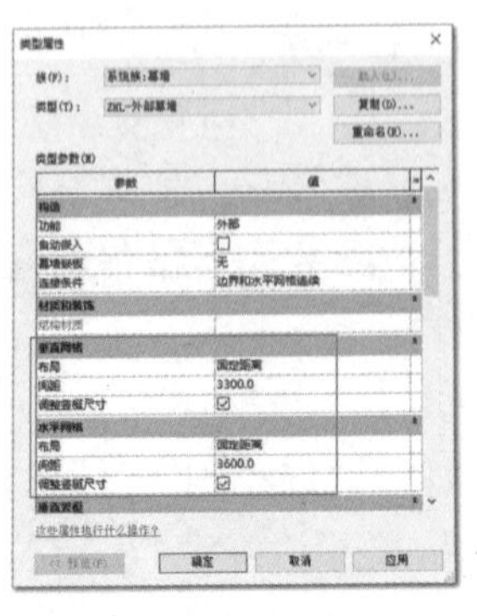

图 3.3.2-1 划分网格

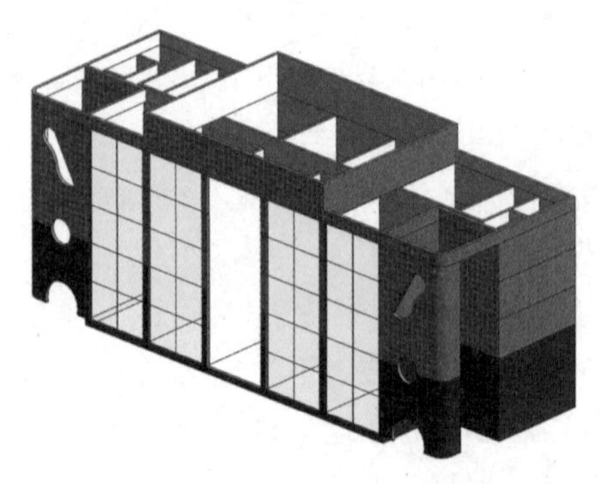

图 3.3.2-2 划分网格后的效果

Step02　添加竖梃

单击选择任意一面外部幕墙。在属性面板中，单击“编辑类型”按钮，打开“类型属性”对话框。在“类型属性”对话框中，将垂直竖梃的“内部类型”“边界 1 类型”“边界 2 类型”，水平竖梃的“内部类型”“边界 1 类型”“边界 2 类型”，都设置为“矩形竖梃：50×150mm”，如图 3.3.2-3 所示。将构造的连接条件设置为“边界和垂直网格连续”。单击“确定”按钮完成竖梃的设置。按 Esc 键两次退出修改状态。我们可以在默认三维视图中看到在所有的网格线上放样生成竖梃后的效果，如图 3.3.2-4 所示。

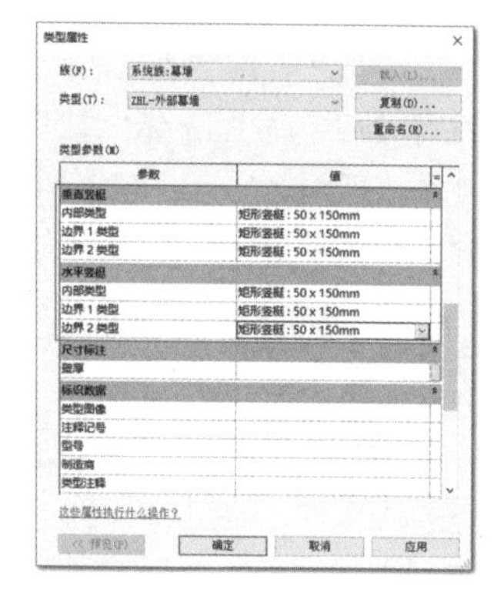

图 3.3.2-3　添加竖梃

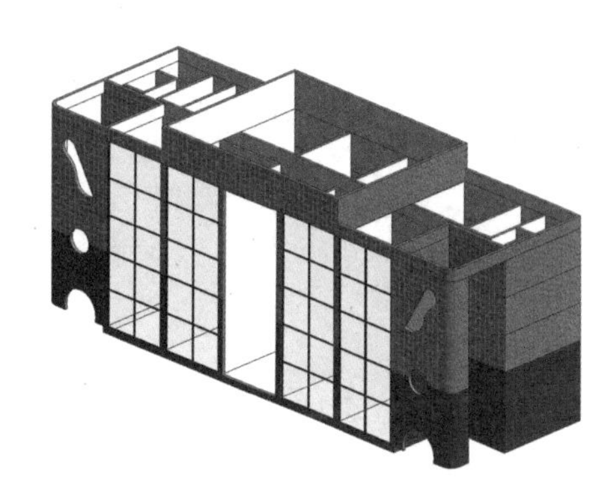

图 3.3.2-4　添加竖梃后的效果

Step03　设置幕墙嵌板

单击选择任意一面外部幕墙。单击“编辑类型”按钮再次打开“类型属性”对话框。在“类型属性”对话框中，将幕墙嵌板设置为“系统嵌板：玻璃”，如图 3.3.2-5 所示，单击“确定”按钮完成幕墙嵌板的设置。

系统族库中也自带了其他形式的幕墙嵌板，例如“点爪式幕墙嵌板 1.rfa”，可以将它先载入项目然后再进行设置。通过“插入”选项卡的“载入族”工具，打开“载入族”对话框。依据路径“建筑”“幕墙”“其他嵌板”找到“点爪式幕墙嵌板 1.rfa”，将其载入项目。再打开“类型属性”对话框，将幕墙嵌板设置为“点爪式幕墙嵌板 1：点爪式幕墙嵌板 1”便可，如图 3.3.2-6 所示。

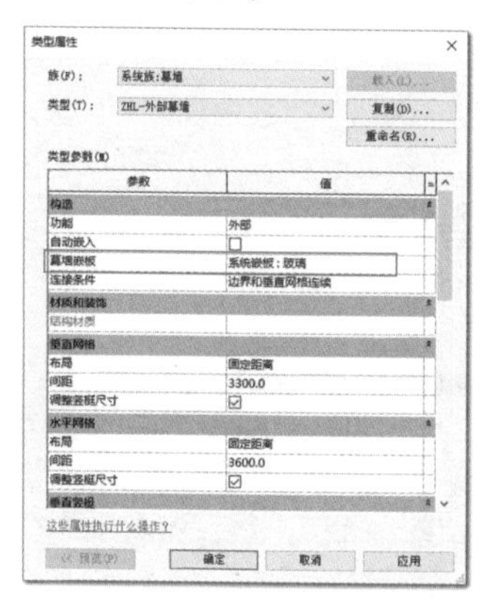

图 3.3.2-5　设置幕墙嵌板

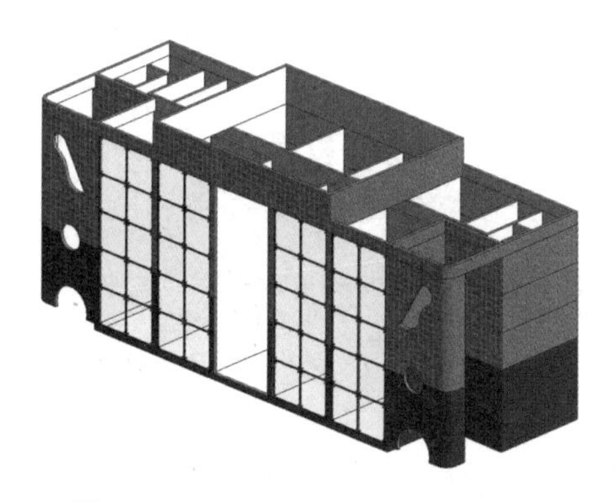

图 3.3.2-6　设置幕墙嵌板后的效果

3.3.3 绘制入口处幕墙

绘制入口处幕墙

Step01 选择绘制视图

在项目浏览器中,双击“楼层平面”中的 F1,切换至 F1 楼层平面视图。

Step02 激活面板工具

单击打开“建筑”选项卡,在“构建”面板中单击“墙”下拉按钮,在下拉列表中选择“墙:建筑”工具,进入放置墙状态,自动切换至“修改|放置墙”上下文选项卡。

Step03 新建图元类型

在属性面板中,单击类型选择器的下拉按钮,然后在下拉列表中选择“幕墙”的幕墙族类型。单击属性面板中的“编辑类型”按钮,打开墙“类型属性”对话框。在“类型属性”对话框中,单击“复制”按钮,打开“名称”对话框,输入名称“ZHL-入口处幕墙”后单击“确定”按钮创建一种新的类型。“类型属性”对话框中其他参数先不做任何修改,单击“确定”按钮。

Step04 设置绘制参数

设置绘制方式。在上下文选项卡中,选择“绘制”面板中的“线”工具。

设置绘制参数。在选项栏中,设置生成方向为“高度”,顶部约束为 F6,定位线为“核心层中心线”,偏移为“0.0”,不勾选“链”和“半径”选项,连接状态设置为“不允许”。在属性面板中,参数保持默认,底部偏移和顶部偏移均为“0.0”。

Step05 绘制入口处幕墙

适当缩放、移动视图。捕捉到 6 轴线处外墙的左截面与 A 轴线的交点,单击鼠标绘制起点,再捕捉到 5 轴线处外墙的右截面与 A 轴线的交点,单击鼠标绘制终点,完成入口处幕墙的绘制。

3.3.4 修改入口处幕墙

修改入口处幕墙

Step01 切换操作视图及隔离图元

在项目浏览器中,双击“立面”中的“南”,切换至南立面视图。

单击选择入口处幕墙,在视图控制栏中,单击“临时隐藏/隔离”,在列表中选择“隔离图元”工具,隐藏除入口处幕墙之外的其他所有图元。

Step02 划分网格

单击打开“建筑”选项卡,在“构建”面板中单击“幕墙网格”工具,进入绘制幕墙网格状态,自动切换至“修改|放置 幕墙网格”上下文选项卡,如图 3.3.4-1 所示。

图 3.3.4-1 幕墙网格工具及“修改|放置 幕墙网格”上下文选项卡

在上下文选项卡中，选择“放置”面板中的“全部分段”工具，将鼠标指针移动到距离幕墙下边缘“3600”的位置单击鼠标，放置一条从左到右完整长度的网格线。同理，向上移动鼠标指针，水平方向以“3600”等间距再放置 3 条网格线，如图 3.3.4–2 图 1 所示。

在上下文选项卡中，选择“放置”面板中的“除拾取外的全部”工具，将鼠标指针移动到顶部中间位置单击鼠标，先放置一条从上到下完整长度的网格线，该线呈粉红色，然后再单击一层、三层、五层中间分段，3 段线变为虚线，表示将不绘制网格线，如图 3.3.4–2 图 2 所示，单击上下文选项卡中的“重新放置幕墙网格”开始新网络线的放置。同理，以“除拾取外的全部”的方式在距左边缘、右边缘“1100”的位置放置网格线，如图 3.3.4–2 图 3、图 4 所示，在五层和三层中间位置放置网格线，如图 3.3.4–2 图 5 和图 3.3.4–3 图 6 所示。

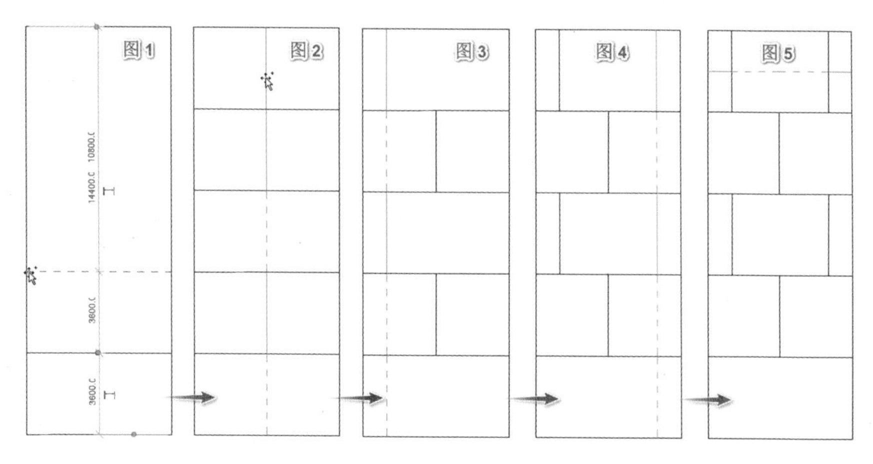

图 3.3.4–2　划分网格

在上下文选项卡中，选择“放置”面板中的“一段”工具，将鼠标移动到下边缘位置先大概放置两条竖直的网格线，如图 3.3.4–3 图 7 所示。按 Esc 键退出绘制网格线状态。单击选择刚绘制的网格线段，通过调整临时尺寸标注将网格线移动到距离中间网格线 1800 的位置，如图 3.3.4–3 图 8、图 9 所示。网格划分完成后的效果，如图 3.3.4–3 图 10 所示。

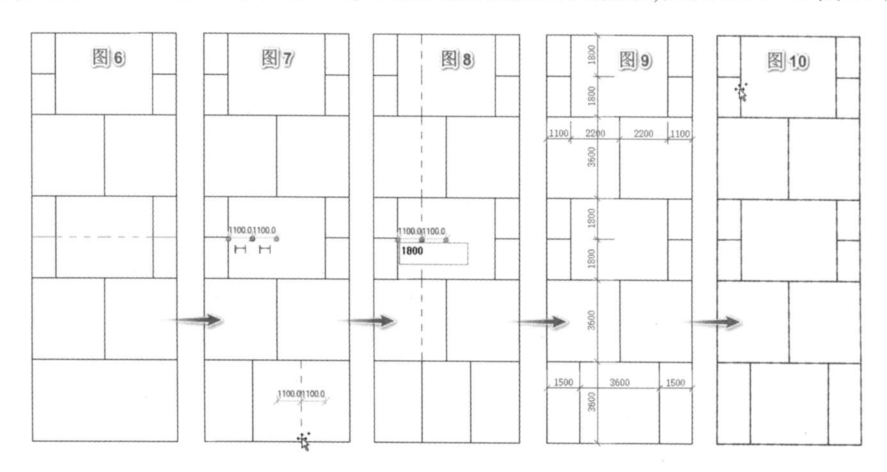

图 3.3.4–3　划分网格及添加竖梃

Step03 添加竖梃

单击打开“建筑”选项卡，在“构建”面板中单击“竖梃”工具，进入放置竖梃状态，自动切换至“修改|放置 竖梃”上下文选项卡，如图 3.3.4-4 所示。

在属性面板中，单击类型选择器下拉按钮，在下拉列表中选择“矩形竖梃：50×150 mm”竖梃类型，如图 3.3.4-5 所示。在上下文选项卡中，单击选择“放置”面板中的“全部网格线”工具。在绘图区中移动鼠标到网格线上，单击选中全部网格线，沿着所有网格线放样生成竖梃。

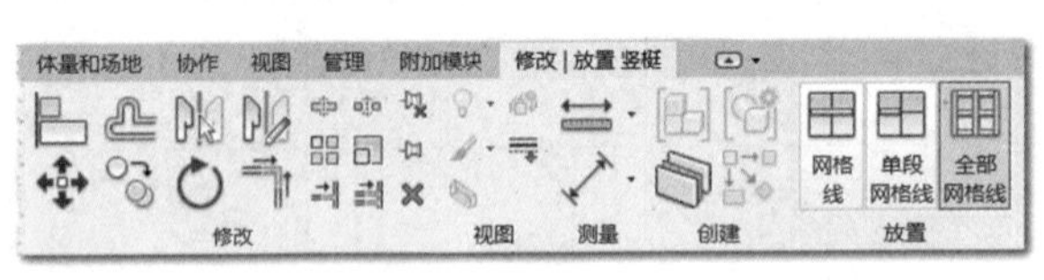

图 3.3.4-4 “修改|放置 竖梃”上下文选项卡

图 3.3.4-5 属性面板

单击选择入口处幕墙，确认类型选择器中当前选择是“ZHL-入口处幕墙”，单击“编辑类型”按钮，打开“类型属性”对话框。在“类型属性”对话框中，将连接条件设置为“边界和垂直网格连续”，单击“确定”按钮完成竖梃连接方式的设置。

Step04 设置幕墙嵌板

幕墙嵌板的设置仍然需要通过“类型属性”对话框，打开该对话框，将幕墙嵌板设置为“系统嵌板：玻璃”便可。当然，我们也能定制自己的嵌板样式。

在项目浏览器中，依次展开“族”“幕墙嵌板”“系统嵌板”，然后右键单击“玻璃”，在右键菜单单击“复制”，复制生成一种新的嵌板类型，将名称更改为“ZHL-玻璃”，如图 3.3.4-6 所示。双击“ZHL-玻璃”打开“类型属性”对话框，将厚度设置为“60.0”，偏移设置为“35.0”，可单击材质右侧的浏览按钮，打开“材质浏览器”对话框设置玻璃的材质，例如将颜色设置为浅蓝色，透明度设置为“75”。新创建的嵌板类型会出现在“类型属性”对话框中，将幕墙嵌板设置为“系统嵌板：ZHL-玻璃”便可。

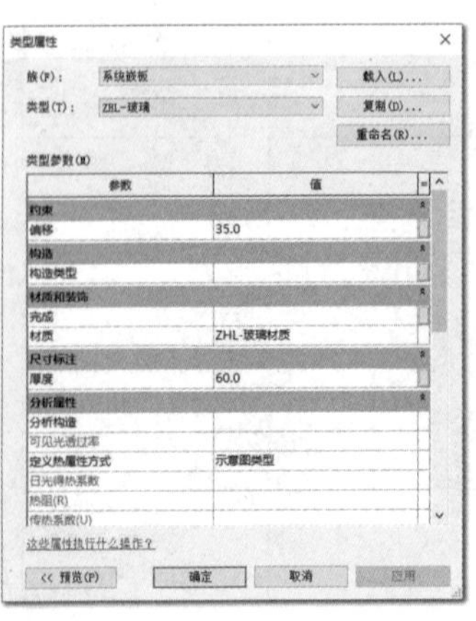

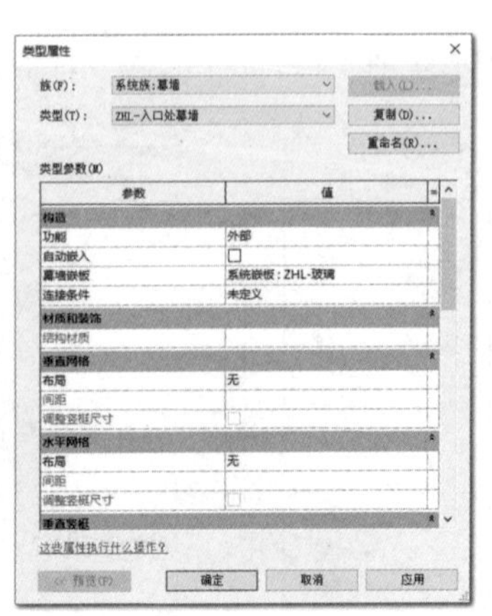

图 3.3.4-6 定制嵌板类型

3.4　墙饰条和分隔条

3.4.1　绘制室外散水-墙饰条

Step01　创建轮廓族

单击打开文件选项卡，依次单击“新建”“族”，打开“新族-选择样板文件”对话框。在“新族-选择样板文件”对话框中，默认打开了 Chinese 文件夹，单击选择“公制轮廓-主体.rft”族样板文件，单击“打开”按钮进入族编辑器。

切换到“创建”选项卡，如图 3.4.1-1 所示，单击“族类别和族参数”工具打开“族类别和族参数”对话框，族参数中轮廓用途设置为“墙饰条”，如图 3.4.1-2 所示，单击“确定”按钮关闭该对话框。

绘制室外散水

在“创建”选项卡中单击“线”工具，进入绘制线状态，自动切换到“修改 | 放置 线”上下文选项卡。选择“线”绘制方式，选项栏中勾选“链”选项。然后在绘图区绘制一个封闭的图形，如图 3.4.1-3 所示。

图 3.4.1-1　“创建”选项卡

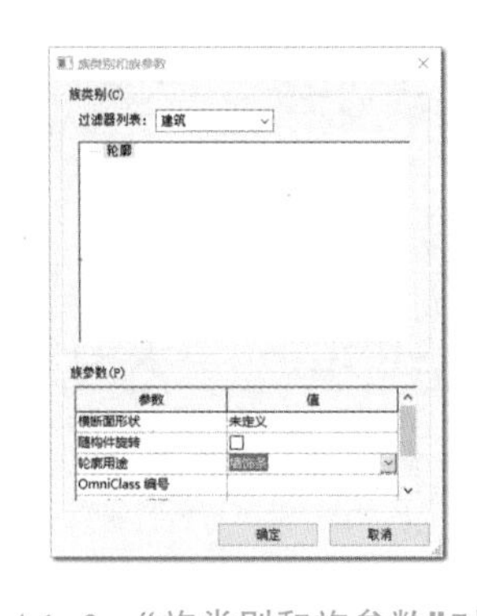

图 3.4.1-2　“族类别和族参数”对话框

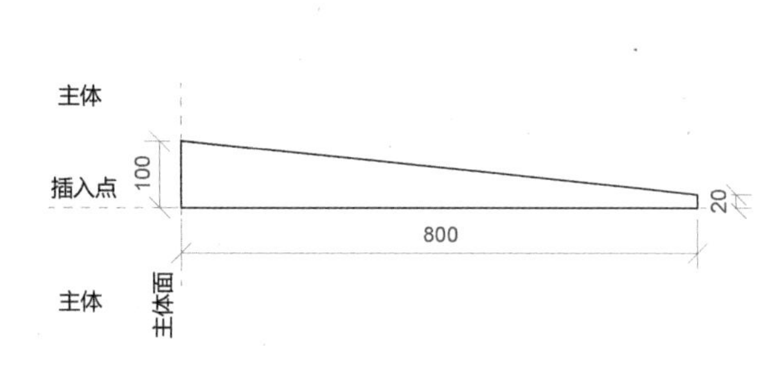

图 3.4.1-3　室外散水轮廓

在快速访问工具栏中，单击“保存”工具，在弹出“另存为”对话框中设置好路径、名称，将其保存为“室外散水轮廓.rfa”。在“创建”选项卡中单击“载入到项目并关闭”工具，将轮廓族载入到当前项目。

Step02　选择绘制视图

单击快速访问工具栏中的“默认三维视图”工具，切换到默认三维视图。

Step03　激活面板工具

单击打开“建筑”选项卡，在“构建”面板中单击“墙”下拉按钮，在下拉列表中选择“墙：饰条”工具，进入放置墙饰条状态，自动切换至“修改 | 放置 墙饰条”上下文选项卡，

如图 3.4.1-4 所示。

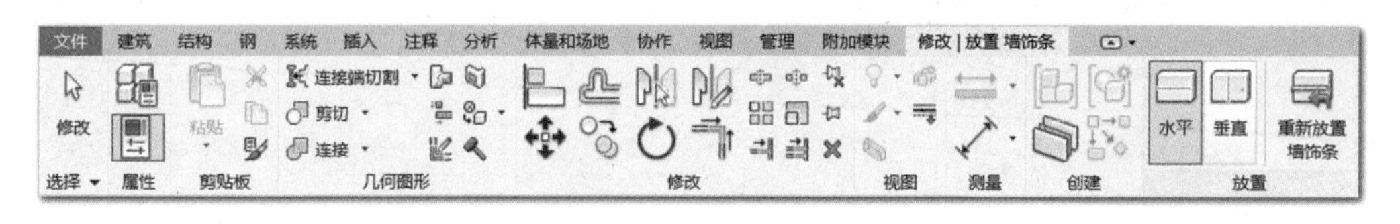

图 3.4.1-4 “修改|放置 墙饰条”上下文选项卡

Step04 新建图元类型

在属性面板中,单击类型选择器的下拉按钮,然后在下拉列表中选择“檐口”的墙饰条族类型。单击“编辑类型”按钮打开“类型属性”对话框。在“类型属性”对话框中,单击“复制”按钮,打开“名称”对话框,输入名称“ZHL-室外散水”后单击“确定”按钮创建一种新的类型,如图 3.4.1-5 所示。然后单击“轮廓”右侧单元格的下拉按钮,在列表中选择刚载入的“ZHL-室外散水轮廓”,材质设置为“混凝土,现场浇注-C35”,如图 3.4.1-6 所示,单击“确定”按钮。

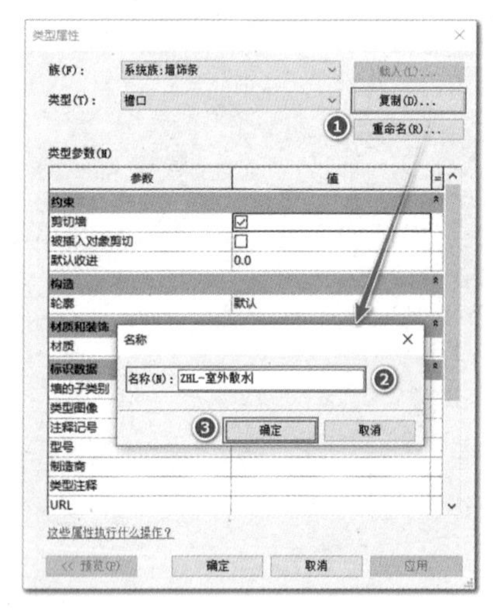

图 3.4.1-5 新建族类型

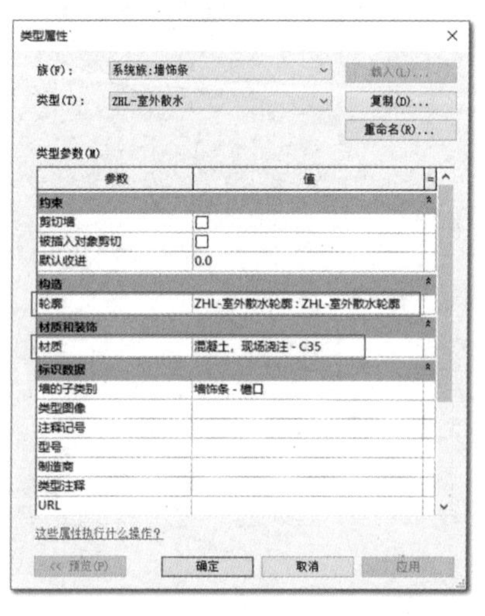

图 3.4.1-6 设置类型参数

Step05 放置室外散水

1)设置放置方式。在上下文选项卡中,选择“放置”面板中的“水平”工具。

2)放置室外散水。单击室外地坪的外墙下边缘线,沿外墙下边缘线放样生成室外散水三维模型,如图 3.4.1-7 所示。旋转视图到合适视角,沿着室外地坪的外墙放置北侧和西侧的室外散水。在上下文选项卡中,单击“重新放置墙饰条”工具,再独立放置南侧的室外散水。按 Esc 键退出放置墙饰条状态。单击选择东侧的室外散水,鼠标按住拖拽夹点不放便可通过移动鼠标调整墙饰条的长度,如图 3.4.1-8 所示。

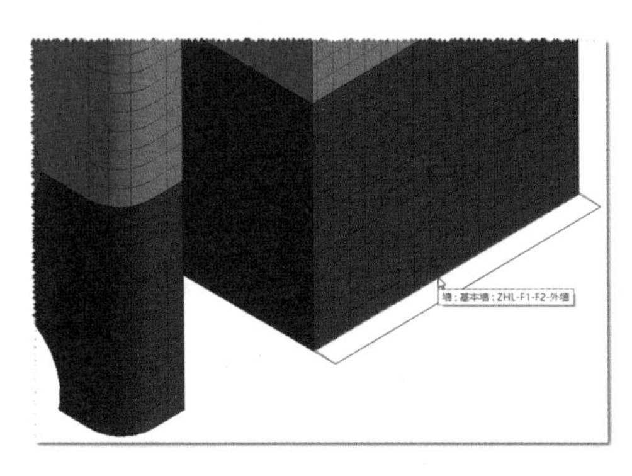

图 3.4.1-7　放置室外散水

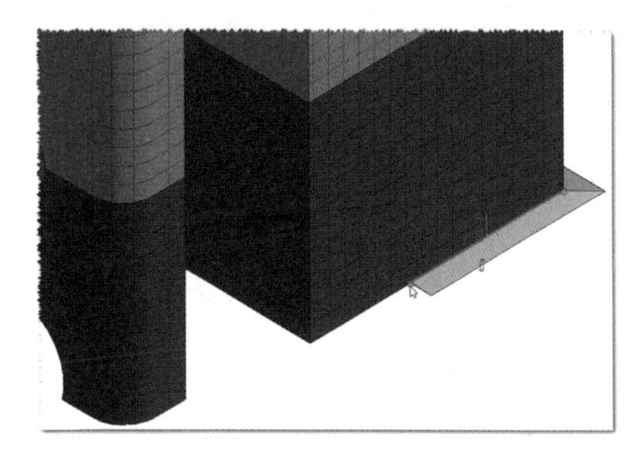
图 3.4.1-8　调整室外散水的长度

3.4.2　绘制建筑腰线-墙饰条

Step01　创建轮廓族

单击打开文件选项卡，依次单击“新建”“族”，打开“新族-选择样板文件”对话框。在“新族-选择样板文件”对话框中，单击选择“公制轮廓.rft”族样板文件，单击“打开”按钮进入族编辑器。

绘制建筑腰线

切换到“创建”选项卡，单击“族类别和族参数”工具打开“族类别和族参数”对话框，族参数中轮廓用途设置为“墙饰条”，单击“确定”按钮关闭该对话框。

在“创建”选项卡中单击“线”工具，进入绘制线状态，自动切换到“修改 | 放置 线”上下文选项卡。选项栏中勾选“链”选项。选择“线”“相切-端点弧”等工具，在绘图区绘制一个封闭的图形，如图 3.4.2-1 所示。

在快速访问工具栏中，单击“保存”工具，在弹出“另存为”对话框中设置好路径、名称，将其保存为“ZHL-建筑腰线轮廓.rfa”。在“创建”选项卡中单击“载入到项目并关闭”工具，将轮廓族载入到当前项目。

Step02　选择绘制视图

单击快速访问工具栏中的“默认三维视图”工具，切换到默认三维视图。

Step03　激活面板工具

单击打开“建筑”选项卡，在“构建”面板中单击“墙”下拉按钮，在下拉列表中选择“墙：饰条”工具，进入放置墙饰条状态，自动切换至“修改 | 放置 墙饰条”上下文选项卡。

Step04　新建图元类型

在属性面板中，单击类型选择器的下拉按钮，然后在下拉列表中选择“檐口”的墙饰条族类型。单击“编辑类型”按钮打开墙“类型属性”对话框。在“类型属性”对话框中，单击“复制”按钮，打开“名称”对话框，输入名称“ZHL-建筑腰线”后单击“确定”按钮创建一种新的类型。然后单击“轮廓”右侧单元格的下拉按钮，在列表中选择刚载入的“ZHL-建筑腰线轮廓”，材质设置为“ZHL-F1-F2-外墙粉刷”，如图 3.4.2-2 所示，单击“确定”按钮。

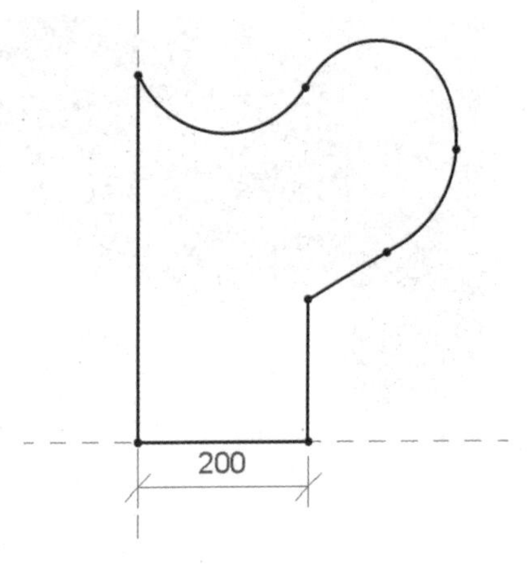

图 3.4.2-1　建筑腰线轮廓

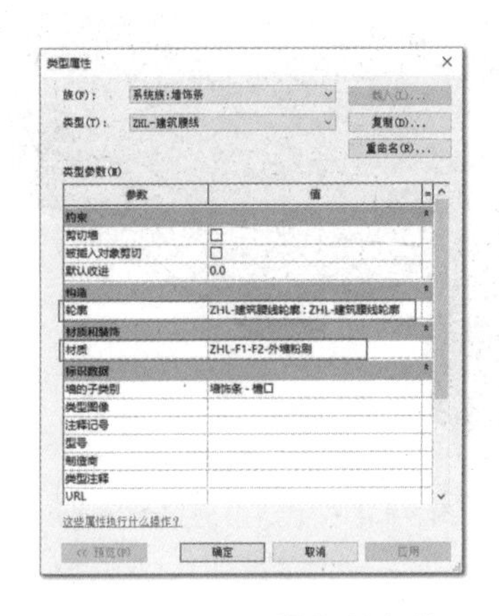

图 3.4.2-2　设置类型参数

Step05　放置建筑腰线

设置放置方式。在上下文选项卡中，选择“放置”面板中的“水平”工具。

放置建筑腰线。移动鼠标到 F3 标高处外墙的边缘线，此处既有二层外墙的顶边缘也有三层外墙的底边缘，Revit 会提示当前的外墙，如果不是我们想选的外墙，可以多次单击 Tab 键循环切换，正确后单击鼠标放置建筑腰线，如图 3.4.2-3 所示。同理，放置其他位置的建筑腰线，建筑腰线放置后的效果，如图 3.4.2-4 所示。按 Esc 键两次退出放置墙饰条状态。

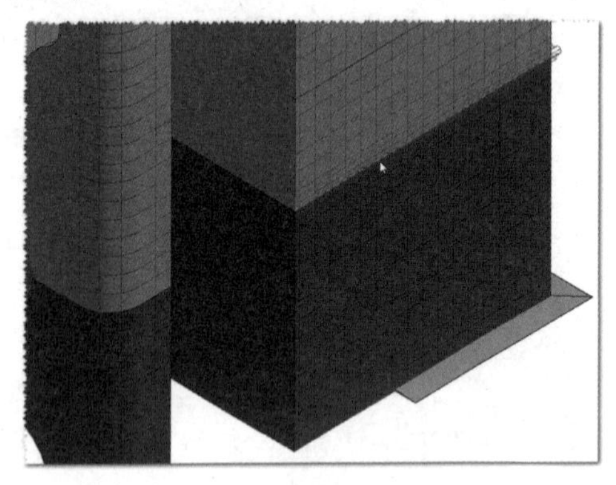

图 3.4.2-3　放置建筑腰线

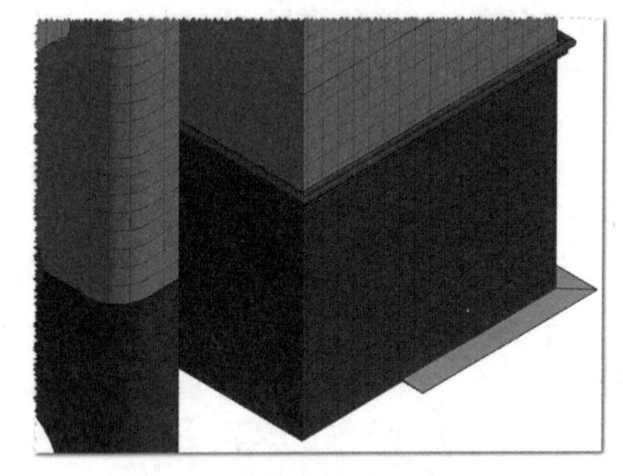

图 3.4.2-4　建筑腰线的效果

3.4.3　绘制分隔缝-分隔条

绘制分隔缝

Step01　创建轮廓族

单击打开文件选项卡，依次单击“新建”“族”，打开“新族-选择样板文件”对话框。在“新族-选择样板文件”对话框中，单击选择“公制轮廓.rft”族样板文件，单击“打开”按钮进入族编辑器。

切换到“创建”选项卡，单击“族类别和族参数”工具打开“族类别和族参数”对话框，族参数中轮廓用途设置为“分隔条”，单击“确定”按钮关闭该对话框。

在“创建”选项卡中单击“线”工具，进入绘制线状态，自动切换到“修改 | 放置 线”上下文选项卡。选项栏中勾选“链”选项。选择“线”“相切-端点弧”“圆角弧”等工具，在绘图区绘制一个封闭的图形，如图 3.4.3-1 所示。

在快速访问工具栏中，单击“保存”工具，在弹出“另存为”对话框中设置好路径、名称，将其保存为“ZHL-分隔缝轮廓.rfa”。在“创建”选项卡中单击“载入到项目并关闭”工具，将轮廓族载入到当前项目。

Step02　选择绘制视图

单击快速访问工具栏中的“默认三维视图”工具，切换到默认三维视图。

Step03　激活面板工具

单击打开“建筑”选项卡，在“构建”面板中单击“墙”下拉按钮，在下拉列表中选择“墙：分隔条”工具，进入放置分隔条状态，自动切换至“修改 | 放置 分隔条”上下文选项卡。

Step04　新建图元类型

在属性面板中，单击类型选择器的下拉按钮，然后在下拉列表中选择“分隔条”的族类型。单击“编辑类型”按钮打开墙“类型属性”对话框。在“类型属性”对话框中，单击“复制”按钮，打开“名称”对话框，输入名称“ZHL-分隔缝”后单击“确定”按钮，创建一种新的类型。然后单击“轮廓”右侧单元格的下拉按钮，在列表中选择刚载入的“ZHL-分隔缝轮廓”，如图 3.4.3-2 所示，单击“确定”按钮。

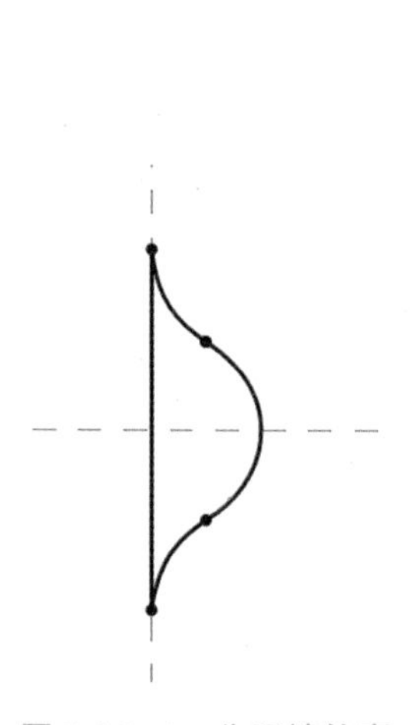

图 3.4.3-1　分隔缝轮廓

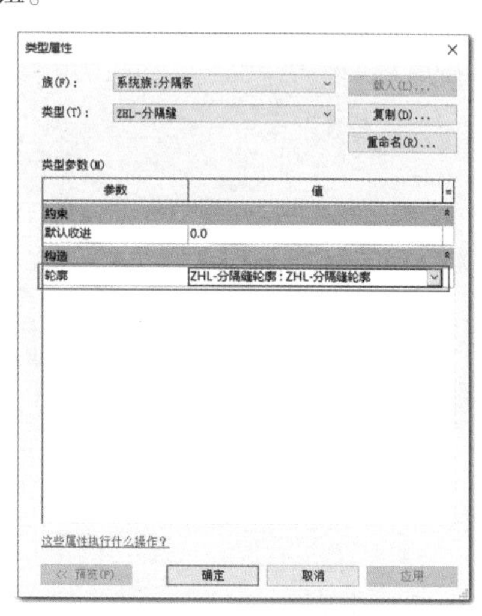

图 3.4.3-2　设置类型参数

Step05　放置分隔缝

1）设置放置方式。在上下文选项卡中，选择“放置”面板中的“垂直”工具。

2）放置分隔缝。移动鼠标到东墙的中间位置，从上往下依次在外墙上放置分隔缝，如图 3.4.3-3 所示，注意分隔缝上下对齐，分隔缝放置后的效果，如图 3.4.3-4 所示。按 Esc 键两次退出放置墙饰条状态。单击选择分隔缝，切换到 F3 楼层平面，使用“镜像-拾取轴”工具，拾取参照平面 SN，复制生成西侧的分隔缝。

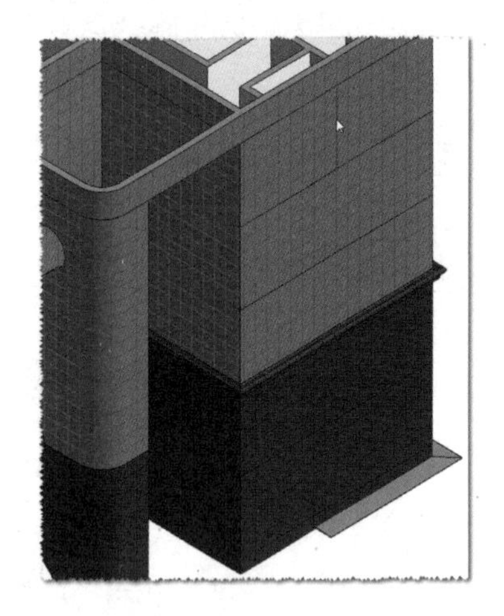

图 3.4.3-3　放置分隔缝

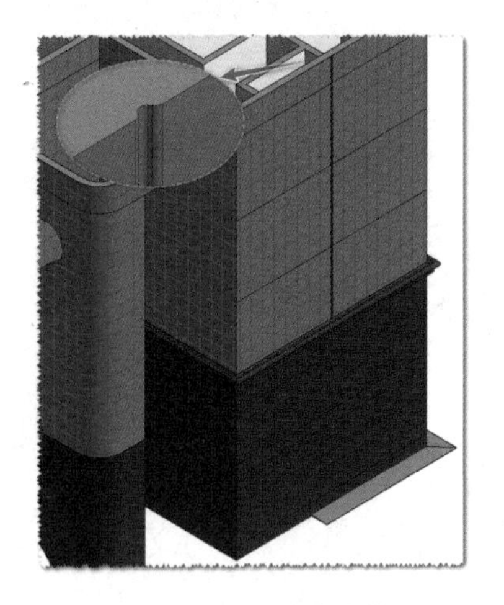

图 3.4.3-4　分隔缝的效果

第 4 章　门和窗

门窗的放置一般先选择标准层进行放置，然后再使用层间复制的方法生成其他楼层的门窗，做小范围的调整便可，可以提高效率。综合楼我们选择 F1 作为标准层，我们的目标是将各类门窗放置在准确的位置，并进行标记，如图 4-1 和图 4-2 所示。

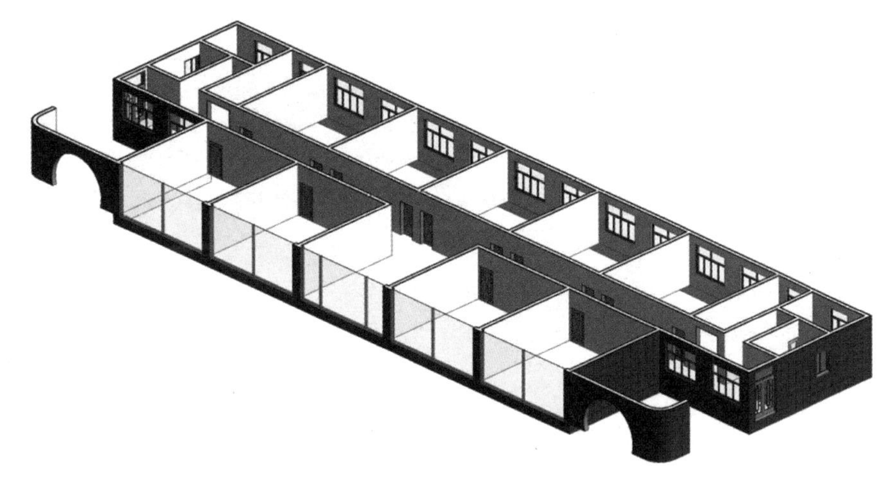

图 4-1　综合楼 F1 的门窗

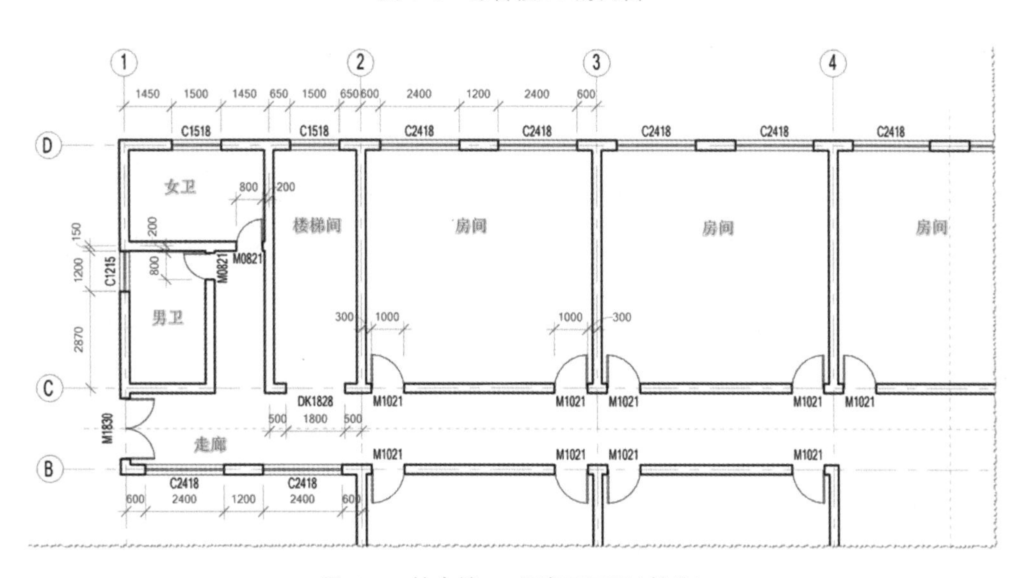

图 4-2　综合楼 F1 门窗平面图(部分)

4.1 门

4.1.1 放置入口处门联窗 M1830

Step01 选择放置视图

在“项目浏览器”面板中，双击“楼层平面”的 F1，切换至 F1 楼层平面视图。

Step02 激活面板工具

单击打开“建筑”选项卡，单击“构建”面板中“门”工具，如图 4.1.1-1 所示，进入门放置状态，自动切换至“修改|放置 门”上下文选项卡，如图 4.1.1-2 所示。

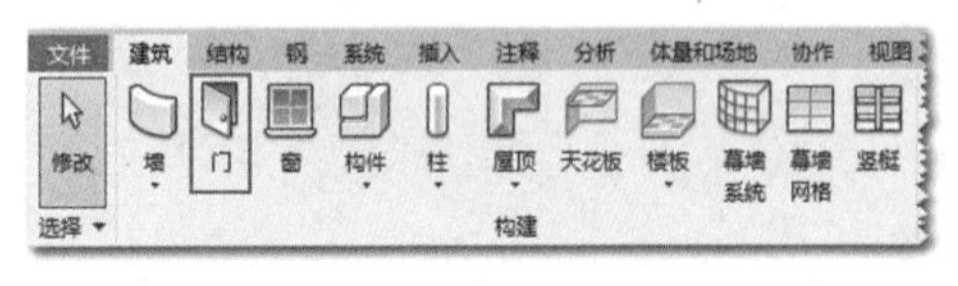

图 4.1.1-1 “门”工具

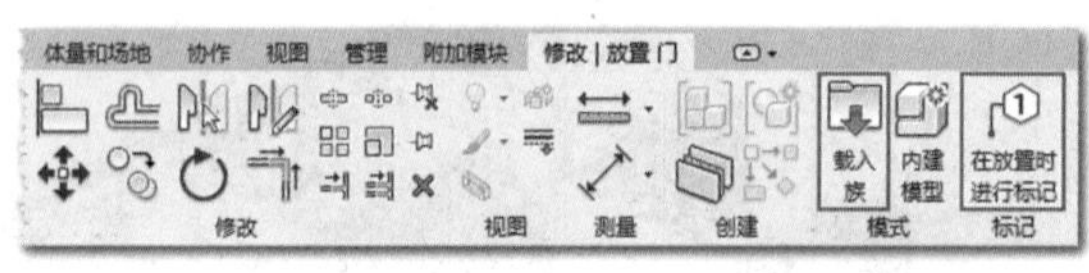

图 4.1.1-2 “修改|放置 门”上下文选项卡

放置入口处门联窗

Step03 载入门族

在上下文选项卡中，单击“模式”面板中“载入族”工具，打开“载入族”对话框，如图 4.1.1-3 所示。在“载入族”对话框中，Revit 自动定位到系统自带的族库，一般族库的默认安装路径为“C:\ProgramData\Autodesk\RVT 2020\Libraries\”，依次双击“China”“建筑”“门”“普通门”“平开门”，按路径打开文件夹，选择文件夹中的“双面嵌板镶玻璃门 7 - 带亮窗.rfa”族文件，单击“打开”按钮，将该门族载入到当前项目。

Step04 新建图元类型

在类型选择器中默认选择了刚载入到项目的门族“双面嵌板镶玻璃门 7 - 带亮窗”，单击下拉按钮可以发现该门族只有一种类型“1500×2700 mm”，如图 4.1.1-4 所示。

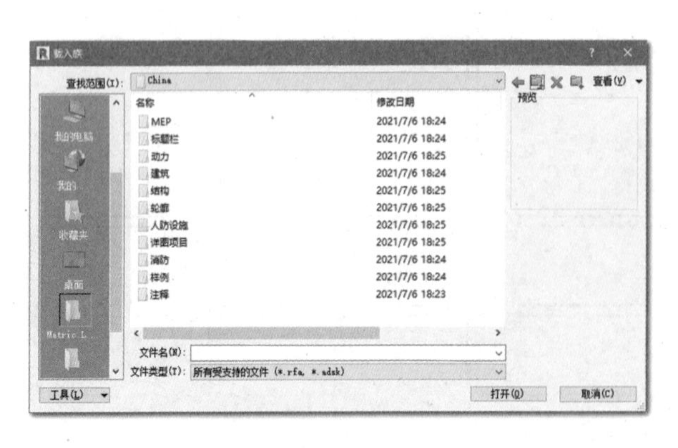

图 4.1.1-3 “载入族”对话框

图 4.1.1-4 载入的门族

单击属性面板中的“编辑类型”按钮，打开“类型属性”对话框。在“类型属性”对话框中，单击“复制”按钮，打开“名称”对话框，输入“M1830”后单击“确定”按钮，新建一种新的类型，如图 4.1.1-5 所示。在“类型属性”对话框中，将尺寸标注分组中的高度设置为“3000.0”，宽度设置为“1800.0”，将“类型标记”从“M1837”更改为“M1830”，然后单击“确定”，完成族类型参数的设置，如图 4.1.1-6 所示。

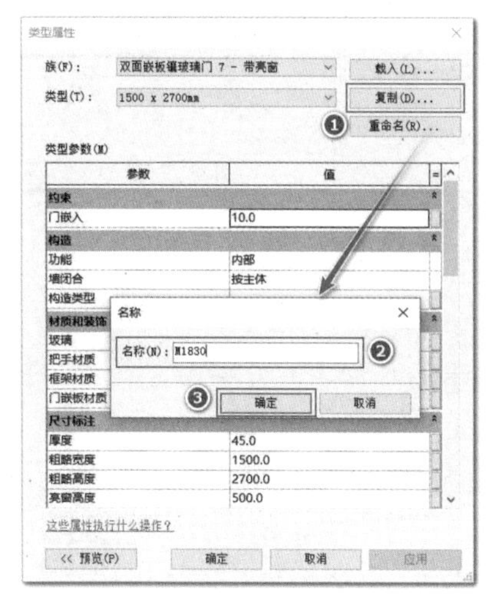

图 4.1.1-5　“名称”对话框

图 4.1.1-6　“类型属性”对话框

Step05　设置放置参数

在“修改 | 放置 门”上下文选项卡中，单击“标记”面板中的“在放置时进行标记”工具，使其处于选中状态，如图 4.1.1-2 所示。在“修改 | 放置 门”选项栏中，主要的参数是“标记”，确认标记的方向为“垂直”，去掉“引线”的勾选，如图 4.1.1-7 所示。在属性面板中，确认“底高度”为“0.0”，代表门是从 F1 标高往上进行放置的。

图 4.1.1-7　选项栏参数

Step06　放置西侧的门联窗

缩放移动视图到综合楼的西外墙处，当鼠标移动到空白位置时，鼠标指针变为“⊘”，表示禁止放置；当鼠标移动到墙上时，可以预览到门的放置位置及开门方向。

移动鼠标到 B 轴线和 C 轴线之间，走廊西侧 1 轴线的外墙上，当门的两侧离 B 轴线和 C 轴线的距离相等均为“180.0”时，同时确保开门方向朝东面，若开门方向不正确，可以左右稍微移动鼠标直至开门方向正确，单击鼠标左键放置门联窗，Revit 会自动把门联窗的类型标记放置在门联窗的旁边，如图 4.1.1-8 和图 4.1.1-9 所示。

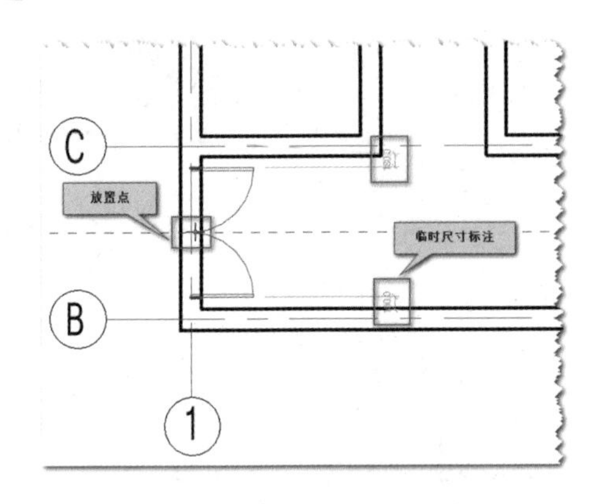

图 4.1.1-8 门放置预览示意图

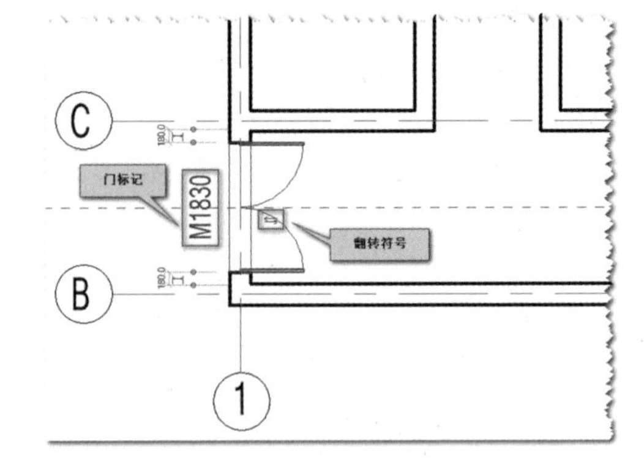

图 4.1.1-9 西侧门联窗放置效果

Step07 放置东侧的门联窗

同理,移动鼠标到 B 轴线和 C 轴线之间,走廊东侧 8 轴线的外墙上,当门的两侧离 B 轴线和 C 轴线的距离相等均为"180.0"时,同时确保开门方向朝西面,鼠标左键单击放置门联窗,Revit 会自动把门联窗的类型标记放置在门联窗的旁边。

Step08 调整门标记的位置

单击选择东侧门联窗旁边的门标记,仅选择门标记,此时门标记旁边出现一个移动符号"✥",如图 4.1.1-10 所示。移动鼠标到"移动符号"上按住不放,拖动门标记到合适位置再松开鼠标,完成门标记位置的调整。东侧门联窗放置后的效果如图 4.1.1-11 所示。

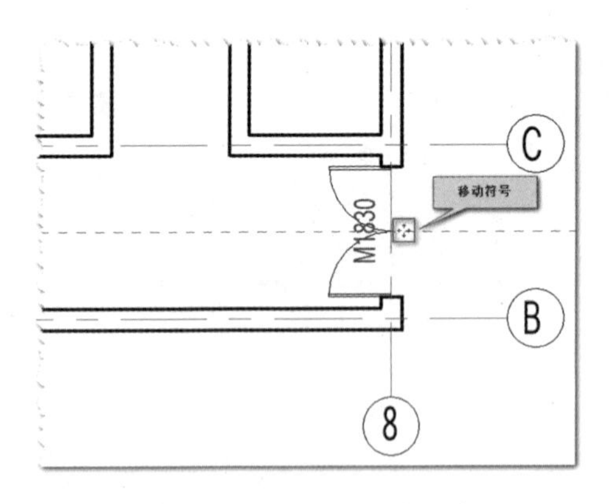

图 4.1.1-10 门标记的移动

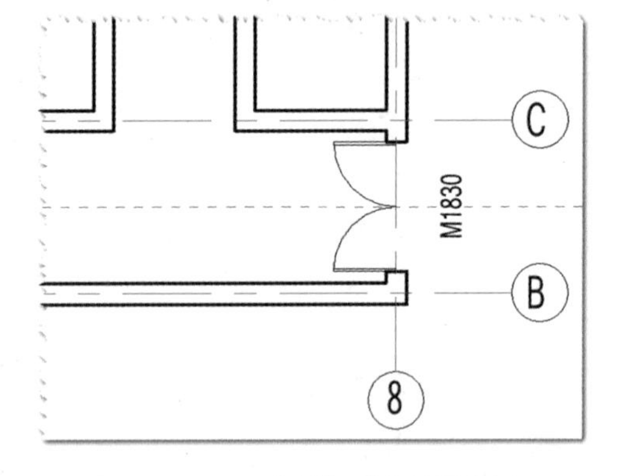

图 4.1.1-11 东侧门联窗放置效果

Step09 查看门联窗的三维效果

单击快速访问工具栏中的"默认三维视图"工具,或在"项目浏览器"中依次展开"视图(全部)""三维视图",双击"{三维}",如图 4.1.1-12 所示,便可打开三维视图查看门联窗放置后的效果,如图 4.1.1-13 所示。

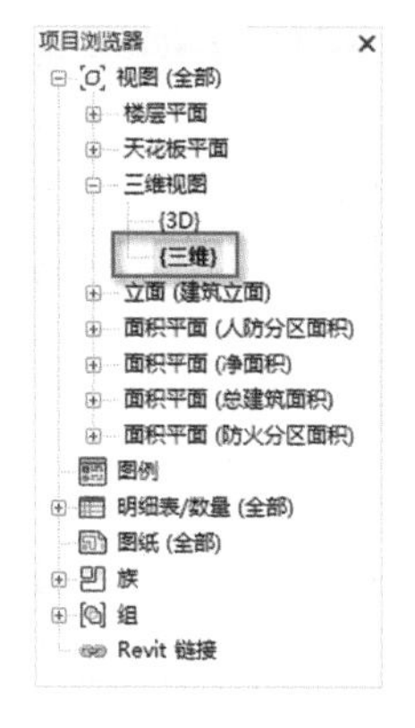

图 4.1.1-12　三维视图

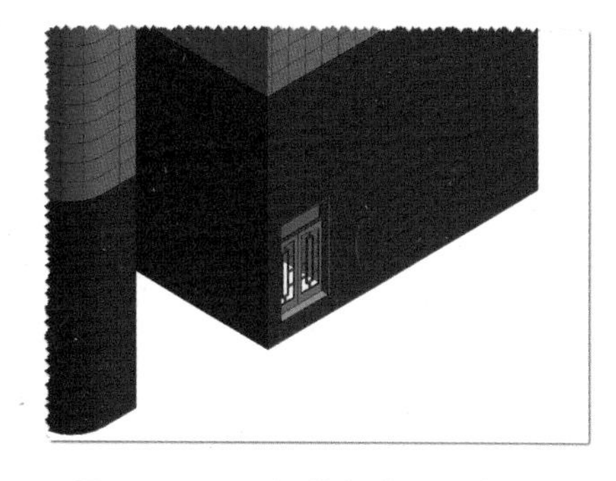

图 4.1.1-13　门联窗放置后的效果

4.1.2　放置房间门 M1021

Step01　选择放置视图

在“项目浏览器”面板中，双击“楼层平面”的 F1，切换至 F1 楼层平面视图。

Step02　激活面板工具

单击打开“建筑”选项卡，单击“构建”面板中“门”工具，进入门放置状态，自动切换至“修改 | 放置 门”上下文选项卡。

Step03　载入门族

在上下文选项卡中，单击“模式”面板中“载入族”工具，打开“载入族”对话框。依次双击“建筑”“门”“普通门”“平开门”，按路径打开文件夹，选择文件夹中的“单嵌板木门 16.rfa”族文件，单击“打开”按钮，将该门族载入到当前项目。

放置房间门

Step04　新建图元类型

在类型选择器中默认选择了刚载入到项目的门族“单嵌板木门 16”，单击下拉按钮选择类型“900×2100 mm”。单击属性面板中的“编辑类型”按钮，打开“类型属性”对话框。在“类型属性”对话框中，单击“复制”按钮，打开“名称”对话框，输入“M1021”后单击“确定”按钮，新建一种新的类型，如图 4.1.2-1 所示。在“类型属性”对话框中将尺寸标注分组中的高度设置为“2100.0”，宽度设置为“1000.0”，将“类型标记”更改为“M1021”，然后单击“确定”，完成族类型参数的设置，如图 4.1.2-2 所示。

Step05　设置放置参数

在上下文选项卡中，选择“标记”面板中的“在放置时进行标记”工具。在选项栏中，设置标记的方向为“水平”，去掉“引线”的勾选。在属性面板中，确认“底高度”为 0 。

Step06　放置西侧房间门

1）移动鼠标到 C 轴线的内墙，当门的左侧在 2 号轴线附近时，如图 4.1.2-3 所示，同时确保门轴靠西侧，即靠近 2 号轴线一侧，若门轴位置不正确，可以按电脑键盘上的空格键调整门轴左右位置，单击鼠标左键放置 M1021 及门标记。

2）精确定位房间门的位置。单击选择刚放置的西侧房间门，将左侧的临时尺寸标注的夹点调整到 2 轴线上，然后再单击临时尺寸标注数值，在编辑框中将数值更改为

“300.0”,按键盘上的回车键确认修改。

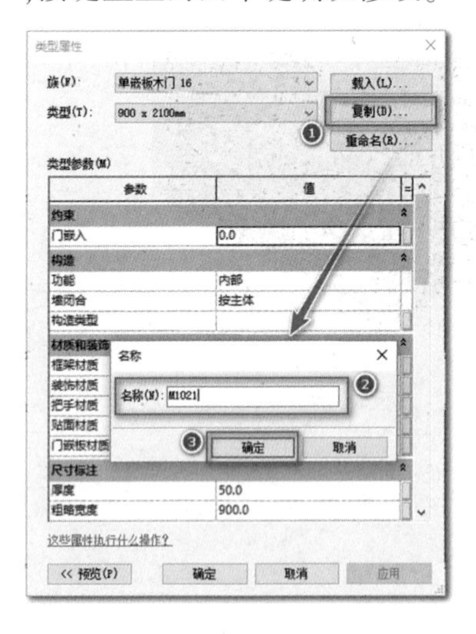

图 4.1.2-1 “名称”对话框

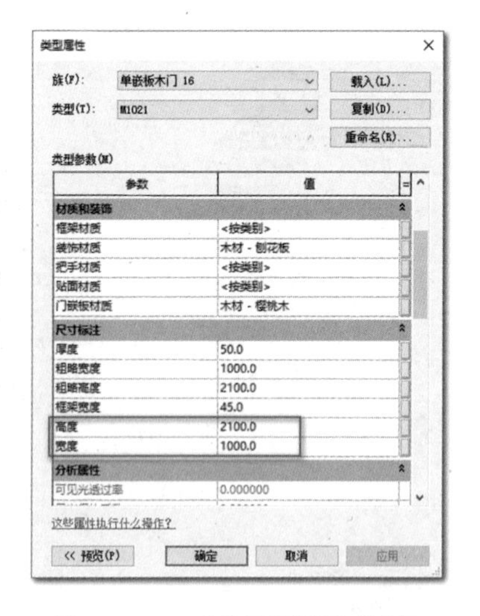

图 4.1.2-2 “类型属性”对话框

3)调整门标记的位置。单击选择西侧房间门旁边的门标记,移动鼠标到“移动符号”上按住不放,拖动门标记到合适位置再松开鼠标,完成门标记位置的调整。西侧房间门及门标记的位置如图 4.1.2-4 所示。

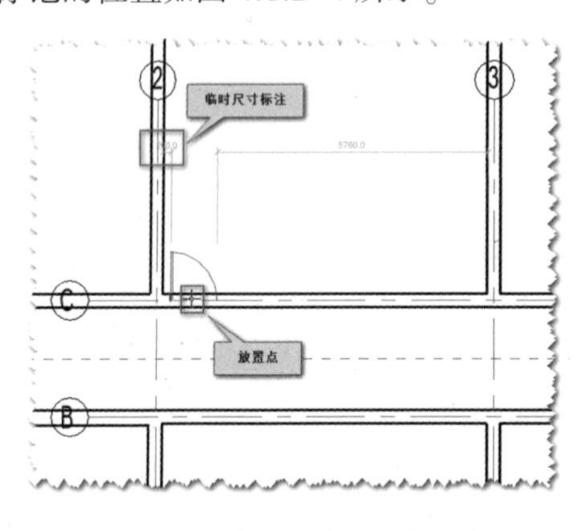

图 4.1.2-3 房间门放置预览示意图

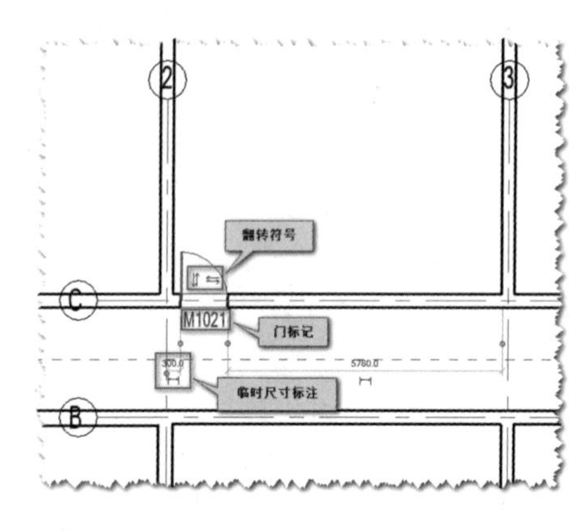

图 4.1.2-4 西侧房间门

Step07 放置东侧房间门

1)移动鼠标到 C 轴线的内墙,当门的右侧在 3 轴线附近时,同时确保门轴靠东侧,单击鼠标左键放置 M1021 及门标记。

2)精确定位房间门的位置。单击选择刚放置的东侧房间门,将右侧的临时尺寸标注的夹点调整到 3 轴线上,然后再单击临时尺寸标注数值,在编辑框中将数值更改为“300.0”,按键盘上的回车键确认修改,如图 4.1.2-5 所示。

3)调整门标记的位置。单击选择东侧房间门旁边的门标记,移动鼠标到“移动符号”上按住不放,拖动门标记到合适位置再松开鼠标,完成门标记位置的调整。按键盘上的 Esc 键两次,退出门放置模式。

西侧房间门和东侧房间门放置后的效果如图 4.1.2-6 所示。

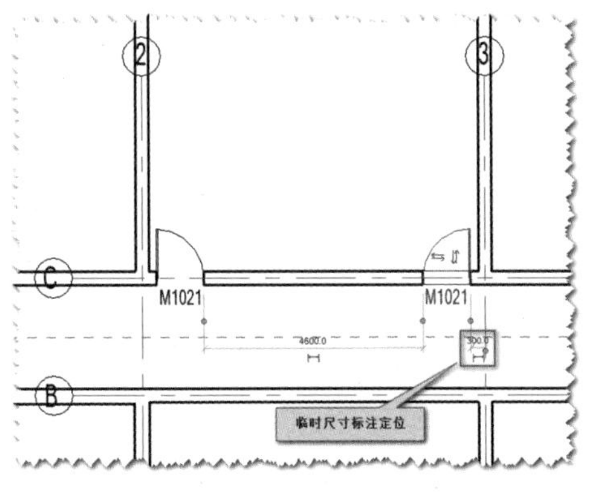

图 4.1.2-5 东侧房间门

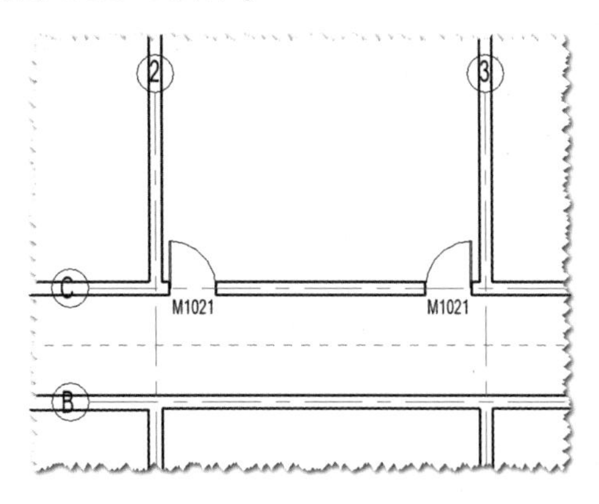

图 4.1.2-6 房间门放置效果

Step08 阵列生成 F1 北侧其他房间门

1)选择门及门标记。使用框选方式选择 2 轴线和 3 轴线之间的两扇房间门及门标记,单击上下文选项卡里的“过滤器”工具,或单击状态栏中的“过滤器”工具,打开“过滤器”对话框。在“过滤器”对话框中,保持门及门标记处于勾选状态,去除其他类别图元的勾选,然后单击“确定”按钮,仅选择刚刚放置的两扇房间门及门标记。

2)激活阵列工具,设置阵列参数。在上下文选项卡中,单击“修改”面板中的“陈列”工具,进入阵列修改状态。在选项栏中,选择“线性”阵列方式,去除“成组并关联”的勾选,项目数设置为“5”,移动到选择“第二个”,勾选“约束”选项,如图 4.1.2-7 所示。

图 4.1.2-7 选项栏参数

3)阵列生成新的房间门。鼠标单击 3 轴线上的任意点作为移动起点。注意,为了不产生混淆,最好选择仅有轴线的位置单击,或选择 3 轴线与参照平面 EW 的交点,尽量不要在轴线与其他图元重叠的位置选择起点。然后沿水平方向移动鼠标单击 4 轴线确定移动终点,Revit 会自动阵列生成 F1 北侧其他房间门,如图 4.1.2-8 所示。

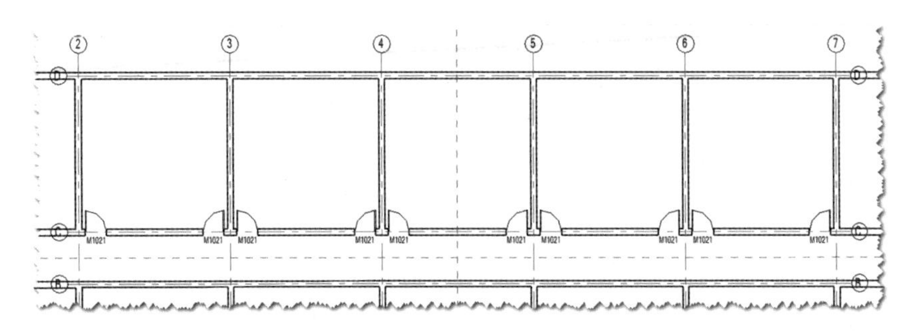

图 4.1.2-8 阵列生成 F1 北侧其他房间门

Step09　镜像生成 F1 南侧的房间门

以框选方式选择 F1 北侧所有房间门,单击上下文选项卡里的“过滤器”工具,打开“过滤器”对话框。在“过滤器”对话框中,单击“放弃全部”,然后再勾选“门”,然后单击“确定”按钮,选择 F1 北侧所有房间门。

在上下文选项卡中,单击“修改”面板中的“镜像-拾取轴”工具,进入镜像修改状态。在选项栏中,勾选“复制”选项。单击水平参照平面 EW,以 EW 为镜像轴镜像生成 F1 南侧房间门,如图 4.1.2-9 所示。同时,Revit 会弹出一个警告对话框,如图 4.1.2-10 所示,提示入口由于没有墙体作为主体,故不会复制生成新的房间门,忽略该警告信息,直接单击关闭按钮关闭对话框。

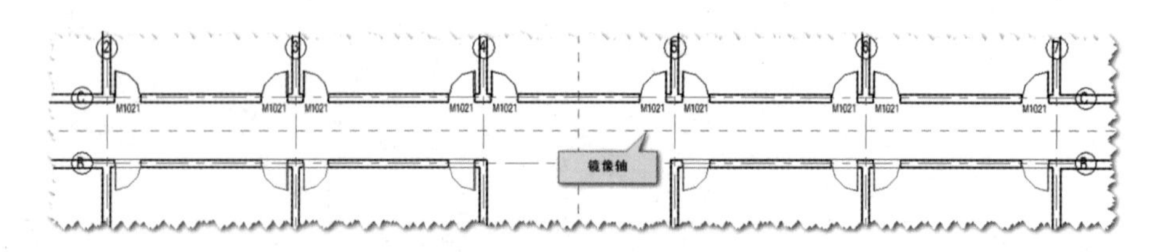

图 4.1.2-9　镜像生成 F1 南侧的房间门

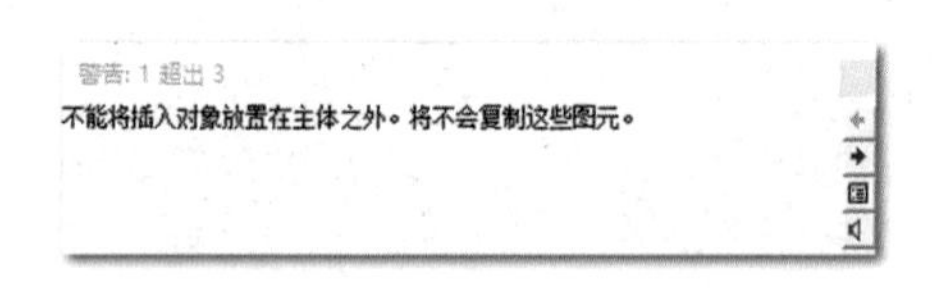

图 4.1.2-10　警告信息

Step10 查看房间门放置的效果

单击快速工具栏中的“默认三维视图”工具,打开默认三维视图,但一层的房间门被墙遮挡了,看不到。在属性面板中勾选“剖面框”,如图 4.1.2-11 所示,综合楼的四周会出现一个黑线表示的长方体范围框。首先,单击 ViewCube 中的“前”,如图 4.1.2-12 所示,切换到前视图。其次,单击选择剖面框,剖面框上会出现一些黑色三角形的控制点,再单击上侧控制点,按住鼠标不放向下移动,移动到一层的合适位置再放开鼠标。最后,再单击 ViewCube 中的“主视图”图标,如图 4.1.2-13 所示,适当放大三维视图,便可查看一层房间门放置后的效果,如图 4.1.2-14 所示。

图 4.1.2-11　视图剖面框

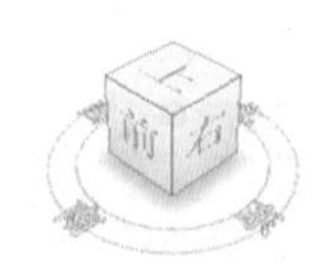

图 4.1.2-12　前视图

图 4.1.2-13　主视图

图 4.1.2-14　房间门的放置效果

4.1.3　放置卫生间门 M0821

Step01　选择放置视图

在“项目浏览器”面板中，双击“楼层平面”的 F1，切换至 F1 楼层平面视图。

Step02　激活面板工具

单击打开“建筑”选项卡，单击“构建”面板中“门”工具，进入放置门的状态，自动切换至“修改|放置 门”上下文选项卡。

Step03　新建图元类型

在属性面板中，单击类型选择器的下拉按钮，在下拉列表中选择“M1021”。单击属性面板中的“编辑类型”按钮，打开“类型属性”对话框。在“类型属性”对话框中，单击“复制”按钮，打开“名称”对话框，输入“M0821”后单击“确定”按钮，新建一种新的类型，如图 4.1.3-1 所示。在“类型属性”对话框中，将尺寸标注分组中的高度设置为“2100.0”，宽度设置为“800.0”，将“类型标记”从“M1021”更改为“M0821”，然后单击“确定”，完成族类型参数的设置，如图 4.1.3-2 所示。

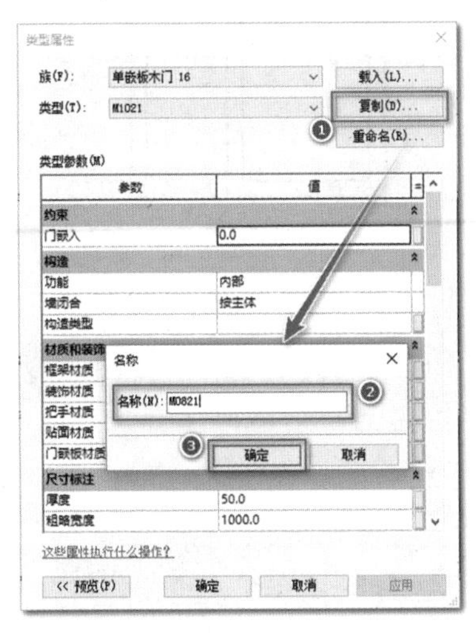

图 4.1.3-1　“名称”对话框

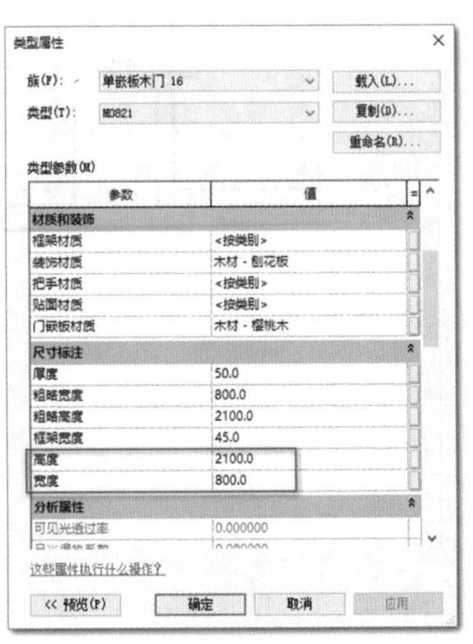

图 4.1.3-2　“类型属性”对话框

Step04　设置放置参数

在上下文选项卡中，选择“标记”面板中的“在放置时进行标记”工具。在选项栏中，设置标记的方向为“水平”，去掉“引线”的勾选。在属性面板中，确认“底高度”为 0 。

Step05　放置西侧女卫生间门

1）移动鼠标到西侧女卫生间与盥洗室的隔墙上，确保开门方向为内开，门轴靠近楼梯间一侧，单击放置 M0821。

2）精确定位女卫生间门的位置。单击选择刚放置的女卫生间门，将右侧的临时尺寸标注的夹点调整到女卫生间与楼梯间的隔墙中心线位置，然后再单击临时尺寸标注数值，在编辑框中将数值更改为“200.0”，按键盘上的回车键确认修改，如图 4.1.3-3 所示。

3）调整门标记的位置。单击选择女卫生间门旁边的门标记，移动鼠标到“移动符号”上按住不放，拖动门标记到合适位置再松开鼠标，完成门标记位置的调整。

Step06　放置西侧男卫生间门

1）在“修改|放置 门”选项栏中，设置标记的方向为“垂直”。

2）移动鼠标到西侧男卫生间与盥洗室的隔墙，确保开门方向为内开，门轴靠近女卫生间一侧，单击放置 M0821 及门标记。

3）精确定位男卫生间门的位置。单击选择刚放置的男卫生间门，将上侧的临时尺寸标注的夹点调整到男卫生间与女卫生间的隔墙中心线位置，然后再单击临时尺寸标注数值，在编辑框中将数值更改为“200.0”，按键盘上的回车键确认修改，如图 4.1.3-4 所示。

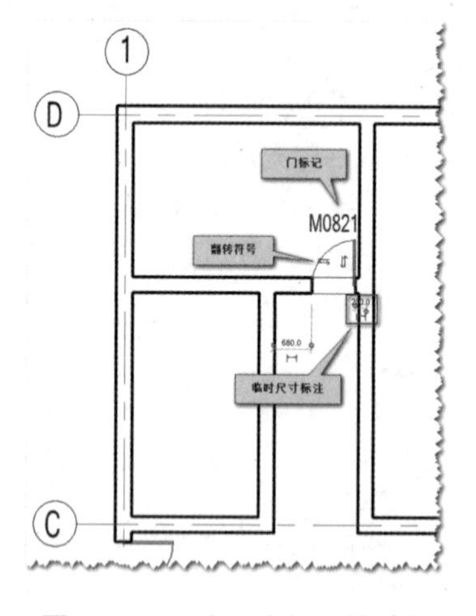

图 4.1.3-3　女卫生间门的放置

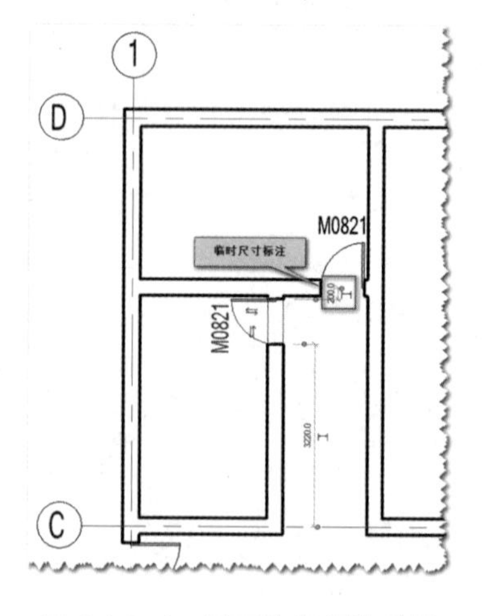

图 4.1.3-4　男卫生间门的放置

4）调整门标记的位置。单击选择男卫生间门旁边的门标记，移动鼠标到“移动符号”上按住不放，拖动门标记到合适位置再松开鼠标，完成门标记位置的调整。按键盘上的 Esc 键两次，退出门放置模式。

Step07　镜像生成东侧卫生间门及门标记

以框选方式选择西侧所有卫生间门，单击上下文选项卡里的“过滤器”工具，打开“过滤器”对话框。在“过滤器”对话框中，保持“门”和“门标记”的勾选，去除其他类别的勾选，然后单击“确定”按钮，选择西侧所有卫生间门及门标记。

在上下文选项卡中，单击“修改”面板中的“镜像-拾取轴”工具，进入镜像修改状态。在选项栏中，勾选“复制”选项。然后再单击垂直参照平面 SN，镜像生成东侧卫生间门及门标记，如图 4.1.3-5 所示。

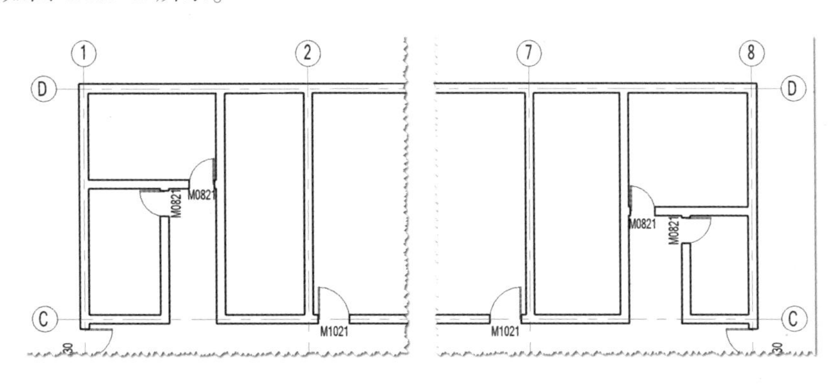

图 4.1.3-5　镜像生成东侧卫生间门

4.1.4　放置楼梯间门洞 DK1828

Step01　激活面板工具

确认仍处于 F1 楼层平面视图，单击打开“建筑”选项卡，单击“构建”面板中“门”工具，进入门放置状态，自动切换至“修改|放置 门”上下文选项卡。

Step02　载入门族

放置楼梯间门洞

在上下文选项卡中，单击“模式”面板中“载入族”工具，打开“载入族”对话框。依次双击“建筑”“门”“其他”“门洞”，按路径打开文件夹，选择文件夹中的“门洞.rfa”族文件，单击“打开”按钮，将弹出“指定类型”对话框，如图 4.1.4-1 所示。在“指定类型”对话框中，选择一种与将要放置的门洞尺寸相近的类型，此处我们选择“1850×2850mm”，再单击“确定”按钮，将该门洞族及族类型载入到当前项目。该门洞族的族类别属于门类别。

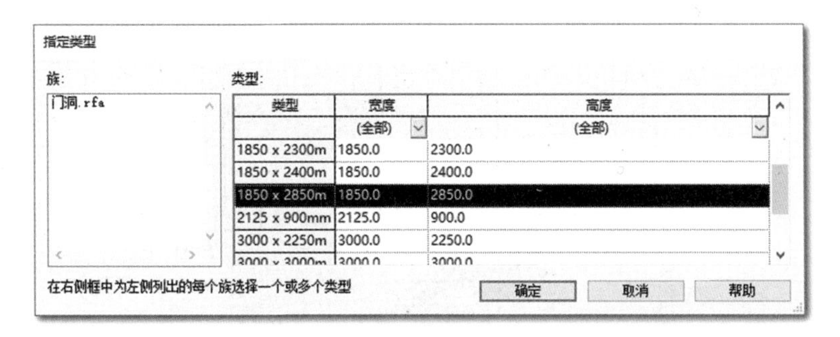

图 4.1.4-1　“指定类型”对话框

Step03　新建图元类型

在类型选择器中默认选择了刚载入到项目的门洞族“门洞”，单击属性面板中的“编辑类型”按钮，打开“类型属性”对话框。在“类型属性”对话框中，单击“复制”按钮，打开“名称”对话框，输入“DK1828”后单击“确定”按钮，新建一种新的类型，如图 4.1.4-2 所示。在“类型属性”对话框中将尺寸标注分组中的高度设置为“2800.0”，宽度设置为“1800.0”，将“类型标记”从“M0823”更改为“DK1828”，单击“确定”，完成族类型参数的设置，如图 4.1.4-3 所示。

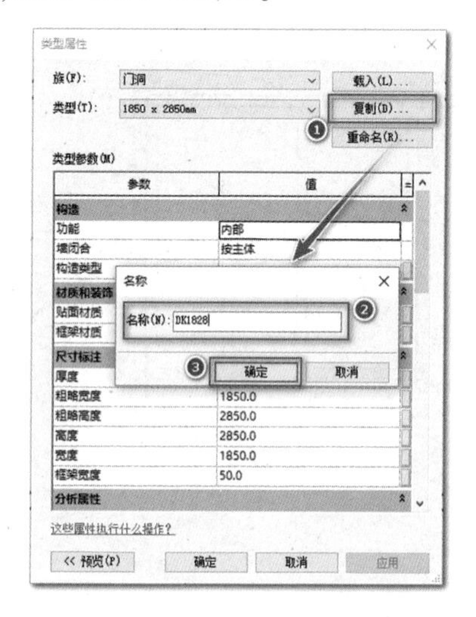

图 4.1.4-2 “名称”对话框

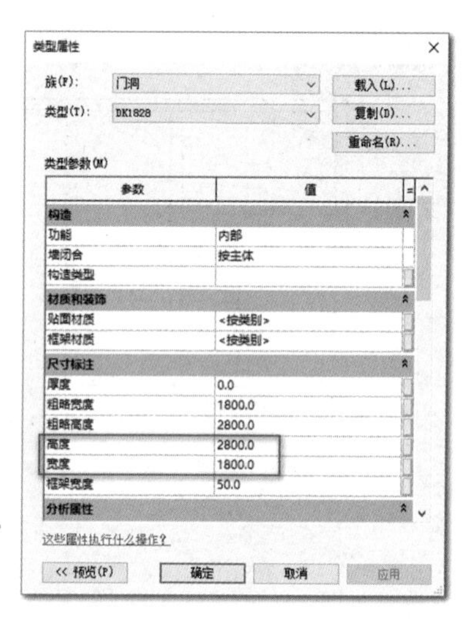

图 4.1.4-3 “类型属性”对话框

Step04 设置放置参数

在上下文选项卡中，选择“标记”面板中的“在放置时进行标记”工具。在选项栏中，设置标记的方向为“水平”，不勾选“引线”。在属性面板中，确认“底高度”为“0.0”。

Step05 放置西侧楼梯间门洞

1）移动鼠标到西侧楼梯间与走廊的隔墙，当门洞离左右两侧墙面的距离相等（即“380.0”）时，单击放置门洞 DK1828 和门标记。

2）调整门标记的位置。单击选择楼梯间门洞旁边的门标记，移动鼠标到“移动符号”上按住不放，拖动门标记到合适位置再松开鼠标，完成门标记位置的调整，如图 4.1.4-4 所示。

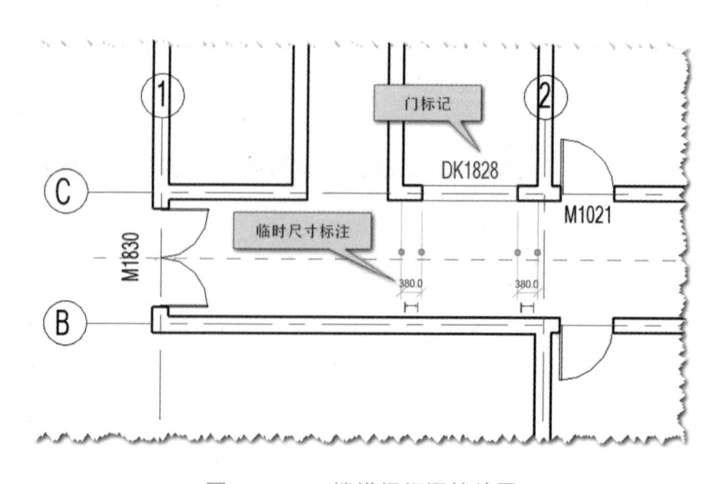

图 4.1.4-4 楼梯间门洞的放置

Step06　镜像生成东侧楼梯间门洞及门标记

1) 以框选方式选择西侧楼梯间门洞，单击上下文选项卡里的“过滤器”工具，打开“过滤器”对话框。在“过滤器”对话框中，保持“门”和“门标记”的勾选，去除其他类别的勾选，然后单击“确定”按钮，选择西侧楼梯间门洞及门标记。

2) 在上下文选项卡中，单击“修改”面板中的“镜像-拾取轴”工具，进入镜像修改状态。在选项栏中，勾选“复制”选项。然后再单击垂直参照平面 SN，镜像生成东侧楼梯间门洞及门标记。

Step07　查看楼梯间门洞放置的效果

单击快速工具栏中的“默认三维视图”工具，打开默认三维视图，视图仍然保留了剖面框的剖切属性。单击 ViewCube 中的“前”，切换到前视图，再单击选择剖面框，单击上侧控制点按住鼠标不放向上移动，移动到合适位置再放开鼠标调整剖切位置，然后单击 ViewCube 中的“主视图”图标，适当放大、移动三维视图，可以查看楼梯间门洞放置后的效果，如图 4.1.4-5 所示。

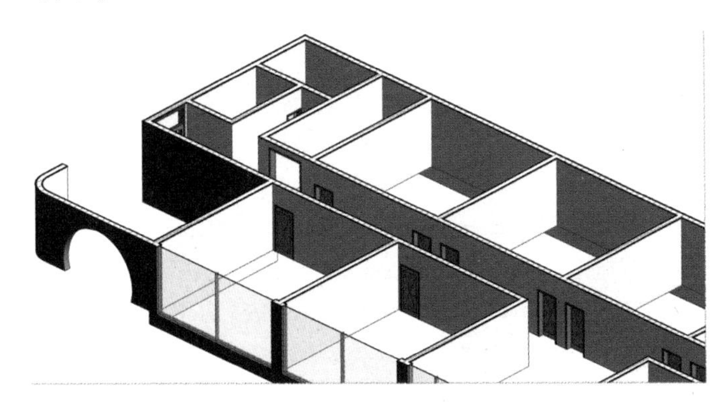

图 4.1.4-5　楼梯间门洞放置后的效果

4.2　窗

4.2.1　放置房间窗 C2418

Step01　选择放置视图

在“项目浏览器”面板中，双击“楼层平面”的 F1，切换至 F1 楼层平面视图。

放置房间窗

Step02　载入窗族

单击打开“插入”选项卡，在“从库中载入”面板中单击“载入族”工具，打开“载入族”对话框。在“载入族”对话框中，依次双击“建筑”“窗”“普通窗”“组合窗”，按路径打开文件夹，选择文件夹中的“组合窗 - 双层单列(四扇推拉) - 上部双扇.rfa”族文件，如图 4.2.1-1 所示，单击“打开”按钮，将该窗族载入到当前项目。

图 4.2.1-1 “载入族”对话框

Step03 激活面板工具

单击打开“建筑”选项卡，单击“构建”面板中“窗”工具，如图 4.2.1-2 所示，进入放置窗的状态，自动切换至“修改|放置 窗”上下文选项卡，如图 4.2.1-3 所示。

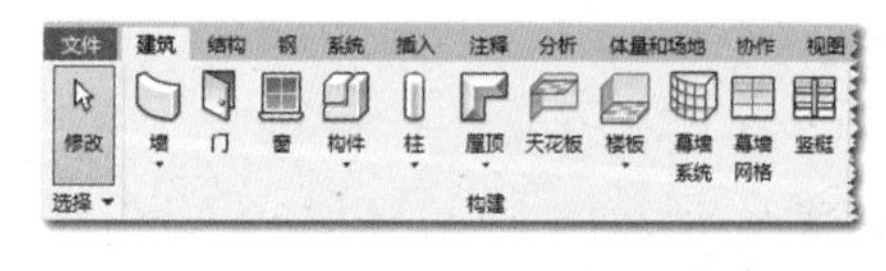

图 4.2.1-2 “窗”工具

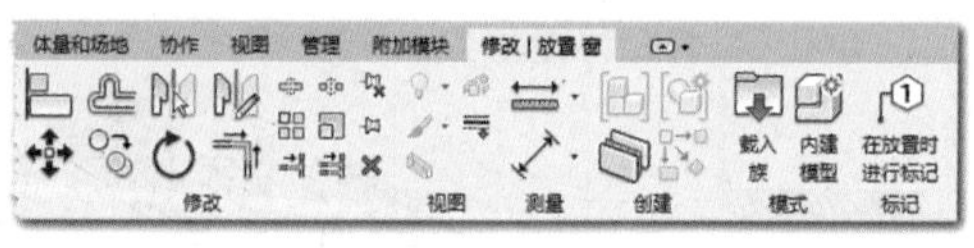

图 4.2.1-3 “修改|放置 窗”上下文选项卡

Step04 新建图元类型

在类型选择器中单击下拉按钮，在下拉列表中选择刚载入到项目的窗族“组合窗 - 双层单列(四扇推拉) - 上部双扇”中的“2400×1800mm”窗类型。单击属性面板中的“编辑类型”按钮，打开“类型属性”对话框。在“类型属性”对话框中，单击“复制”按钮，打开“名称”对话框，输入“C2418”后单击“确定”按钮，新建一种新的类型，如图 4.2.1-4 所示。在“类型属性”对话框中，确认尺寸标注分组中的高度为“1800.0”，宽度为“2400.0”，默认窗台高度为“900.0”，将“类型标记”从“C1522”更改为“C2418”，单击“确定”，完成族类型参数的设置，如图 4.2.1-5 所示。

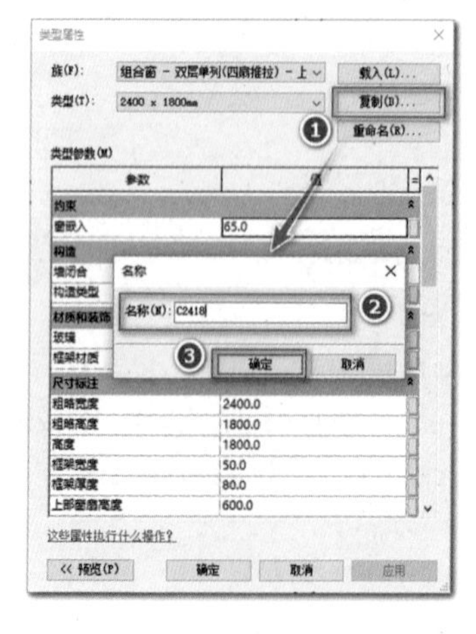

图 4.2.1-4 “名称”对话框

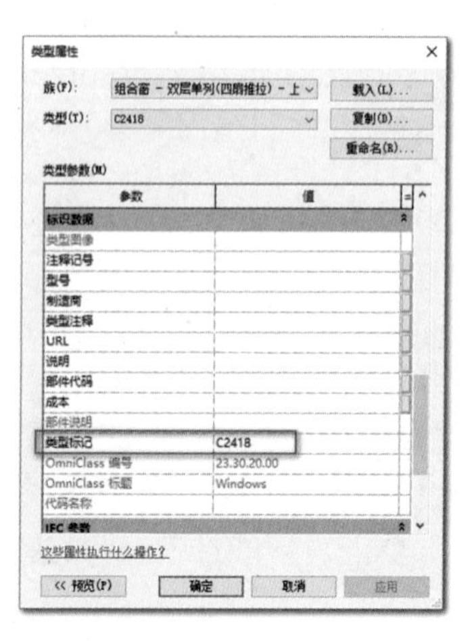

图 4.2.1-5 “类型属性”对话框

Step05　设置放置参数

在“修改|放置 窗”上下文选项卡中，取消“标记”面板中的“在放置时进行标记”工具的选择。在属性面板中，确认“底高度”为“900.0”。

Step06　放置西侧房间窗

1) 移动鼠标到 2 轴线和 3 轴线之间北侧墙上，当窗的左侧离 2 轴线一定距离时，单击鼠标放置本房间的左侧窗，如图 4.2.1-6 所示。同理，放置本房间的右侧窗，如图 4.2.1-7 所示。(注意：窗分内外两侧，翻转符号位置与窗外侧一致，需要调整窗方向时单击翻转符号便可。)

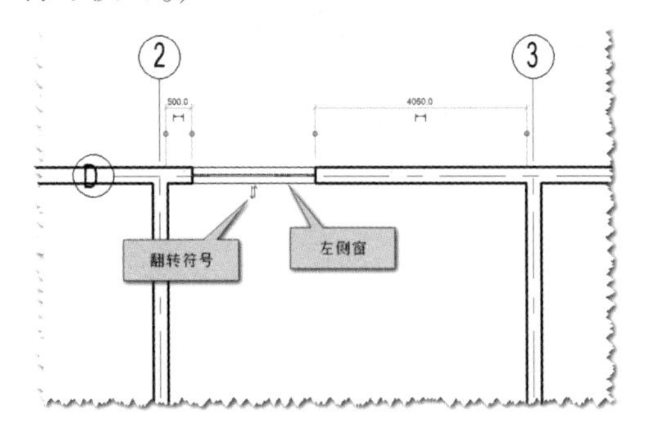

图 4.2.1-6　放置左侧窗

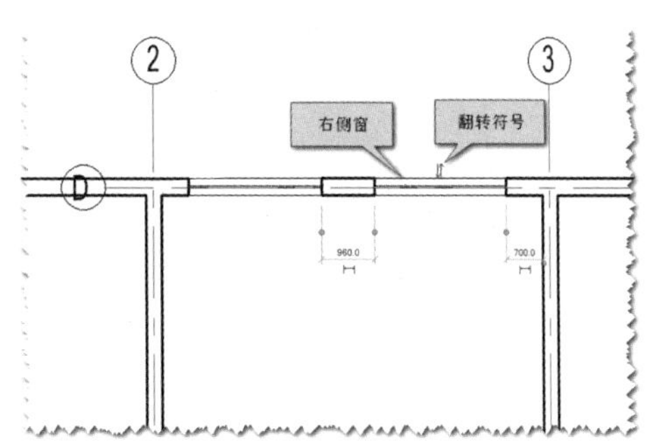

图 4.2.1-7　放置右侧窗

2) 精确定位房间窗的位置。单击选择本房间的左侧窗，将左侧的临时尺寸标注的夹点调整到 2 轴线上，然后再单击临时尺寸标注数值，在编辑框输入“600.0”，如图 4.2.1-8 所示，按回车键确认修改。同理，单击选择本房间的右侧窗，将右侧的临时尺寸标注的夹点调整到 3 轴线上，然后再单击临时尺寸标注数值，在编辑框输入“600.0”，按回车键确认修改，如图 4.2.1-9 所示。

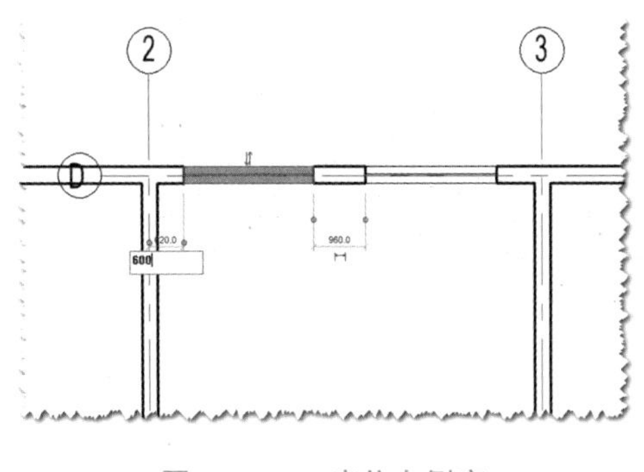

图 4.2.1-8　定位左侧窗

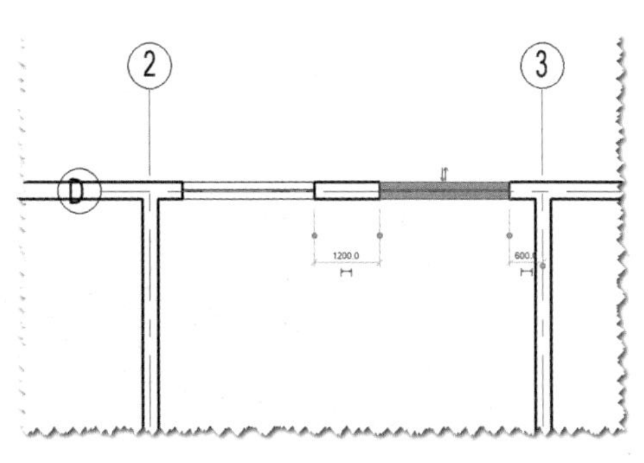

图 4.2.1-9　定位右侧窗

Step07　阵列生成 F1 其他房间窗

1) 选择房间窗。使用框选方式选择 2 轴线和 3 轴线之间的两扇房间窗。

2) 激活阵列工具，设置阵列参数。在上下文选项卡中，单击“修改”面板中的“阵列”工具，进入阵列修改状态。在选项栏中，选择“线性”阵列方式，去除“成组并关联”的勾选，项目数设置为“5”(包含已选择的窗集，5 代表阵列生成 5 组，共计 10 个窗户)，移动到选择“第二个”，勾选“约束”选项，如图 4.2.1-10 所示。

图 4.2.1-10　选项栏参数

3)阵列生成新的房间窗。鼠标单击 3 轴线上的任意点作为移动起点,然后沿水平方向移动鼠标单击 4 轴线确定移动终点,如图 4.2.1-11 所示,Revit 会自动复制生成 F1 北侧其他房间窗。

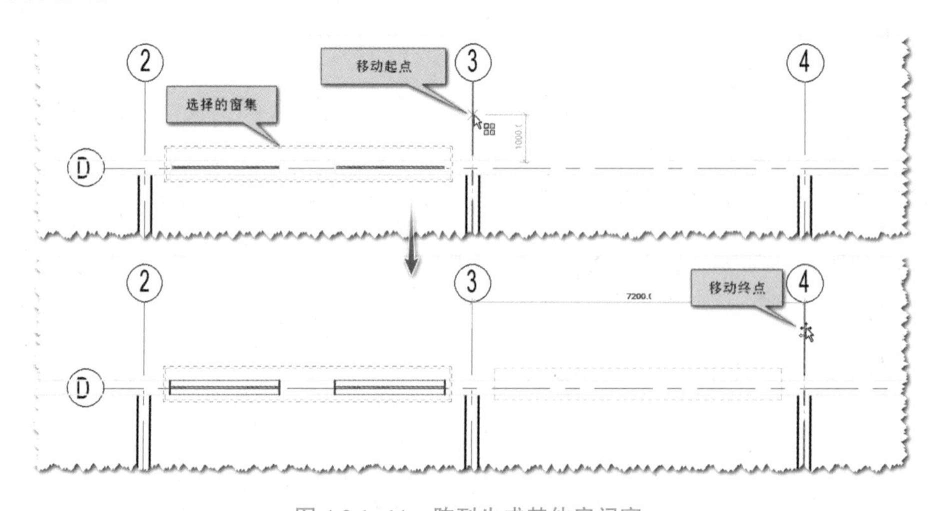

图 4.2.1-11　阵列生成其他房间窗

Step08　查看房间窗放置的效果

单击快速工具栏中的"默认三维视图"工具,打开默认三维视图。单击 ViewCube 中的"主视图"图标,单击 ViewCube 上侧的角点,切换至等轴测视图,适当放大、移动、旋转三维视图,可以查看房间窗放置后的效果,如图 4.2.1-12 所示。

图 4.2.1-12　房间窗放置后的效果

放置女卫生间及楼梯间窗

4.2.2　放置女卫生间窗及楼梯间窗 C1518

Step01　选择放置视图

在"项目浏览器"面板中,双击"楼层平面"的 F1,切换至 F1 楼层平面视图。

Step02　激活面板工具

单击打开"建筑"选项卡,单击"构建"面板中"窗"工具,进入放置窗状态,自动切换

至“修改|放置 窗”上下文选项卡。

Step03　载入窗族

在上下文选项卡中,单击“模式”面板中的“载入族”工具,打开“载入族”对话框。在“载入族”对话框中,依次双击“建筑”“窗”“普通窗”“组合窗”,按路径打开文件夹,选择文件夹中的“组合窗 - 双层双列(平开+固定) - 上部单扇.rfa”族文件,单击“打开”按钮,将该窗族载入到当前项目。

Step04　新建图元类型

在类型选择器中单击下拉按钮,在下拉列表中选择刚载入到项目的窗族“组合窗 - 双层双列(平开+固定) - 上部单扇.rfa”中的“1500×1800 mm”窗类型。单击属性面板中的“编辑类型”按钮,打开“类型属性”对话框。在“类型属性”对话框中,单击“复制”按钮,打开“名称”对话框,输入“C1518”后单击“确定”按钮,新建一种新的类型,如图 4.2.2-1 所示。在“类型属性”对话框中,确认尺寸标注分组中的高度为“1800.0”,宽度为“1500.0”,默认窗台高度为“900.0”,“类型标记”保持为“C1518”不变,然后单击“确定”,完成族类型参数的设置,如图 4.2.2-2 所示。

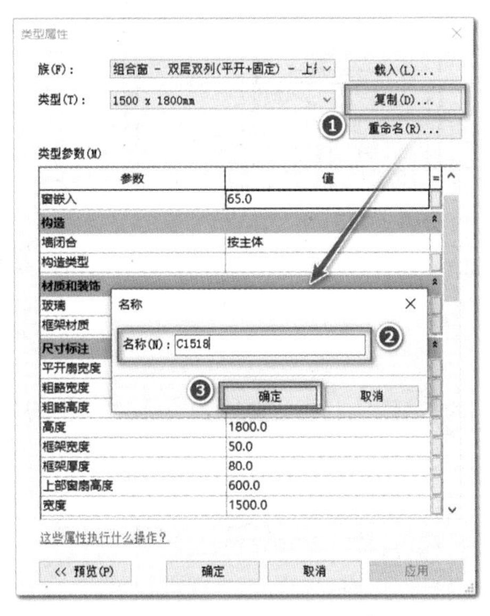

图 4.2.2-1　“名称”对话框

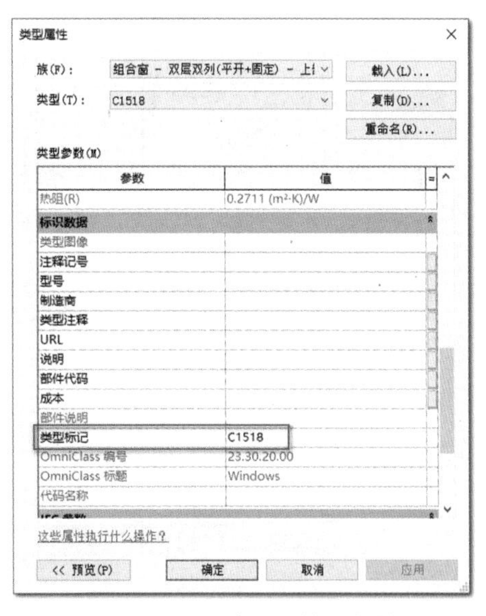

图 4.2.2-2　“类型属性”对话框

Step05　设置放置参数

在上下文选项卡中,不选择“标记”面板中的“在放置时进行标记”工具。选项栏中仅有标记参数,无须设置。在属性面板中,确认“底高度”为“900.0”。

Step06　放置女卫生间窗

移动鼠标到女卫生间的北墙上,当临时尺寸标注显示离左右两侧墙面的距离相等时,单击鼠标放置女卫生间窗,如图 4.2.2-3 所示。

Step07　放置楼梯间窗

移动鼠标到楼梯间北墙上,当临时尺寸标注显示离左右两侧墙面的距离相等时,单击鼠标左键放置楼梯间窗,如图 4.2.2-4 所示。

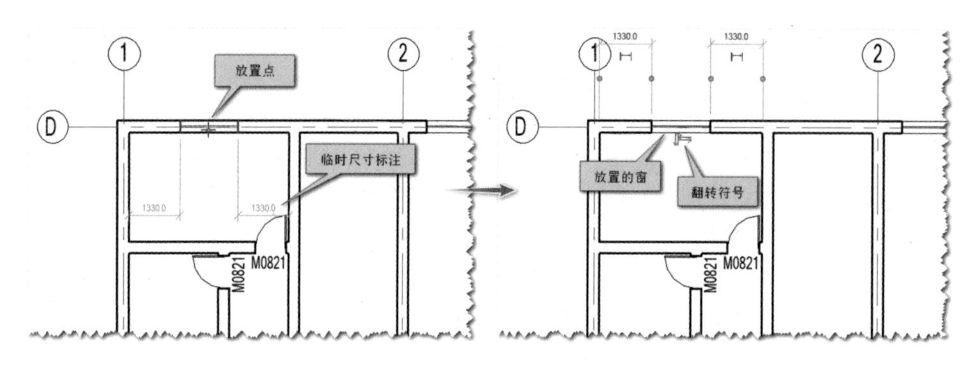

图 4.2.2-3　放置女卫生间窗

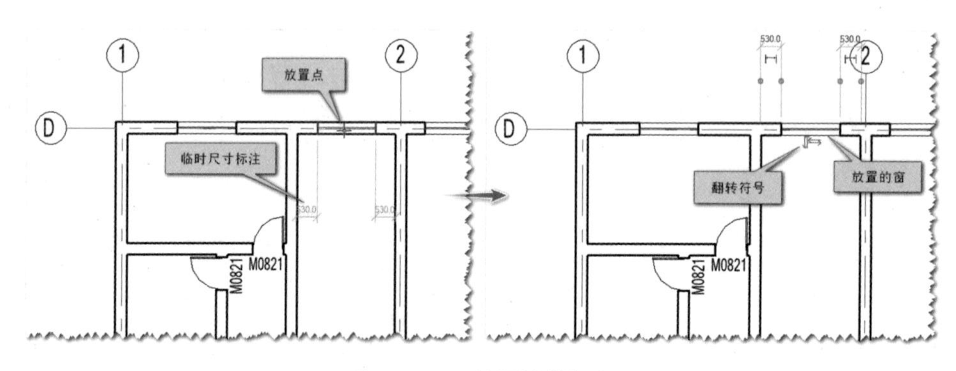

图 4.2.2-4　放置楼梯间窗

4.2.3　放置男卫生间窗 C1215

Step01　激活面板工具

单击打开“建筑”选项卡，单击“构建”面板中“窗”工具，进入放置窗状态，自动切换至“修改|放置 窗”上下文选项卡。

放置男卫生间窗

Step02　载入窗族

在上下文选项卡中，单击“模式”面板中的“载入族”工具，打开“载入族”对话框。在“载入族”对话框中，依次双击“建筑”“窗”“普通窗”“推拉窗”，按路径打开文件夹，选择文件夹中的“推拉窗 6.rfa”族文件，单击“打开”按钮，将该窗族载入到当前项目。

Step03　新建图元类型

在类型选择器中单击下拉按钮，在下拉列表中选择刚载入到项目的窗族“推拉窗 6.rfa”中的“1200×1500mm”窗类型。单击属性面板中的“编辑类型”按钮，打开“类型属性”对话框。在“类型属性”对话框中，单击“复制”按钮，打开“名称”对话框，输入“C1215”后单击“确定”按钮，新建一种新的类型，如图 4.2.3-1 所示。在“类型属性”对话框中，确认尺寸标注分组中的高度为“1500.0”，宽度为“1200.0”，默认窗台高度为“900.0”，“类型标记”保持为“C1215”不变，然后单击“确定”，完成族类型参数的设置，如图 4.2.3-2 所示。

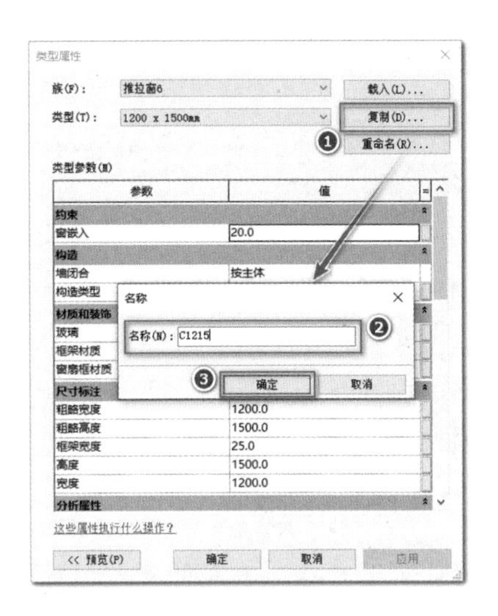

图 4.2.3-1　“名称”对话框

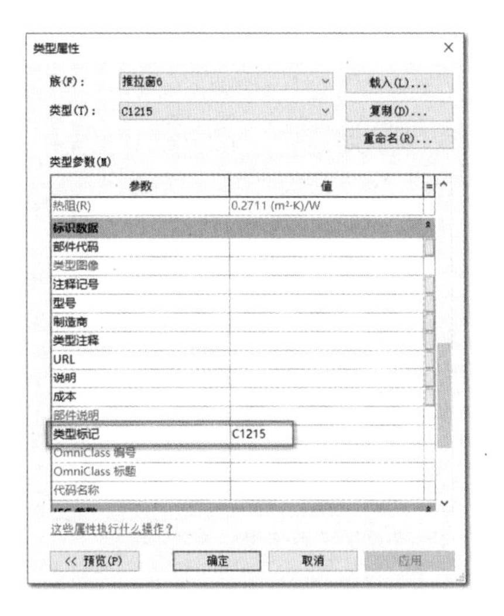

图 4.2.3-2　“类型属性”对话框

Step04　设置放置参数

在“修改|放置 窗”上下文选项卡中，不选择“标记”面板中的“在放置时进行标记”工具。选项栏中仅有标记参数，无须设置。在属性面板中，确认“底高度”为“900.0”。

Step05　放置男卫生间窗

移动鼠标到男卫生间的西墙上，单击鼠标放置男卫生间窗，如图 4.2.3-3 所示，按键盘上的 Esc 键两次退出放置状态。单击选择刚放置的窗户，调整临时尺寸标注的下夹点至 C 轴线，单击临时尺寸标注数值打开编辑框，输入“2870”调整窗户到 C 轴线的距离，如图 4.2.3-3 所示，按键盘上的回车键确认修改，完成窗户的精确定位。

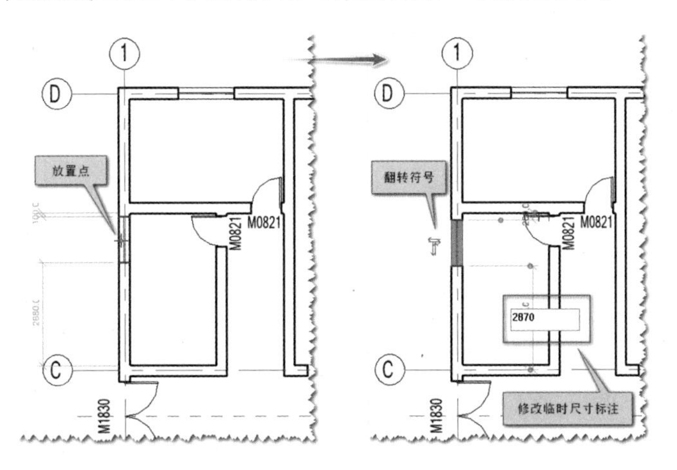

图 4.2.3-3　放置男卫生间窗

4.2.4　放置走廊窗 C2418

Step01　激活面板工具

单击打开“建筑”选项卡，单击“构建”面板中“窗”工具，进入放置窗状态，自动切换

至“修改|放置 窗”上下文选项卡。

Step02　指定图元类型

在类型选择器中单击下拉按钮,在下拉列表中选择窗族“组合窗 - 双层单列(四扇推拉)-上部双扇”中的 C2418 窗类型。

放置走廊窗

Step03　设置放置参数

在上下文选项卡中,不选择“标记”面板中的“在放置时进行标记”工具。在选项栏中仅有标记参数,无须设置。在属性面板中,确认“底高度”为“900.0”。

Step04　放置西侧走廊窗

1)大概放置窗。移动鼠标到 B 轴线上的墙上,大概靠近 1 轴线一侧时单击鼠标放置第 1 扇窗,再移动鼠标到大概靠近 2 轴线一侧时单击鼠标放置第 2 扇窗,如图 4.2.4-1 所示,按 Esc 键两次退出放置状态。

2)精确定位窗的位置。单击选择第 1 扇窗,将临时尺寸标注的左侧夹点按住不放拖动到 1 轴线上,单击左侧的临时尺寸数值打开编辑框,输入“600”,将第 1 扇窗精确定位在距离 1 轴线 600 mm 的位置。同理,单击选择第 2 扇窗,将临时尺寸标注的右侧夹点按住不放拖动到 2 轴线上,单击右侧的临时尺寸数值打开编辑框,输入“600”,将第 2 扇窗精确定位在距离 2 轴线 600 mm 的位置,如图 4.2.4-2 所示。

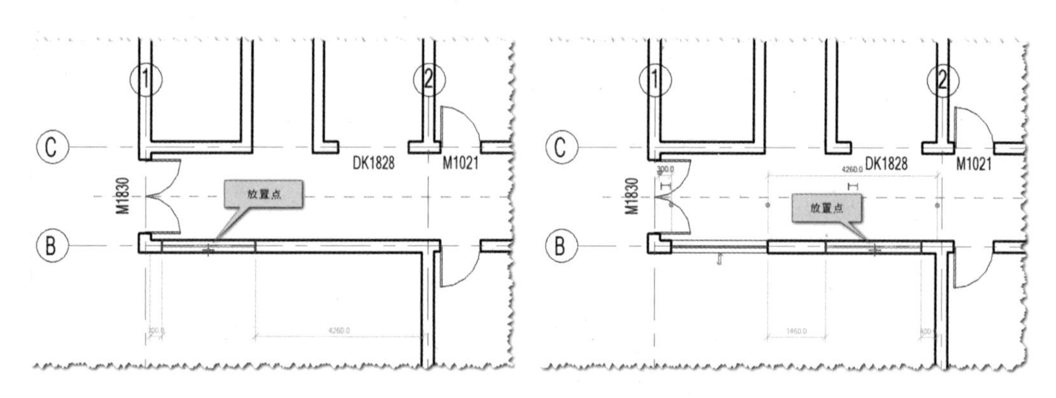

图 4.2.4-1　放置西侧走廊窗

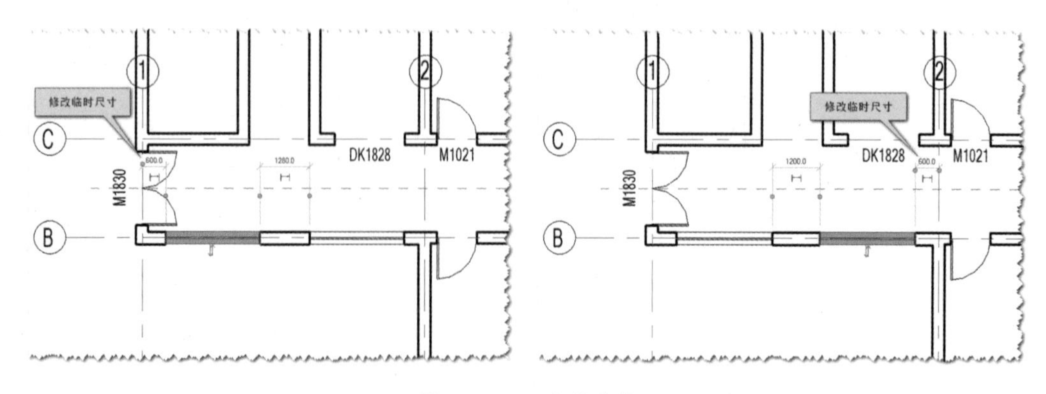

图 4.2.4-2　窗的定位

Step05　镜像生成东侧走廊窗

选择西侧走廊窗。使用框选方式选择 B 轴线上刚放置的两扇窗。

激活镜像工具,设置镜像参数。在上下文选项卡中,单击"修改"面板中的"镜像 - 拾取轴"工具,进入镜像修改状态。在选项栏中,勾选"复制"选项。

镜像生成新的窗户。在绘图区,鼠标单击选择 SN 参照平面作为镜像轴,Revit 自动复制生成东侧走廊窗。

Step06　查看走廊窗放置的效果

单击快速工具栏中的"默认三维视图"工具,打开默认三维视图。单击 ViewCube 中的"主视图"图标,适当放大、移动三维视图。选择东侧的叠层墙,单击视图控制栏中的"临时隐藏/隔离",在下列列表中选择"隐藏图元"工具,将叠层墙临时隐藏,可以更清楚地查看走廊窗放置后的效果,如图 4.2.4-3 所示。

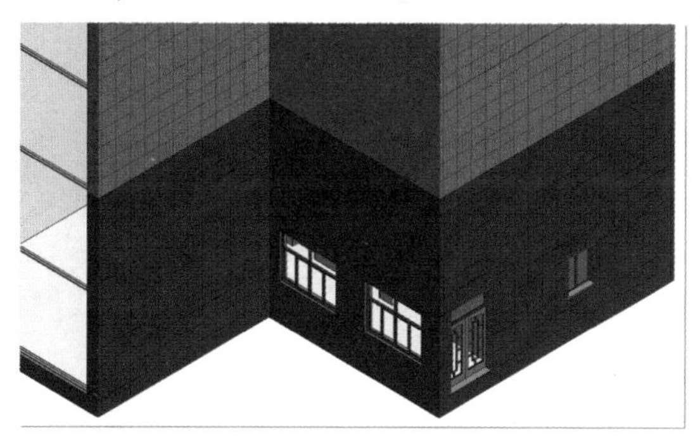

图 4.2.4-3　走廊窗放置后的效果

4.3　放置阁楼及楼梯间的门窗

阁楼和楼梯间的门使用的是 M1830,阁楼的窗使用的是 C2418,楼梯间的窗使用是 C1518,放置的方法及步骤是相类似的。阁楼上门窗的三维图及平面图如图 4.3-1 和图 4.3-2 所示。

图 4.3-1　阁楼及楼梯间的门窗三维图

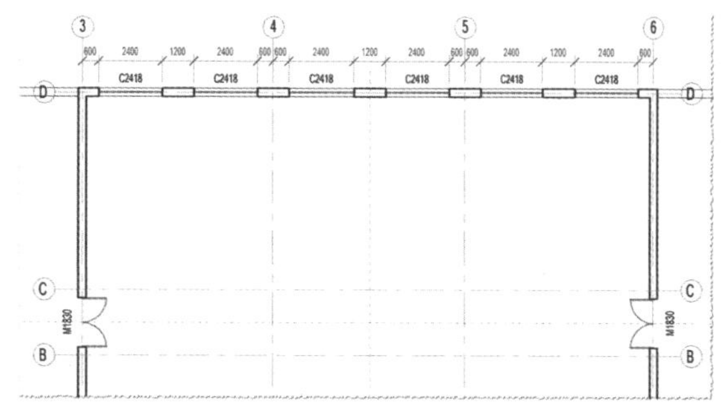

图 4.3-2　阁楼及楼梯间的门窗平面图

4.3.1 放置阁楼门 M1830

Step01 选择放置视图

在“项目浏览器”面板中，双击“楼层平面”的 F6，切换至 F6 楼层平面视图。

Step02 激活面板工具

单击打开“建筑”选项卡，单击“构建”面板中“门”工具，进入放置门状态，自动切换至“修改|放置 门”上下文选项卡。

放置
阁楼门

Step03 指定图元类型

在类型选择器中选择门族“双扇双面嵌板镶玻璃门 7 - 带亮窗”中的 M1830 门类型。

Step04 设置放置参数

在“修改|放置 门”上下文选项卡中，选择“标记”面板中的“在放置时进行标记”工具。在选项栏中，设置标记的方向为“垂直”，不勾选“引线”。

Step05 放置阁楼门

移动鼠标至 EW 参照平面与 3 轴线的交点，确认开门方向正确，单击鼠标放置左侧门及门标记，如图 4.3.1-1 所示。同理，移动鼠标至 EW 参照平面与 6 轴线的交点，确认开门方向正确，单击鼠标放置右侧门及门标记，按 Esc 键两次退出放置状态。单击选择右侧门标记，移动鼠标至移动符号上按住鼠标左键不放，拖动至合适位置松开鼠标，完成门标记的移动，如图 4.3.1-1 所示。

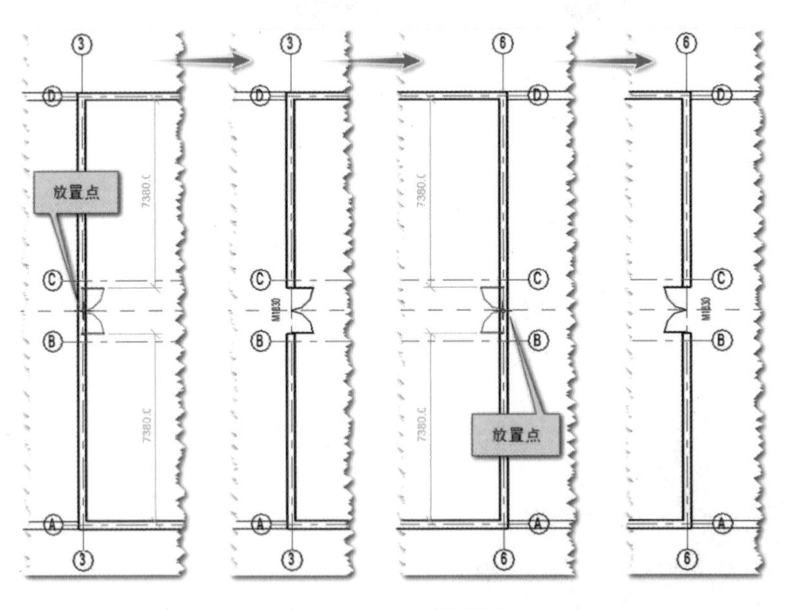

图 4.3.1-1 放置阁楼门

4.3.2 放置阁楼窗 C2418

Step01 激活面板工具

单击打开“建筑”选项卡，单击“构建”面板中“窗”工具，进入放置窗状态，自动切换

至“修改|放置 窗”上下文选项卡。

Step02 指定图元类型

在类型选择器中单击下拉按钮,在下拉列表中选择窗族“组合窗 - 双层单列(四扇推拉)-上部双扇”中的 C2418 窗类型。

Step03 设置放置参数

在上下文选项卡中,不选择“标记”面板中的“在放置时进行标记”工具。在选项栏中仅有标记参数,无须设置。在属性面板中,确认“底高度”为“900.0”。

Step04 放置阁楼窗

1)大概放置窗户。移动鼠标到 D 轴线的墙上,大概靠近 3 轴线一侧时单击鼠标放置第 1 扇窗,再移动鼠标到大概靠近 4 轴线一侧时单击鼠标放置第 2 扇窗,如图 4.3.2-1 所示,按 Esc 键两次退出放置状态。

2)精确定位窗户的位置。单击选择第 1 扇窗,将临时尺寸标注的左侧夹点按住不放拖动到 3 轴线上,单击左侧的临时尺寸数值打开编辑框,输入“600”,将第 1 扇窗精确定位在距离 3 轴线 600 mm 的位置。同理,单击选择第 2 扇窗,将临时尺寸标注的右侧夹点按住不放拖动到 4 轴线上,单击右侧的临时尺寸数值打开编辑框,输入“600”,将第二扇窗精确定位在距离 4 轴线 600 mm 的位置,如图 4.3.2-2 所示。

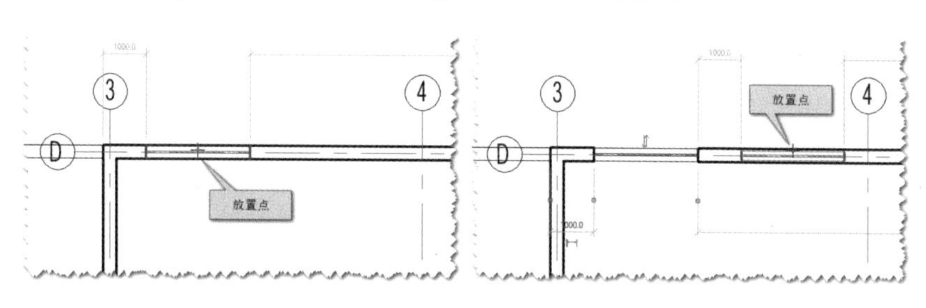

图 4.3.2-1 放置左侧两扇窗户

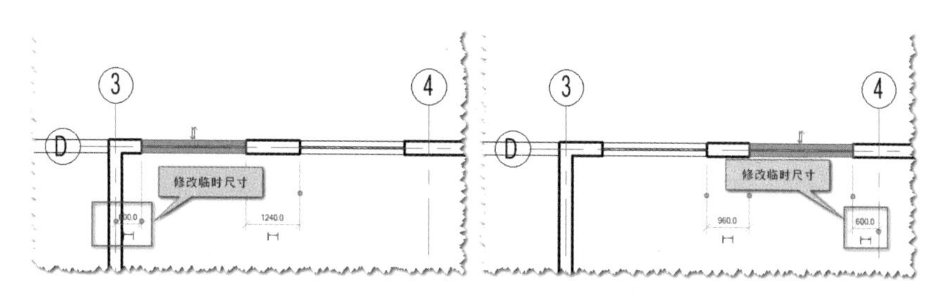

图 4.3.2-2 窗户的定位

Step05 阵列生成北侧其他窗户

1)选择刚放置的两扇窗户。使用框选方式选择刚放置的 3 轴线和 4 轴线之间的两扇窗户。

2)激活阵列工具,设置阵列参数。在上下文选项卡中,单击“修改”面板中的“阵列”工具,进入阵列修改状态。在选项栏中,选择“线性”阵列方式,去除“成组并关联”的勾选,项目数设置为“3”,移动到选择“第二个”,勾选“约束”选项,如图 4.3.2-3 所示。

图 4.3.2-3　选项栏参数

3）阵列生成新的窗户。鼠标单击 4 轴线上的任意点作为移动起点，然后沿水平方向移动鼠标单击 5 轴线确定移动终点，如图 4.3.2-4 所示，Revit 会自动阵列生成 F6 北侧其他窗户。

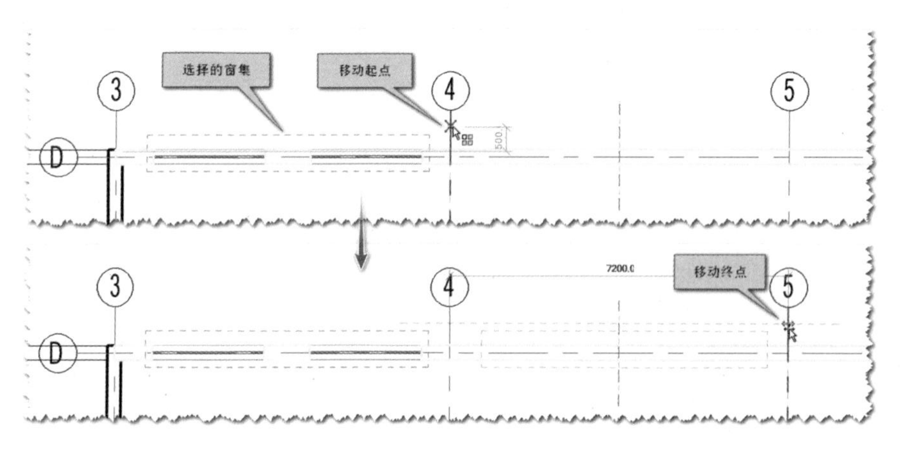

图 4.3.2-4　阵列生成北侧其他窗户

Step06　镜像生成南侧窗

选择北侧所有窗户。使用框选方式选择 D 轴线上的所有窗户。

激活镜像工具，设置镜像参数。在上下文选项卡中，单击“修改”面板中的“镜像 - 拾取轴”工具，进入镜像修改状态。在选项栏中，勾选“复制”选项。

镜像生成新的窗户。在绘图区，鼠标单击选择 EW 参照平面作为镜像轴，如图 4.3.2-5 所示，Revit 自动复制生成南侧墙上的窗户。

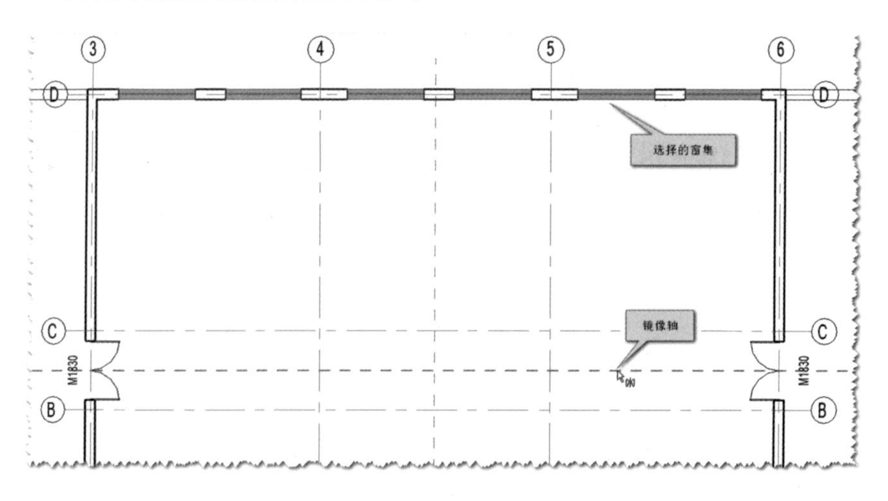

图 4.3.2-5　镜像生成南侧窗

Step07　查看阁楼门窗放置的效果

单击快速工具栏中的“默认三维视图”工具，打开默认三维视图。单击 ViewCube 中的“主视图”图标，适当放大、移动三维视图，可以查看阁楼门窗放置后的效果，如图 4.3-1 所示。

4.3.3　放置楼梯间门 M1830

放置楼梯间门窗

Step01　选择放置视图

在“项目浏览器”面板中，双击“楼层平面”的 F6，切换至 F6 楼层平面视图。

Step02　激活面板工具

点击打开“建筑”选项卡，单击“构建”面板中“门”工具，进入放置门状态，自动切换至“修改|放置 门”上下文选项卡。

Step03　指定图元类型

在类型选择器中选择门族“双扇双面嵌板镶玻璃门 7-带亮窗”中的 M1830 门类型。

Step04　设置放置参数

在“修改|放置门”上下文选项卡中，选择“标记”面板中的“在放置时进行标记”工具。在选项栏中，设置标记的方向为“水平”，不勾选“引线”。

Step05　放置阁楼门

移动鼠标至东侧楼梯间的南墙，确认开门方向正确，当门距离东西墙核心层中心线的距离相等时，单击鼠标放置门及门标记，如图 4.3-2 所示。同理，移动鼠标至西侧楼梯间的南墙，确认开门方向正确，当门距离东西墙核心层中心线的距离相等时，单击鼠标放置门及门标记，按 Esc 键二次退出放置状态。

4.3.4　放置楼梯间窗 C1518

Step01　激活面板工具

点击打开“建筑”选项卡，单击“构建”面板中“窗”工具，进入放置窗状态，自动切换至“修改|放置 窗”上下文选项卡。

Step02　指定图元类型

在类型选择器中点击下拉按钮，在下拉列表中选择窗族“组合窗-双层双列(平开+固定)-上部单扇”中的 C1518 窗类型。

Step03　设置放置参数

在上下文选项卡中，选择“标记”面板中的“在放置时进行标记”工具。在选项栏中不勾选“引线”。在属性面板中，确认“底高度”为“900.0”。

Step04　放置楼梯间窗

移动鼠标至东侧楼梯间的北墙，当窗距离东西墙核心层中心线的距离相等时，单击鼠标放置窗及窗标记，如图 4.3-2 所示。同理，移动鼠标至西侧楼梯间的北墙，当窗距离东西墙核心层中心线的距离相等时，单击鼠标放置窗及窗标记，按 Esc 键二次退出放置状态。

4.4　门窗的标记及层间复制

4.4.1　标记门

Step01　选择操作视图

在“项目浏览器”面板中，双击“楼层平面”的 F1，切换至 F1 楼层平面视图。

Step02　激活面板工具

单击打开“注释”选项卡，单击“标记”面板中“全部标记”工具，如图 4.4.1-1 所示，弹出“标记所有未标记的对象”对话框，如图 4.4.1-2 所示。

图 4.4.1-1　“全部标记”工具

标记门窗

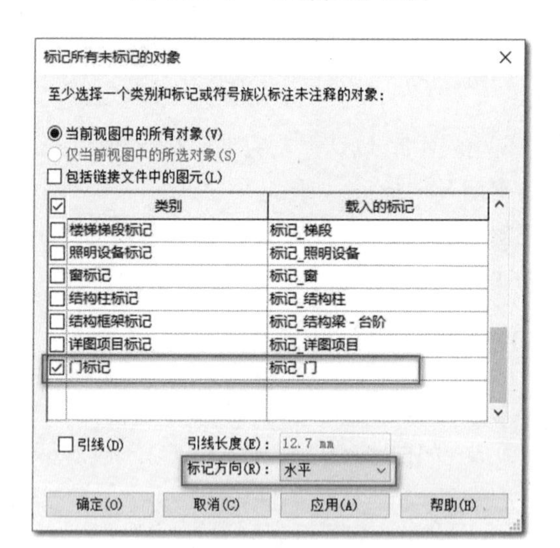

图 4.4.1-2　标记门

Step03　标记所有未标记的门

在“标记所有未标记的对象”对话框中，在列表中勾选“门标记”，载入的标记族使用默认的“标记_门”，不勾选“引线”，标记方向设置为“水平”，单击“确定”按钮，Revit 将会使用“标记_门”门标记族标记所有未标记的门实例对象。

4.4.2　标记窗

Step01　激活面板工具

单击打开“注释”选项卡，单击“标记”面板中“全部标记”工具，弹出“标记所有未标记的对象”对话框，如图 4.4.2-1 所示。

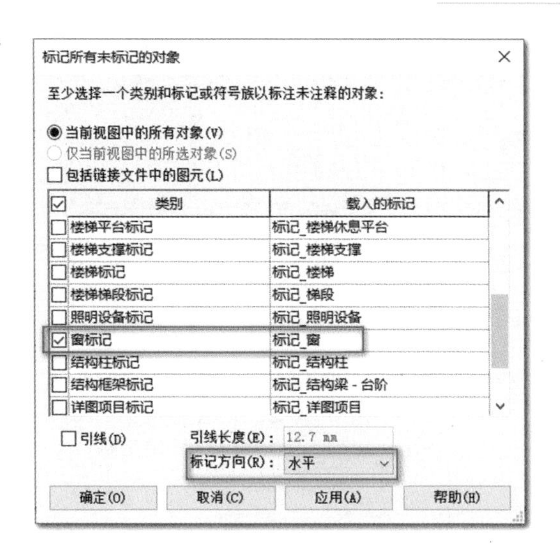

图 4.4.2-1　标记窗

Step02　标记所有的窗户

在“标记所有未标记的对象”对话框中，在列表中勾选“窗标记”，载入的标记族使用默认的“标记_窗”，不勾选“引线”，标记方向设置为“水平”，单击“确定”按钮，Revit 将会使用“标记_窗”窗标记族标记所有未标记的窗实例对象，如图 4.4.2-2 所示。

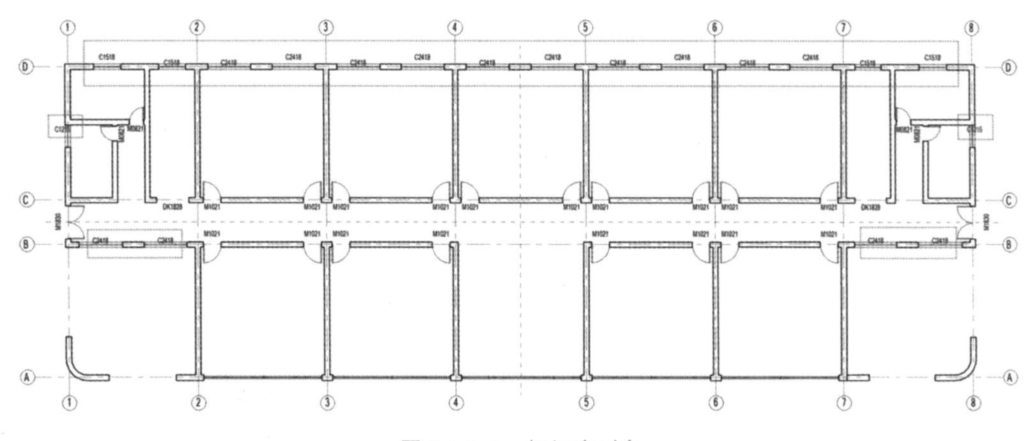

图 4.4.2-2　标记窗对象

从图 4.4.2-2 中可以看到，D 轴线上的窗标记参差不齐；B 轴线上的窗标记非常整齐，但遮挡了窗户，位置不合适；男卫生间窗标记的方向应该是垂直方向，位置也不合适。D 轴线上窗标记参差不齐的主要原因是一部分窗外侧朝向北，一部分窗的外侧朝向南。

在快速工具栏中，单击“放弃”按钮（或按键盘上的 Ctrl+Z）撤消标记窗的操作，通过翻转符号将 D 轴线上窗的外侧都调整到朝北方向，然后再重复 Step01 和 Step02 两步，标记后的结果如图 4.4.2-3 所示。

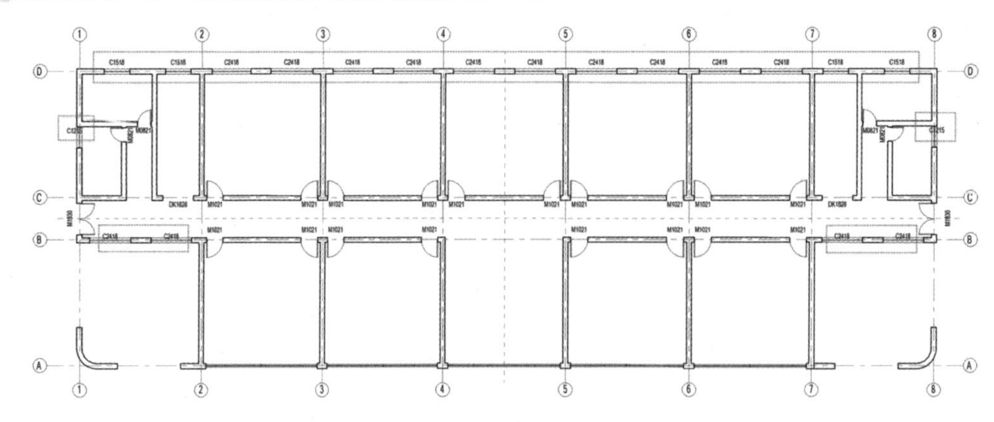

图 4.4.2-3　标记窗对象(调整后)

Step03　调整窗标记的方向和位置

调整男卫生间窗户窗标记的方向和位置。单击选择西侧男卫生间窗户的窗标记,在选项栏中将方向修改为“垂直”,窗标记的方向调整为垂直方向,如图 4.4.2-4 所示,完成西侧男卫生间窗户窗标记的方向调整。移动鼠标到窗标记的“移动符号”上按住不放,拖动窗标记到合适位置再松开鼠标,完成西侧男卫生间窗户窗标记的位置调整。同理,修改东侧男卫生间窗的窗标记。

调整走廊窗户窗标记的位置。使用交叉框选方式选择西侧走廊上的窗和窗标记,按住键盘上的 Ctrl 键的同时,使用交叉框选方式选择东侧走廊上的窗和窗标记,如图 4.4.2-5 所示。使用“过滤器”工具仅选择 4 个窗标记。多次单击键盘上的向下箭头键,将窗标记移动到合适的位置。

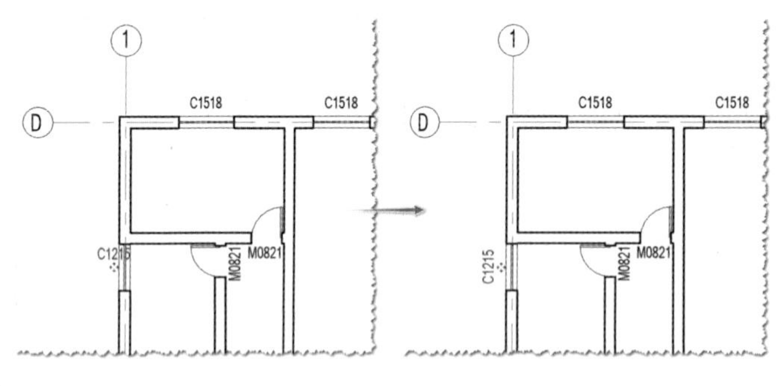

图 4.4.2-4　调整窗标记的方向

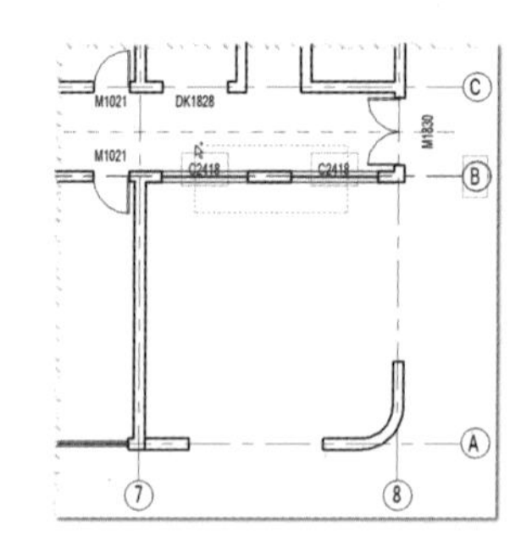

图 4.4.2-5　选择窗和窗标记

4.4.3　门窗的层间复制

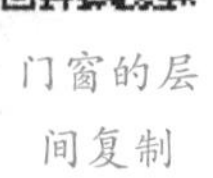

门窗的层间复制

Step01　选择操作视图

确认当前仍处于 F1 楼层平面视图。如果不在 F1,切换至 F1 楼层平面视图。

Step02　选择 F1 楼层所有的门窗和门窗标记

框选绘图区中的所有图元,在“修改 | 选择多个”上下文选项卡中,单击“过滤器”工具,弹出“过滤器”对话框。在“过滤器”对话框中,单击“放弃全部”按钮先去除所有的勾

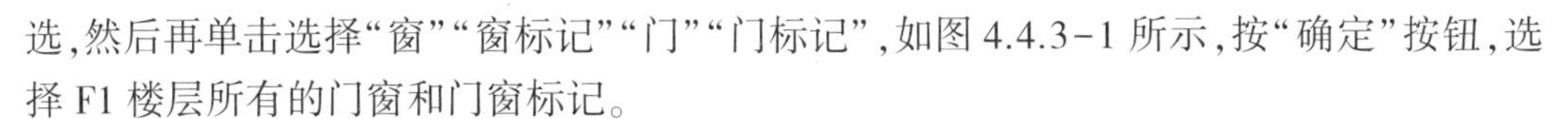

选，然后再单击选择“窗”“窗标记”“门”“门标记”，如图 4.4.3-1 所示，按“确定”按钮，选择 F1 楼层所有的门窗和门窗标记。

Step03　层间复制到 F2

在上下文选项卡中，单击“剪贴板”面板中的“复制到剪贴板”工具，F1 所有的门窗和门窗标记都复制到了剪贴板，此时“剪贴板”面板中的“粘贴”工具变为可用。单击“粘贴”分割按钮中的下拉按钮，如图 4.4.3-2 所示，在下拉列表中选择“与选定的视图对齐”，弹出“选择视图”对话框，如图 4.4.3-2 所示。在“选择视图”对话框，选择“楼层平面：F2”，单击“确定”按钮，F1 楼层所有的门窗和门窗标记通过剪贴板复制到了 F2 楼层。

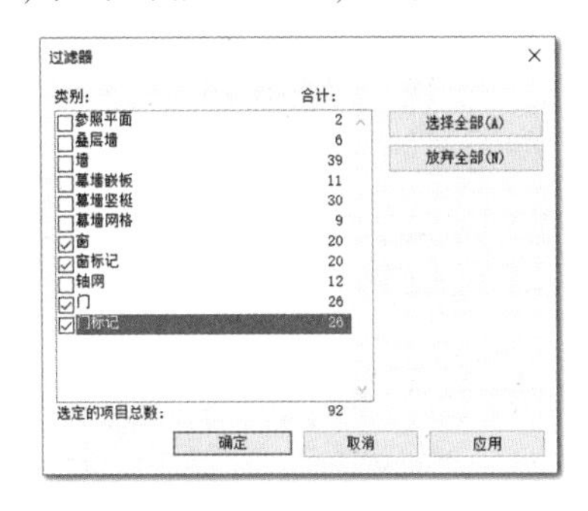

图 4.4.3-1　“过滤器”对话框

图 4.4.3-2　“粘贴”工具及“选择视图”对话框

Step04　切换操作视图

在“项目浏览器”面板中，双击“楼层平面”的 F2，切换至 F2 楼层平面视图。

Step05　修改 F2 楼层的门窗

单击选择西侧的门联窗 M2130，注意是选择门联窗不是选择窗标记，按键盘上的 Delete 键，将门联窗删除，依附于主体上的窗标记也一并被删除。同理删除东侧的门联窗。

框选西侧男卫生间的窗和窗标记，在上下文选项卡中，单击“修改”面板中的“复制”工具，进入复制修改状态。在选项栏中，勾选“约束”，不勾选“多个”。移动鼠标单击选择窗户中心线与轴线 1 的交点作为移动起点，在轴线 1 和参照平面 EW 的交点单击绘制移动终点，复制生成一个新的窗 C1215（含窗标记），如图 4.4.3-3 所示。同理，再复制生成东侧窗 C1215 及窗标记。

Step06　选择 F2 楼层所有的门窗和门窗标记

框选绘图区中的所有图元，在“修改 | 选择多个”上下文选项卡中，单击“过滤器”工具，弹出“过滤器”对话框。在“过滤器”对话框中，单击“放弃全部”按钮先去除所有的勾选，然后再单击选择“窗”“窗标记”“门”“门标记”，按“确定”按钮，选择 F2 楼层所有的门窗和门窗标记。

Step07　层间复制至 F3～F5

在上下文选项卡中，单击“剪贴板”面板中的“复制到剪贴板”工具，F2 所有的门窗和门窗标记都复制到了剪贴板。单击“粘贴”分割按钮中的下拉按钮，在下拉列表中选择“与选定的视图对齐”，弹出“选择视图”对话框。在“选择视图”对话框，先单击选择“楼层平面：F3”，按住键盘上的 Shift 键不放，再单击选择“楼层平面：F5”，便将 F3～F5 三个楼层平面全选中了，如图 4.4.3-4 所示，然后单击“确定”按钮，便将 F2 楼层所有的门窗和门窗标记通过剪贴板复制到了 F3～F5 楼层。

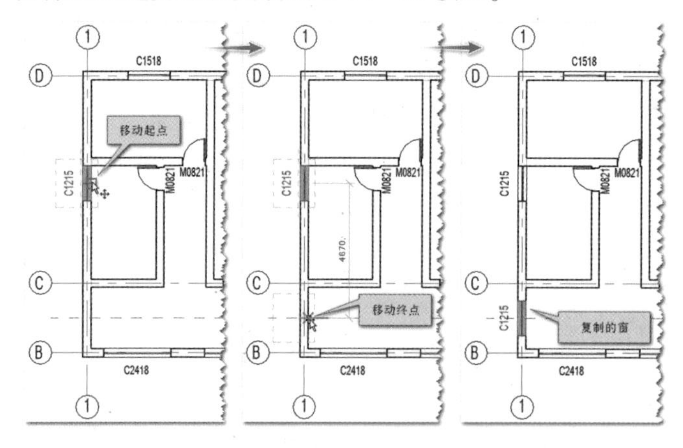

图 4.4.3-3　复制生成新的窗

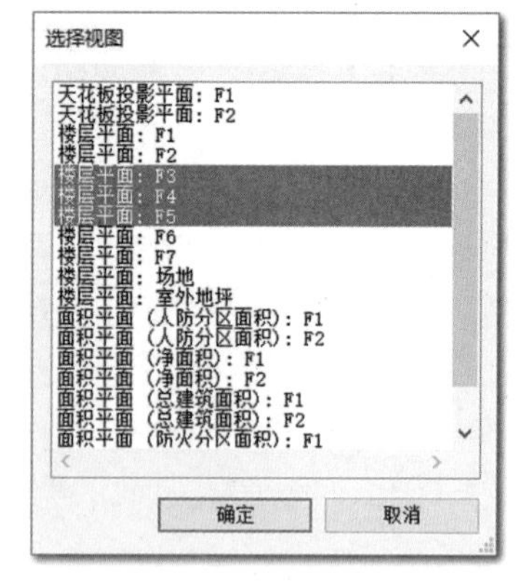

图 4.4.3-4　“选择视图”对话框

Step08　门窗层间复制后的效果

单击快速工具栏中的“默认三维视图”工具，打开默认三维视图。单击 ViewCube 中的“主视图”图标，适当旋转、放大、移动三维视图，可以查看门窗层间复制后的效果，如图 4.4.3-5 所示。

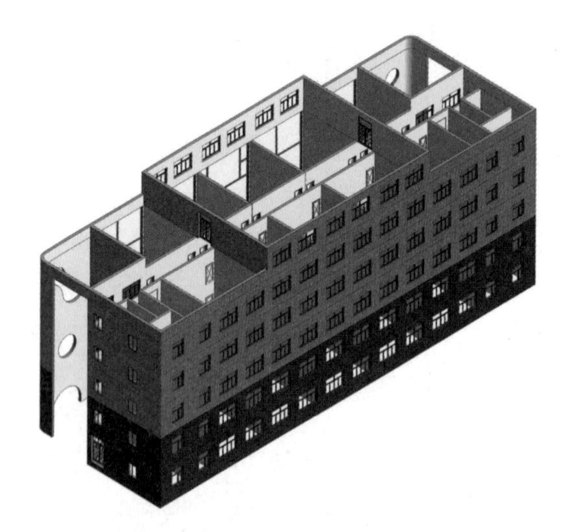

图 4.4.3-5　门窗层间复制后的效果

4.4.4　放置入口处幕墙门

Step01　选择放置视图

确认仍处于默认三维视图，单击 ViewCube 中的“主视图”图标，适当旋转、放大、移动三维视图。

Step02　载入幕墙门嵌板族

在上下文选项卡中，单击“模式”面板中“载入族”工具，打开“载入族”对话框。在

“载入族”对话框中，依次双击“China”“建筑”“幕墙”“门窗嵌板”按路径打开文件夹，选择文件夹中的“门嵌板_双开门 3.rfa”族文件，单击“打开”按钮，将该幕墙门嵌板族载入到当前项目。

放置入口处幕墙门

Step03　玻璃嵌板替换为门嵌板

将鼠标移动到入口处幕墙一层中间嵌板的边缘，注意不要单击鼠标，仅仅将鼠标指针悬停在上面，多次单击键盘上的 Tab 键，直到一层中间嵌板变为高亮状态，再单击鼠标选择一层中间嵌板。

此时，属性面板中的类型选择器显示了当前使用的嵌板类型，如图 4.4.4-1 所示。单击类型选择器下拉按钮，在下拉列表中选择“门嵌板_双开门 3”的嵌板类型，完成一层中间嵌板由玻璃嵌板替换为门嵌板。在视图控制栏中单击“详细程度”按钮，在列表中选择“精细”，幕墙门放置后的效果如图 4.4.4-2 所示。

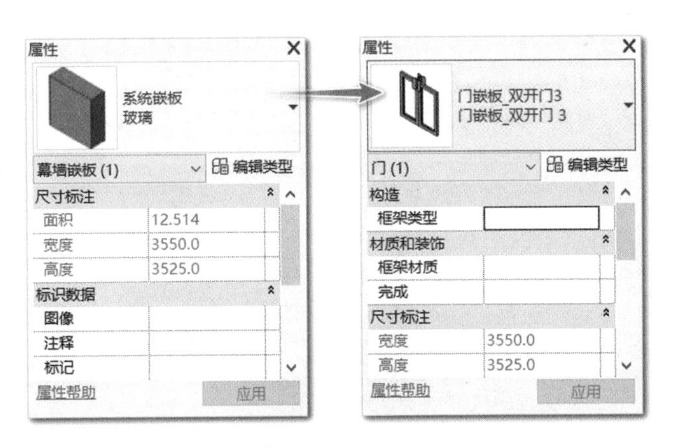

图 4.4.4-1　玻璃嵌板更改为门嵌板

图 4.4.4-2　幕墙门放置后的效果

第5章　楼板、屋顶和天花板

5.1　楼板

楼板是典型的水平构件，综合楼标准层的楼板如图5.1-1、图5.1-2和图5.1-3所示，包括一块大的室内楼板和四块小的卫生间楼板和盥洗室楼板，东西两侧的卫生间和盥洗室楼板是对称的。室内楼板的顶面与标高平齐，而盥洗室楼板的顶面高程比标高低20mm，卫生间楼板的顶面高程比标高低40mm。Revit中创建楼板使用"楼板"工具，绘制出楼板的边界轮廓便可根据楼板的层结构生成相应的楼板。

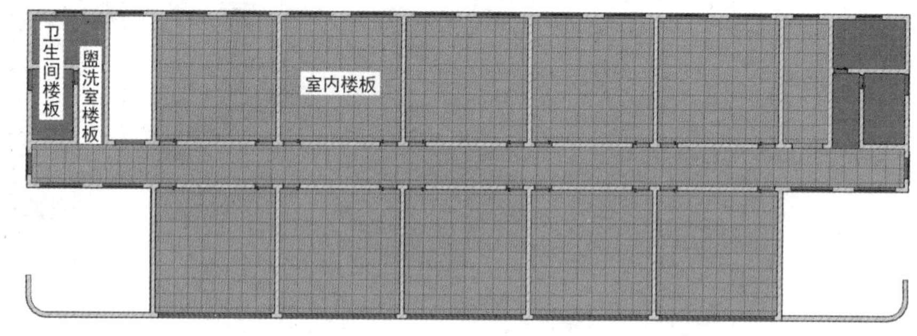

图5.1-1　顶视图中二层楼板

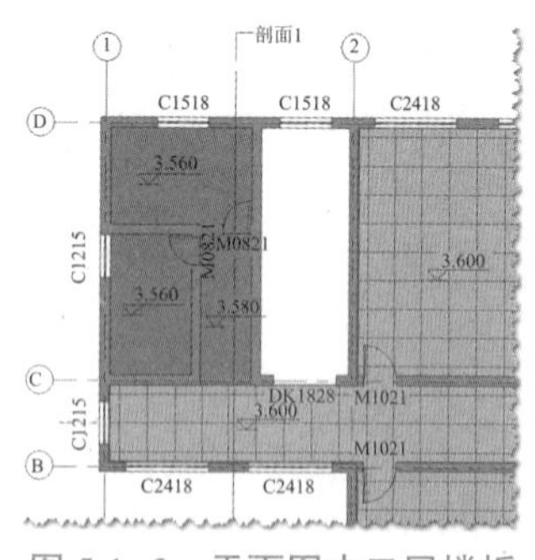

图5.1-2　平面图中二层楼板

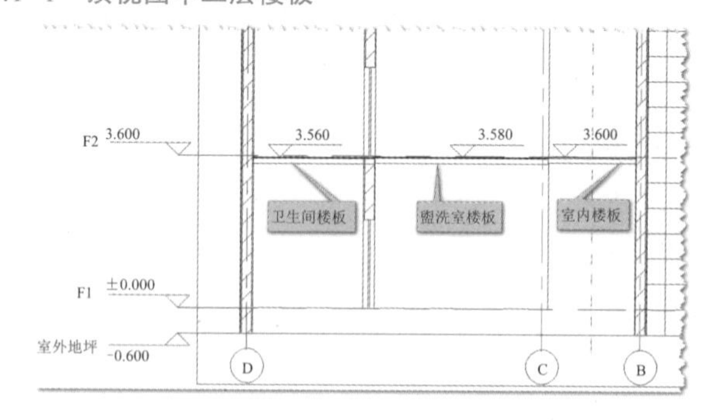

图5.1-3　剖面图中二层楼板

绘制室内楼板

5.1.1　绘制F2室内楼板

Step01 选择绘制视图

在项目浏览器中，双击"楼层平面"中的F2，切换至F2楼层平面视图。

Step02 激活面板工具

单击打开"建筑"选项卡，在"构建"面板中单击"楼板"的下拉按钮，在下拉列表中选

择“楼板:建筑”工具,如图 5.1.1-1 所示,进入创建楼层边界状态,自动切换至“修改|创建楼层边界”上下文选项卡,如图 5.1.1-2 所示。

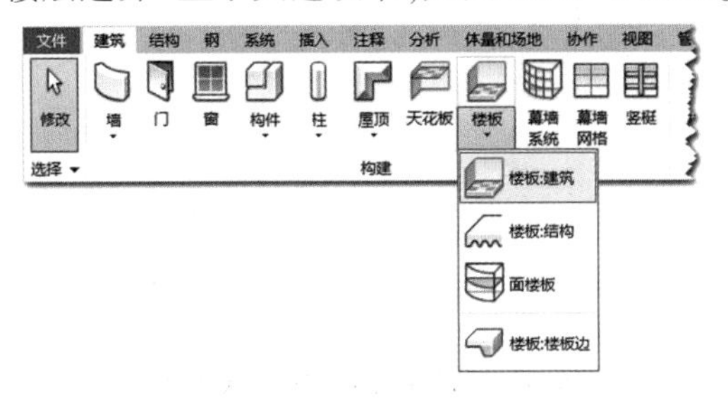

图 5.1.1-1　“楼板:建筑”工具

图 5.1.1-2　“修改|创建楼层边界”上下文选项卡

Step03 新建图元类型

在属性面板中,单击类型选择器的下拉按钮,在下拉列表中选择楼板类型“常规-150mm”。单击属性面板中的“编辑类型”按钮,打开“类型属性”对话框,单击“复制”按钮,打开“名称”对话框,输入名称“ZHL-室内楼板”后单击“确定”按钮,如图 5.1.1-3 所示,新建一种新的楼板类型。在“类型属性”对话框中,确认“功能”参数设置为“内部”,单击“结构”参数后的“编辑”按钮,打开“编辑部件”对话框,如图 5.1.1-4 所示。

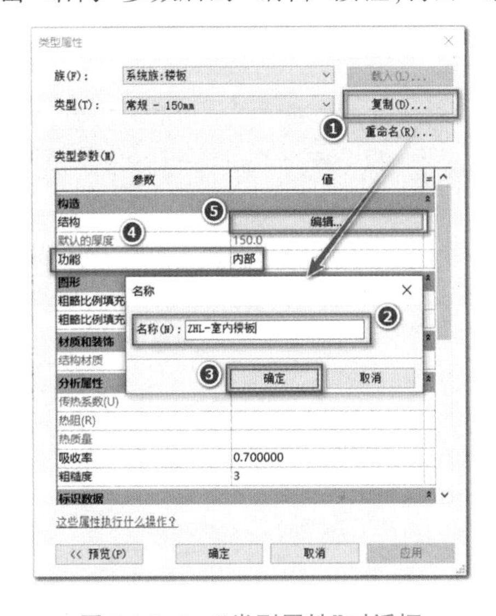

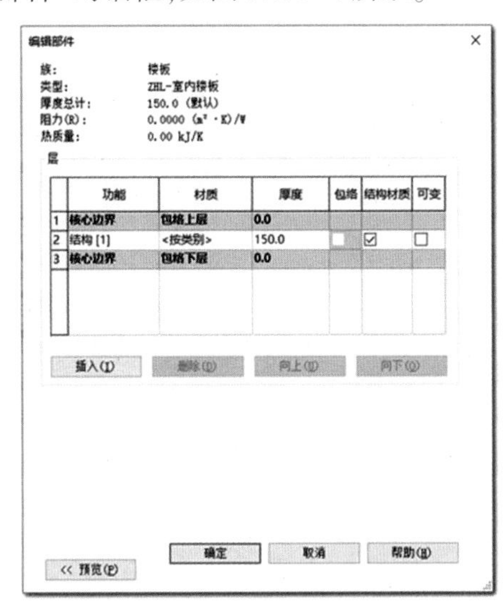

图 5.1.1-3　“类型属性”对话框

图 5.1.1-4　“编辑部件”对话框

Step04 创建室内楼板的三层结构

在“编辑部件”对话框中,单击“结构[1]”层左侧的数字 2 选择整行,单击“插入”按钮,在当前层的上面插入新的一层,新创建的层默认处于选择状态。再单击“向上”按钮,将新插入的层向上移到“核心边界”之外。再次单击“插入”按钮,在当前层的上面又新建一层,形成了室内楼板的三层结构,如图 5.1.1-5 所示。

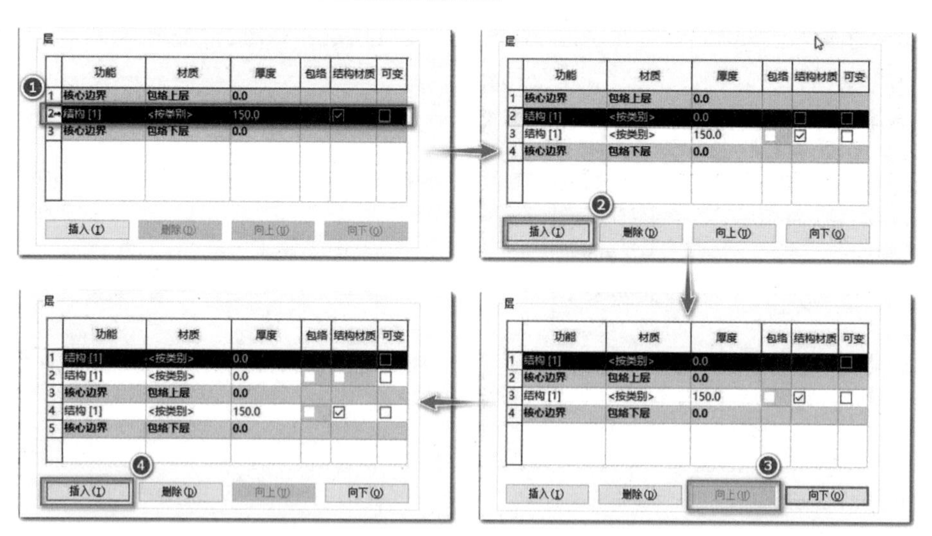

图 5.1.1-5　创建室内楼板的三层结构

Step05 修改功能和厚度参数

设置功能参数。单击数字 1 对应层的功能参数“结构[1]”,如图 5.1.1-6 所示, 在功能下拉列表中选择“面层 2[5]”。同理,将数字 2 对应层的功能参数设置为“衬底[2]”,数字 4 对应层的功能参数保持为“结构[1]”不变,完成功能参数的设置,如图 5.1.1-7 所示。

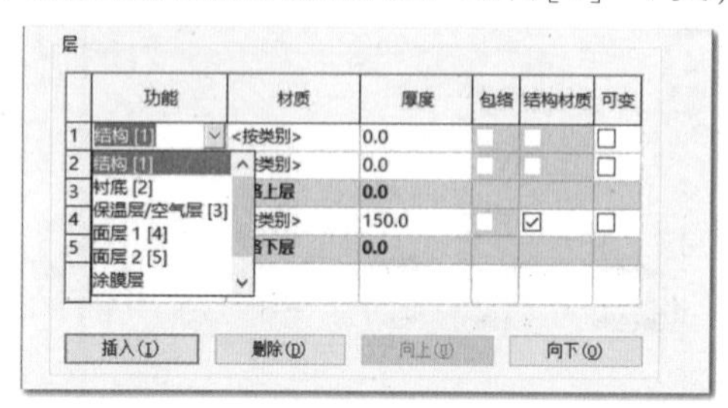

图 5.1.1-6　功能参数

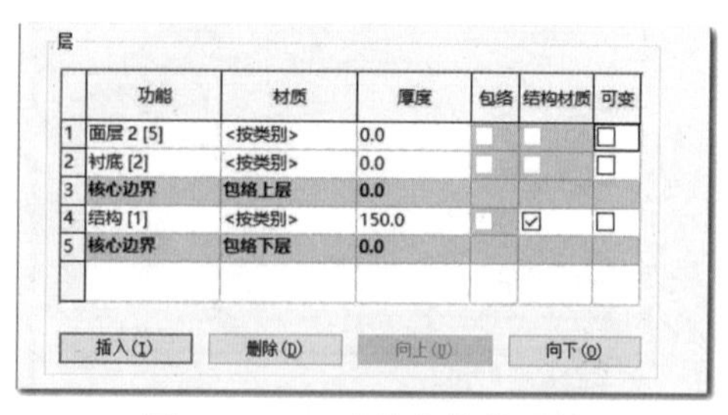

图 5.1.1-7　功能参数的设置

设置每一层的厚度。单击面层 2[5]厚度参数的单元格,输入数值“10”(默认单位 mm)。同理,将衬底[2]的厚度修改为 20,结构[1]的厚度修改为 120。

Step06 修改材质参数

1) 单击面层 2[5]的材质单元格,再单击单元格右侧的浏览按钮,打开“材质浏览器”对话框。在材质浏览器的搜索栏中输入“木”回车,在材质列表中选择“木材-樱桃木”材质,如图 5.1.1-8 所示。切换到“图形”选项卡,在表面填充图案中,单击前景图案右侧的按钮,打开“填充样式”对话框,如图 5.1.1-9 所示。在“填充样式”对话框中,填充图案类型选择“模型”,在下面的列表中单击选择“直缝 600×600mm”,再单击“复制”按钮,弹出“添加表面填充图案”对话框。在“添加表面填充图案”对话框中,将名称更改为“直缝 800×800mm”,线间距 1(1)更改为“800mm”,线间距 2(2)更改为“800mm”,其他参数不变,单击“确定”按钮关闭“添加表面填充图案”对话框。在“填充样式”对话框中,单击选择刚新建的“直缝 800×800mm”填充图案,再单击“确定”按钮关闭对话框,将填充图案类型赋予前景。在“材质浏览器”对话框中,单击“确定”按钮关闭该对话框,将“木材-樱桃木”材质赋予面层 2[5]层。

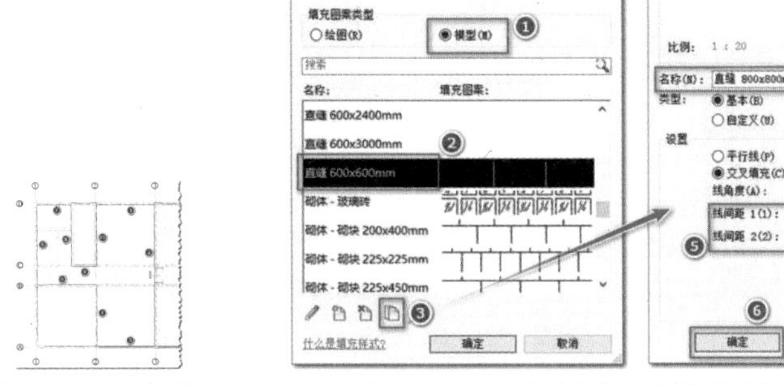

图 5.1.1-8　木材质　　　　图 5.1.1-9　木材质的前景填充图案

2)单击衬底[2]的材质单元格,再单击单元格右侧的浏览按钮,打开“材质浏览器”对话框,在材质浏览器的搜索栏中输入“水泥”回车,选择材质列表中的“水泥砂浆”,然后单击“确定”按钮,将“水泥砂浆”材质赋予衬底[2]层。

3)单击结构[1]的材质单元格,再单击单元格右侧的浏览按钮,打开“材质浏览器”对话框,在材质浏览器的搜索栏中输入“混凝土”回车,选择材质列表中的“混凝土,现场浇注-C35”,然后单击“确定”按钮,将“混凝土,现场浇注-C35”材质赋予结构[1]层。

4)设置完成后,室内楼板各层的参数如图 5.1.1-10 所示,单击“编辑部件”对话框中的“确定”按钮,完成“ZHL-室内楼板”结构的设置。在“类型属性”对话框中单击“确定”按钮,完成“ZHL-室内楼板”族类型的设置。

Step07 设置绘制参数

1)设置绘制方式。在上下文选项卡中,确认“绘制”面板中选择的是“边界线”“拾取墙”工具,如图 5.1.1-2 所示。

2)设置绘制参数。在属性面板中,确认标高为 F2,自标高的高度偏移为“0.0”,勾选“房间边界”,如图 5.1.1-11 所示。在选项栏中,设置偏移为“0.0”,勾选“延伸到墙中(至核心层)”选项。

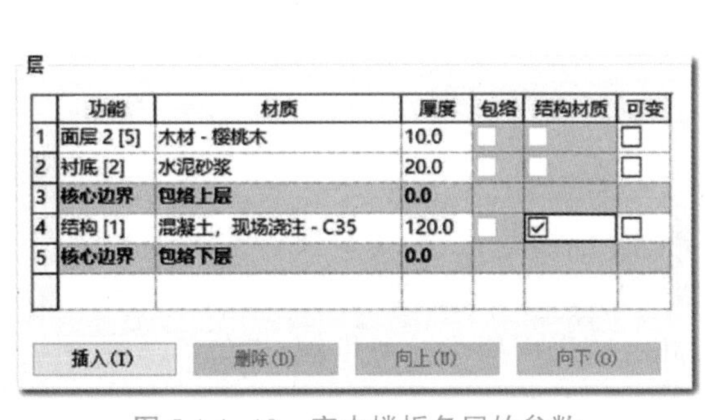

层

	功能	材质	厚度	包络	结构材质	可变
1	面层 2 [5]	木材 - 樱桃木	10.0	☐	☐	☐
2	衬底 [2]	水泥砂浆	20.0	☐	☐	☐
3	核心边界	包络上层	0.0			
4	结构 [1]	混凝土，现场浇注 - C35	120.0	☐	☑	☐
5	核心边界	包络下层	0.0			

插入(I)　删除(D)　向上(U)　向下(O)

图 5.1.1-10　室内楼板各层的参数

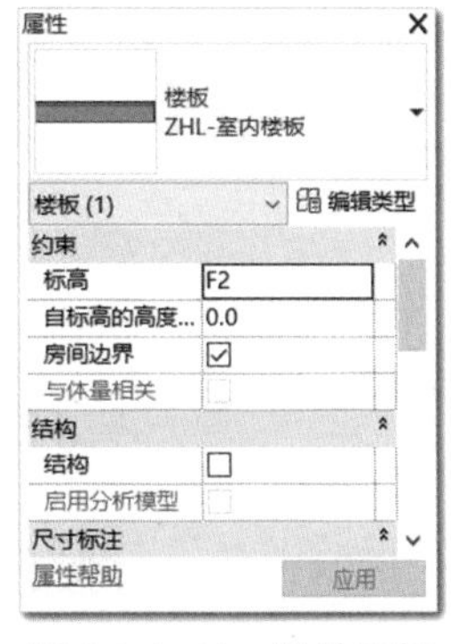

图 5.1.1-11　属性面板

Step08 绘制二层室内楼板

1)大概生成室内楼板的边界线。依次拾取标号为①~⑫的外墙、内墙或幕墙,生成如图 5.1.1-12 所示的边界线。由于选项栏中勾选了“延伸到墙中(至核心层)”,因此外墙和内墙都会在核心层表面处生成边界线。因每一面基本墙都有两个核心层表面，具体在哪一个核心层表面生成边界线与鼠标所在位置有关，以核心层中心线为分界，鼠标在哪一侧就会在哪一侧的核心层表面生成边界线。

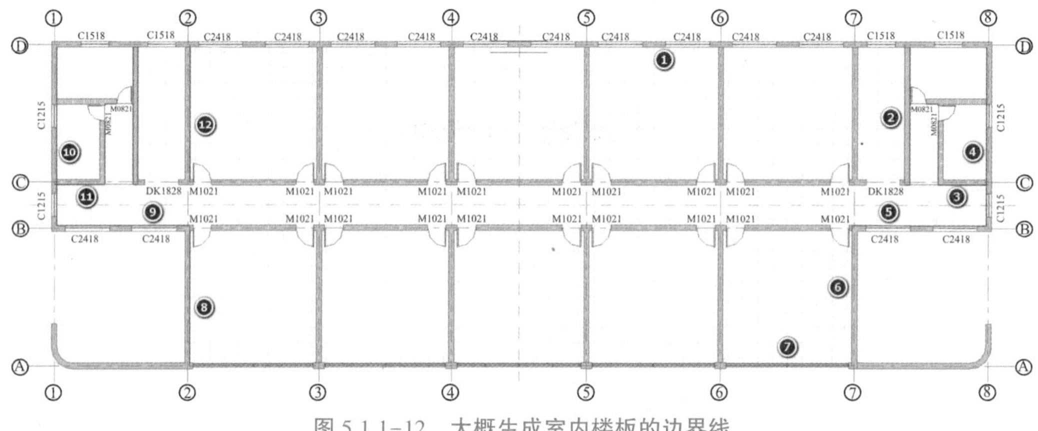

图 5.1.1-12　大概生成室内楼板的边界线

2）修剪形成楼板边界闭合轮廓。边界线必须形成闭合环方能被正确识别。在上下文选项卡中，单击“修改”面板中的“修剪/延伸为角”工具，进入“修剪/延伸为角”修改状态。单击①号边界线左侧和②号边界线将①号和②号边界线修剪成角。同理，将②号与③号、③号与④号、⑥号与⑦号、⑦号与⑧号、⑩号与⑪号、⑪号与⑫号、⑫号与①号分别修剪或延伸成角，形成一个封闭的边界轮廓，如图 5.1.1-13 所示。

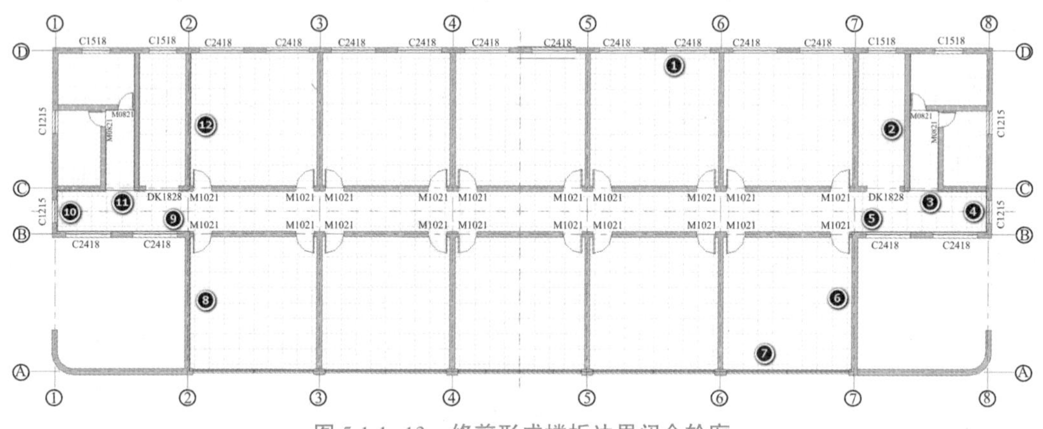

图 5.1.1-13　修剪形成楼板边界闭合轮廓

3）对齐边界线。⑦号边界线嵌入到幕墙里面了，位置不正确，需要移动至正确位置。在上下文选项卡中，单击“修改”面板中的“对齐”工具，切换到对齐修改状态。在选项栏中，不勾选“多重对齐”，首选设置为“参照核心层表面”。如图 5.1.1-14 所示，在 A 轴线西侧叠层墙的上侧单击，捕捉到上侧核心层表面作为参照位置，再单击⑦号边界线，将⑦号边界线对齐到参照位置。

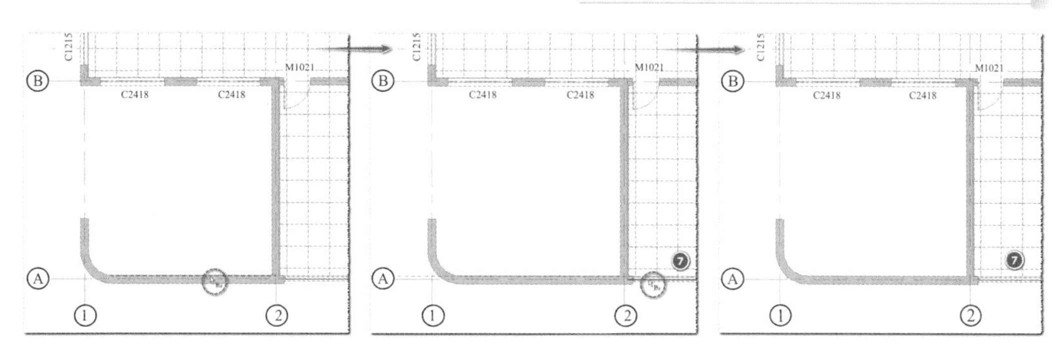

图 5.1.1-14　对齐 7 号边界线

4) 对齐边界线之后，楼板的边界线仍然是一个闭合图形。在上下文选项卡中，单击“模式”面板中的“完成编辑模式”按钮✔，完成楼板边界的绘制，同时弹出一个对话框，询问“是否希望将高达此楼层标高的墙附着到此楼层的底部”。此处单击“否”，因为我们不希望垂直方向在楼板处出现墙体的不连续，影响美观。再弹出一个确认对话框，询问是否剪切重叠的体积，单击“否”。Revit 会根据边界轮廓自动生成楼板，如图 5.1.1-15 所示。

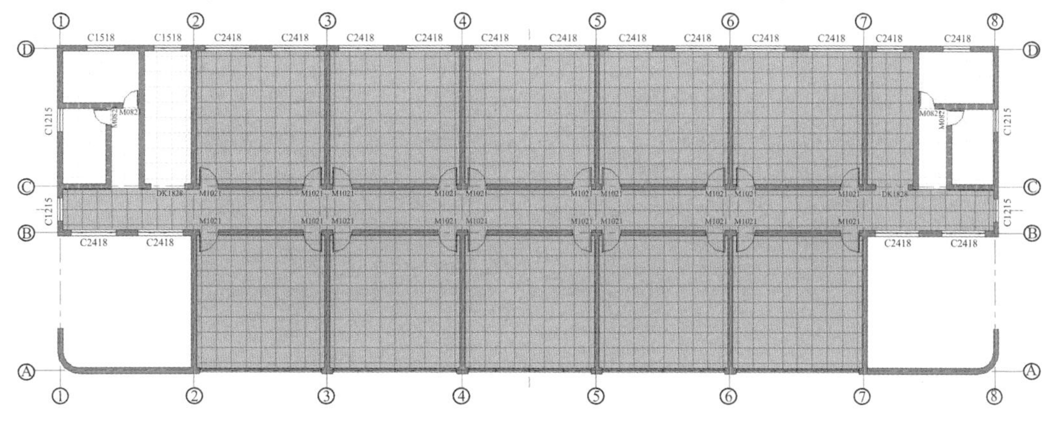

图 5.1.1-15　室内楼板的闭合边界轮廓

Step09 查看楼板的垂直位置

1) 创建剖面视图。单击打开“视图”选项卡，单击“创建”面板中的“剖面”工具，如图 5.1.1-16 所示，切换到“修改|剖面”上下文选项卡。在选项栏中，如图 5.1.1-17 所示，确认偏移为“0.0”。首先在 2 号和 3 号轴线之间 D 轴线的上侧单击鼠标绘制剖面起点，垂直向下移动鼠标至 A 轴线的下侧单击鼠标绘制另一端点，创建出“剖面 1”，如图 5.1.1-18 所示。

图 5.1.1-16　“剖面”工具

图 5.1.1-17　选项栏参数

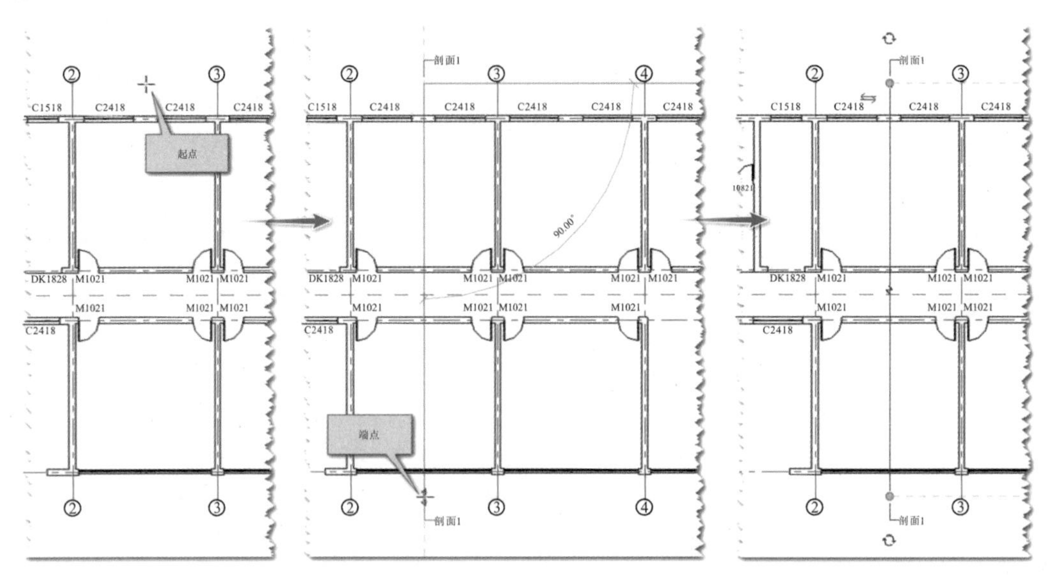

图5.1.1-18　创建剖面视图

2)切换到剖面视图查看楼板位置。在项目浏览器中新增了"剖面(建筑剖面)"的视图类型,展开该类型,下面是刚创建的"剖面1",如图5.1.1-19所示,双击"剖面1"切换到"剖面1"视图。适当地缩放、移动视图,可以看到楼板的垂直位置,如图5.1.1-20所示,楼板的顶面与标高平齐。

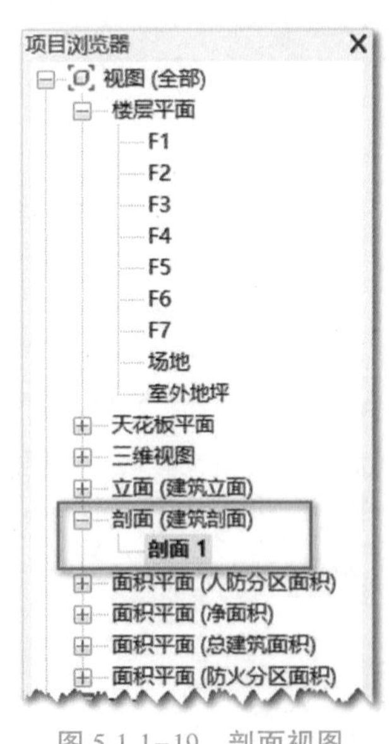

图5.1.1-19　剖面视图

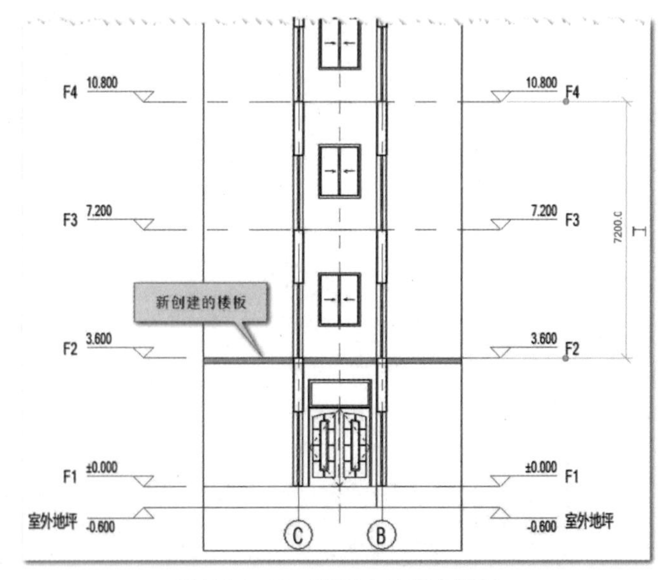

图5.1.1-20　剖面中的室内楼板

5.1.2　绘制F2卫生间楼板

Step01 选择绘制视图

在项目浏览器中,双击"楼层平面"中的F2,切换至F2楼层平面视图。

Step02 激活面板工具

单击打开“建筑”选项卡，在“构建”面板中单击“楼板”下拉按钮，在下拉列表中选择“楼板：建筑”工具，自动切换至“修改 | 创建楼层边界”上下文选项卡，如图 5.1.2-1 所示。

图 5.1.2-1　“修改 | 创建楼层边界”上下文选项卡

Step03 新建图元类型

绘制卫生间楼板

在属性面板中，单击类型选择器的下拉按钮，在下拉列表中选择“ZHL-室内楼板”楼板类型。单击属性面板中的“编辑类型”按钮，打开“类型属性”对话框，单击“复制”按钮，打开“名称”对话框，输入名称“ZHL-卫生间楼板”后单击“确定”按钮，如图 5.1.2-2 所示，新建一种新的楼板类型。在“类型属性”对话框中，确认功能参数设置为“内部”，单击结构参数后的“编辑”按钮，打开“编辑部件”对话框。

在“编辑部件”对话框中，单击面层 2[5] 材质参数的单元格，再单击单元格右侧的浏览按钮，打开“材质浏览器”对话框，在左下方的材质库中打开“瓷砖”，将右侧列表中的“瓷砖，机制”材质添加到项目材质库中，如图 5.1.2-3 所示。

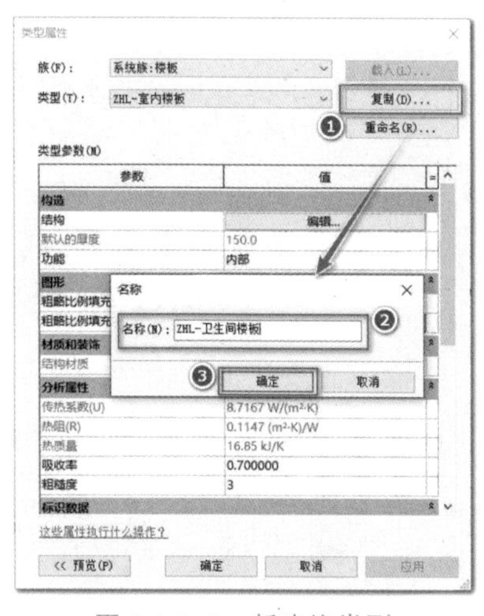

图 5.1.2-2　新建族类型

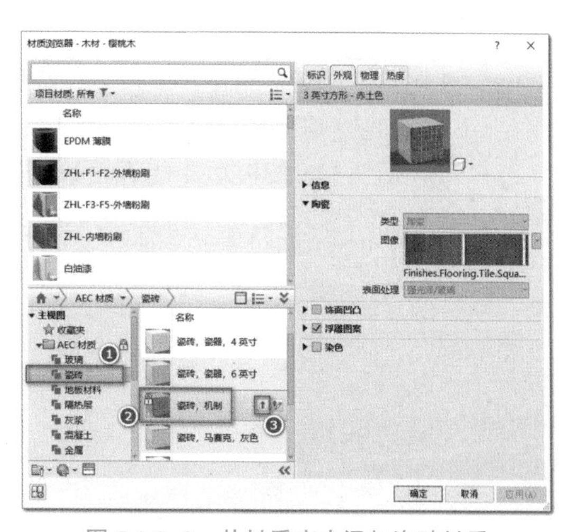

图 5.1.2-3　从材质库中添加瓷砖材质

在项目材质列表中，单击选择刚添加的“瓷砖，机制”材质，切换到图形选项卡，在表面填充图案中，将前景图案设置为“600×600mm”，如图 5.1.2-4 所示。在“材质浏览器”对话框中，单击“确定”按钮关闭该对话框，将“瓷砖，机制”材质赋予“面层 2[5]”层，如图 5.1.2-5 所示。在“编辑部件”对话框中，保持其他层的参数不变，单击“确定”按钮关闭“编辑部件”对话框。在“类型属性”对话框中，单击“确定”按钮关闭“类型属性”对话框，完成“ZHL-卫生间楼板”族类型的创建。

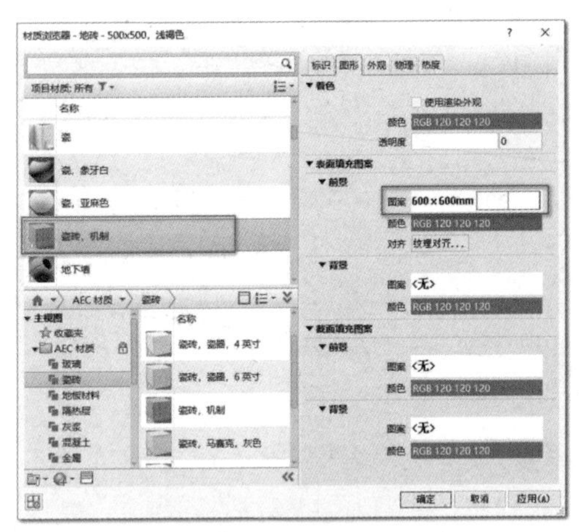

图 5.1.2-4　修改瓷砖材质

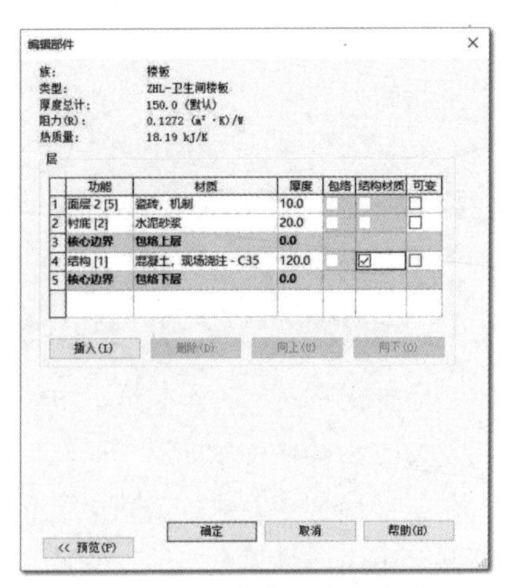

图 5.1.2-5　“编辑部件”对话框

Step04 设置绘制参数

1)设置绘制方式。在“修改|创建楼层边界”上下文选项卡中,确认“绘制”面板中选择的是“边界线”“拾取墙”工具。

2)设置绘制参数。在属性面板中,确认标高为 F2,自标高的高度偏移设置为“-40”。在选项栏中,设置偏移为“0.0”,勾选“延伸到墙中(至核心层)”选项。

Step05 绘制西侧卫生间楼板

1)大概生成西侧卫生间楼板的边界线。依次拾取标号为 1~6 的外墙、内墙,生成如图 5.1.2-6 所示的边界线。

2)修剪形成卫生间楼板边界闭合轮廓。在上下文选项卡中,单击“修改”面板中的“修剪/延伸为角”工具,进入修剪/延伸为角修改状态。单击①号边界线左侧和②号边界线将①号和②号边界线修剪成角,同理,将②号与③号、③号与④号、⑤号与⑥号分别修剪成角,形成一个封闭的边界轮廓,如图 5.1.2-7 所示。

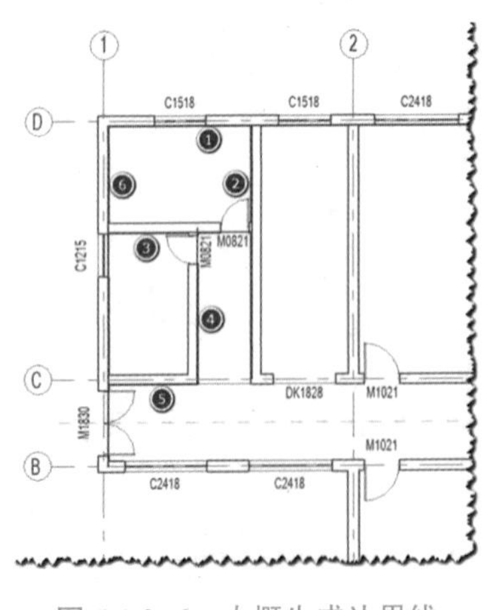

图 5.1.2-6　大概生成边界线

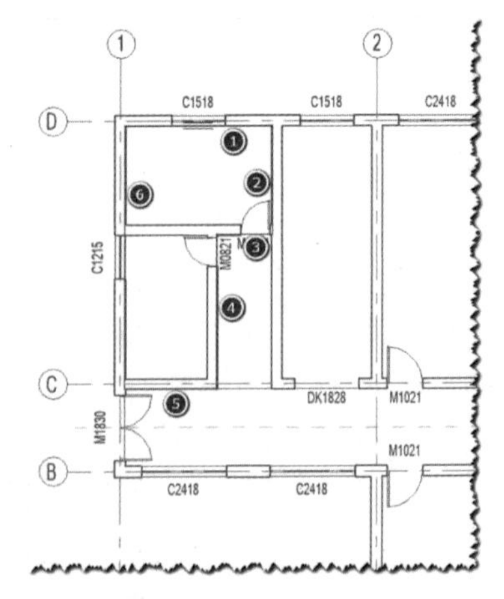

图 5.1.2-7　修剪形成闭合轮廓

3)依据闭合边界线生成卫生间楼板。在上下文选项卡中,单击“模式”面板中的“完成编辑模式”按钮✔,完成楼板边界的绘制,同时弹出一个对话框,询问“是否希望将高达此楼层标高的墙附着到此楼层的底部”,单击“否”,Revit 会根据边界轮廓自动生成卫生间楼板,如图 5.1.2-8 所示。

Step06 查看西侧卫生间楼板创建后的效果

单击快速工具栏中的“默认三维视图”工具,打开默认三维视图。属性面板中勾选剖面框,切换到前视图,将剖面框的上侧移到二层位置。单击 ViewCube 中的“顶”,切换到顶视图,适当放大、移动三维视图,便可查看二层西侧卫生间楼板创建后的效果,如图 5.1.2-9 所示。

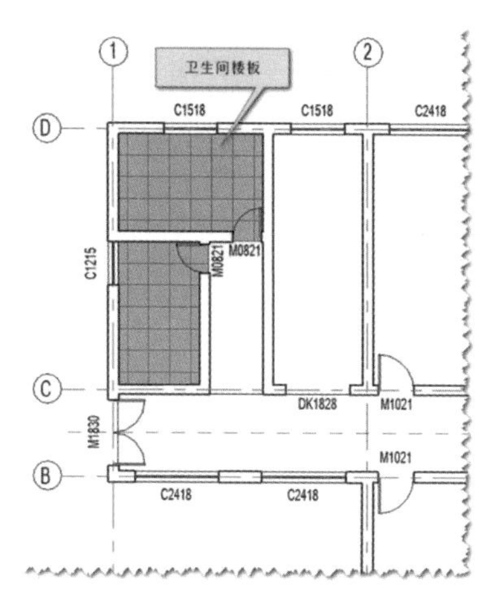

图 5.1.2-8　西侧卫生间楼板

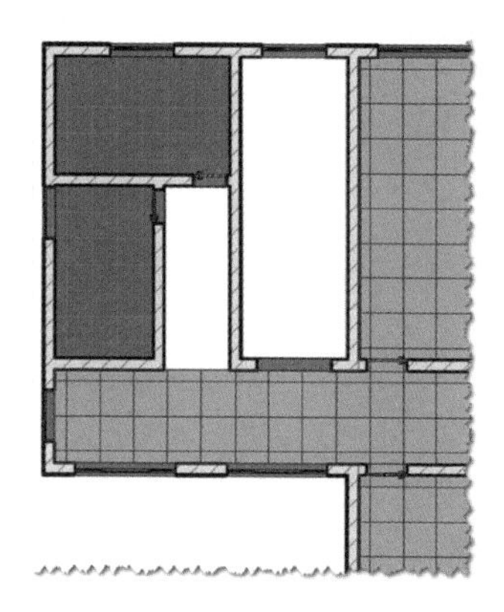

图 5.1.2-9　顶视图中卫生间楼板

5.1.3　绘制 F2 盥洗室楼板

绘制盥洗室楼板

Step01 选择绘制视图

在项目浏览器中,双击“楼层平面”中的 F2,切换至 F2 楼层平面视图。

Step02 激活面板工具

单击打开“建筑”选项卡,在“构建”面板中单击“楼板”的下拉按钮,在下拉列表中选择“楼板:建筑”工具,自动切换至“修改|创建楼层边界”上下文选项卡。

Step03 选择图元类型

在属性面板中,单击类型选择器的下拉按钮,在下拉列表中选择“ZHL-卫生间楼板”楼板类型。

Step04 设置绘制参数

1)设置绘制方式。在上下文选项卡中,确认“绘制”面板中选择的是“边界线”“拾取墙”工具。

2)设置绘制参数。在属性面板中,确认标高为 F2,自标高的高度偏移设置为“-20”。在选项栏中,设置偏移为“0.0”,勾选“延伸到墙中(至核心层)”选项。

Step05 绘制西侧盥洗室楼板

1)大概生成西侧盥洗室楼板的边界线。依次拾取标号为 1~4 的外墙或内墙,生成如

图 5.1.3-1 所示的边界线。由于选项栏中勾选了“延伸到墙中(至核心层)”,因此外墙和内墙都会在核心层表面处生成边界线。

2)修剪形成盥洗室楼板边界闭合轮廓。在上下文选项卡中,单击“修改”面板中的“修剪/延伸为角”工具,进入“修剪/延伸为角”修改状态。单击①号边界线和②号边界线将①号和②号边界线修剪成角,同理,将②号与③号、③号与④号、④号与①号分别修剪或延伸成角,形成一个封闭的边界轮廓,如图 5.1.3-2 所示。

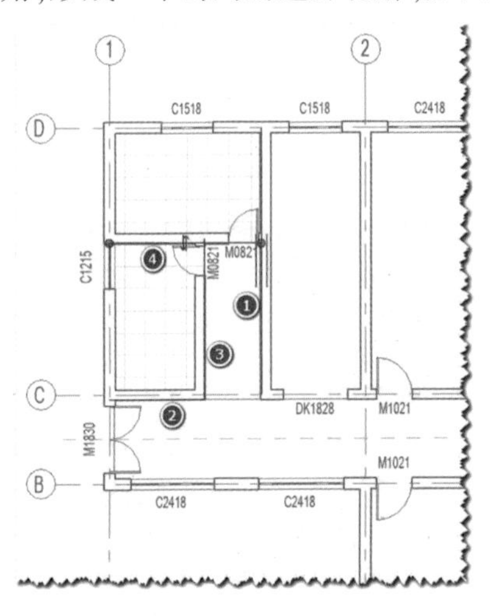

图 5.1.3-1 大概生成边界线

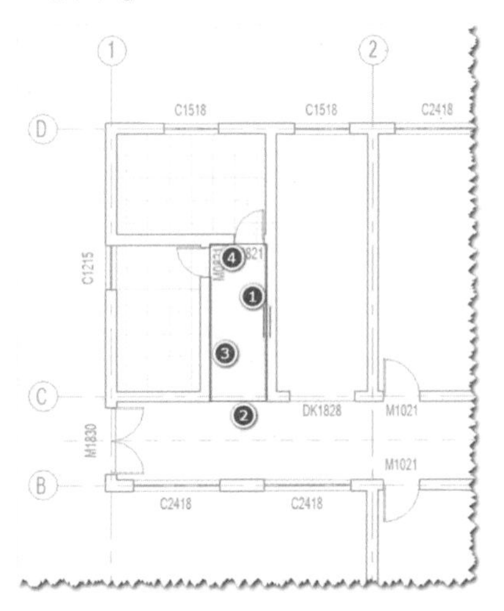

图 5.1.3-2 修剪形成闭合轮廓

3)依据闭合边界线生成盥洗室楼板。在上下文选项卡中,单击“模式”面板中的“完成编辑模式”按钮✔,弹出一个对话框,询问“是否希望将高达此楼层标高的墙附着到此楼层的底部”,单击“否”,Revit 会根据边界轮廓自动生成盥洗室楼板,如图 5.1.3-3、图 5.1.3-4 所示。

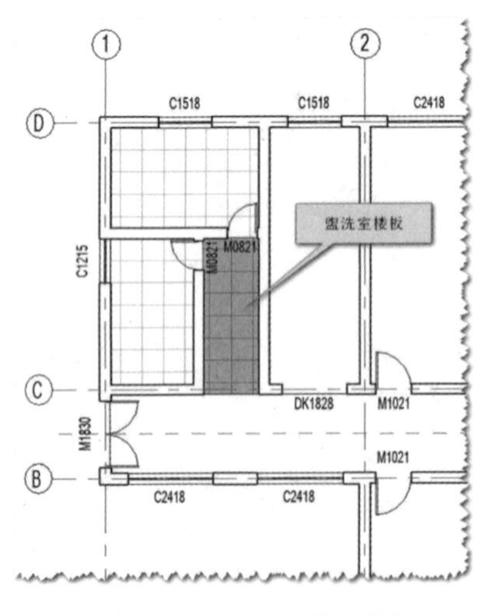

图 5.1.3-3 西侧盥洗室楼板

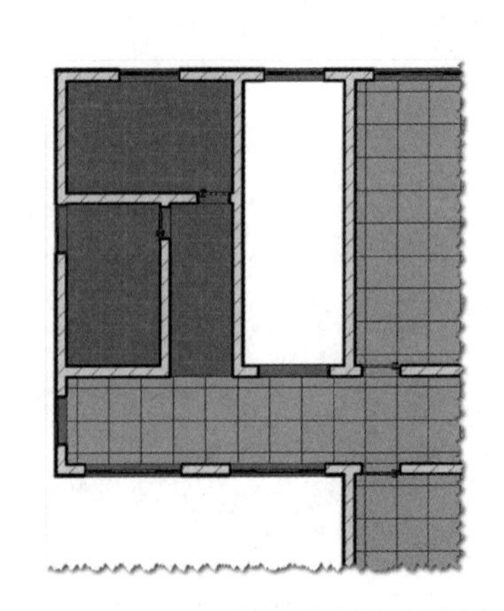

图 5.1.3-4 顶视图中盥洗室楼板

Step06 镜像生成东侧卫生间和盥洗室楼板

以框选方式选择西侧卫生间和盥洗室楼板,使用上下文选项卡里的“过滤器”工具,

从选择集将其他类别的图元去除。

在上下文选项卡中，单击“修改”面板中的“镜像-拾取轴”工具，进入镜像修改状态。在选项栏中，勾选“复制”选项。然后再单击垂直参照平面 SN，如图 5.1.3-5 所示，镜像生成东侧卫生间和盥洗室楼板。

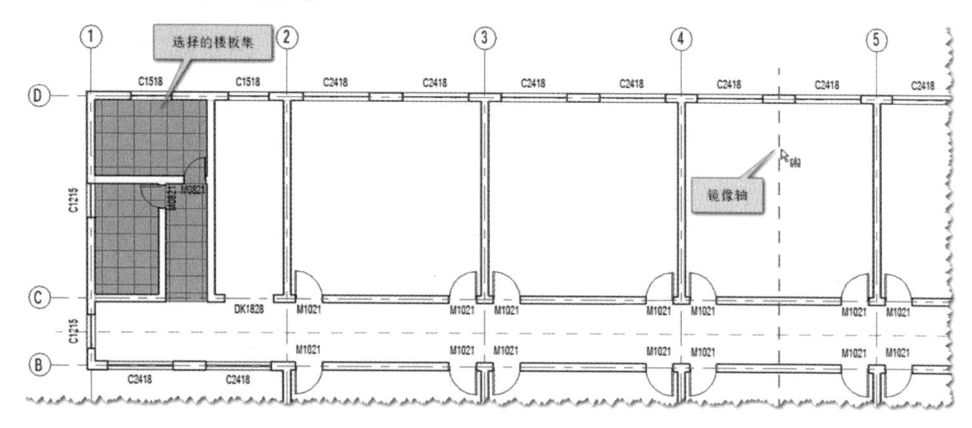

图 5.1.3-5　镜像生成东侧卫生间和盥洗室楼板

Step07 查看二层楼板创建后的效果

单击快速工具栏中的“默认三维视图”工具，打开默认三维视图。三维视图中保留了剖面框的设置，若当前不在顶视图则单击 ViewCube 中的“顶”，切换到顶视图，适当放大、移动三维视图，便可查看二层楼板创建后的效果，如图 5.1.3-6 所示。

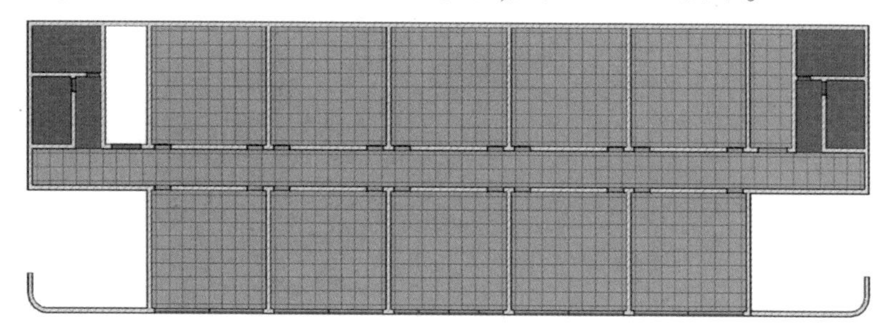

图 5.1.3-6　顶视图中二层楼板

5.1.4　绘制其他楼层楼板

绘制其他楼层楼板

(1)复制生成 F3~F5 以及 F1 楼板

Step01 选择操作视图

在项目浏览器中，双击“楼层平面”中的 F2，切换至 F2 楼层平面视图。

Step02 选择 F2 所有楼板

以框选或者交叉框选方式选择 F2 所有图元，使用上下文选项卡里的“过滤器”工具，仅选择“楼板”图元。

Step03 层间复制楼板到 F3~F5 以及 F1

在上下文选项卡中，单击“剪贴板”面板中的“复制到剪贴板”工具，将 F2 所有楼板都复制到剪贴板。单击“粘贴”下拉按钮,在下拉列表中选择“与选定的标高对齐”,弹出“选择标高”对话框。在“选择标高”对话框中,首先单击选择“F3”,按住 Shift 键不放再单击“F5”,F3～F5 全部处于选择状态;按住 Ctrl 键不放再单击 F1,F1 也加入了选择集;然后单击“确定”按钮,F2 楼层的所有楼板通过剪贴板复制到了 F1、F3～F5 楼层。

Step04 修改 F1 楼板

1)切换至 F1 楼层平面视图。单击选择 F1 室内楼板,在“修改|楼板”上下文选项卡中,单击“编辑边界”工具,如图 5.1.4-1 所示,进入编辑边界状态,自动切换到“修改|楼板>编辑边界”上下文选项卡,如图 5.1.4-2 所示。

2)在上下文选项卡中,单击“修改”面板中的“对齐”工具,进入对齐修改状态。在选项栏中,不勾选“多重对齐”,首选设置为“参照核心层表面”。

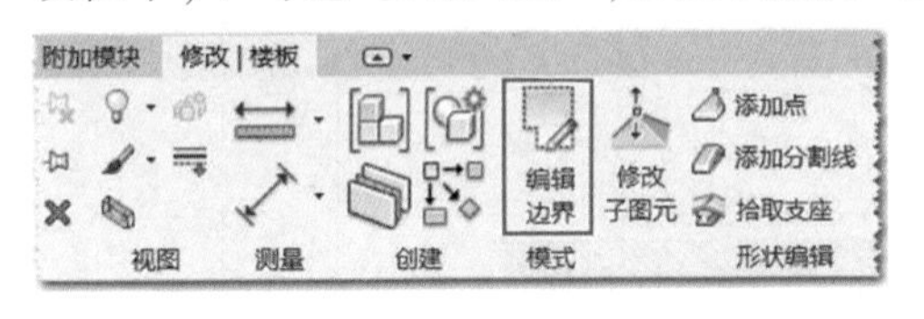

图 5.1.4-1 “修改|楼板”选项卡

图 5.1.4-2 “修改|楼板>编辑边界”选项卡

3)适当地缩放和移动视图,移动鼠标单击西楼梯间左侧墙的核心层表面,如图 5.1.4-3 左图所示,在墙的核心层表面处生成对齐参照线,再单击楼梯间右侧墙上的边界线,边界线将平移到参照线位置,对齐后的效果如图 5.1.4-3 右图所示。按 Esc 键两次退出对齐修改状态,返回编辑边界状态。

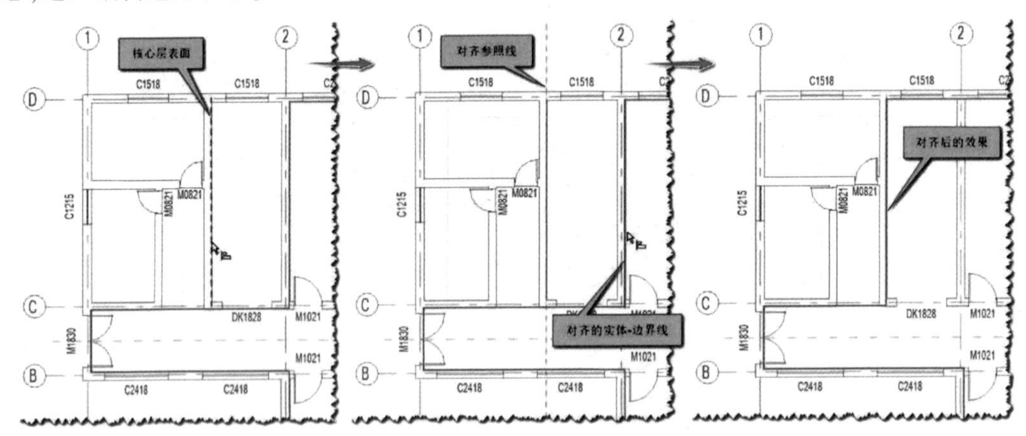

图 5.1.4-3 对齐西楼梯间的边界线

4)在上下文选项卡中,单击“模式”面板中的“完成编辑模式”按钮✔,完成楼板边界的修改。连续弹出两个对话框,都单击“否”。Revit 根据新的边界轮廓生成 F1 楼板,如图 5.1.4-4 所示。

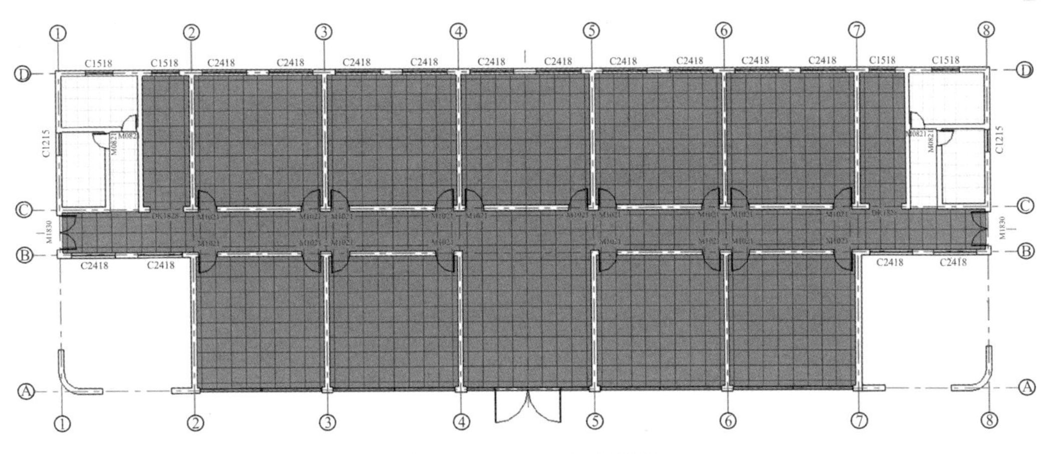

图 5.1.4-4 F1 室内楼板

(2)绘制 F6 阁楼楼板

Step01 选择绘制视图

在项目浏览器中,双击“楼层平面”中的 F6,切换至 F6 楼层平面视图。

Step02 激活面板工具

单击打开“建筑”选项卡,在“构建”面板中单击“楼板”的下拉按钮,在下拉列表中选择“楼板:建筑”工具,自动切换至“修改|创建楼层边界”上下文选项卡。

Step03 选择图元类型

在属性面板中,单击类型选择器的下拉按钮,在下拉列表中选择“ZHL-室内楼板”楼板类型。

Step04 设置绘制参数

1)设置绘制方式。在“修改|创建楼层边界”上下文选项卡中,确认“绘制”面板中选择的是“边界线”“拾取墙”工具。

2)设置绘制参数。在选项栏中,设置偏移为“0.0”,勾选“延伸到墙中(至核心层)”选项。在属性面板中,确认标高为 F6,自标高的高度偏移设置为“0.0”。

Step05 绘制阁楼楼板

1)生成阁楼楼板的边界闭合轮廓。依次拾取标号为①~④的外墙,生成如图 5.1.4-5 所示边界线的闭合轮廓。

2)依据闭合边界线生成阁楼楼板。在上下文选项卡中,单击“模式”面板中的“完成编辑模式”按钮✔,依次弹出两个对话框,都单击“否”,Revit 会根据边界轮廓自动生成阁楼楼板。

Step06 查看阁楼楼板创建后的效果

单击快速工具栏中的“默认三维视图”工具,打开默认三维视图。单击 ViewCube 中的“前”,切换到前视图。单击选择剖面框,鼠标移动到上侧控制点按住鼠标不放向上移动,移动到阁楼的合适位置再放开鼠标。再单击 ViewCube 中的“顶”,切换到顶视图,适当放大、移动三维视图,便可查看阁楼楼板创建后的效果,如图 5.1.4-6 所示。

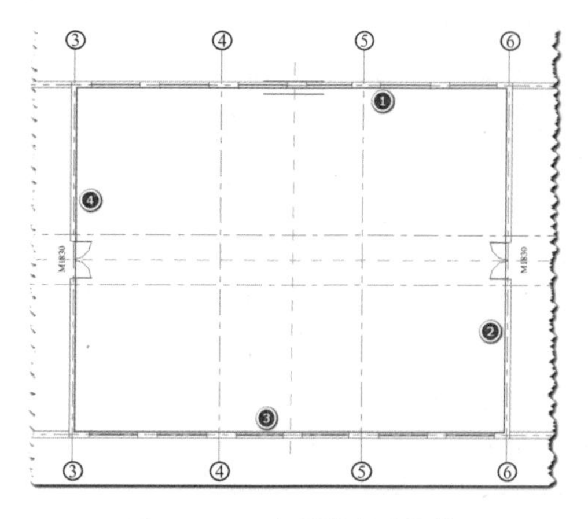

图 5.1.4-5　阁楼楼板边界线

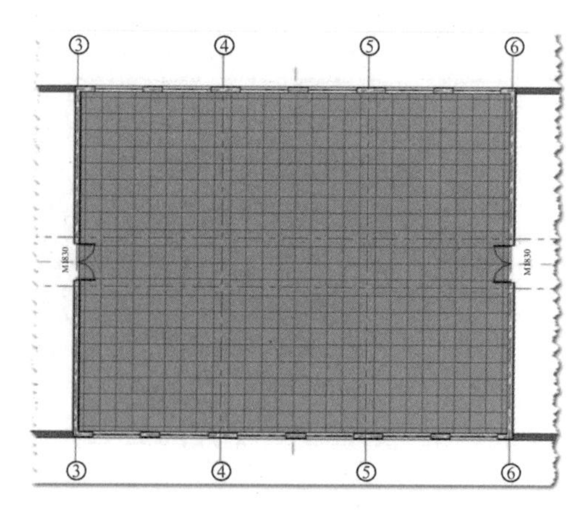

图 5.1.4-6　顶视图中阁楼板楼

5.2　屋顶

综合楼的屋顶包括平屋顶和坡屋顶两种类型，如图 5.2-1 所示，坡屋顶位于 F7 标高，平屋顶 F6 和 F7 标高都存在。Revit 提供了“迹线屋顶”“拉伸屋顶”和“面屋顶”三种工具用于屋顶的创建，本节主要学习“迹线屋顶”工具的使用。

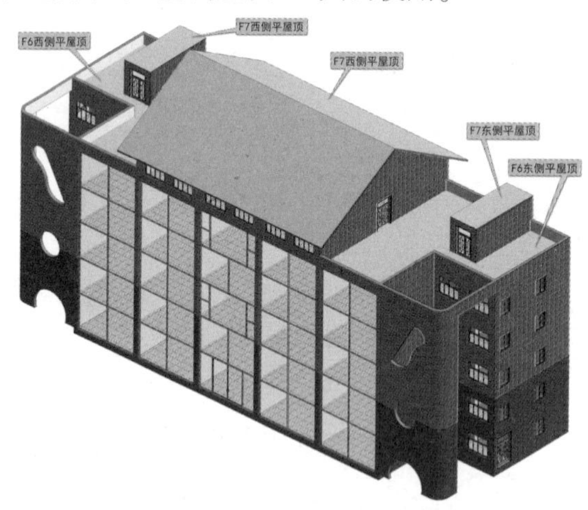

图 5.2-1　综合楼的屋顶

5.2.1　绘制 F6 平屋顶

绘制 F6 平屋顶

Step01 选择绘制视图

在项目浏览器中，双击“楼层平面”的 F6，切换至 F6 楼层平面视图。

Step02 激活面板工具

单击打开“建筑”选项卡，在“构建”面板中单击“屋顶”下拉按钮，在下拉列表中选择“迹线屋顶”工具，进入创建屋顶状态，自动切换至“修改|创建屋顶迹线”上下文选项卡，如图 5.2.1-1 所示。

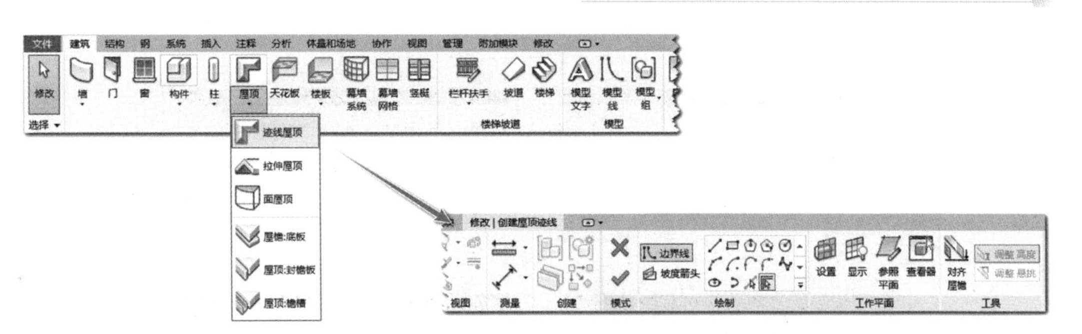

图 5.2.1-1　“迹线屋顶”工具及“修改|创建屋顶迹线”上下文选项卡

Step03 新建图元类型

在属性面板的类型选择器中，单击下拉按钮，在下拉列表中选择“常规-125mm”的基本屋顶类型。然后单击“编辑类型”按钮，打开“类型属性”对话框。在“类型属性”对话框中，单击“复制”按钮，打开“名称”对话框，输入“ZHL-屋顶”，单击“确定”按钮，新建一种新类型，如图 5.2.1-2 所示。

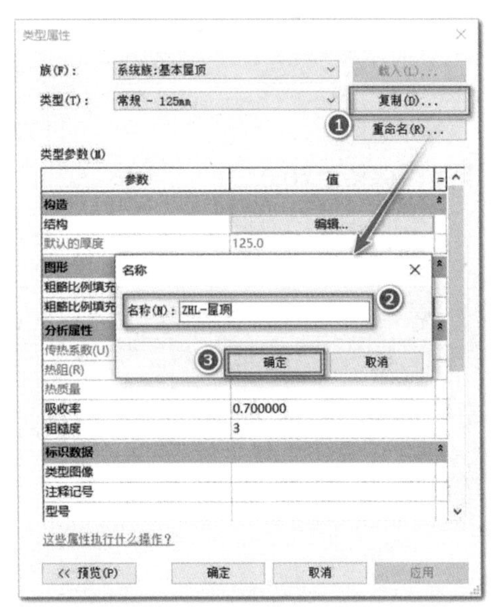

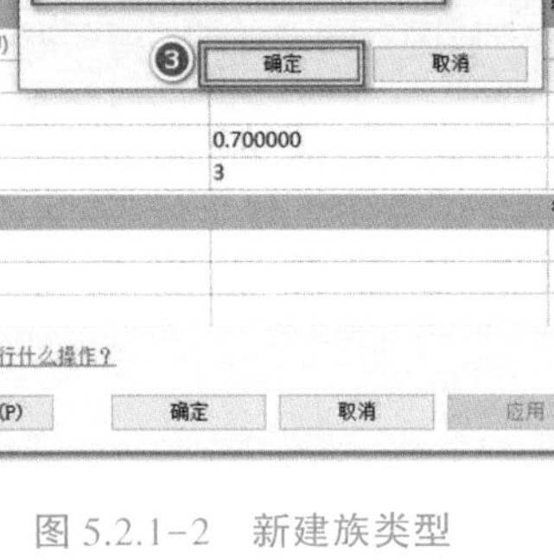

图 5.2.1-2　新建族类型

图 5.2.1-3　“编辑部件”对话框

Step04 创建平屋顶的三层结构

在“类型属性”对话框中，单击结构右侧的“编辑”按钮打开“编辑部件”对话框，如图 5.2.1-3 所示。在“编辑部件”对话框中，单击“结构[1]”层前的数字 2 选择整个“结构[1]”层，单击“插入”按钮，在当前层的上面插入新的一层，再单击“向上”按钮，将新插入的层向上移到“核心边界”之外。再次单击“插入”按钮，在当前层的上面又新建一层，形成了平屋顶的三层结构，如图 5.2.1-4 所示。

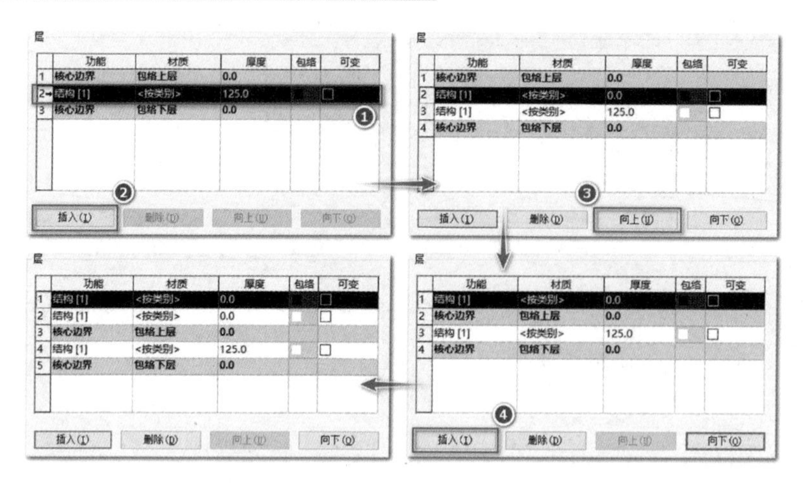

图 5.2.1-4　创建平屋顶的三层结构

Step05 修改屋顶的结构参数

1)修改功能参数。单击数字 1 对应层功能参数的单元格,在下拉列表中选择“面层 2[5]”,如图 5.2.1-5 所示。同理,将数字 2 对应层的功能参数设置为“涂膜层”,数字 4 对应层的功能参数保持为“结构[1]”不变。

2)修改厚度参数。单击面层 2[5]厚度参数的单元格,在编辑框中输入“30”。同理,将“结构[1]”的厚度设置为“120.0”,涂膜层的厚度必须保持为“0.0”。

3)修改材质参数。单击面层 2[5]材质参数的单元格,再单击右侧的浏览按钮,打开“材质浏览器”对话框。在“材质浏览器”对话框中,在搜索栏输入“水泥”后按回车,在列表中选择“水泥砂浆”,再单击“确定”按钮将“水泥砂浆”材质赋予“面层 2[5]”,如图 5.2.1-6 所示。同理,将“涂膜层”的材质设置为“防潮”,结构[1]的材质设置为“混凝土,现场浇注-C35”。

4)在“编辑部件”对话框中,完成结构参数设置后,如图 5.2.1-6 所示,单击的“确定”按钮关闭“编辑部件”对话框。在“类型属性”对话框中,单击“确定”按钮关闭“类型属性”对话框,完成“ZHL-屋顶”族类型的创建。

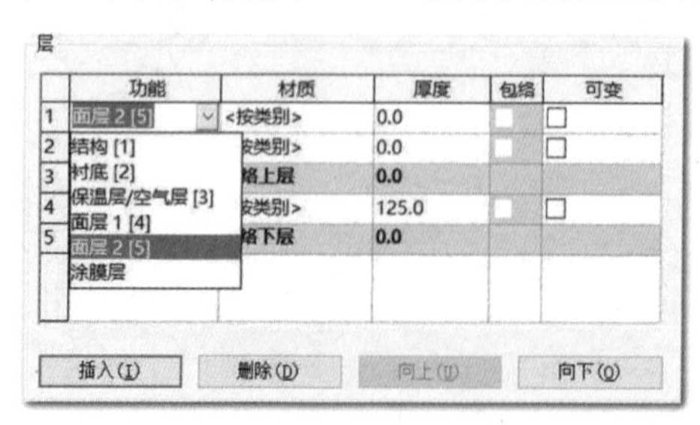

图 5.2.1-5　功能参数

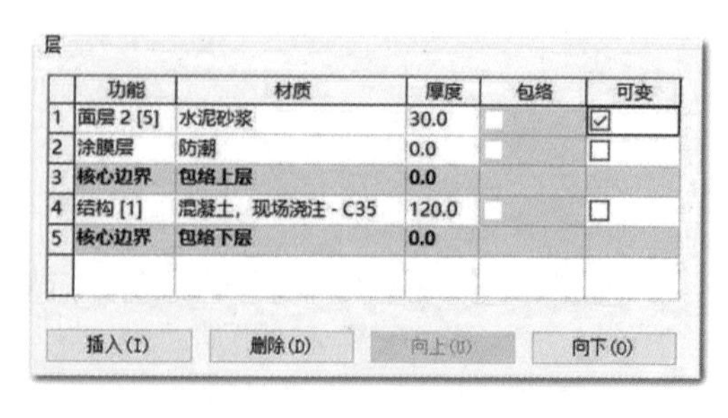

图 5.2.1-6　ZHL-屋顶的结构参数

Step06 设置绘制参数

1)设置绘制方式。在上下文选项卡中,选择“绘制”面板中的“拾取墙”工具。

2)设置绘制参数。创建的是平面屋顶,没有坡度,所以在选项栏中,如图 5.2.1-7 所示，不勾选"定义坡度"，悬挑设置为"0.0"，勾选"延伸到墙中（至核心层）"选项。属性面板中，确认底部标高为 F6，自标高的底部偏移设置为"0.0"，其他参数按默认。

☐定义坡度　悬挑：0.0　☑延伸到墙中(至核心层)

图 5.2.1-7　选项栏参数

Step07 绘制 F6 西侧平屋顶

1）大概生成屋顶的边界线。如图 5.2.1-8 所示，依次拾取 D 轴线上 2、3 轴线之间的墙，3 轴线上 A、D 之间的墙，A 轴线上 2、3 轴线之间的墙，2 轴线上 A、B 之间的墙，B 轴线上 1、2 轴线之间的墙，1 轴线右边 A、D 之间的墙，D 轴线上 1、2 轴线之间的墙，楼梯间左侧墙，楼梯间 C 轴线上的墙，楼梯间右侧墙。生成①～⑩号边界线。

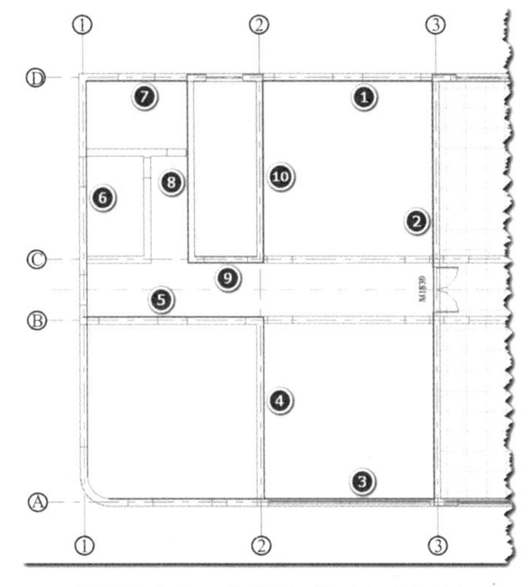

图 5.2.1-8　大概生成屋顶边界线

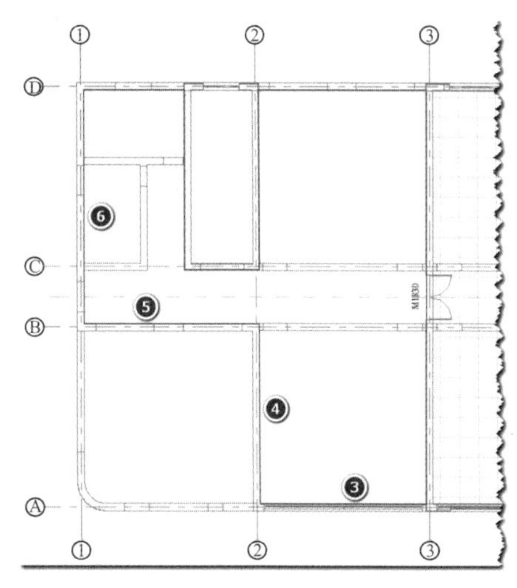

图 5.2.1-9　修剪形成屋顶边界闭合轮廓

2）修剪形成屋顶边界闭合轮廓。在上下文选项卡中，单击"修改"面板中的"修剪/延伸为角"工具，进入修剪/延伸为角修改状态。单击③号边界线右侧和④号边界线将③号和④号边界线修剪成角。同理，将⑤号与⑥号边界线修剪成角。所有的边界线形成一个封闭的边界轮廓，如图 5.2.1-9 所示。

3）对齐边界线。②号边界线与阁楼室内楼板之间存在一条缝隙，可以使用对齐工具将②号边界线对齐到阁楼室内楼板边缘。在上下文选项卡中，单击"修改"面板中的"对齐"工具，进入对齐修改状态。在选项栏中，不勾选"多重对齐"，首选选择"参照核心层表面"。在 3 轴线墙的核心层中心线的右侧单击，如图 5.2.1-10 所示，捕捉右侧的核心层表面作为参照位置，再单击②号边界线，②号边界线自动对齐到参照位置。

4）在上下文选项卡中，单击"模式"面板中的"完成编辑模式"按钮✔，完成屋顶边界的绘制。依次弹出两个对话框，都单击"否"。Revit 根据边界轮廓生成 F6 西侧平屋顶，如图 5.2.1-11 所示。

Step08 镜像生成 F6 东侧平屋顶

以交叉框选方式选择西侧平屋顶，利用上下文选项卡里的"过滤器"工具，仅选择"屋顶"，将其他类别的图元从选择集里去除。在上下文选项卡中，单击"修改"面板中的"镜

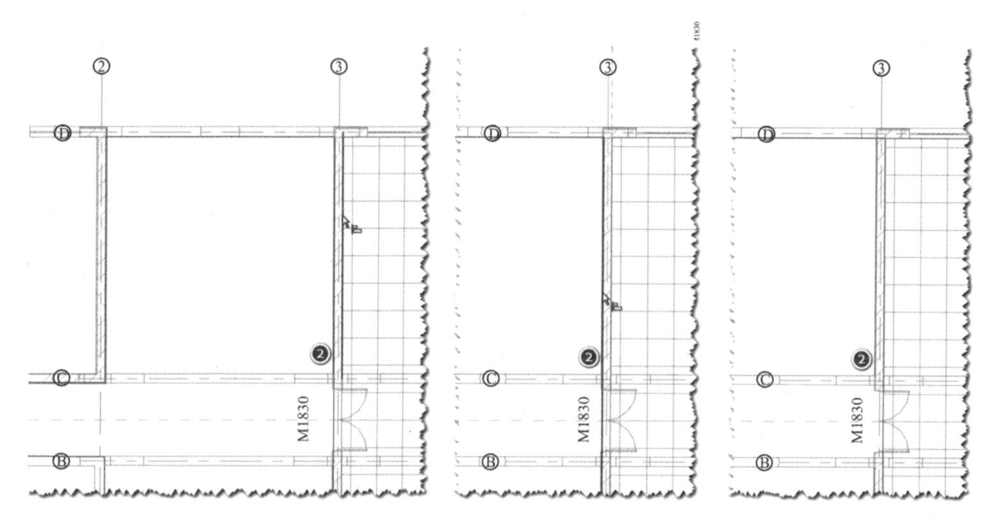

图 5.2.1-10　对齐 2 号边界线

像-拾取轴”工具，进入镜像修改状态。在选项栏中，勾选“复制”选项。然后再单击垂直参照平面 SN，镜像生成东侧平屋顶。

Step09 查看 F6 平屋顶创建后的效果

单击快速工具栏中的“默认三维视图”工具，打开默认三维视图。属性面板中，取消剖面框的勾选单击 ViewCube 中的“主视图”图标，切换到主视图，适当放大、移动三维视图，便可查看 F6 平屋顶创建后的效果，如图 5.2.1-12 所示。

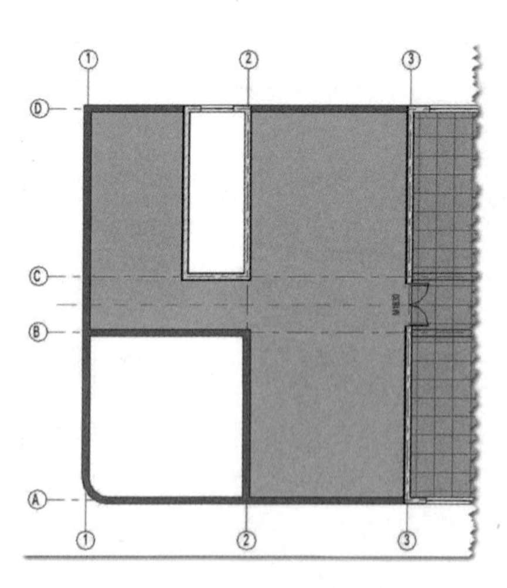

图 5.2.1-11　F6 西侧平屋顶

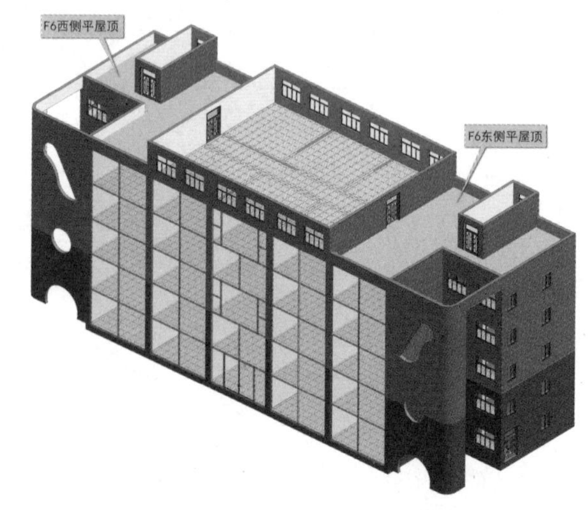

图 5.2.1-12　F6 平屋顶

Step10 查看平屋顶的垂直位置

平移剖面线。切换至 F6 楼层平面视图。单击选择“剖面 1”剖面线，鼠标变为移动符号时按住鼠标不放再移动鼠标将剖面线移到 2 轴线和 3 轴线之间。

切换到剖面视图查看屋顶位置。在项目浏览器中，双击“剖面 1”切换到“剖面 1”视图。适当地缩放、移动视图，可以看到屋顶的垂直位置，如图 5.2.1-13 所示，屋顶的底面与标高平齐。

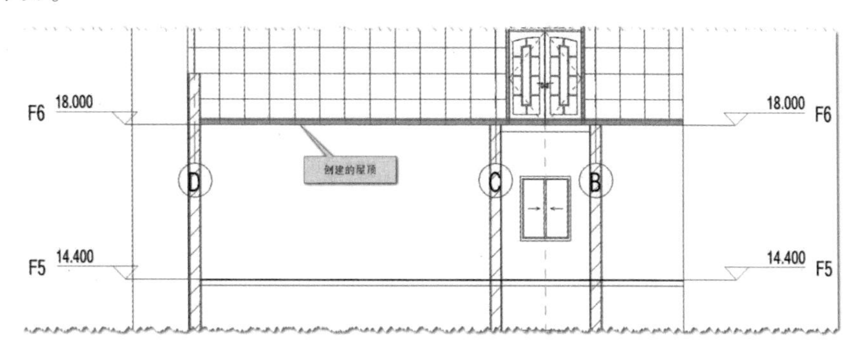

图 5.2.1-13　屋顶的垂直位置

Step11 修改屋顶的垂直位置

在剖面 1 视图中，右键单击平屋顶，在右键菜单中依次单击“选择全部实例”“在整个项目中”，选择 F6 的 2 个平屋顶。

在属性面板中，将自标高的底部偏移设置为“-120”，单击“应用”按钮，将平屋顶向下平移 120，此时平屋顶的核心层（结构层）顶面刚好与 F6 平齐。

5.2.2　绘制 F7 平屋顶

绘制 F7 平屋顶

Step01 选择绘制视图

在项目浏览器中，双击“楼层平面”的 F7，切换至 F7 楼层平面视图。

Step02 激活面板工具

单击打开“建筑”选项卡，在“构建”面板中单击“屋顶”的下拉按钮，在下拉列表中选择“迹线屋顶”工具，进入创建屋顶状态，自动切换至“修改 | 创建屋顶迹线”上下文选项卡。

Step03 选择图元类型

在属性面板的类型选择器中，单击下拉按钮，在下拉列表中选择“ZHL-屋顶”的屋顶类型。

Step04 设置绘制参数

1）设置绘制方式。在上下文选项卡中，选择“绘制”面板中的“拾取墙”工具。

2）设置绘制参数。在选项栏中，不勾选“定义坡度”，悬挑设置为“0.0”，不勾选“延伸到墙中（至核心层）”选项。属性面板中，确认底部标高为 F7，自标高的底部偏移设置为-120，其他参数按默认。

Step05 绘制 F7 西侧平屋顶

1）生成屋顶的边界线。如图 5.2.2-1 所示，依次拾取 D 轴线上 1、2 轴线之间的墙，2 轴线上 C、D 之间的墙，C 轴线上 1、2 轴线之间的墙，楼梯间左侧墙，生成①~④号边界线。

2）在上下文选项卡中，单击“模式”面板中的“完成编辑模式”按钮✔，Revit 根据边界轮廓生成 F7 西侧平屋顶，如图 5.2.2-2 所示。

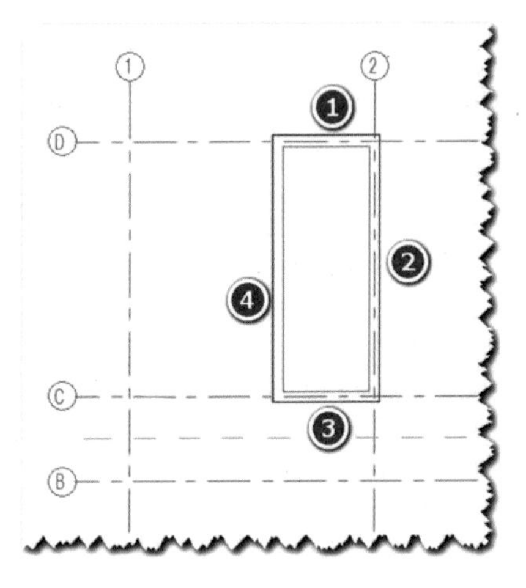

图 5.2.2-1　生成边界线

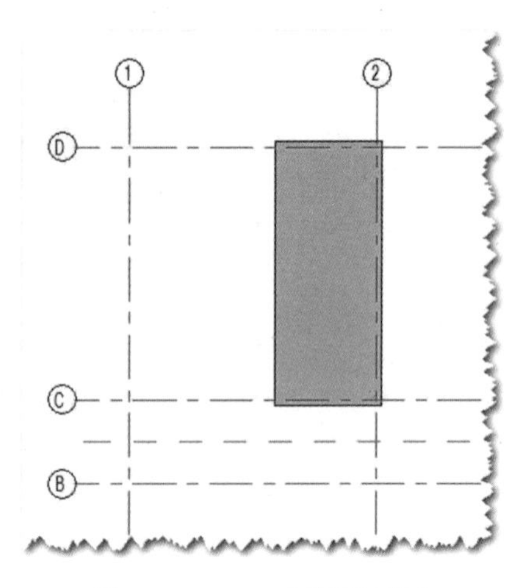
图 5.2.2-2　F7 西侧平屋顶

Step06 镜像生成 F7 东侧平屋顶

单击选择西侧平屋顶，在上下文选项卡中，单击“修改”面板中的“镜像-拾取轴”工具，进入镜像修改状态。在选项栏中，勾选“复制”选项。然后再单击垂直参照平面 SN，镜像生成东侧平屋顶。

Step07 查看 F7 平屋顶创建后的效果

单击快速工具栏中的“默认三维视图”工具，打开默认三维视图。单击 ViewCube 中的“主视图”图标，切换到主视图，适当放大、移动、旋转三维视图，便可查看 F7 平屋顶创建后的效果，如图 5.2.2-3 所示。

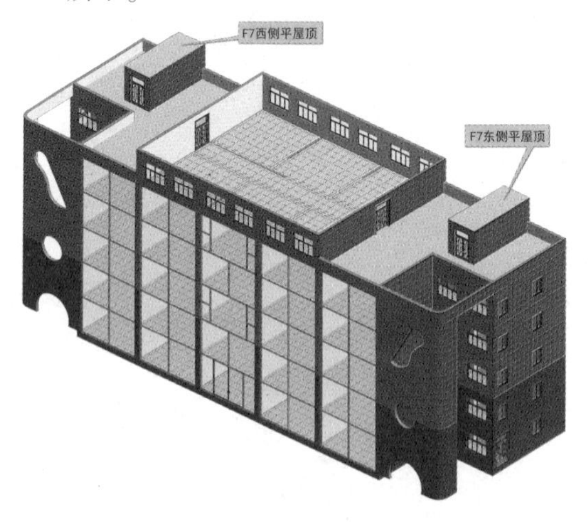

图 5.2.2-3　F7 平屋顶创建后的效果

5.2.3　绘制 F7 坡屋顶

Step01 选择绘制视图

在项目浏览器中，双击“楼层平面”的 F7，切换至 F7 楼层平面视图。

Step02 激活面板工具

单击打开“建筑”选项卡，在“构建”面板中单击“屋顶”的下拉按钮，在下拉列表中选择“迹线屋顶”工具，进入创建屋顶状态，自动切换至“修改 | 创建屋顶迹线”上下文选项卡。

Step03 选择图元类型

在属性面板的类型选择器中，单击下拉按钮，在下拉列表中选择“ZHL-屋顶”的屋顶类型。

Step04 设置绘制参数

1）设置绘制方式。在上下文选项卡中，选择“绘制”面板中的“拾取墙”工具。

绘制 F7 坡屋顶

2）设置绘制参数。在选项栏中，勾选“定义坡度”，悬挑设置为“1200”，不勾选“延伸到墙中（至核心层）”选项。属性面板中，确认底部标高为 F7，自标高的底部偏移设置为“0.0”，其他参数按默认。

Step05 绘制 F7 阁楼坡屋顶

1）生成屋顶的边界线。依次拾取 D 轴线上 3、6 轴线之间的墙，6 轴线上 A、D 之间的墙，A 轴线上 3、6 轴线之间的墙，3 轴线上 A、D 之间的墙，生成 1～4 号边界线，如图 5.2.3-1 所示。此处，都在墙的外表面生成参照线。又设置了悬挑“1200”，因此实际生成的边界线距离参照线“1200”。

2）修改边界线坡度。四条边界线都定义了坡度，明显与实际不符，仅需在①、③号边界线定义坡度。单击选择②号边界线，在选项栏中，去除“定义坡度”的勾选，选项栏中的参数与属性面板中的参数是相关联的，属性面板中的“定义坡度”参数也自动取消了勾选。同理，单击选择④号边界线，取消“定义坡度”参数的勾选。

3）在上下文选项卡中，单击“模式”面板中的“完成编辑模式”按钮✔，Revit 根据边界轮廓生成 F7 阁楼坡屋顶，如图 5.2.3-2 所示。

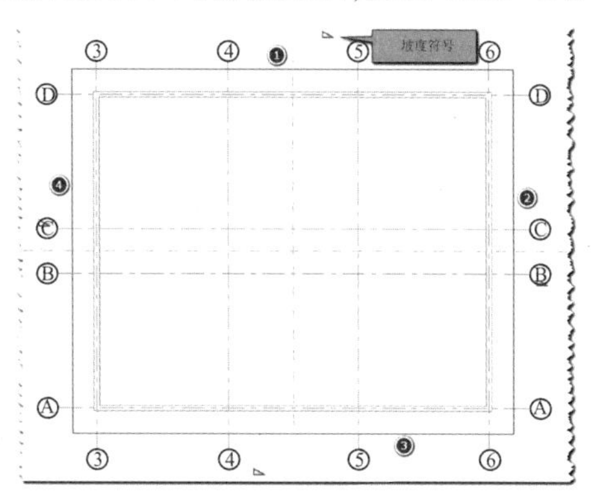

图 5.2.3-1　生成边界线

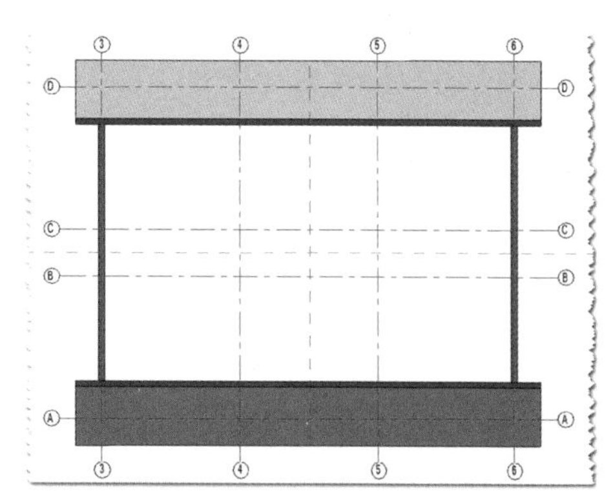

图 5.2.3-2　平面视图中 F7 坡屋顶

Step06 修改墙与坡屋顶的连接

1）单击快速工具栏中的“默认三维视图”工具，打开默认三维视图。单击 ViewCube 中的“主视图”图标，切换到主视图，适当放大、移动三维视图，可查看 F7 阁楼坡屋顶创建后的效果，如图 5.2.3-3 所示。墙与坡屋顶之间有一个大空洞需要填补。

2）单击选择阁楼的东墙，在上下文选项卡中，单击“修改墙”面板中的“附着顶部/底部”工具，然后再单击附着目标，即坡屋顶，墙会自动向上延伸附着到坡屋顶的底部，填补了两者间的空洞，如图 5.2.3-4 所示。同理，调整三维视图到西南视角，将阁楼的西墙也附着到坡屋顶。

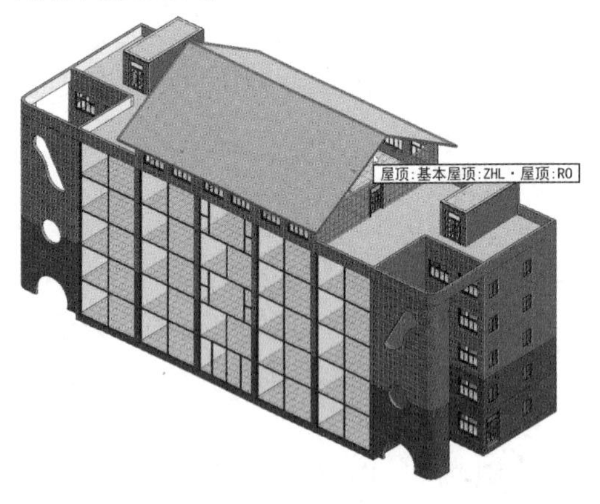

图 5.2.3-3　三维视图中 F7 坡屋顶

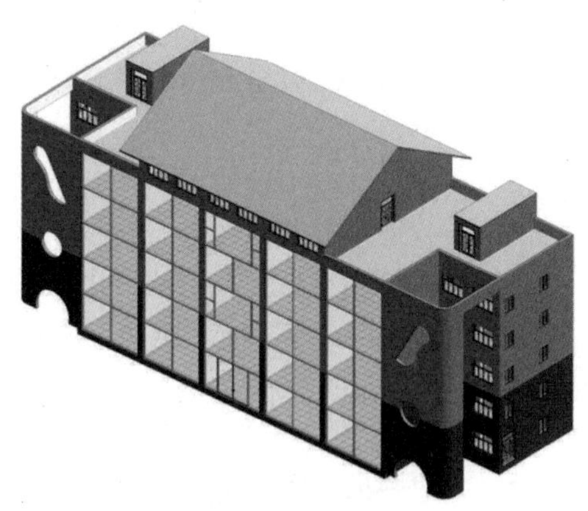

图 5.2.3-4　修改后的效果

5.3　天花板

5.3.1　绘制 F1 天花板

Step01 选择绘制视图

在项目浏览器中，双击“楼层平面”中的 F1，切换至 F1 楼层平面视图。

Step02 激活面板工具

单击打开“建筑”选项卡，在“构建”面板中单击的“天花板”工具，如图 5.3.1-1 所示，进入放置天花板状态，自动切换至“修改|放置 天花板”上下文选项卡，如图 5.3.1-2 所示。

图 5.3.1-1　“天花板”工具

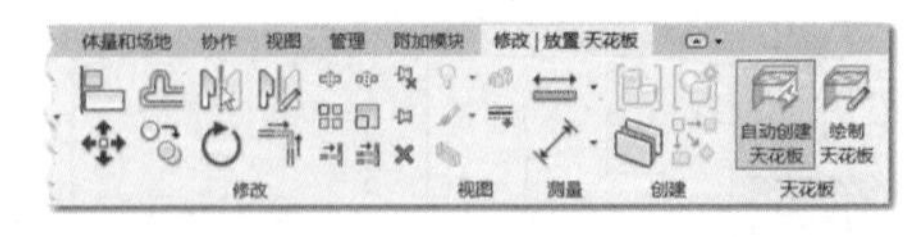

图 5.3.1-2　“修改|放置 天花板”上下文选项卡

Step03 新建图元类型

绘制 F1 天花板

在属性面板中，单击类型选择器的下拉按钮，在下拉列表中选择天花板类型为“600×600mm轴网”。单击属性面板中的“编辑类型”按钮，打开“类型属性”对话框，单击“复制”按钮，打开“名称”对话框，输入名称“ZHL-天花板”后单击“确定”按钮，如图 5.3.1-3 所示，新建一种新的楼板类型。在“类型属性”对话框中，单击结构参数后的“编辑”按钮，打开“编辑部件”对话框，如图 5.3.1-4 所示，保持所有参数不变，单击“确定”按钮关闭“编辑部件”对话框。

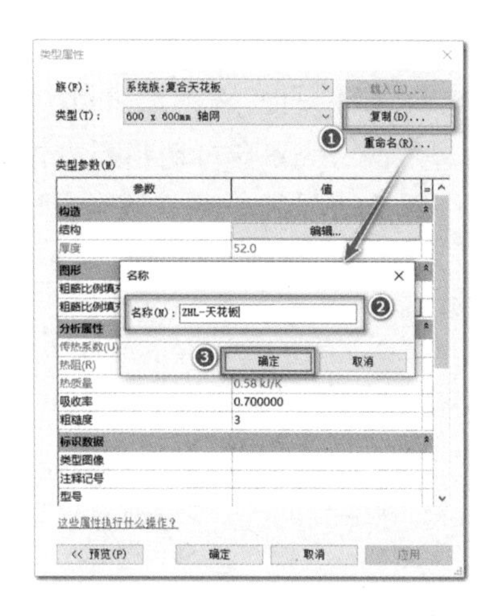

图 5.3.1-3 “类型属性”对话框

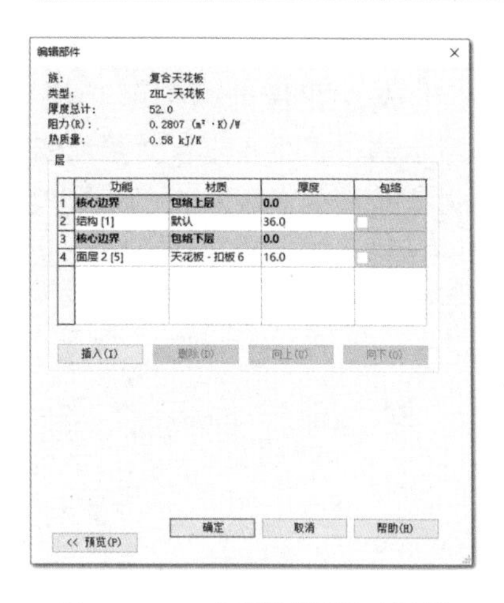

图 5.3.1-4 “编辑部件”对话框

Step04 设置绘制参数

1）选择绘制方式。放置天花板有两种方式，其一是自动创建天花板，其二是绘制天花板。在上下文选项卡中，单击“天花板”面板中的“绘制天花板”工具，如图 5.3.1-2 所示，切换到创建天花板边界模式，如图 5.3.1-5 所示。在“修改|创建天花板边界”上下文选项卡中，确认选择的是“边界线”，在“绘制”面板中选择“拾取墙”工具。

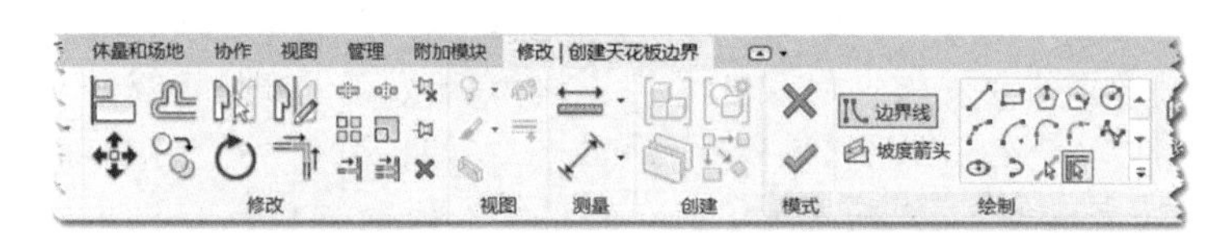

图 5.3.1-5 “修改|创建天花板边界”上下文选项卡

2）设置绘制参数。在选项栏中，偏移设置为“0.0”，不勾选“延伸到墙中（至核心层）”选项。在属性面板中，确认标高为 F1，自标高的高度偏移设置为“3100.0”，如图 5.3.1-6 所示。

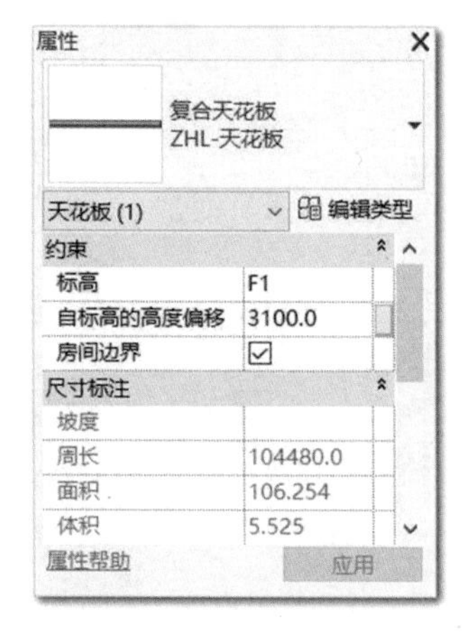

图 5.3.1-6 属性面板

Step05 绘制 F1 天花板

1）大概生成天花板的边界线。依次拾取标号为 1 ~ 12 的外墙和内墙，生成如图 5.3.1-7所示的边界线。注意，“拾取墙”生成边界线时，Revit 会自动判断边界线生成的位置（墙的外表面或内表面），在两墙相交成角的位置让边界线也相交成角，所以④号和⑫号边界线有差异，⑤号和⑨号边界线也有差异。

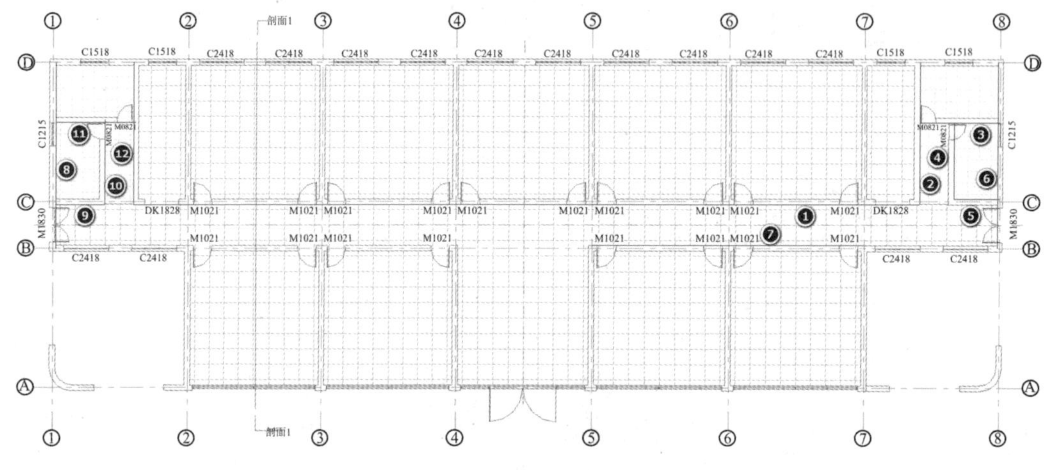

图 5.3.1-7　大概生成天花板的边界线

2）修剪形成楼板边界闭合轮廓。在“修改|创建天花板边界”上下文选项卡中，单击“修改”面板中的“修剪/延伸为角”工具，进入“修剪/延伸为角”修改状态。单击②号边界线下侧和③号边界线左侧将②号和③号边界线修剪成角，同理，将③号与④号、⑤号与⑥号、⑥号与⑦号、⑦号与⑧号、⑧号与⑨号、⑩号与⑪号、⑪号与⑫号分别修剪或延伸成角，形成一个封闭的边界轮廓，如图 5.3.1-8 所示。在修剪⑧号与⑨号边界线时，由于⑧号与⑪号形成了连接关系，因此会弹出一个对话框，提示“无法使图元保持连接”，单击“取消连接图元”按钮，取消⑧号与⑪号的连接关系。

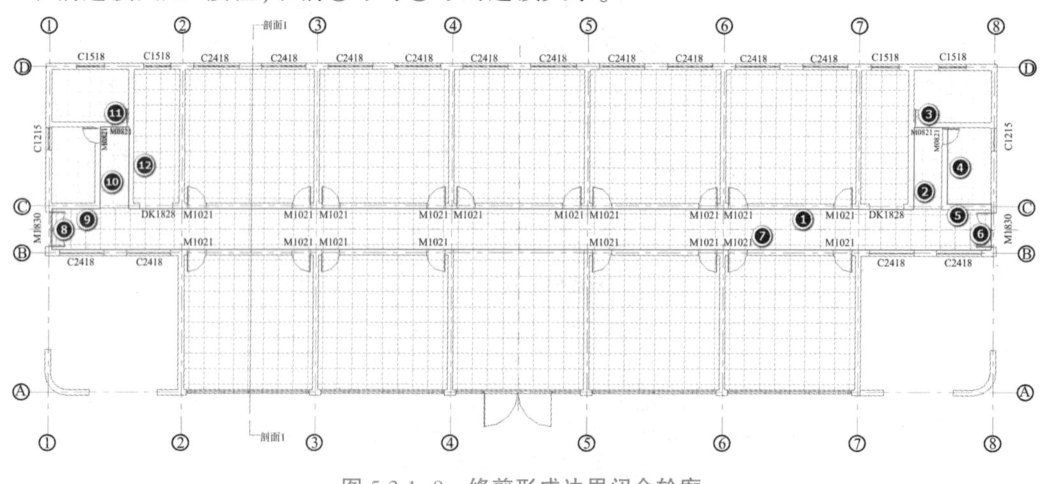

图 5.3.1-8　修剪形成边界闭合轮廓

3）对齐边界线。④号和⑤号边界线的位置不正确，需要移动至正确位置。在上下文选项卡中，单击“修改”面板中的“对齐”工具，进入对齐修改状态。在选项栏中，不勾选“多重对齐”，首选选择“参照墙表面”。将④号和⑤号边界线对齐到墙的另一侧表面，如图 5.3.1-9 所示。

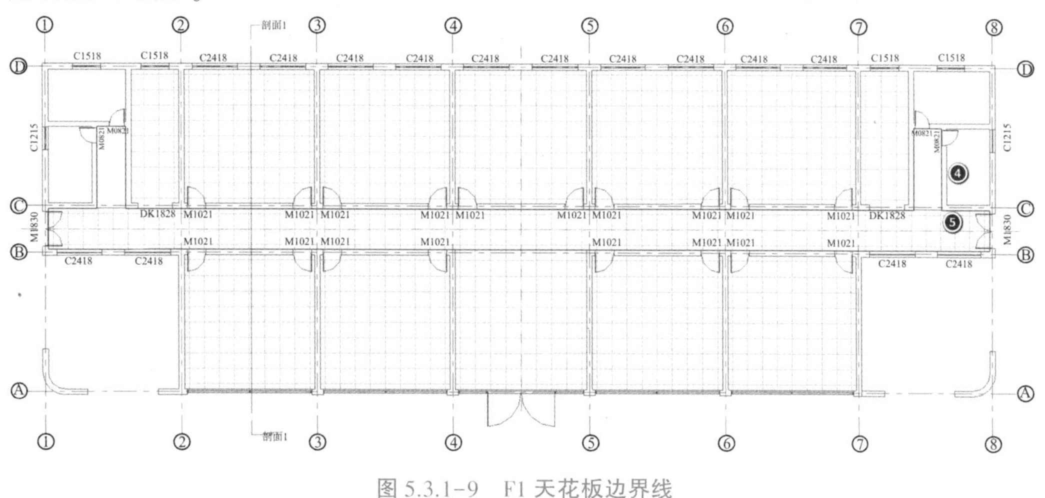

图 5.3.1-9　F1 天花板边界线

4）在上下文选项卡中，单击“模式”面板中的“完成编辑模式”按钮✔，Revit 会根据边界轮廓自动生成天花板。当然，在 F1 楼层平面视图视线是向下俯视的，看不到天花板。

5.3.2　绘制 F2 天花板

Step01 选择绘制视图

在项目浏览器中，双击“楼层平面”中的 F2，切换至 F2 楼层平面视图。

Step02 激活面板工具

绘制 F2 天花板

单击打开“建筑”选项卡，在“构建”面板中单击的“天花板”工具，进入放置天花板状态，自动切换至“修改|放置 天花板”上下文选项卡。

Step03 选择图元类型

在属性面板中，单击类型选择器的下拉按钮，在下拉列表中选择“ZHL-天花板”的天花板类型。

Step04 设置绘制参数

1）选择绘制方式。在“修改|放置 天花板”上下文选项卡中，单击选择“天花板”面板中的“自动创建天花板”工具，进入自动创建天花板模式。

2）设置绘制参数。在属性面板中，确认标高为 F2，自标高的高度偏移设置为“3100.0”。

Step05 绘制 F2 天花板

移动鼠标到走廊位置，Revit 会根据周围墙体判断当前围合的区域，并用红色的边框进行提示，如图 5.3.2-1 所示，单击鼠标确认选择当前围合区域生成天花板。弹出一个“警告”信息，如图 5.3.2-2 所示，说明创建的天花板在当前 F2 楼层平面视图不可见，单击关闭按钮关闭此警告信息。

Step06 查看天花板的垂直位置

在项目浏览器中，双击“剖面 1”切换到“剖面 1”视图。适当地缩放、移动视图，可以看到创建的一层天花板和二层天花板,如图 5.3.2-3 所示。

如果需要查看或编辑 F2 天花板的边界线,在剖面视图中选择 F2 天花板,然后切换到 F2 楼层平面视图,在上下文选项卡中,单击“模式”面板中的“编辑边界”工具,便可重新进入编辑边界状态。

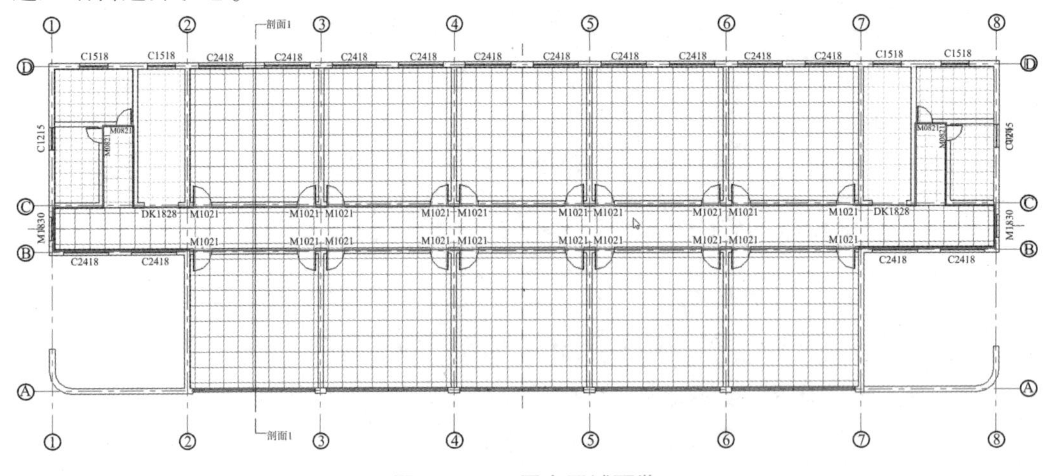

图 5.3.2-1 围合区域预览

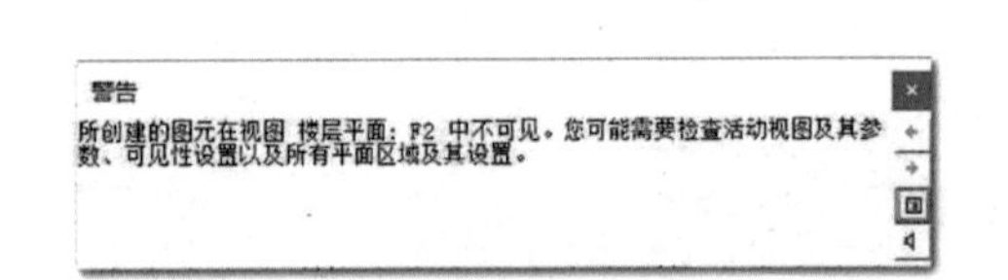

图 5.3.2-2 警告信息

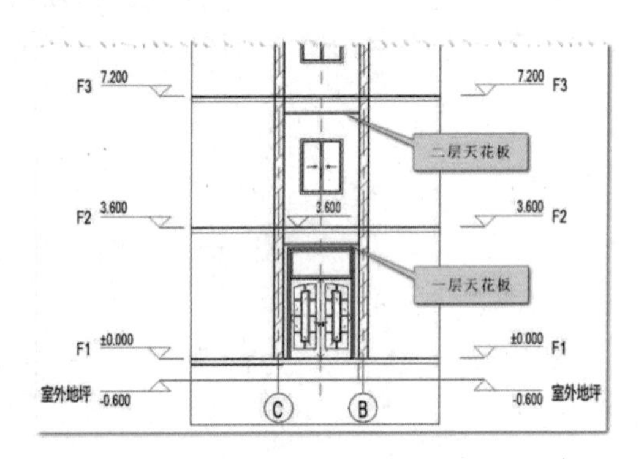

图 5.3.2-3 剖面视图

5.3.3 绘制其他楼层天花板

F3~F5 的天花板与 F2 的天花板一模一样,可以使用层间复制方法生成 F3~F5 的天花板。

Step01 选择绘制视图

在项目浏览器中,双击“剖面 1”切换到“剖面 1”视图。

Step02 层间复制天花板

单击选择 F2 天花板,自动切换到“修改|天花板”上下文选项卡中。在上下文选项卡中,单击“剪贴板”面板中的“复制到剪贴板”工具,F2 的天花板复制到了剪贴板。单击“粘贴”的下拉按钮,在下拉列表中选择“与选定的标高对齐”,弹出“选择标高”对话框。在“选择标高”对话框中,首先单击选择“F3”,按住 Shift 键不放再单击“F5”,F3~F5 全部处于选择状态,如图 5.3.3-1 所示,单击“确定”按钮,F2 楼层天花板通过剪贴板复制到了

F3~F5楼层。在剖面1视图中可以看到生成的F3~F5楼层的天花板,如图5.3.3-2所示。

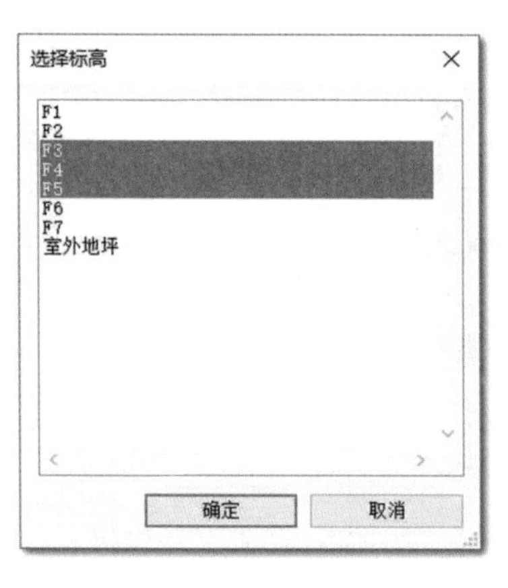

图5.3.3-1 “选择标高”对话框

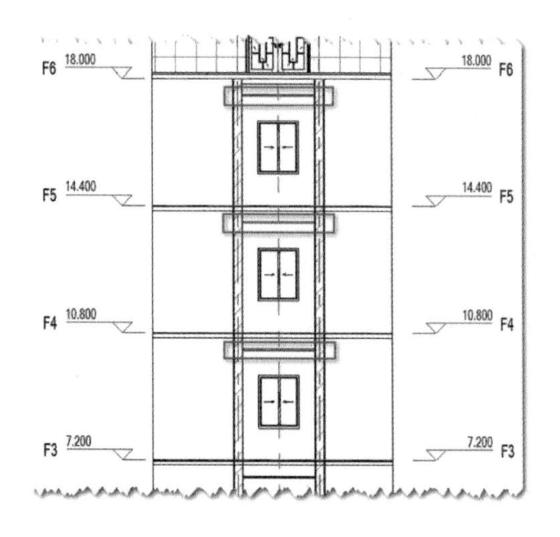

图5.3.3-2 复制生成的F3~F5天花板

5.4 楼板边

5.4.1 绘制楼板边梁

Step01 创建新轮廓族

1)单击打开文件选项卡,依次单击“新建”“族”,打开“新族-选择样板文件”对话框。在“新族-选择样板文件”对话框的列表中,单击选择“公制轮廓.rft”,单击“打开”按钮,创建了一个新的族“族1”,并打开了族编辑器。

2)单击快速访问工具栏中的保存按钮,打开“另存为”对话框,设置保存路径,将文件名设置为“ZHL-楼板边梁带翻边轮廓”,文件类型按默认的“族文件(*.rfa)”,然后再单击“保存”按钮,将该轮廓族保存为“ZHL-楼板边梁带翻边轮廓.rfa”。

绘制楼板边梁

Step02 绘制边梁截面轮廓

单击打开“创建”选项卡,在“详图”面板中单击“线”工具,进入绘制线模式,自动切换到“修改|放置 线”上下文选项卡,如图5.4.1-1所示。在“修改|放置 线”选项栏中,如图5.4.1-1所示,勾选“链”,偏移设置为“0.0”,不勾选“半径”。

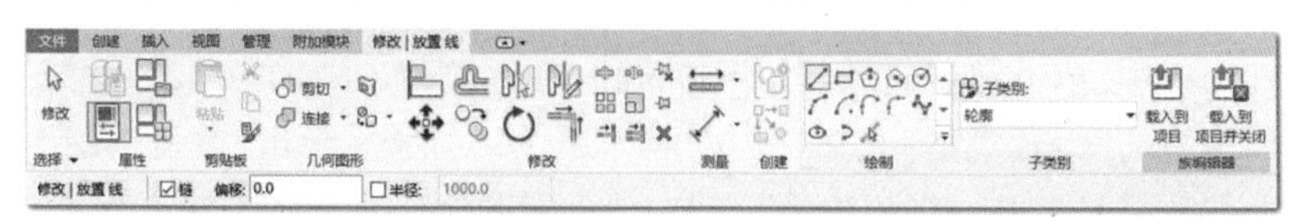

图5.4.1-1 “修改|放置 线”上下文选项卡及选项栏

在绘制区域,绘制边梁截面的封闭轮廓,如图5.4.1-2所示。

Step03 将族载入到当前项目

单击快速访问工具栏中的保存按钮,保存所做的修改。在“修改|放置 线”上下文选项卡中,单击“载入到项目并关闭”工具,将“ZHL-楼板边梁带翻边轮廓.rfa”族载入到当前打开的项目并自动关闭族编辑器。由于本例中仅打开了一个项目,轮廓族默认载入到当前项目。若当前打开的项目有多个,将弹出“载入到项目中”对话框,如图 5.4.1-3 所示,在该对话框中,注意选择正确的项目,然后单击“确定”按钮将族载入到项目中。

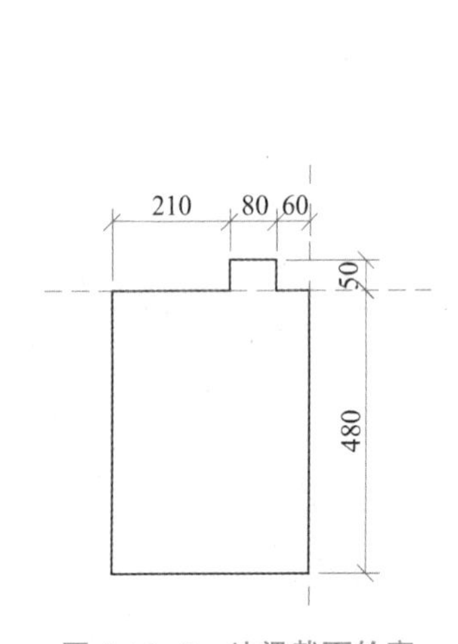

图 5.4.1-2　边梁截面轮廓

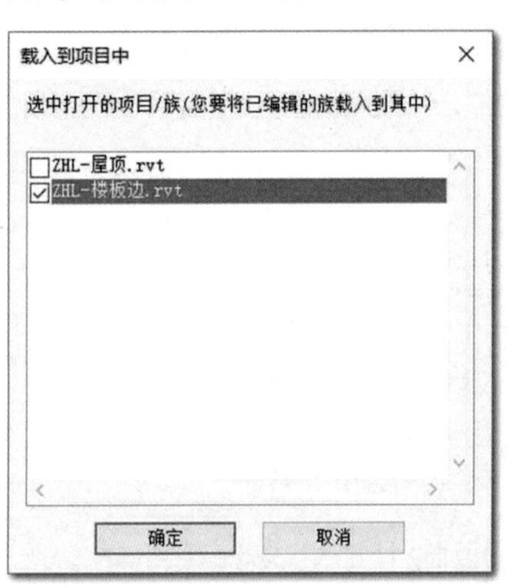

图 5.4.1-3　“载入到项目中”对话框

Step04 选择绘制视图

在项目浏览器中,双击“楼层平面”中的 F2,切换至 F2 楼层平面视图。

Step05 激活面板工具

单击打开“建筑”选项卡,在“构建”面板中单击“楼板”下拉按钮,在下拉列表中选择“楼板:楼板边”工具,进入绘制楼板边缘状态,自动切换到“修改|放置楼板边缘”上下文选项卡,如图 5.4.1-4 所示。

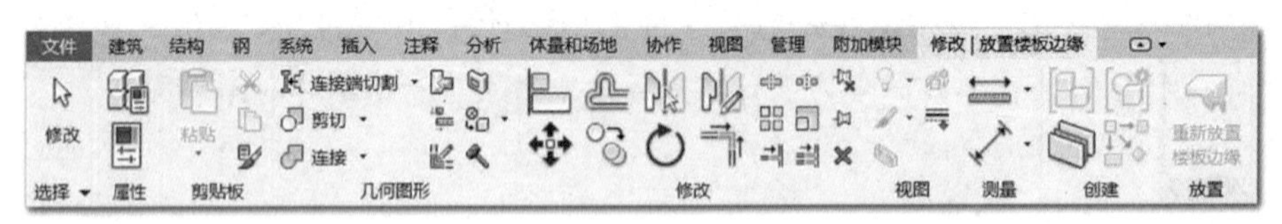

图 5.4.1-4　“修改|放置楼板边缘”上下文选项卡

Step06 新建图元类型

在属性面板中,单击类型选择器的下拉按钮,在下拉列表中选择“楼板边缘”族类型。单击属性面板中的“编辑类型”按钮,打开“类型属性”对话框,单击“复制”按钮,打开“名称”对话框,输入名称“ZHL-楼板边梁”后单击“确定”按钮,如图 5.4.1-5 所示,新建一种新的楼板边缘类型。在“类型属性”对话框中,单击轮廓右侧的单元格,再单击右侧的下拉按钮,在下拉列表中选择刚载入的轮廓族“ZHL-楼板边梁带翻边轮廓”。再单击材质右侧单元格的浏览按钮,打开“材质浏览器”对话框,在搜索栏中输入“混凝土”回车,在列表中选择“混凝土，现场浇注-C35”，单击“确定”按钮将“混凝土，现场浇注-C35”材质赋予该楼板边梁，如图 5.4.1-6 所示。在“类型属性”对话框中，单击“确定”按钮，关闭“类型属性”对话框并完成“ZHL-楼板边梁”类型的创建。

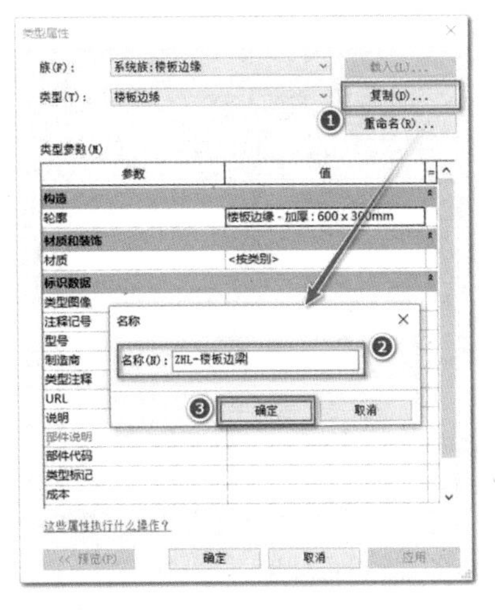

图 5.4.1-5　新建族类型

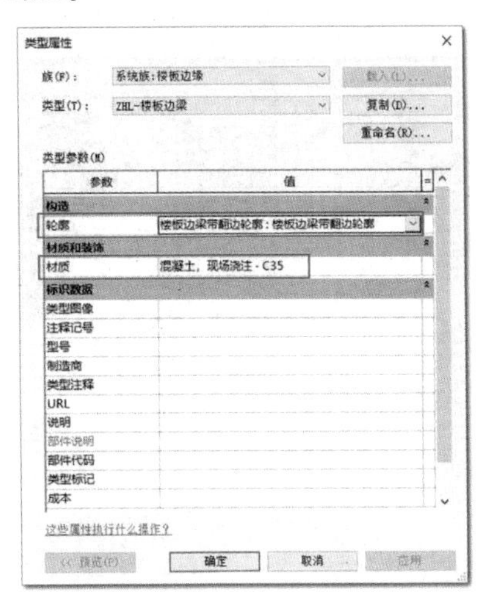

图 5.4.1-6　类型参数

Step07 指定放样线生成楼板边梁

在绘图区域，移动鼠标至楼板边缘时会自动捕捉到边缘线并高亮显示，如图 5.4.1-7 所示，当鼠标移动到楼板的南侧边缘时单击，以 F2 楼板的南侧边缘线为放样线，以“ZHL-楼板边梁带翻边轮廓”为放样截面，以“混凝土，现场浇注-C35”为材质生成楼板边梁。

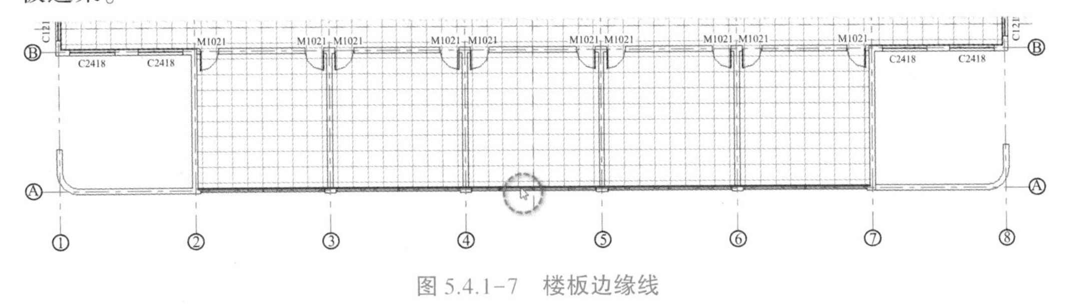

图 5.4.1-7　楼板边缘线

Step08 查看楼板边梁创建后的效果

单击快速工具栏中的“默认三维视图”工具，打开默认三维视图。单击 ViewCube 中的“主视图”图标，切换到主视图。适当放大、移动三维视图，便可查看 F2 楼板边梁创建后的效果，如图 5.4.1-8 所示。在项目浏览器中，双击“剖面 1”切换到“剖面 1”视图，适当地缩放、移动视图，可以看到楼板边梁的垂直位置及截面形状，如图 5.4.1-9 所示。

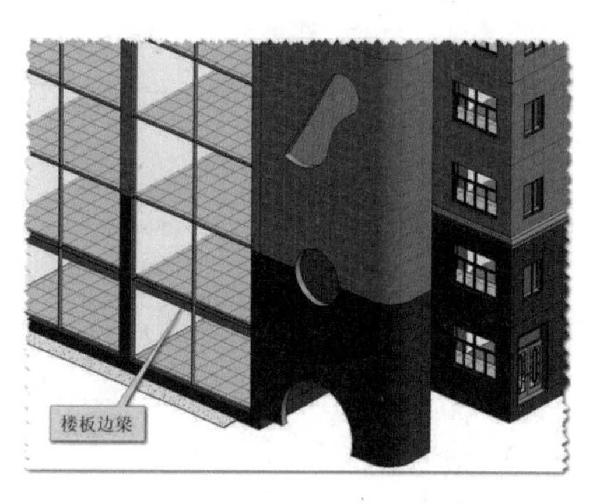

图 5.4.1-8 主视图中 F2 楼板边梁

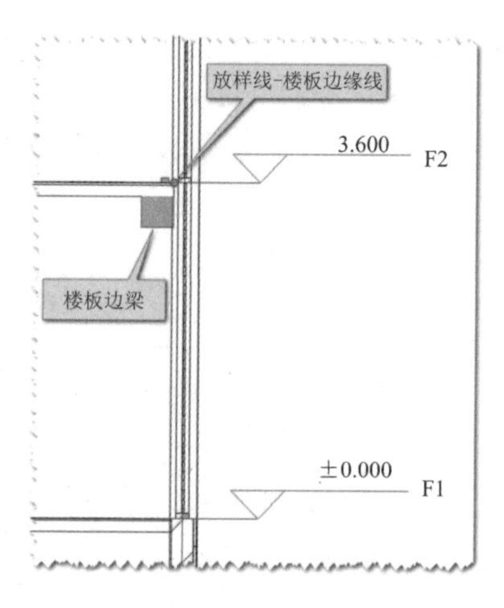

图 5.4.1-9 剖面中楼板边梁

Step09 层间复制生成其他楼层楼板边梁

在"剖面 1"视图中,单击选择刚创建的楼板边梁。在上下文选项卡中,单击"剪贴板"中"复制到剪贴板"工具,将 F2 的楼板边梁复制到剪贴板。单击"粘贴"下拉按钮,在下拉列表中选择"与选定的标高对齐",打开"选择标高"对话框。在"选择标高"对话框中,首先单击选择 F3,按住 Shift 键不放再单击 F5,将 F3 ~ F5 标高全部选择,如图 5.4.1-10所示,单击"确定"按钮,将剪贴板中楼板边梁粘贴到 F3 ~ F5,生成 F3 ~ F5 的楼板边梁,如图 5.4.1-11 所示。

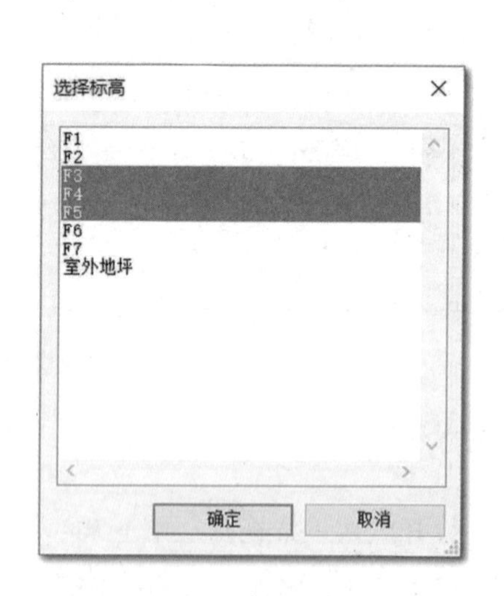

图 5.4.1-10 "选择标高"对话框

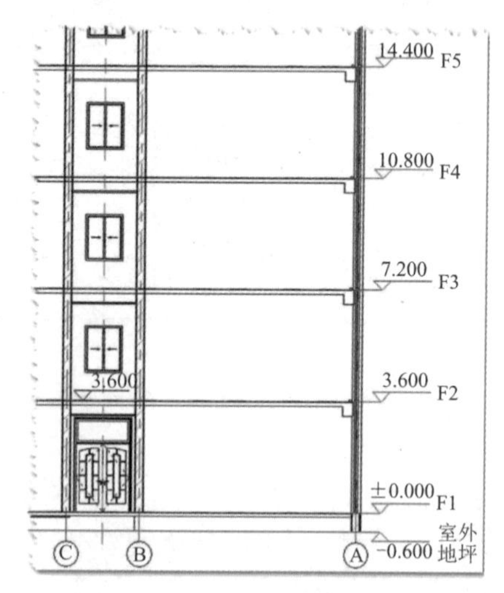

图 5.4.1-11 层间复制 F3 ~ F5 楼板边梁

5.4.2 绘制室外台阶

(1)绘制室外台阶平台

Step01 选择绘制视图

在项目浏览器中,双击"楼层平面"中的 F1,切换至 F1 楼层平面视图。

Step02 激活面板工具

单击打开“建筑”选项卡，在“构建”面板中单击“楼板”的下拉按钮，在下拉列表中选择“楼板：建筑”工具，进入绘制楼板状态，自动切换至“修改 | 创建楼层边界”上下文选项卡。

Step03 新建图元类型

在属性面板中，单击类型选择器的下拉按钮，在下拉列表中选择“ZHL-室外楼板”楼板类型。单击属性面板中的“编辑类型”按钮，打开“类型属性”对话框，单击“复制”按钮，打开“名称”对话框，输入名称“ZHL-室外台阶平台板”后单击“确定”按钮，如图 5.4.2-1所示，新建一种新的楼板类型。在“类型属性”对话框中，确认“功能”参数设置为“外部”，单击结构参数右侧的“编辑”按钮，打开“编辑部件”对话框。

在“编辑部件”对话框中，如图 5.4.2-2 所示，单击“面层 2[5]”前的数字选择该层，再单击“删除”按钮删除该层，同理再删除“衬底[2]”层。将“结构[1]”层的厚度修改为“600.0”，其他参数保持不变，单击“确定”按钮关闭“编辑部件”对话框。在“类型属性”对话框中单击“确定”按钮，关闭该对话框完成新类型的创建。

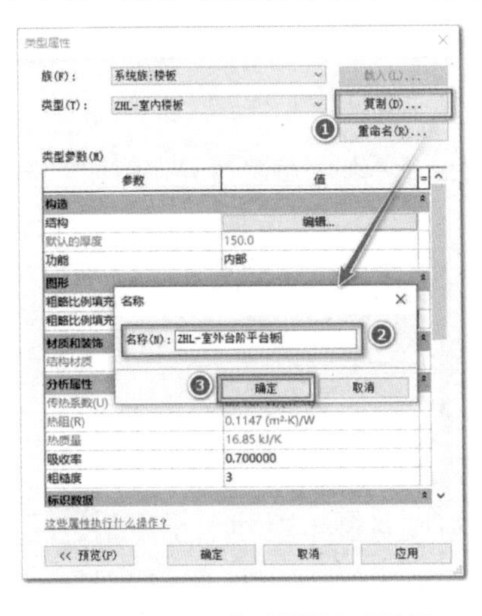

图 5.4.2-1　“类型属性”对话框

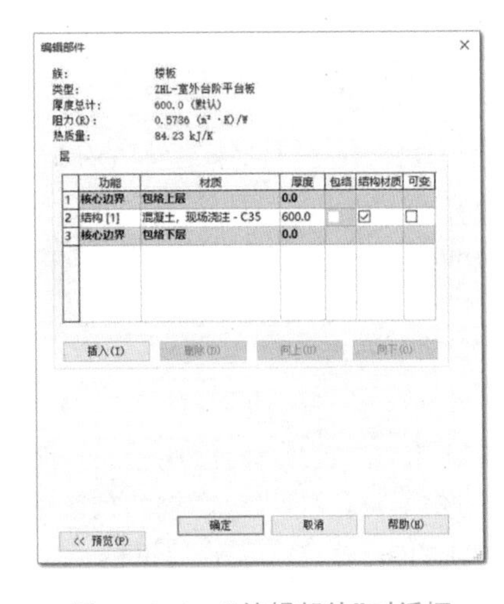

图 5.4.2-2　“编辑部件”对话框

Step04 设置绘制参数

在选项栏中，偏移设置为“0.0”，勾选“延伸到墙中(至核心层)”选项。在属性面板中，确认标高为 F1，自标高的高度偏移设置为“0.0”，不勾选“房间边界”。

Step05 绘制东侧室外台阶平台

1)大概生成室外台阶平台的边界线。在上下文选项卡中，确认选择的是“边界线”，选择“绘制”面板中的“拾取墙”工具，拾取 8 轴线、B 轴线、7 轴线上的外墙生成①~③号边界。在上下文选项卡中，单击选择“绘制”面板中的“线”工具，选项栏中勾选“链”，绘制④~⑥号边界线，如图 5.4.2-3 左图所示。

2)修剪形成室外台阶平台边界闭合轮廓。在上下文选项卡中，单击“修改”面板中的“修剪/延伸为角”工具，进入“修剪/延伸为角”修改状态。单击①号边界线和⑥号边界线将①号和⑥号边界线修剪成角，同理，将③号与④号修剪成角，形成一个封闭的边界轮廓，如图 5.4.2-3 中图所示。

3）精确定位边界线的位置。单击选择④号边界线，将临时尺寸标注的上夹点移动到 A 轴线上，再单击临时尺寸标注的数值，在编辑框中输入“1500”回车，移动④号边界线到距离 A 轴线“1500”的位置。同理，将⑤号边界线移动到距离 8 轴线“1500”的位置，如图 5.4.2-3 右图所示。

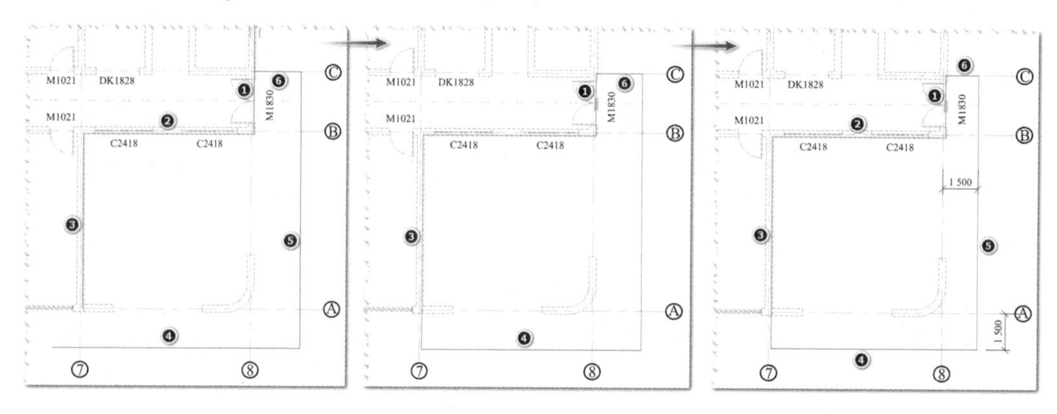

图 5.4.2-3　绘制室外台阶平台边界线

4）依据闭合边界线生成室外台阶平台。在“修改|创建楼层边界”上下文选项卡中，单击“模式”面板中的“完成编辑模式”按钮✔，弹出一个对话框，询问“是否希望将高达此楼层标高的墙附着到此楼层的底部”，单击“否”，Revit 会根据边界轮廓自动生成室外台阶平台。

（2）绘制室外台阶

Step06 创建新轮廓族

单击打开文件选项卡，依次单击“新建”“族”，打开“新族-选择样板文件”对话框。在“新族-选择样板文件”对话框的列表中，单击选择“公制轮廓.rft”，单击“打开”按钮，创建了一个新的族，并打开了族编辑器。

单击快速访问工具栏中的保存按钮，打开“另存为”对话框，设置保存路径，将文件名设置为“ZHL-室外台阶轮廓”，文件类型按默认的“族文件（ *.rfa）”，然后再单击“保存”按钮，将该轮廓族保存为“ZHL-室外台阶轮廓.rfa”。

Step07 绘制室外台阶截面轮廓

单击打开“创建”选项卡，在“详图”面板中单击“线”工具，进入绘制线模式，自动切换到“修改|放置 线”上下文选项卡。在选项栏中，勾选“链”，偏移设置为“0.0”，不勾选“半径”。在绘制区域中，绘制一个四级台阶的封闭轮廓，如图 5.4.2-4 所示。

Step08 将族载入到当前项目

单击快速访问工具栏中的保存按钮，保存所做的修改。在上下文选项卡中，单击“载入到项目并关闭”工具，将“ZHL-室外台阶轮廓.rfa”族载入到当前打开的项目并自动关闭族编辑器。

Step09 选择绘制视图

单击快速工具栏中的“默认三维视图”工具，打开默认三维视图。单击 ViewCube 中的“主视图”图标，切换到主视图，适当放大、移动三维视图可观察到室外台阶平台。

Step10 激活面板工具

单击打开“建筑”选项卡，在“构建”面板中单击“楼板”的下拉按钮，在下拉列表中选择“楼板：楼板边”工具，自动切换至“修改|放置楼板边缘”上下文选项卡。

Step11 新建图元类型

在类型选择器中，默认选择是“ZHL-楼板边梁”。单击属性面板中的“编辑类型”按钮，打开“类型属性”对话框，单击“复制”按钮，打开“名称”对话框，输入名称“ZHL-室外台阶”后单击“确定”按钮，新建一种新的楼板边缘类型。在“类型属性”对话框中，单击轮廓右侧单元格的下拉按钮，在下拉列表中选择刚载入的轮廓族“ZHL-室外台阶轮廓”。再单击材质右侧单元格的浏览按钮，打开“材质浏览器”对话框，将材质库中“红木”材质添加到项目材质列表中，选择“红木”材质，再单击“确定”按钮，将“红木”材质赋予该室外台阶，如图 5.4.2-5 所示。在“类型属性”对话框中，单击“确定”按钮，完成“ZHL-室外台阶”类型的创建。

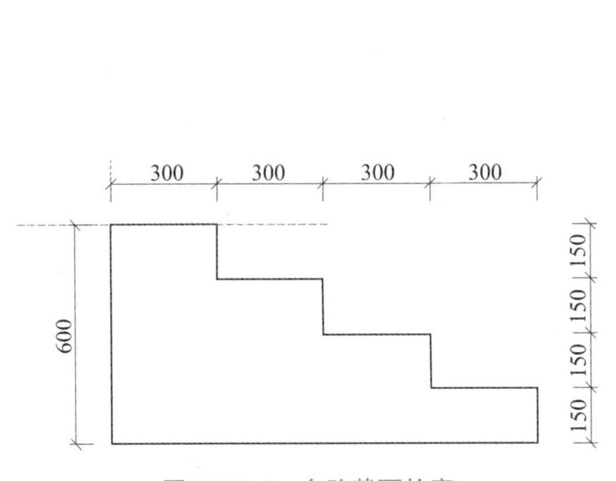

图 5.4.2-4　台阶截面轮廓

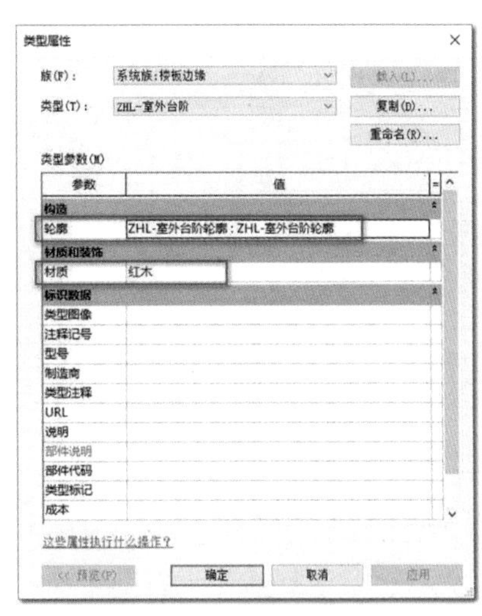

图 5.4.2-5　类型参数

Step12 指定放样线生成室外台阶

在默认三维视图中，移动鼠标至室外台阶平台边缘附近时会自动捕捉到边缘线并高亮显示，如图 5.4.2-6 左图所示，当鼠标移动到室外台阶平台板的东侧上边缘时单击，Revit 会以室外台阶平台板的东侧上边缘线为放样线，以“ZHL-室外台阶轮廓”为放样截面，以“红木”为材质生成室外台阶平台板的东侧台阶，如图 5.4.2-6 中图所示。同理，再拾取室外台阶平台板的西侧、南侧、北侧上边缘线，生成室外台阶平台板的西侧、南侧和北侧台阶，完成室外台阶的绘制，如图 5.4.2-6 右图所示。

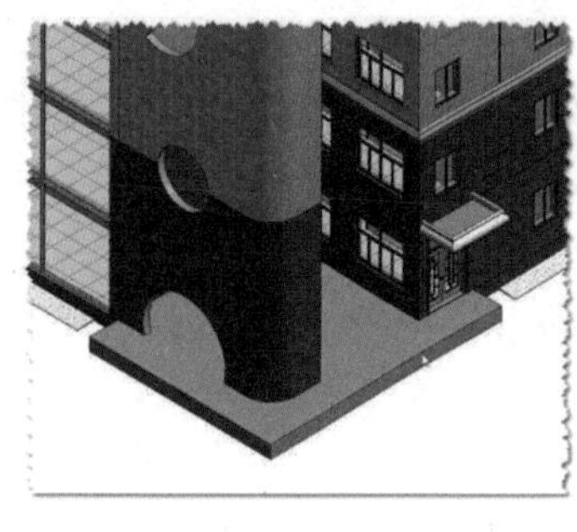
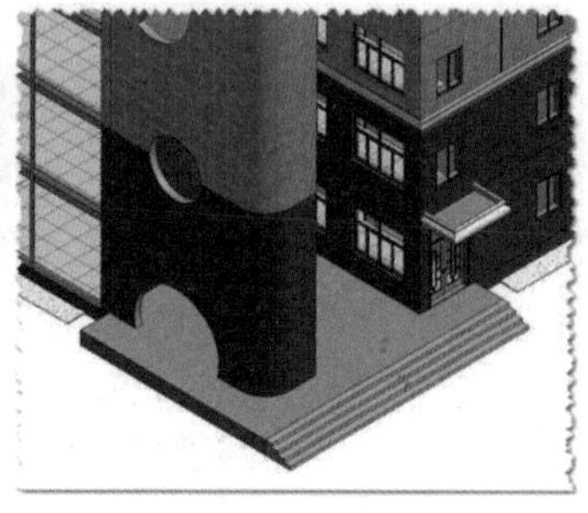
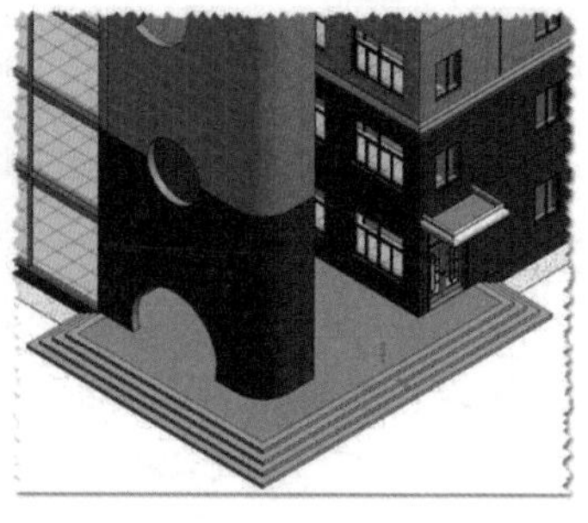

图 5.4.2-6　绘制室外台阶

Step13 调整东侧室外台阶的长度

切换至 F1 楼层平面视图。单击选择刚创建的室外台阶,显示出了放样线的端点,移动鼠标至 7 轴线室外台阶的上端点,按住鼠标不放向下移动鼠标到 A 轴线上,完成 7 轴线上室外台阶长度的调整,如图 5.4.2-7 所示。

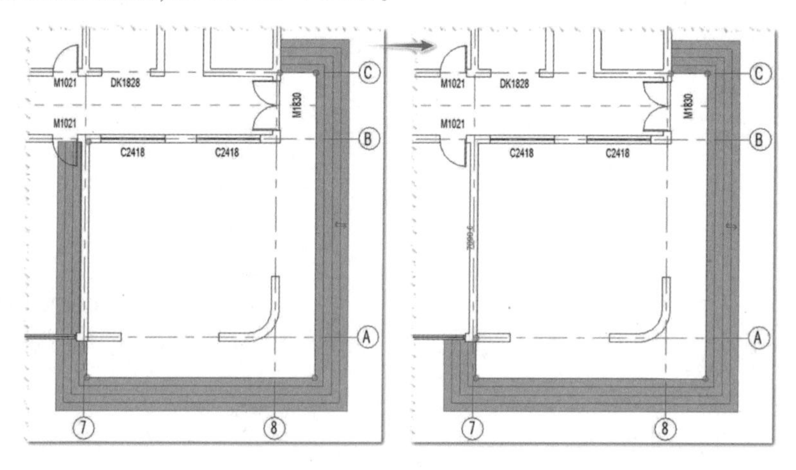

图 5.4.2-7　调整室外台阶长度

Step14 镜像生成西侧室外台阶平台和室外台阶

1)选择室外台阶平台和室外台阶。以交叉框选方式选择室外台阶平台和室外台阶,利用上下文选择卡中的“过滤器”工具,去除其他类别图元的选择,仅选择室外台阶平台和室外台阶。

2)镜像生成西侧室外台阶平台及室外台阶。在上下文选择卡中,单击“修改”面板中的“镜像-拾取轴”工具,进入镜像修改状态。在选项栏中,勾选“复制”选项。然后单击参照平面 SN,以参照平面 SN 为对称轴复制生成西侧室外台阶平台及室外台阶。

Step15 调整西侧室外台阶的长度

单击选择西侧的室外台阶,显示出了放样线的端点,很明显 2 轴线上的台阶与其他台阶分离了。移动鼠标至 2 轴线上室外台阶的下端点,按住鼠标不放向下移动鼠标到 A 轴线下面的室外台阶的右端点,两段台阶自动连接成角。再移动鼠标至 2 轴线上室外台阶的上端点,按住鼠标不放向下移动鼠标到 A 轴线上,完成 2 轴线上室外台阶长度的调整,如图 5.4.2-8 所示。

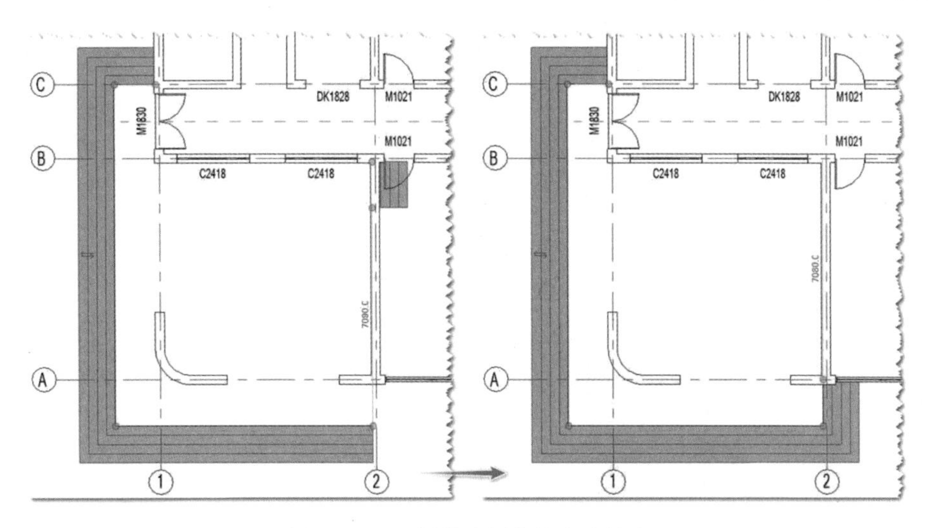

图 5.4.2-8　调整西侧室外台阶长度

5.4.3　绘制入口处室外台阶

(1)绘制入口处室外台阶平台

Step01 选择绘制视图

在项目浏览器中,双击"楼层平面"中的 F1,切换至 F1 楼层平面视图。

Step02 激活面板工具

单击打开"建筑"选项卡,在"构建"面板中单击"楼板"的下拉按钮,在下拉列表中选择"楼板:建筑"工具,自动切换至"修改|创建楼层边界"上下文选项卡。

绘制入口处室外台阶

Step03 选择图元类型

在属性面板中,单击类型选择器的下拉按钮,在下拉列表中选择"ZHL-室外台阶平台板"楼板类型。

Step04 设置绘制参数

在上下文选项卡中,确认选择的是"边界线",选择"绘制"面板中的"矩形"工具。

在属性面板中,确认标高为 F1,自标高的高度偏移设置为"0.0",不勾选"房间边界"。在选项栏中,偏移设置为"0.0",勾选"延伸到墙中(至核心层)"选项。

Step05 绘制入口处室外台阶平台

1)大概绘制入口处室外台阶平台的边界线。在 4 轴线单击绘制左上角点,向右下移动鼠标到 5 轴线上单击,绘制右下角点,绘制了一个封闭的矩形边界轮廓,如图 5.4.3-1 左上图所示。

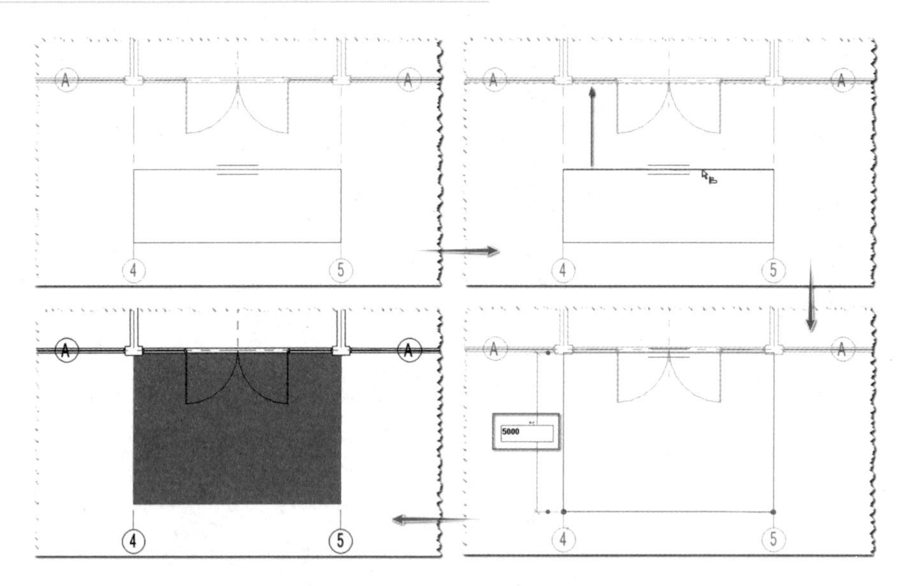

图 5.4.3-1　绘制室外台阶平台边界线

2)精确定位边界线的位置。在上下文选项卡中,单击“修改”面板中的“对齐”工具。在选项栏中,不勾选“多重对齐”,首选设置为“参照核心层表面”。首先单击 A 轴线上外墙,再单击矩形边界中的上边线,将上边线对齐到 A 轴线外墙的核心层表面,如图5.4.3-1右上图所示。单击选择矩形边界中的下边线,确认临时尺寸标注的参照为上边线,即 A 轴线外墙的核心层表面,单击临时尺寸标注数值,在编辑框中输入“5000”,将矩形边界中的下边线移动到距离上边线“5000”的位置,如图 5.4.3-1 右下图所示。

3)依据闭合边界线生成室外台阶平台。在上下文选项卡中,单击“模式”面板中的“完成编辑模式”按钮✔,弹出一个对话框,询问“是否希望将高达此楼层标高的墙附着到此楼层的底部”,单击“否”,Revit 会根据边界轮廓自动生成入口处室外台阶平台,如图 5.4.3-1 左下图所示。

(2)绘制入口处室外台阶

Step06 选择绘制视图

单击快速工具栏中的“默认三维视图”工具,打开默认三维视图。单击 ViewCube 中的“主视图”图标,切换到主视图,适当放大、移动三维视图可观察到入口处室外台阶平台。

Step07 激活面板工具

单击打开“建筑”选项卡,在“构建”面板中单击“楼板”的下拉按钮,在下拉列表中选择“楼板:楼板边”工具,自动切换至“修改|放置楼板边缘”上下文选项卡。

Step08 选择图元类型

在属性面板中,单击类型选择器的下拉按钮,在下拉列表中选择“ZHL-室外台阶”的族类型。

Step09 指定放样线生成入口处室外台阶

在默认三维视图中,鼠标移动到入口处室外台阶平台板的南侧上边缘时单击,以入口处室外台阶平台板的南侧上边缘线为放样线,以“ZHL-室外台阶轮廓”为放样截面,以

“红木”为材质生成入口处室外台阶，如图 5.4.3-2 所示。

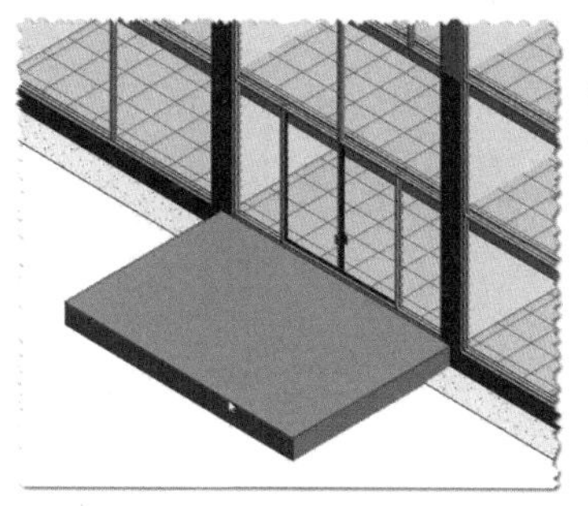
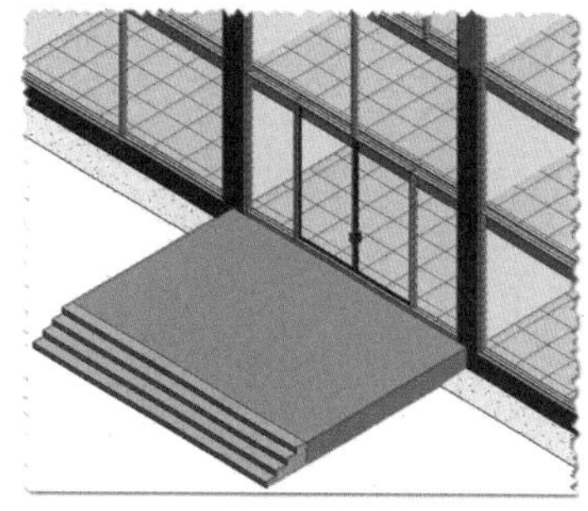

图 5.4.3-2　绘制入口处室外台阶

5.4.4　绘制雨篷

（1）绘制雨篷板

Step01 选择绘制视图

在项目浏览器中，双击“楼层平面”中的 F2，切换至 F2 楼层平面视图。

Step02 激活面板工具

单击打开“建筑”选项卡，在“构建”面板中单击“楼板”的下拉按钮，在下拉列表中选择“楼板：建筑”工具，自动切换至“修改|创建楼层边界”上下文选项卡。

Step03 新建图元类型

1）在属性面板中，单击类型选择器的下拉按钮，在下拉列表中选择“ZHL-室外台阶平台板”楼板类型。单击属性面板中的“编辑类型”按钮，打开“类型属性”对话框，单击“复制”按钮，打开“名称”对话框，输入名称“ZHL-雨篷板”后单击“确定”按钮，如图 5.4.4-1所示，新建一种新的楼板类型。在“类型属性”对话框中，确认功能参数设置为“外部”，单击结构参数后右侧的“编辑”按钮，打开“编辑部件”对话框。

绘制雨篷

2）在“编辑部件”对话框中，如图 5.4.4-2 所示，将“结构[1]”层的厚度修改为“100.0”，其他参数保持不变，单击“确定”按钮关闭“编辑部件”对话框。在“类型属性”对话框中单击“确定”按钮，关闭该对话框并完成新类型的创建。

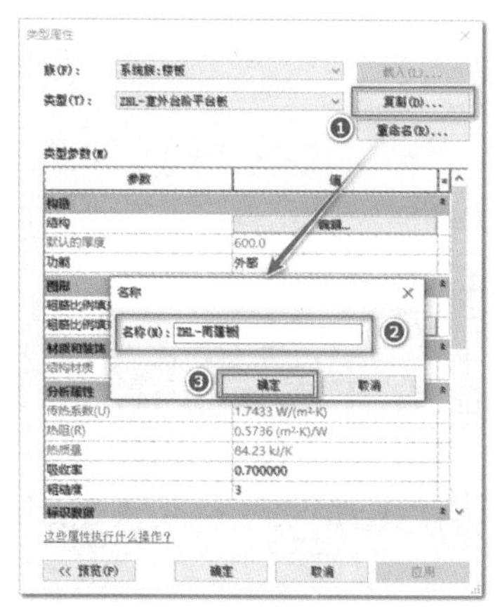

图 5.4.4-1　“类型属性”对话框

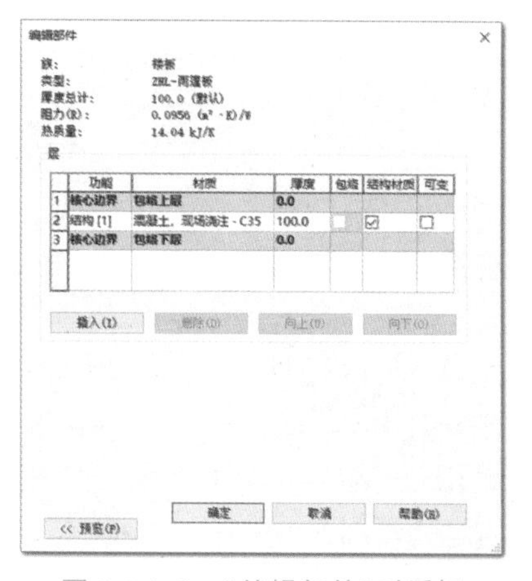

图 5.4.4-2　“编辑部件”对话框

Step04 设置绘制参数

在上下文选项卡中，确认选择的是"边界线"，选择"绘制"面板中的"拾取墙"工具。

在选项栏中，偏移设置为"0.0"，勾选"延伸到墙中(至核心层)"选项。在属性面板中，确认标高为 F2，自标高的高度偏移设置为"0.0"，不勾选"房间边界"。

Step05 绘制雨篷板

1）大概生成雨篷板的边界线。拾取 8 轴线上的外墙生成第 1 条边界。在上下文选项卡中，单击选择"绘制"面板中的"拾取线"工具，依次拾取 C 轴线、台阶板东边界线、B 轴线生成②~④号边界线，如图 5.4.4-3 左图所示。

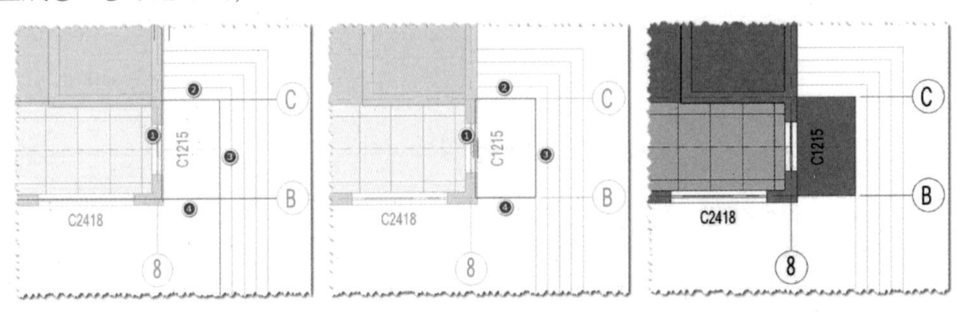

图 5.4.4-3　绘制雨篷板

2）修剪形成雨篷板边界闭合轮廓。在上下文选项卡中，单击"修改"面板中的"修剪/延伸为角"工具，进入"修剪/延伸为角"修改状态。单击①号边界线和②号边界线将①号和②号边界线修剪成角，同理，将②号与③号、③号与④号、④号与①号分别修剪成角，形成一个封闭的边界轮廓，如图 5.4.4-3 中图所示。

3）依据闭合边界线生成雨篷板。在上下文选项卡中，单击"模式"面板中的"完成编辑模式"按钮✔，弹出一个对话框，询问"是否希望将高达此楼层标高的墙附着到此楼层的底部"，单击"否"，Revit 会根据边界轮廓自动生成雨篷板，如图 5.4.4-3 右图所示。

（2）绘制雨篷边缘

Step06 创建新轮廓族

1）单击打开文件选项卡，依次单击"新建""族"，打开"新族-选择样板文件"对话框。在"新族-选择样板文件"对话框的列表中，单击选择"公制轮廓.rft"，单击"打开"按钮，创建了一个新的族，并打开了族编辑器。

2）单击快速访问工具栏中的保存按钮，打开"另存为"对话框，设置保存路径，将文件名设置为"ZHL-雨篷边缘轮廓"，文件类型按默认的"族文件(＊.rfa)"，然后再单击"保存"按钮，将该轮廓族保存为"ZHL-雨篷边缘轮廓.rfa"。

Step07 绘制雨篷边缘截面轮廓

单击打开"创建"选项卡，在"详图"面板中单击"线"工具，进入绘制线模式，自动切换到"修改|放置 线"上下文选项卡。在选项栏中，勾选"链"，偏移设置为"0.0"，不勾选"半径"。使用"绘制"面板中的"线"和"相切-端点弧"工具，在绘制区域中，绘制出雨篷边缘截面的封闭轮廓，如图 5.4.4-4 所示。

Step08 将族载入到当前项目

单击快速访问工具栏中的保存按钮,保存所做的修改。在“修改|放置 线”上下文选项卡中,单击“载入到项目并关闭”工具,将“ZHL-雨篷边缘轮廓.rfa”族载入到当前打开的项目并自动关闭族编辑器。

Step09 选择绘制视图

单击快速工具栏中的“默认三维视图”工具,打开默认三维视图。单击 ViewCube 中的“主视图”图标,切换到主视图,适当放大、移动三维视图可观察到雨篷板。

Step10 激活面板工具

单击打开“建筑”选项卡,在“构建”面板中单击“楼板”的下拉按钮,在下拉列表中选择“楼板：楼板边”工具,自动切换至“修改|放置楼板边缘”上下文选项卡。

Step11 新建图元类型

在类型选择器中,默认选择是“ZHL-室外台阶”。单击属性面板中的“编辑类型”按钮,打开“类型属性”对话框,单击“复制”按钮,打开“名称”对话框,输入名称“ZHL-雨篷边缘”后单击“确定”按钮,新建一种新的楼板边缘类型。在“类型属性”对话框中,单击轮廓右侧单元格,再单击下拉按钮,在下拉列表中选择载入的轮廓族“ZHL-雨篷边缘轮廓”。再单击材质右侧单元格中的浏览按钮,打开“材质浏览器”对话框,在搜索栏中输入“混凝土”回车,在列表中选择“混凝土,现场浇注-C35”,再单击“确定”按钮将“混凝土,现场浇注-C35”材质赋予该雨篷边缘,如图 5.4.4-5 所示。在“类型属性”对话框中,单击“确定”按钮,关闭“类型属性”对话框并完成“ZHL-雨篷边缘”类型的创建。

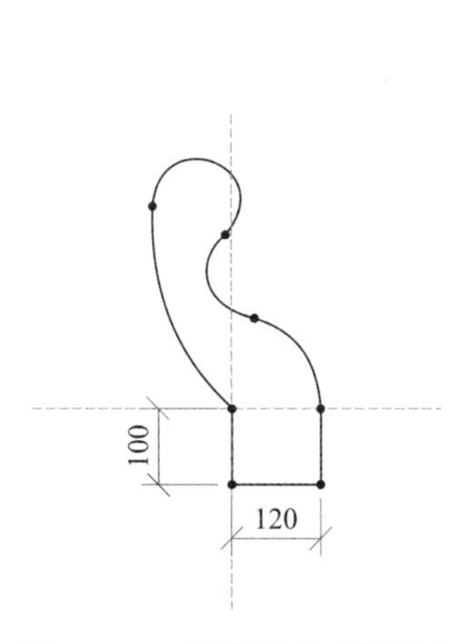

图 5.4.4-4　雨篷边缘截面轮廓

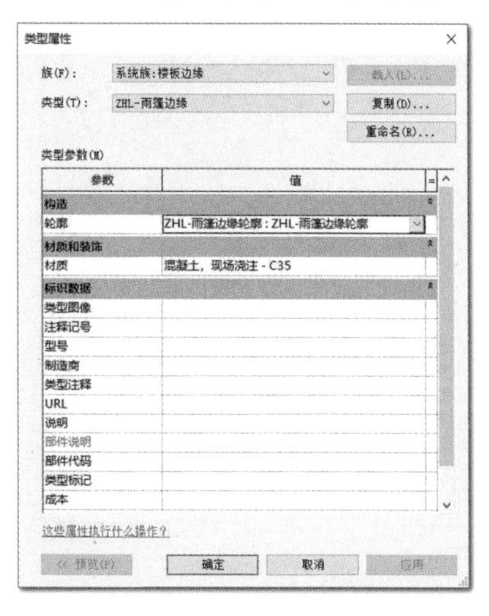

图 5.4.4-5　类型参数

Step12 指定放样线生成雨篷实体

在默认三维视图中,鼠标移动到雨篷板的东侧上边缘时单击,Revit 会以雨篷板的东侧上边缘线为放样线,以“ZHL-雨篷边缘轮廓”为放样截面,以“混凝土,现场浇注-C35”为材质生成雨篷东侧边缘,如图 5.4.4-6 所示。同理,再拾取雨篷板的南面和北面的上边缘线,生成雨篷的南面和北面的边缘,完成雨篷边缘的绘制,如图 5.4.4-6 所示。

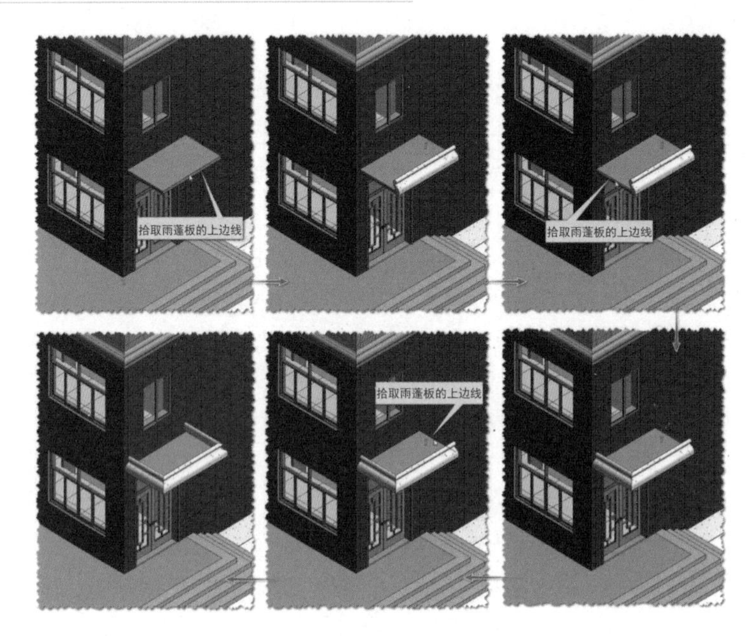

图 5.4.4-6　绘制雨篷边缘

Step13 镜像生成西侧雨篷

1)切换至 F2 楼层平面视图。以交叉框选方式选择雨篷板和雨篷边缘,利用上下文选择卡中的“过滤器”工具去除其他类别图元的选择,仅选择雨篷板和雨篷边缘。

2)在上下文选择卡中,单击“修改”面板中的“镜像-拾取轴”工具,进入镜像修改状态。在选项栏中,勾选“复制”选项。然后单击参照平面 SN,以参照平面 SN 为对称轴复制生成西侧雨篷。

第 6 章　柱和梁

Revit 中提供了两种不同用途的柱：建筑柱和结构柱。建筑柱主要起装饰和围护作用，而结构柱则主要用于支撑和承载重量。综合楼的建筑柱和结构柱的三维效果图如图 6-1 所示，平面图如图 6-2 所示。

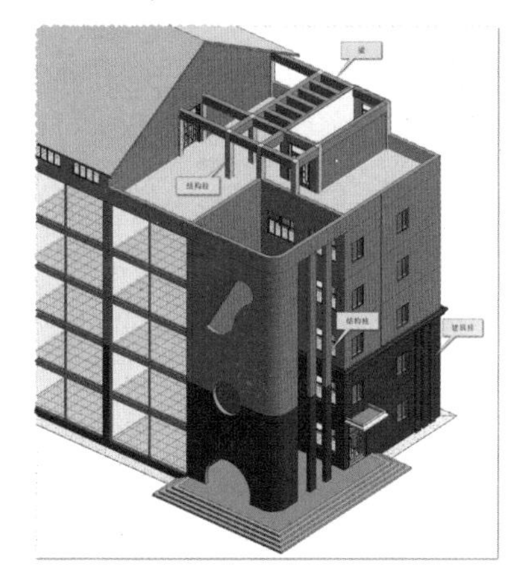

图 6-1　三维视图中的柱和梁

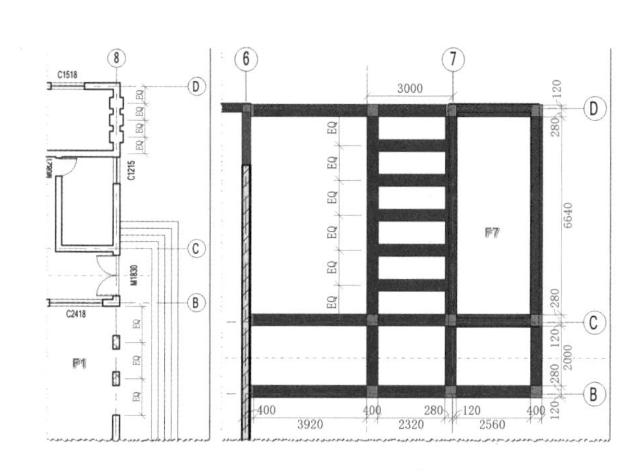

图 6-2　平面视图中的柱和梁

6.1　柱

6.1.1　放置 F1 结构柱

Step01 选择绘制视图

在项目浏览器中，双击“楼层平面”中的 F1，切换至 F1 楼层平面视图。

Step02 激活面板工具

打开“建筑”选项卡，单击“构建”面板中的“柱”下拉按钮，在下拉列表中选择“结构柱”工具，如图 6.1.1-1 所示，进入放置结构柱状态，并自动切换至“修改|放置 结构柱”上下文选项卡。

放置 F1 结构柱

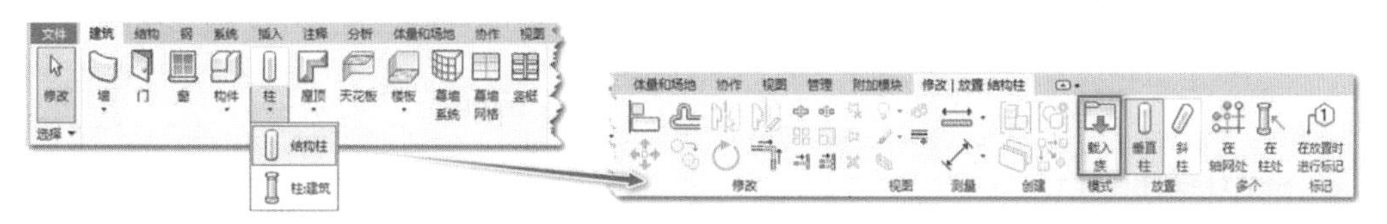

图 6.1.1-1　“结构柱”工具和“修改|放置 结构柱”上下文选项卡

Step03 载入族

在上下文选项卡中，单击“模式”面板中的“载入族”工具，打开“载入族”对话框，或打开“插入”选项卡，单击“从库中载入”面板中的“载入族”工具，打开“载入族”对话框，如图 6.1.1-2 所示。在“载入族”对话框中，Revit 自动定位到系统自带的族文件夹，依次单击“结构”“柱”“混凝土”和“混凝土-矩形-柱”，再单击“打开”按钮，将“混凝土-矩形-柱”的族载入到项目当中。类型选择器中族类型自动更改为刚载入的族“混凝土-矩形-柱”的第一种类型“300×450mm”，如图 6.1.1-3 所示。

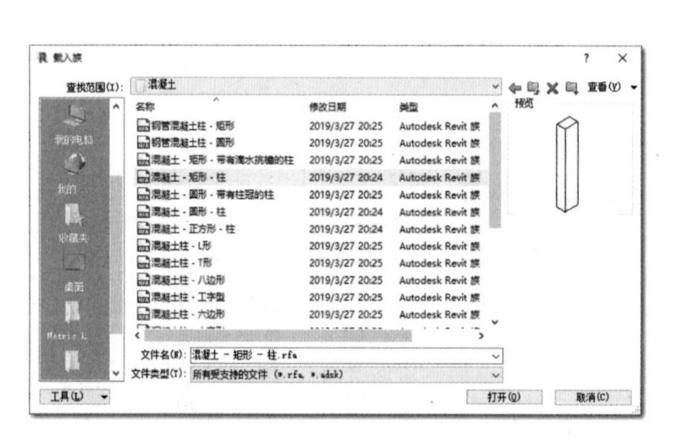

图 6.1.1-2 “载入族”对话框

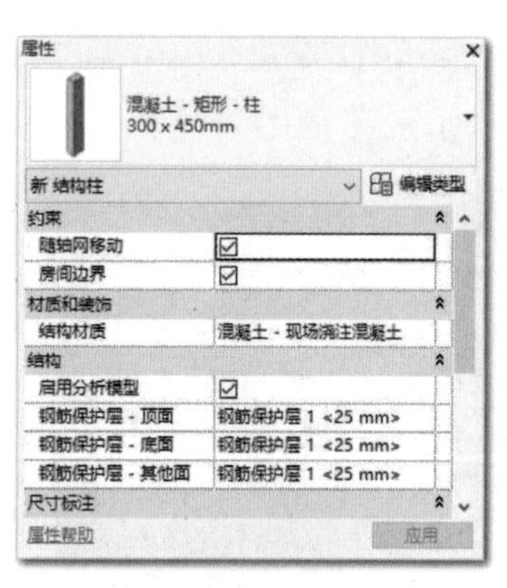

图 6.1.1-3 类型选择器

Step04 新建图元类型

单击属性面板中的“编辑类型”按钮，打开“类型属性”对话框。在“类型属性”对话框中，单击“复制”按钮，打开“名称”对话框，输入“ZHL-结构柱”，单击“确定”，如图 6.1.1-4 所示，新建一种新的族类型。将柱的类型参数“b”修改为“300.0”，h 修改为“600.0”，如图 6.1.1-5 所示，单击“确定”按钮，完成“ZHL-结构柱”类型参数设置。

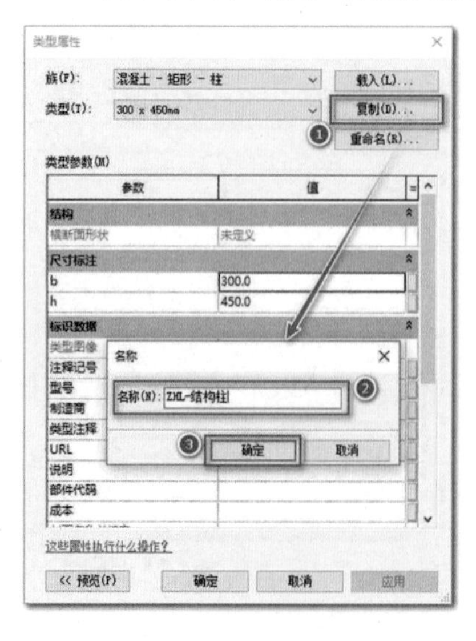

图 6.1.1-4 “类型属性”对话框

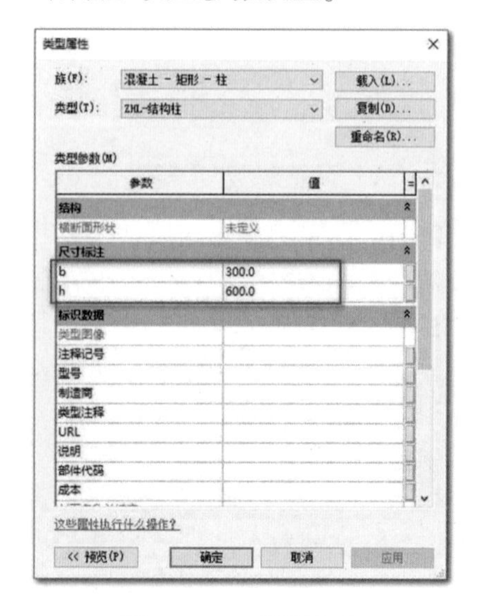

图 6.1.1-5 类型参数

Step05 设置放置参数

选择放置方式。在上下文选项卡中,确认选择的是"垂直柱",如图 6.1.1-1 所示。

在选项栏中,不勾选"放置后旋转",将柱的生成模式从"深度"改为"高度",将目标标高改为 F3,不勾选"房间边界"选项,如图 6.1.1-6 所示。

图 6.1.1-6　选项栏

Step06 放置 F1 结构柱

1)大概放置 F1 结构柱。将鼠标移到 A 轴线和 B 轴线之间的 8 轴线上,使结构柱的中心点对齐 8 轴线单击,放置第 1 根结构柱。再将鼠标向下移动,在 8 轴线上的另一位置单击放置第 2 根结构柱,如图 6.1.1-7 左图所示。放置时若方向不正确,可单击空格键调整方向。

2)精确定位结构柱。单击打开"注释"选择卡,在"尺寸标注"面板中单击"对齐标注"工具,切换到放置尺寸标注模式。在选项栏中,墙的对齐设置为"参照墙面",拾取方式设置为"单个参照点"。如图 6.1.1-7 中图所示,依次拾取 B 轴线东侧的墙面,第 1 根结构柱的中心线,第 2 根结构柱的中心线,8 轴线南侧墙的上截面,在非边界线的位置上单击放置尺寸标注。然后再单击 EQ 符号,三等分上下边界线之间的距离,即自动移动 2 个结构柱到三等分位置上,完成结构柱的定位,如图 6.1.1-7 右图所示。单击选择尺寸标注,单击键盘上的 Delete 键将尺寸标注删除,在弹出的对话框中单击"取消约束"。

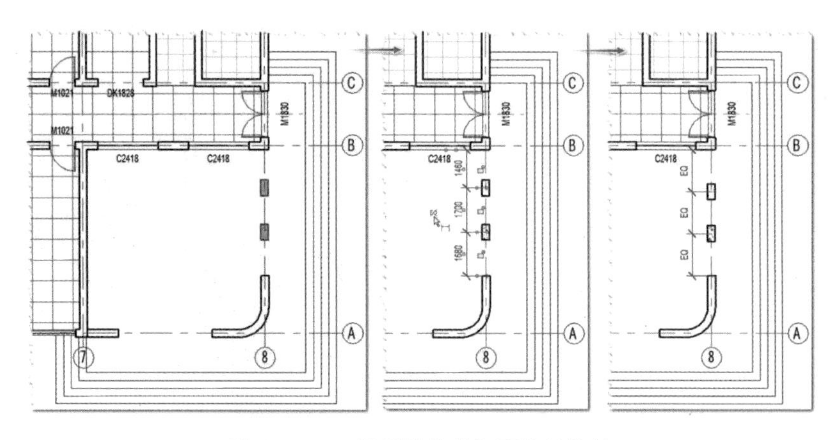

图 6.1.1-7　放置结构柱和定位结构柱

Step07 修改结构柱材质

1)切换操作视图。单击快速工具栏中的"默认三维视图"工具,打开默认三维视图。单击 ViewCube 中的"主视图"图标,切换到主视图,适当放大、移动三维视图。

2)修改结构柱的材质。单击选择第 1 根结构柱,按住 Ctrl 键的同时再单击第 2 根结构柱,同时选择 2 根柱。在属性面板中,如图 6.1.1-8 所示,单击结构材质右侧单元格的浏览按钮,打开"材质浏览器"对话框。在"材质浏览器"对话框中,在列表中单击选择"ZHL-F1-F2-外墙粉刷",再单击"确定"按钮将"ZHL-F1-F2-外墙粉刷"材质赋予结构柱。在属性面板中单击"应用"按钮,便可查看到更改材质后的效果,如图 6.1.1-9 所示。

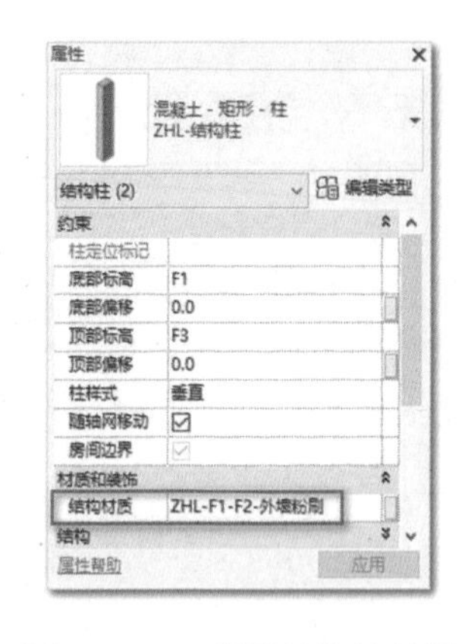

图 6.1.1-8　修改结构柱材质

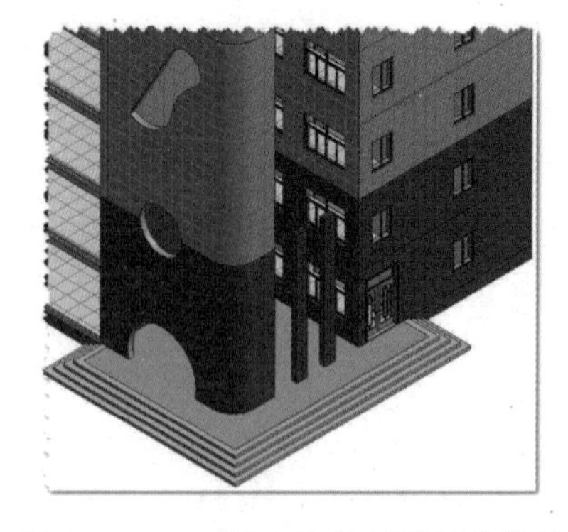

图 6.1.1-9　修改结构柱材质后的效果

Step08 层间复制

单击选择第 1 根结构柱，按住 Ctrl 键的同时再单击第 2 根结构柱，同时选择 2 根柱。在上下文选项卡中单击“复制到剪贴板”，然后单击“粘贴”的下拉按钮，单击“与选定的标高对齐”工具，打开“选择标高”对话框。在“选择标高”对话框中，如图 6.1.1-10 所示，单击选择 F3，再单击“确定”按钮，关闭该对话框。Revit 将基于 Step05 中柱的生成模式，从 F3 往“高度”方向复制生成新的柱，如图 6.1.1-11 所示。注意，若 Step05 中柱的生成模式选择的是“深度”，此处应选择 F6 标高。

图 6.1.1-10　“选择标高”对话框

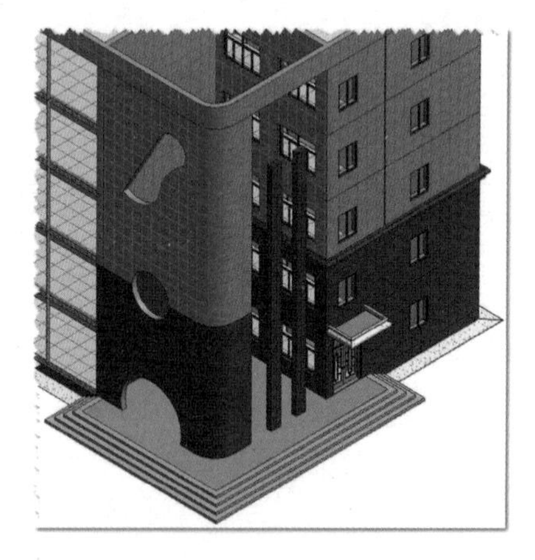

图 6.1.1-11　层间复制结构柱

Step09 修改结构柱的参数

1) 修改结构柱的顶部标高。复制生成的新柱默认处于选择状态，在属性面板中，将顶部标高从 F5 更改为 F6，如图 6.1.1-12 所示。

2) 修改结构柱的材质。在属性面板中，如图 6.1.1-12 所示，单击结构材质右侧的浏览按钮，打开“材质浏览器”对话框。在“材质浏览器”对话框中，在列表中单击选择“ZHL-F3-F5-外墙粉刷”，再单击“确定”按钮将“ZHL-F3-F5-外墙粉刷”材质赋予结构柱。在属性面板中单击“应用”按钮，便可查看到更改材质后的效果，如图 6.1.1-13 所示。

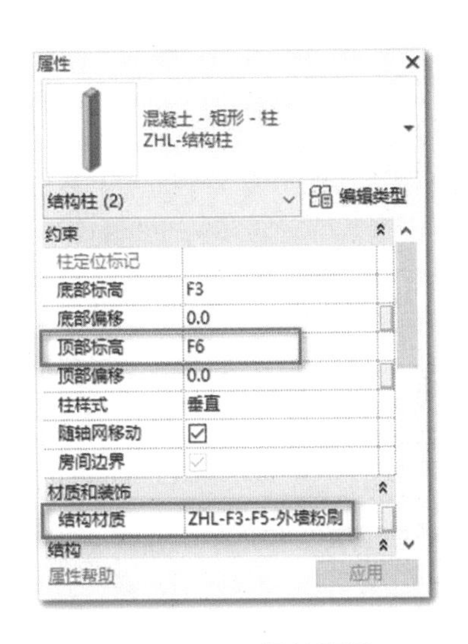

图 6.1.1-12　属性面板

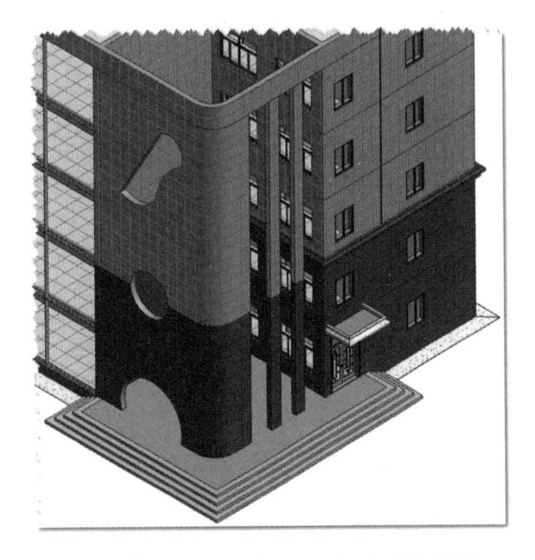
图 6.1.1-13　结构柱更改材质后的效果

Step10 镜像生成西侧结构柱

1) 选择 4 根结构柱。在默认三维视图中，单击选择任意 1 根结构柱，单击鼠标右键，在右键菜单中，依次单击“选择全部实例”“在视图中可见”，将当前视图中 4 根同类型结构柱全部选中。

2) 切换操作视图。在项目浏览器中，双击“楼层平面”中的 F1，切换至 F1 楼层平面视图。

3) 镜像结构柱。在上下文选项卡中，单击“修改”面板中“镜像-拾取轴”工具。在选项栏中，勾选“复制”参数。在视图中单击 SN 参照平面，以 SN 参照平面为镜像轴复制生成西侧的 4 根结构柱。

6.1.2　放置 F1 建筑柱

Step01 选择绘制视图

在项目浏览器中，双击“楼层平面”中的“室外地坪”，切换至室外地坪楼层平面视图。

放置 F1 建筑柱

Step02 激活面板工具

单击打开“建筑”选项卡，在“构建”面板中单击“柱”下拉按钮，在下拉列表中选择“建筑柱”工具，进入放置柱状态，并自动切换至“修改|放置 柱”上下文选项卡，如图 6.1.2-1 所示。

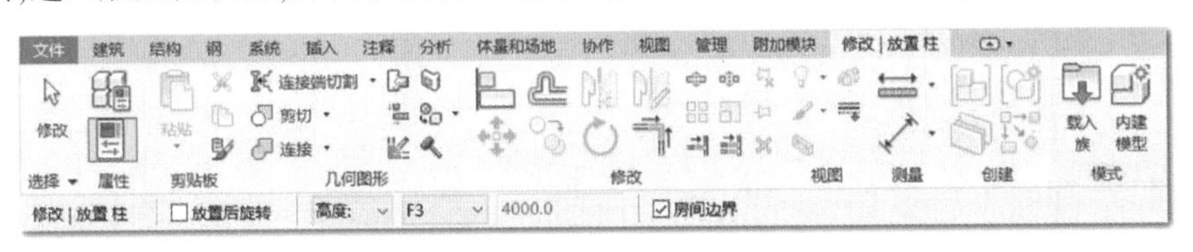

图 6.1.2-1　“修改|放置 柱”上下文选项卡

Step03 新建图元类型

在属性面板中，默认选择了“矩形柱 475×610mm”的族类型。单击“编辑类型”按钮，弹出“类型属性”对话框。在“类型属性”对话框中，单击“复制”按钮，打开“名称”对话框，输入“ZHL-建筑柱”，单击“确定”，如图 6.1.2-2 所示，新建一种新的族类型。将柱的深度修改为“500.0”，宽度修改为“600.0”，如图 6.1.2-3 所示，单击“确定”按钮，完成“ZHL-结构柱”类型参数设置。

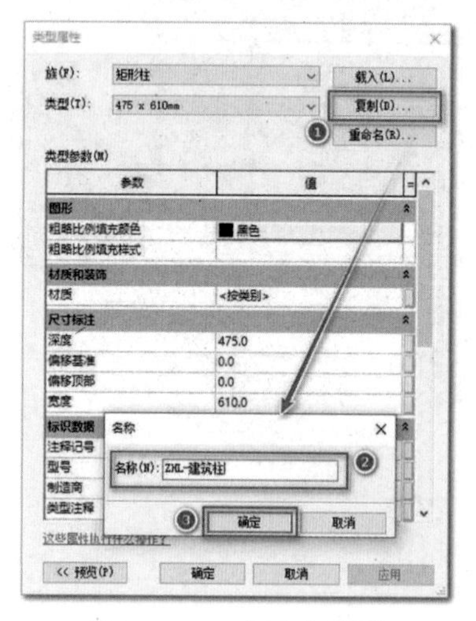

图 6.1.2-2　新建族类型

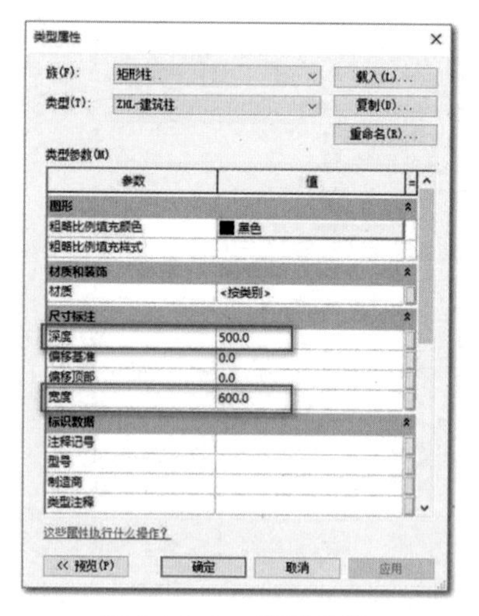

图 6.1.2-3　类型参数

Step04 设置绘制参数

在选项栏中，不勾选“放置后旋转”，将生成的方向由“深度”改为“高度”，将顶部标高设置为 F3，勾选“房屋边界”，如图 6.1.2-1 所示。在属性面板中，“房间边界”与选项栏参数相关联处于勾选状态，同时保持“随轴网移动”勾选状态。

Step05 放置建筑柱

1）大概放置建筑柱。在 8 轴线上，男卫生间的外墙上依次放置 3 根建筑柱，如图 6.1.2-4 所示，按两次 Esc 键退出放置模式。

2）精确定位建筑柱。单击打开“注释”选项卡，单击“尺寸标注”面板中的“对齐”工具。在选项栏中，选择“参照墙中心线”，拾取选择“单个参照点”。依次点选 D 轴线、3 根建筑柱的中心线、男女卫生间隔墙核心层中心线，单击非边界线位置放置尺寸标注，如图 6.1.2-4所示，再单击 EQ 等分符号，调整 3 根建筑柱到四等分点位置，单击键盘上的 Delete 键，在弹出的警告信息框中，单击“取消约束”，将尺寸标注删除，同时取消图元的约束限制。

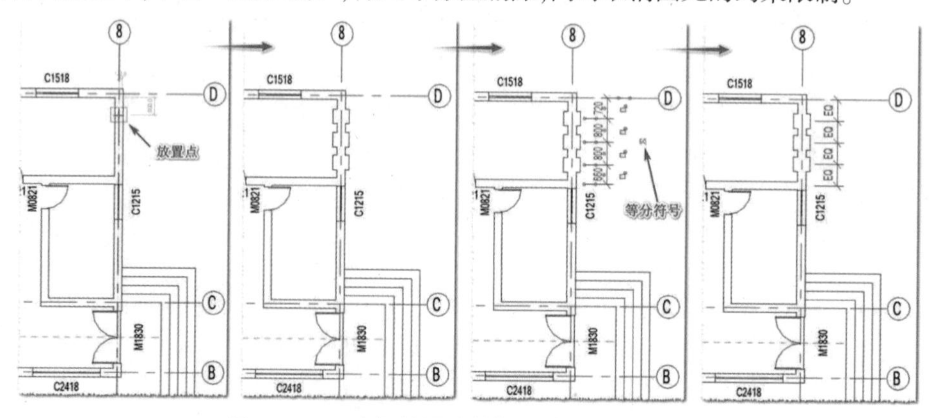

图 6.1.2-4　大概放置建筑柱和精确定位建筑柱

Step06 镜像生成西侧建筑柱

右键单击3根建筑柱的任意1根，在右键菜单中依次单击“选择全部实例”“在视图中可见”，将视图中3根建筑柱全部选中。在上下文选项卡中，单击“修改”面板中“镜像-拾取轴”工具。在选项栏中，勾选“复制”选项。再单击SN参照平面，以SN参照平面为镜像轴复制生成西侧的3根建筑柱。

Step07 查看建筑柱的效果

单击快速工具栏中的“默认三维视图”工具，打开默认三维视图。单击ViewCube中的“主视图”图标，切换到主视图。适当放大、移动三维视图，便可观察建筑柱放置后的效果，如图6.1.2-5所示。建筑柱的材质会自动继承所附着墙体的材质。

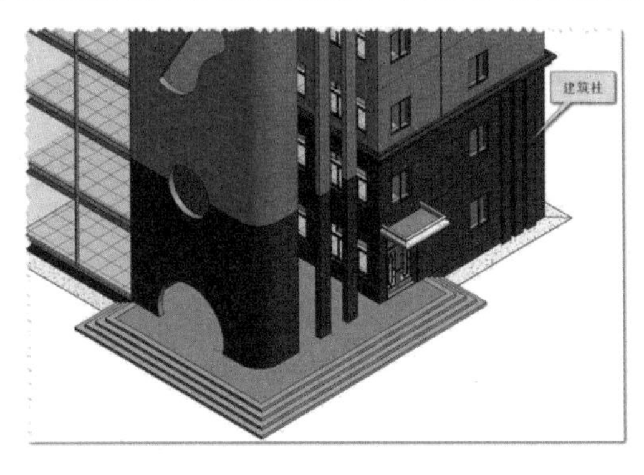

图6.1.2-5　建筑柱放置后的效果

6.1.3　放置F6结构柱

Step01 选择绘制视图

在项目浏览器中，双击“楼层平面”中的F6，切换至F6楼层平面视图。

Step02 绘制参照平面

放置F6
结构柱

单击打开“建筑”选项卡，在“工作平面”面板中单击“参照平面”工具，进入绘制参照平面状态。在6、7轴线之间，首先在D轴线上部单击绘制起点，按住Shift键保持参照平面为垂直方向，然后在B轴线下部单击绘制终点，绘制了一个参照平面。单击选择刚绘制的参照平面，将临时尺寸标注的水平夹点拖动到7轴线上，再单击水平临时尺寸标注数值，在编辑框中输入“3000”回车，完成参照平面的定位。绘制后的参照平面如图6.1.3-1所示。

Step03 激活面板工具

在“建筑”选项卡，单击“构建”面板中的“柱”下拉按钮，在下拉列表中选择“结构柱”工具，进入放置结构柱状态，并自动切换至“修改|放置 结构柱”上下文选项卡。

Step04 新建图元类型

在属性面板中，单击类型选择器的下拉按钮，在下拉列表中选择“混凝土-矩形-柱”的第一种族类型“300×450mm”，再单击“编辑类型”按钮，打开“类型属性”对话框。在“类型属性”对话框中，单击“复制”按钮，打开“名称”对话框，输入“ZHL-结构柱400×400”，单击“确定”，如图6.1.3-2所示，新建一种新的族类型。将柱的类型参数“b”修改为“400.0”,“h”修改为“400.0”,其他参数不变,单击“确定”按钮,完成“ZHL-结构柱 400×400”类型参数设置。

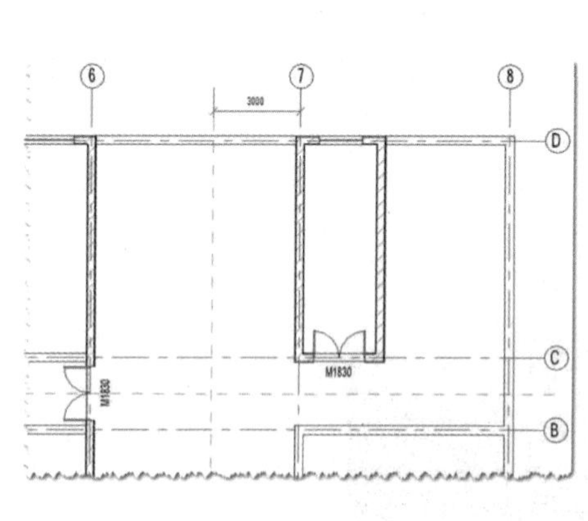

图 6.1.3-1　绘制参照平面

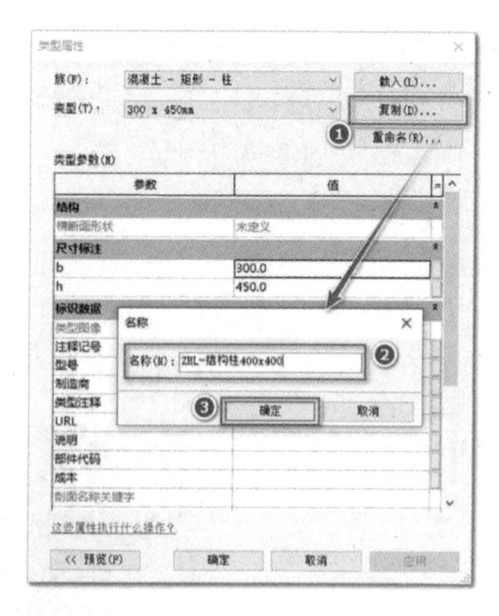

图 6.1.3-2　“类型属性”对话框

Step05 设置放置参数

1)选择放置方式。在上下文选项卡中,确认当前选择的是“垂直柱”放置方式。

2)设置放置参数。在选项栏中,不勾选“放置后旋转”,将柱的生成模式设置为“高度”,将顶部标高改为 F7,不勾选“房间边界”选项。属性面板中的参数保持默认。

Step06 放置 F6 结构柱

1)大概放置 F6 结构柱。将鼠标移到 6 轴线和 D 轴线交叉点附近单击放置结构柱①,如图 6.1.3-3 所示,在图示的大概位置放置其他 11 根结构柱。按 Esc 两次退出放置柱的状态。

2)精确定位结构柱。结构柱对齐的位置如图 6.1.3-4 所示。单击打开“修改”选择卡,在“修改”面板中单击“对齐”工具,进入对齐修改状态。在选项栏中,勾选“多重对齐”,首选选择“参照核心层表面”。首先单击选择 D 轴线上墙的核心层表面确定对齐的参照位置,如图 6.1.3-5 所示,再依次单击结构柱①~④的上边缘,使结构柱移动到上边缘与墙的核心层表面对齐的位置。同理,使用对齐工具移动结构柱到如图 6.1.3-4 所示的位置。

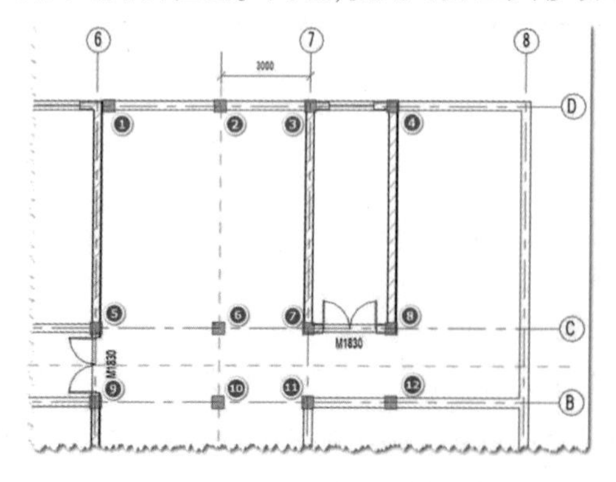

图 6.1.3-3　大概放置结构柱

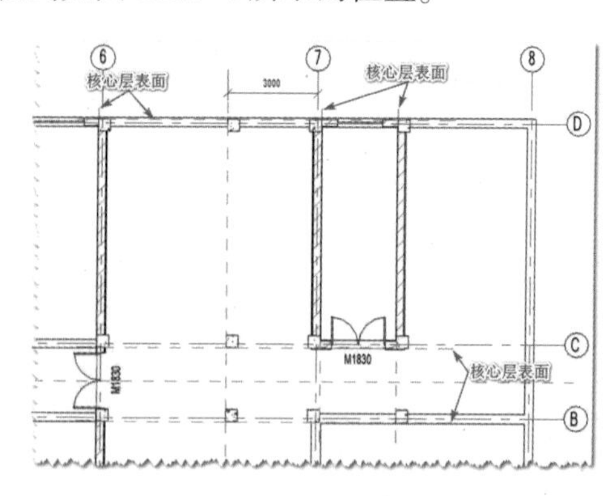

图 6.1.3-4　结构柱对齐的位置

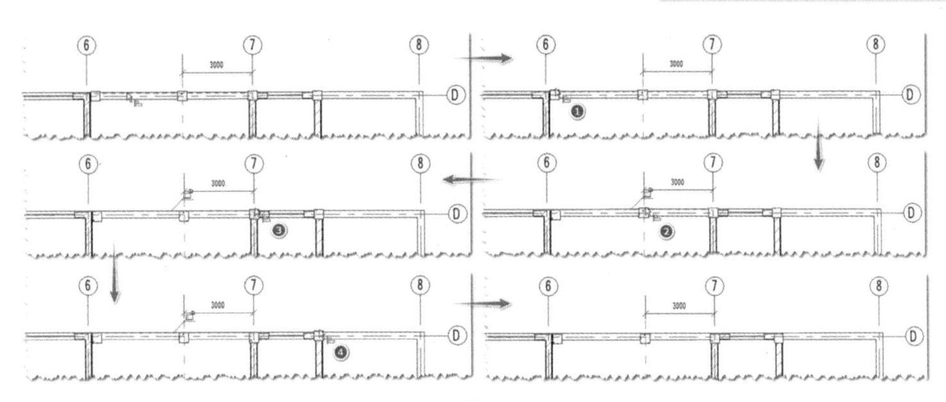

图 6.1.3-5　精确定位结构柱

Step07 查看 F6 结构柱的效果

单击快速工具栏中的“默认三维视图”工具，打开默认三维视图。单击 ViewCube 中的“主视图”图标，切换到主视图。适当放大、移动三维视图，便可观察 F6 结构柱放置后的效果，如图 6.1.3-6 所示。

图 6.1.3-6　F6 结构柱放置后的效果

6.2　梁

Step01 选择绘制视图

在项目浏览器中，双击“楼层平面”中的 F7，切换至 F7 楼层平面视图。单击选择阁楼坡屋顶，按住 Ctrl 键的同时再单击楼梯间的 2 个平屋顶，单击右键打开右键菜单，依次单击“在视图中隐藏”“图元”，将 3 个屋顶隐藏。

Step02 激活面板工具

放置梁

单击打开“结构”选项卡，在“结构”面板中单击“梁”工具，如图 6.2-1 所示，进入放置梁状态，并自动切换至“修改|放置 梁”上下文选项卡，如图 6.2-2 所示。

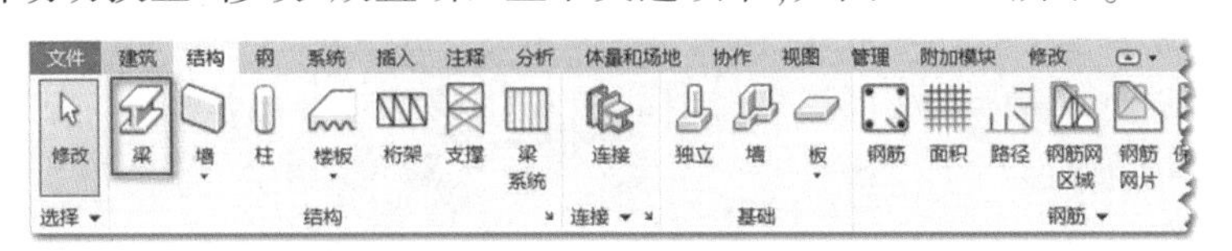

图 6.2-1　“梁”工具

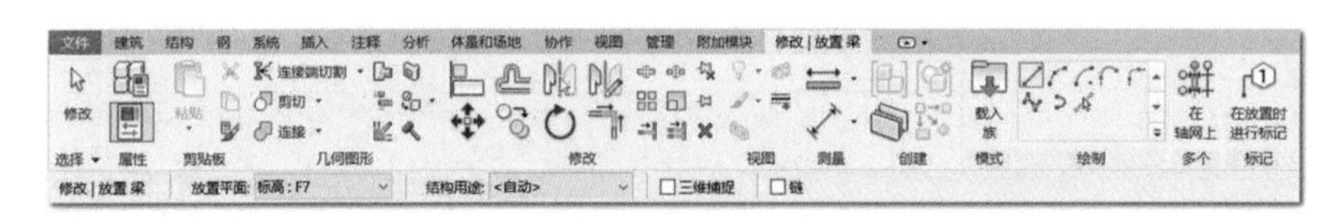

图 6.2-2 “修改|放置 梁”上下文选项卡及选项栏

Step03 载入族

在上下文选项卡中,单击“模式”面板中的“载入族”工具,打开“载入族”对话框。在“载入族”对话框中,依次单击“结构”“框架”“混凝土”,在文件夹中选择“混凝土-矩形梁.rfa”,再单击“打开”按钮,将“混凝土-矩形梁”的族载入到项目当中。

Step04 新建图元类型

在属性面板中,单击类型选择器的下拉按钮,在下拉列表中选择族“混凝土-矩形梁”的第二种类型“400×800mm”。单击属性面板中的“编辑类型”按钮,打开“类型属性”对话框。在“类型属性”对话框中,单击“复制”按钮,打开“名称”对话框,输入“ZHL-梁400×600”,单击“确定”,如图 6.2-3 所示,新建一种新的族类型。将柱的类型参数“b”修改为“400.0”,“h”修改为“600.0”,如图 6.2-4 所示,单击“确定”按钮,完成“ZHL-梁 400×600”类型的创建。

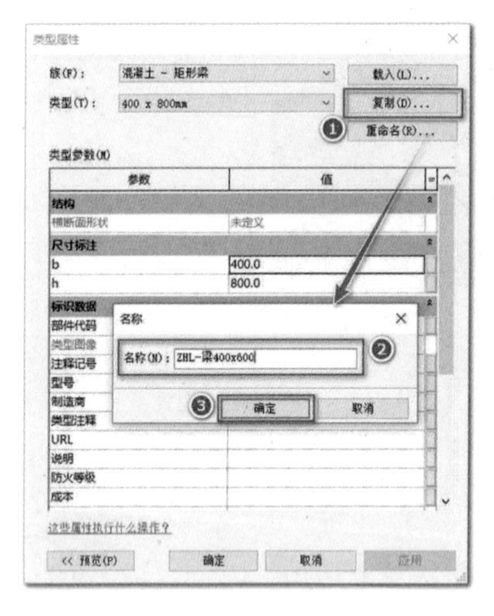

图 6.2-3 “类型属性”对话框

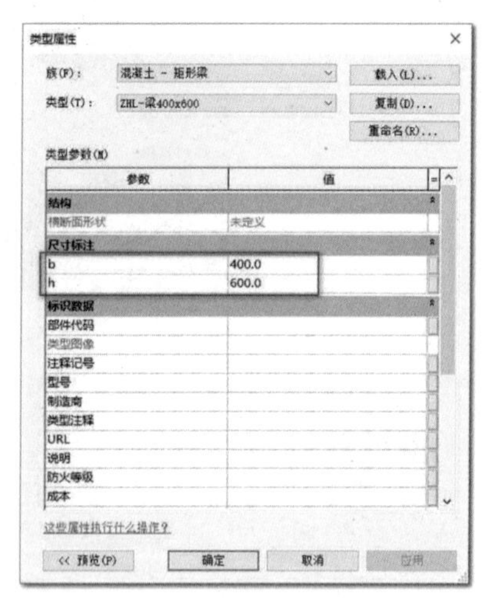

图 6.2-4 类型参数

Step05 设置放置参数

1) 选择放置方式。在上下文选项卡中,确认当前绘制方式是“直线”,不选择“标记”面板中在“放置时进行标记”,如图 6.2-2 所示。

2) 设置放置参数。在选项栏中,如图 6.2-2 所示,放置平面设置为“标高:F7”,“结构用途”:保持默认“<自动>”,不勾选“三维捕捉”和“链”选项。属性面板中,保持其他参数不变,如图 6.2-5 所示。

Step06 放置 F7 梁

1) 放置主梁。首先放置如图 6.2-6 所示的 6 根主梁。将鼠标移到柱⑨的右边缘中点单击，绘制梁①的起点，再单击柱⑫的左边缘中点绘制梁①的终点，完成梁①的放置，如图 6.2-7 所示。同理，放置梁②～⑥，梁的起点和终点选取的都是柱边缘的中点，如图 6.2-6所示。

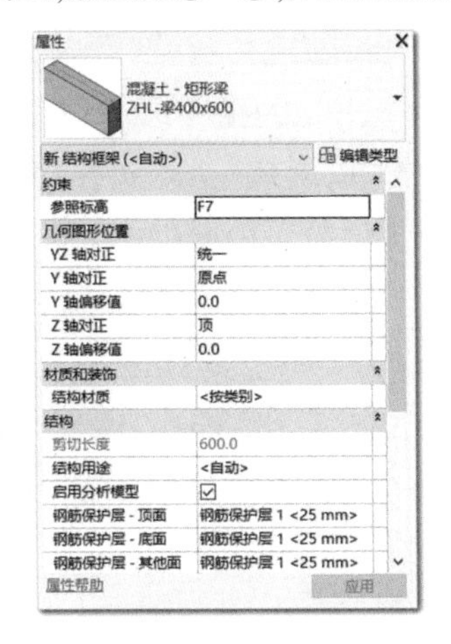

图 6.2-5　属性面板

图 6.2-6　主梁

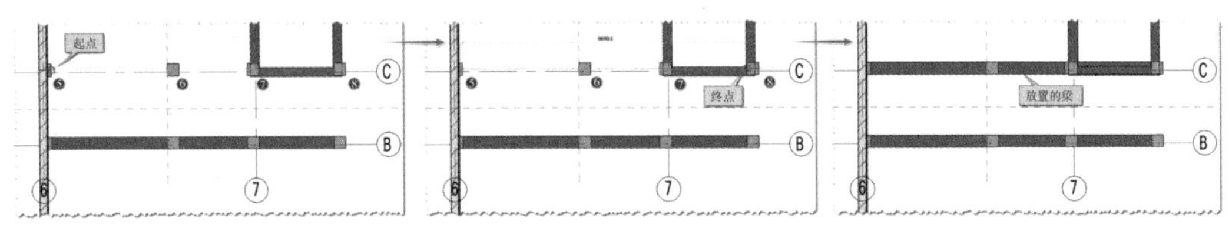

图 6.2-7　放置主梁

2）大概放置次梁。在 C、D 轴线之间，在梁④上绘制起点，按住 Shift 键保持水平方向，然后在梁⑤上绘制终点，大概放置⑦～⑪号共 5 根次梁，如图 6.2-8 左图所示。

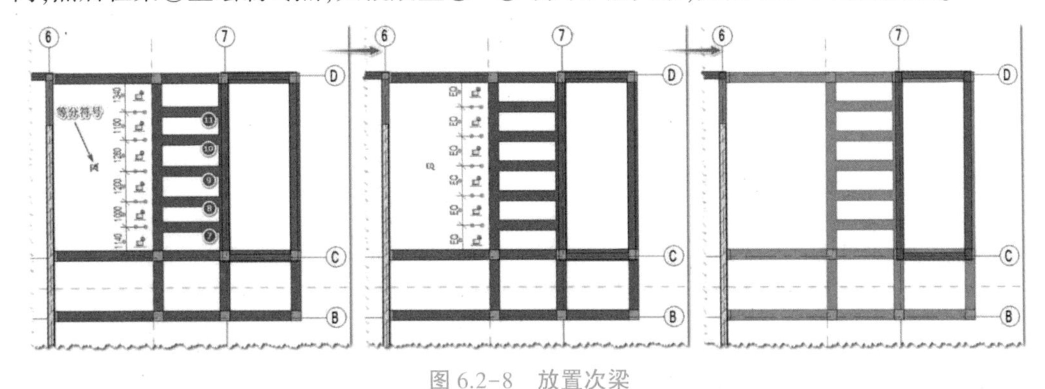

图 6.2-8　放置次梁

3）精确定位次梁。单击打开“注释”选择卡，在“尺寸标注”面板中单击“对齐”工具，进入放置尺寸标注模式。在选项栏中，墙的对齐设置为“参照墙中心线”，拾取方式设置为“单个参照点”。如图 6.2-8 左图所示，依次拾取柱②的中心线、次梁⑪～⑦的中心线、柱 6 的中心线，在非边界线的位置上单击放置尺寸标注。然后再单击 EQ 符号，六等分上下边界线之间的距离，即自动移动 5 根次梁到六等分位置上，完成次梁的定位，如图 6.2-8 中图所示。单击选择尺寸标注，单击键盘上的 Delete 键，在弹出的对话框中单击“取消约束”，将尺寸标注删除并取消图元的约束限制。主梁和次梁放置后的效果如图 6.2-8 右图所示。

Step07 修改 F7 平屋顶

1) 显示隐藏的图元。在视图控制栏中,单击打开“显示隐藏的图元”开关,在绘图区域以红色标记了隐藏的图元。单击选择东侧楼梯间的平屋顶,按住 Ctrl 键不放,再单击西侧楼梯间的平屋顶,松开 Ctrl 键,单击右键打开右键菜单,依次单击“取消在视图中的隐藏”“图元”,取消图元的隐藏。在视图控制栏中,单击关闭“显示隐藏的图元”开关,返回正常状态。

2) 修改 F7 平屋顶。单击选择西侧楼梯间平屋顶,单击 Delete 键,删除该平屋顶。单击选择东侧楼梯间平屋顶,在“修改|屋顶”上下文选项卡中,单击“模式”面板中的“编辑迹线”工具,进入编辑迹线状态。框选 4 条边界线,按 Delete 键删除 4 条边界线。

在“修改|编辑迹线”上下文选项卡中,如图 6.2-9 所示,确认选择了“边界线”,单击“绘制”面板中的“拾取线”工具,进入拾取线状态。在选项栏中,不勾选“定义坡度”,偏移设置为“40.0”,如图 6.2-9 所示。在绘图区域,依次拾取梁和外墙的边缘线,大概绘制 1~5 号共 5 条边界线,将选项栏中偏移设置为“0.0”,再拾取 6 轴线上墙的边缘线,绘制出 6 号边界线,如图 6.2-10 左图所示。

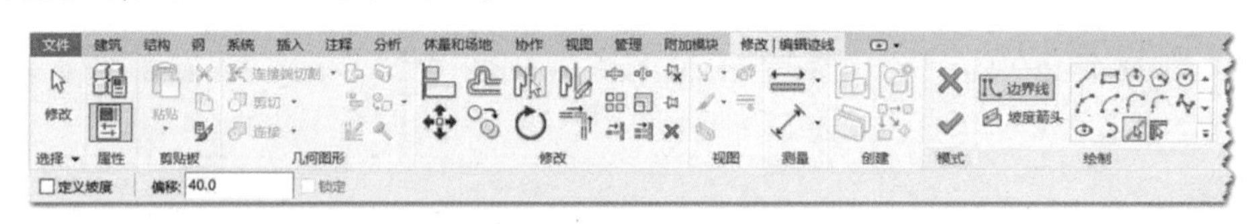

图 6.2-9 “修改|编辑迹线”上下文选项卡及选项栏

在“修改|编辑迹线”上下文选项卡中,单击“修改”面板中的“修剪|延伸为角”工具,进入“修剪/延伸为角”修改状态。单击边界线①和②,将边界线 1 和 2 延伸成角,同理,依次单击②和③、③和④,④和⑤、⑤和⑥、⑥和①,将边界线两两分别修剪延伸成角,如图 6.2-10 中图所示。

在“修改|编辑迹线”上下文选项卡中,单击“模式”面板中的“完成编辑模式”工具,基于封闭的边界轮廓生成平屋顶,如图 6.2-10 右图所示。

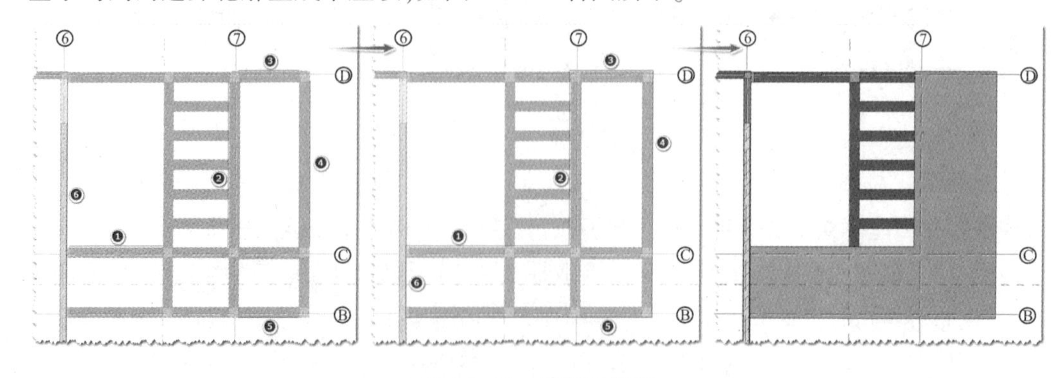

图 6.2-10 绘制平屋顶

Step08 镜像生成西侧的柱、梁和屋顶

1）调整视图范围。在属性面板中，在列表中找到视图范围，单击右侧“编辑”按钮，打开“视图范围”对话框。在“视图范围”对话框中，将主要范围中的底部偏移更改为“-200.0”，将视图深度中的标高偏移更改为“-200.0”，如图 6.2-11 所示，单击“确定”按钮关闭该对话框。

2）选择镜像图元。适当地缩放、移动视图，框选方式将东侧的柱、梁和楼梯间平屋顶全部选中。在上下文选项卡中，单击“过滤器”工具，打开“过滤器”对话框。在“过滤器”对话框中，仅保留屋顶、结构柱、结构框架（大梁）和结构框架（托梁）的勾选，单击“确定”按钮关闭该对话框，将东侧的所有柱、梁和屋顶全部选中。

3）镜像生成新图元。在上下文选项卡中，单击“修改”面板中的“镜像-拾取轴”工具，进入镜像修改状态。再单击 SN 参照平面，以 SN 参照平面为镜像轴复制生成西侧的柱、梁和楼梯间平屋顶。

Step09 查看梁、屋顶绘制后的效果

单击快速工具栏中的“默认三维视图”工具，打开默认三维视图。单击 ViewCube 中的“主视图”图标，切换到主视图。适当放大、移动三维视图，便可观察梁、屋顶绘制后的效果，如图 6.2-12 所示。

图 6.2-11　“视图范围”对话框

图 6.2-12　梁、屋顶绘制后的效果

第 7 章　楼梯、坡道和栏杆扶手

Revit 可以通过定义楼梯梯段或通过绘制踢面线和边界线的方式来快速创建直跑楼梯、带平台的 L 形楼梯、U 形楼梯、螺旋楼梯等各种楼梯,并自动生成楼梯栏杆扶手。坡道的绘制与楼梯相类似,也可以通过定义梯段或通过绘制踢面线和边界线的方式快速创建。栏杆扶手是建筑设计中的一个非常重要的构件,Revit 不仅可以将栏杆扶手附着到楼梯、坡道和楼板上,也可以将栏杆扶手作为独立构件添加到项目中。

综合楼有东、西两个楼梯间,西侧的楼梯及栏杆扶手如图 7-1 所示,其剖面图如图 7-2所示。综合楼的坡道在南面的入口处有东西两个圆弧形坡道,如图 7-3 所示。综合楼的栏杆扶手较多,除了楼梯和坡道上有栏杆扶手之外,在每一层的楼板上,以及女儿墙顶部还有一部分独立的栏杆扶手,如图 7-3 所示。

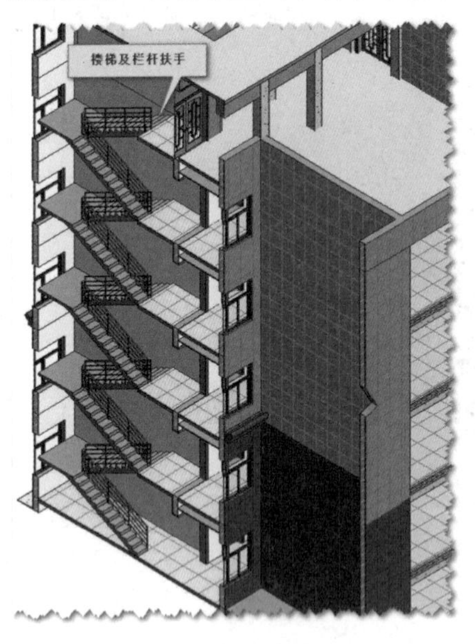

图 7-1　综合楼的楼梯

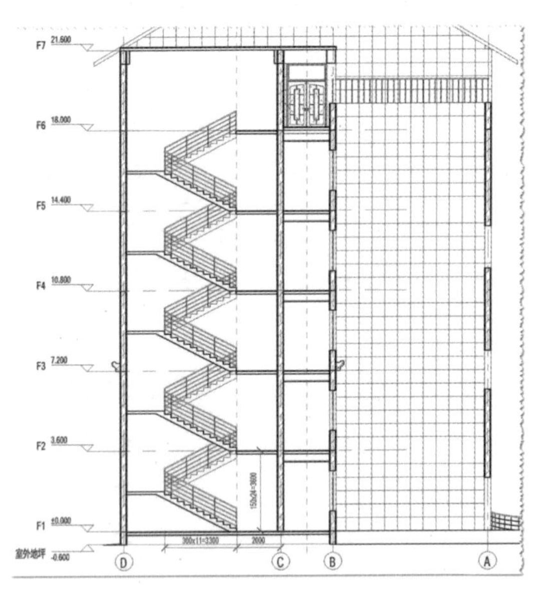

图 7-2　楼梯剖面图

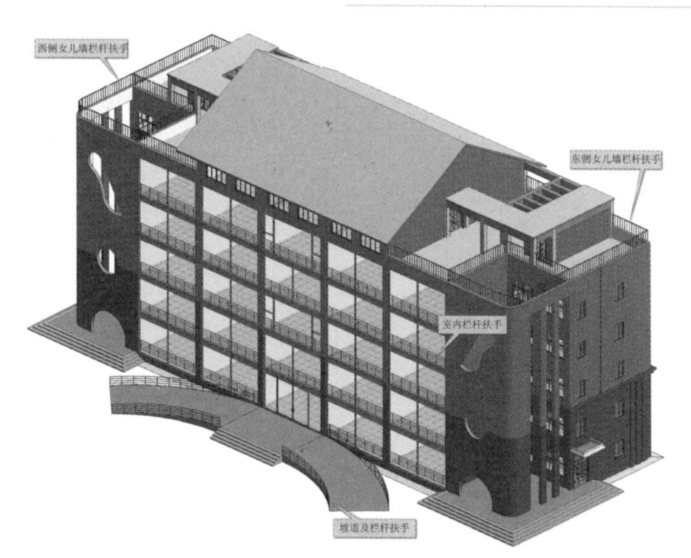

图 7-3 综合楼的坡道和栏杆扶手

7.1 楼梯

Step01 选择绘制视图

在项目浏览器中,双击“楼层平面”中的 F1,切换至 F1 楼层平面视图。

Step02 绘制参照平面

打开“建筑”选项卡,在“工作平面”面板中单击“参照平面”工具,进入绘制参照平面状态。在 C、D 轴线之间,首先在楼梯间西墙左侧任意位置单击绘制起点,按住 Shift 键保持参照平面为水平方向,然后在楼梯间东墙右侧单击绘制终点,绘制了一个参照平面。单击选择刚绘制的参照平面,将临时尺寸标注的垂直夹点拖动到 C 轴线上,再单击水平临时尺寸标注数值,在编辑框中输入 2000 回车,完成参照平面的定位。绘制后的参照平面如图 7.1-1 所示。

楼梯

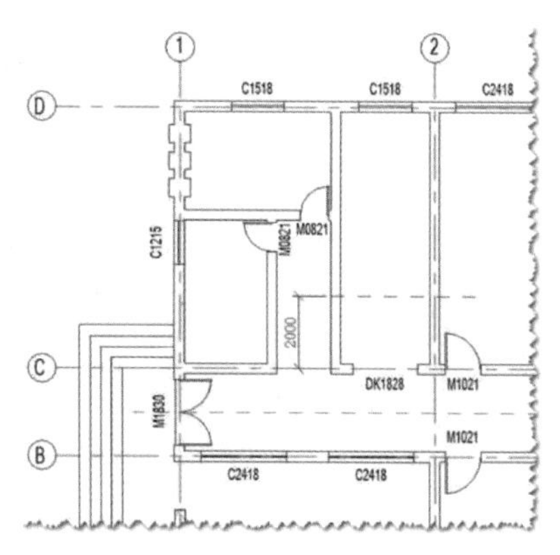

图 7.1-1 绘制参照平面

Step03 激活面板工具

打开“建筑”选项卡，单击“楼梯坡道”面板中的“楼梯”工具，如图 7.1-2 所示，进入创建楼梯模式，并自动切换至“修改|创建楼梯”上下文选项卡，如图 7.1-3 所示。

图 7.1-2 “楼梯坡道”面板

图 7.1-3 “修改|创建楼梯”上下文选项卡

Step04 新建图元类型

在属性面板中，单击类型选择器的下拉按钮，在下拉列表中选择现场浇注楼梯中的“整体浇筑楼梯”族类型。单击“编辑类型”按钮，弹出“类型属性”对话框。在“类型属性”对话框中，单击“复制”按钮，打开“名称”对话框，输入“ZHL-楼梯”，单击“确定”，新建一种新的族类型，如图 7.1-4 所示。

在“类型属性”对话框中，最大踢面高度设置为“150.0”，最小踏板深度设置为“300.0”，最小梯段宽度设置“1200.0”。单击平台类型右侧的单元格，再单击单元格右侧的浏览按钮，打开一个新的“类型属性”对话框，单击“复制”按钮，打开“名称”对话框，输入“120mm 厚度”，单击“确定”，如图 7.1-5 所示，新建一种新的平台类型。将整体厚度设置为“120.0”，单击整体式材质右侧的单元格，再单击单元格右侧的浏览按钮，打开材质浏览器，在搜索栏中输入“混凝土”进行搜索，单击选择“混凝土，现场浇注-C35”，再单击“确定”按钮关闭材质浏览器并将该材质赋予平台，如图 7.1-6 所示。在第二级“类型属性”对话框中，单击“确定”按钮，完成平台类型的设置。在第一级“类型属性”对话框中，单击“确定”按钮关闭该对话框并完成“ZHL-楼梯”族类型的创建，如图 7.1-7 所示。

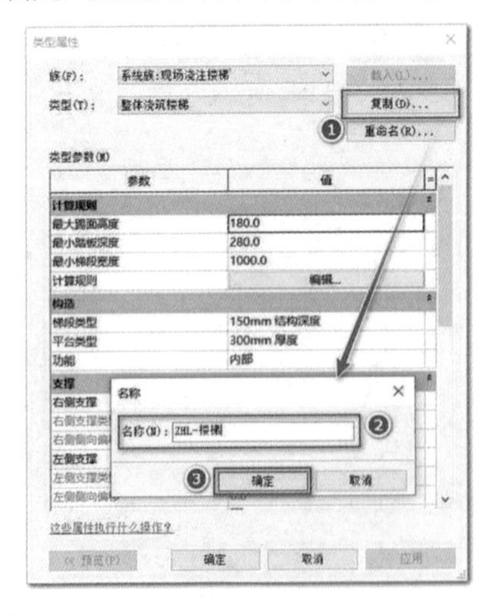

图 7.1-4 “类型属性”对话框

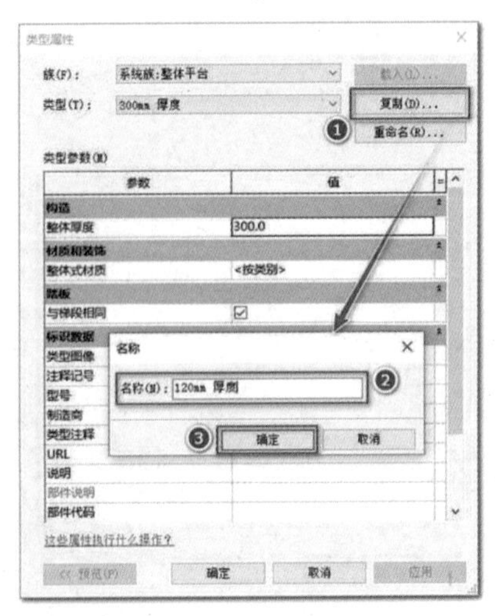

图 7.1-5 平台类型

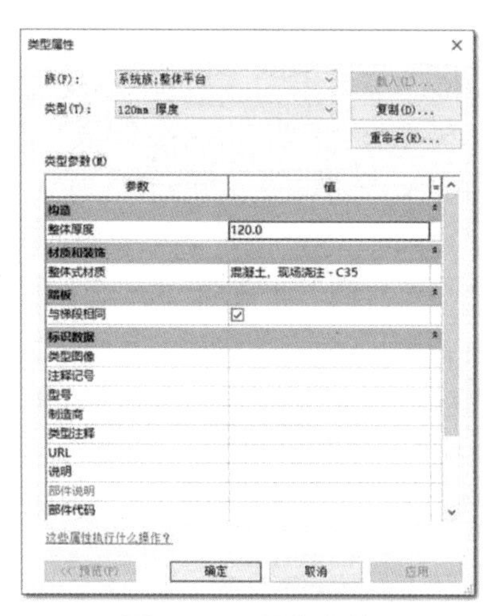

图 7.1-6　平台参数

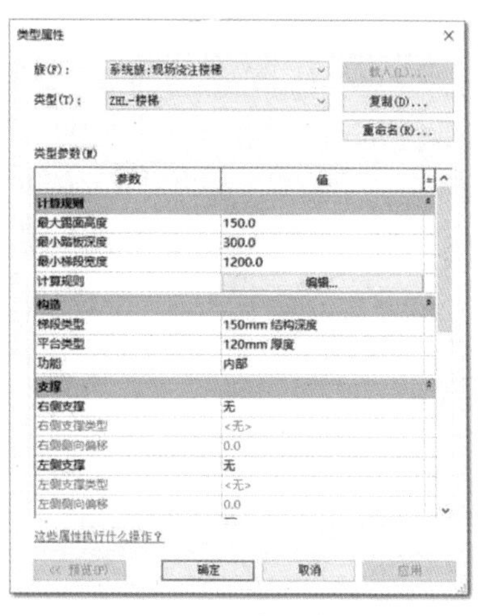

图 7.1-7　类型参数

Step05 设置绘制参数

1）设置绘制方式。在“修改|创建楼梯”上下文选项卡中，确认“构件”面板中选择的是“梯段”“直梯”，如图 7.1-3 所示。

2）设置绘制参数。在选项栏中，如图 7.1-8 所示，定位线设置为“梯段：左”，偏移设置为“0.0”，实际梯段宽度与属性面板中参数相关联，此处为“1200.0”，勾选“自动平台”。属性面板中，如图 7.1-9 所示，确认底部标高为“F1”，底部偏移为“0.0”，顶部标高为“F2”，顶部偏移为“0.0”，所需踢面数为“24”，实际踏板深度为“300.0”。在上下文选项卡中，单击“工具”面板中的“栏杆扶手”工具，打开“栏杆扶手”对话框。在“栏杆扶手”对话框中，如图 7.1-10 所示，将类型更改为“1100mm”，位置保持为“踏板”不变，单击“确定”按钮。

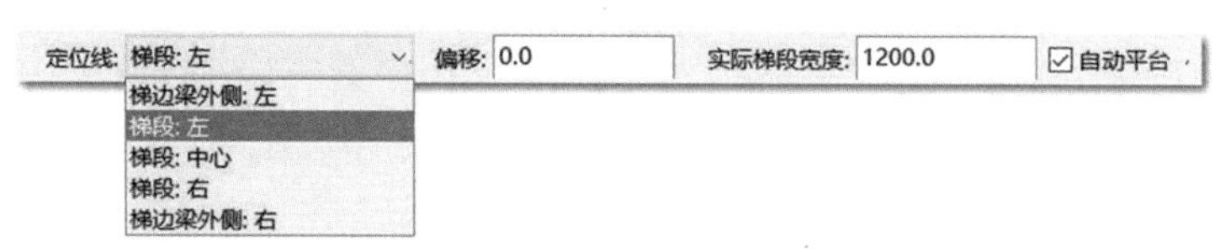

图 7.1-8　选项栏参数

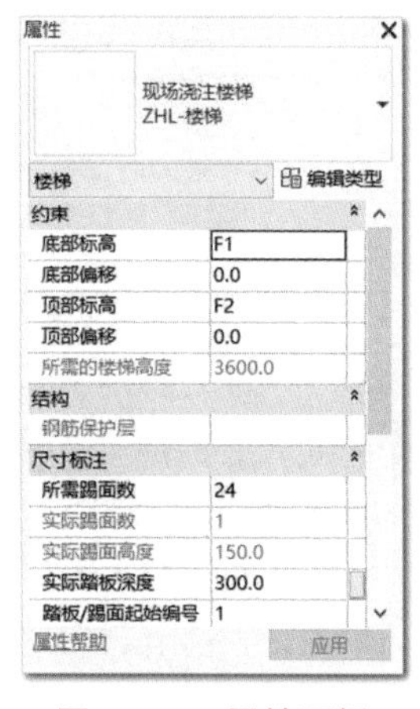

图 7.1-9　属性面板

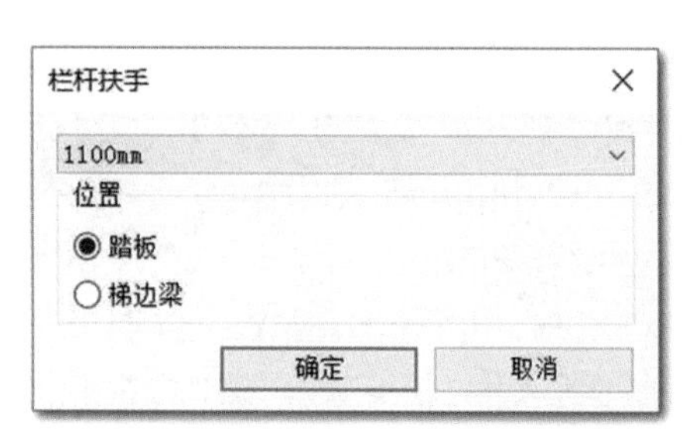

图 7.1-10　“栏杆扶手”对话框

Step06 绘制 F1 楼梯

1)绘制楼梯。单击参照平面与楼梯间西墙边缘线的交点,如图 7.1-11 所示,绘制梯段 1 的起点,沿着垂直方向向上,提示信息显示“创建了 12 个踢面,剩余 12 个”时,单击绘制段 1 的终点,完成梯段 1 的绘制。水平移动鼠标到楼梯间东墙的边缘线,单击绘制梯段 2 的起点,沿着垂直方向向下,当与梯段 1 的起点平齐时,提示信息显示“创建了 12 个踢面,剩余 0 个”,单击绘制梯段 2 的终点,完成梯段 2 的绘制。由于选项栏中勾选了“自动平台”,Revit 会在梯段 1 和梯段 2 之间自动创建休息平台。

2)调整平台。单击选择平台,再单击上侧的造型操纵柄按住鼠标不放,往上移动至墙的边缘,松开鼠标完成平台大小的调整,如图 7.1-11 所示。

3)在上下文选项卡中,单击“模式”面板中“完成编辑模式”工具,完成 F1 楼梯的绘制,如图 7.1-11 所示。

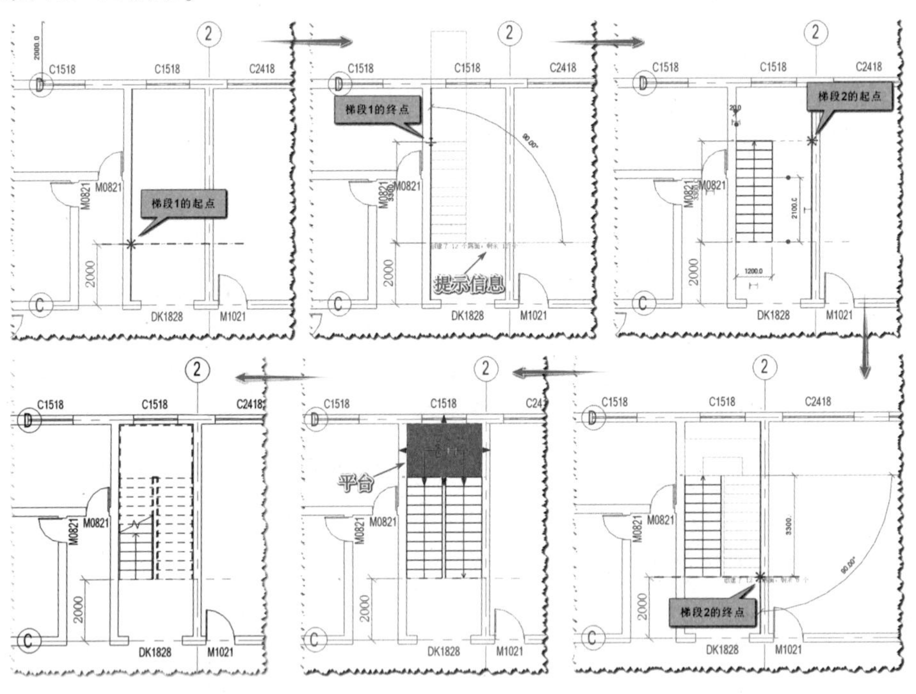

图 7.1-11 绘制 F1 楼梯

Step07 查看楼梯的效果

单击快速工具栏中的“默认三维视图”工具,打开默认三维视图。单击 ViewCube 中的“上”,切换到顶视图。如果方位不正确,可单击 ViewCube 中的旋转箭头,将综合楼调整到北朝上的位置。在属性面板中,勾选“剖面框”,视图中显示了剖面框。单击剖面框,再单击西侧的控制柄按住鼠标不放,往右移动到西侧楼梯间位置,松开鼠标完成剖切位置的调整,如图 7.1-12 所示。单击 ViewCube 中的“主视图”图标,切换到主视图。适当旋转、放大、移动三维视图,便可观察楼梯的效果,如图 7.1-13 所示。

Step08 层间复制楼梯

单击选择靠墙的栏杆扶手,单击 Delete 键删除该栏杆扶手。单击选择楼梯,在上下文选项卡中,单击“剪贴板”面板中的“复制到剪贴板”工具,将楼梯及附属的栏杆扶手一并复制到剪贴板中。再单击“粘贴”下拉按钮,在下拉列表中选择“与选定的标高对齐”工具,打开“选择标高”对话框。在“选择标高”对话框中,单击选择 F2,按住 Shift 键不放再单击 F5,将 F2~F5 四个标高全部选中,再单击“确定”按钮,完成层间复制,如图 7.1-14 所示。

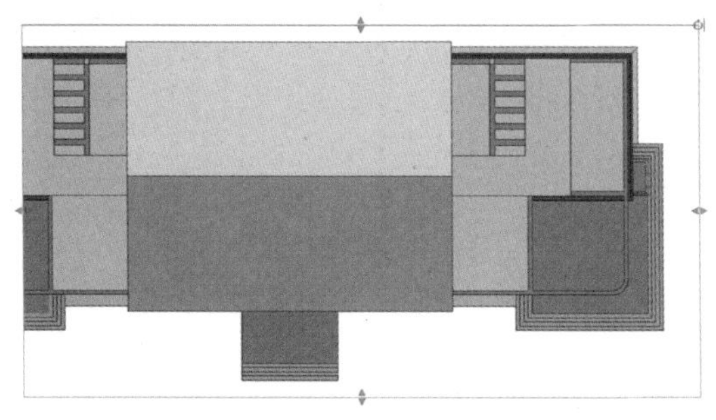

图 7.1-12　调整剖面框

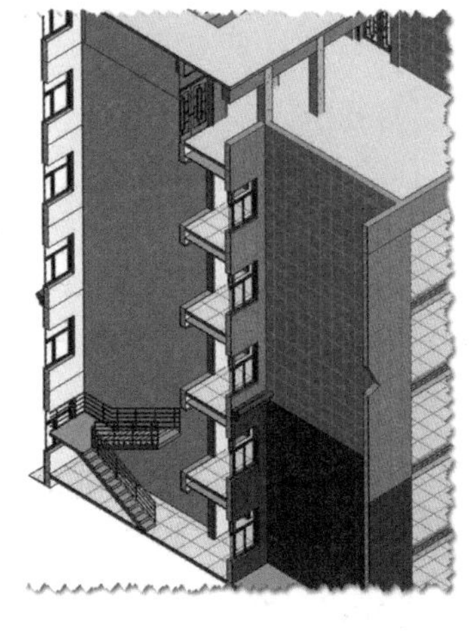

图 7.1-13　三维视图中的楼梯

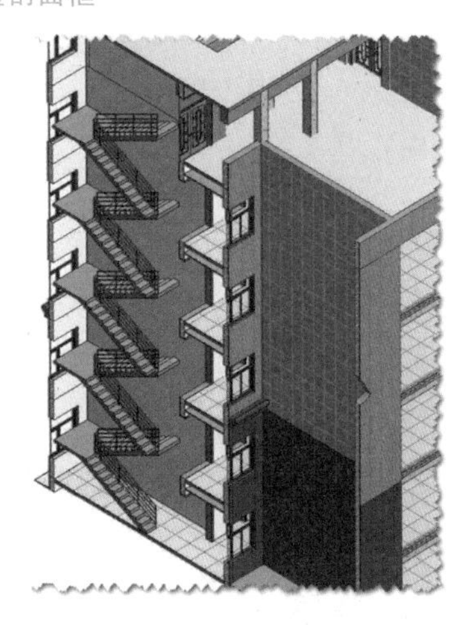

图 7.1-14　层间复制楼梯

Step09 绘制楼梯间楼板

1)切换绘制视图。在项目浏览器中,双击“楼层平面”中的 F2,切换至 F2 楼层平面视图。激活面板工具。

2)激活面板工具。单击打开“建筑”选项卡,在“构建”面板中单击“楼板”的下拉按钮,在下拉列表中选择“楼板:建筑”工具。

3)选择图元类型。在属性面板中,单击类型选择器的下拉按钮,在下拉列表中选择“ZHL-室内楼板”族类型。

4)设置绘制参数。在上下文选项卡中,确认选择的是“边界线”,“绘制”面板中选择的是“矩形”工具。在属性面板中,确认标高为“F2”,自标高的高度偏移为“0.0”。在选项栏中,偏移设置为“0.0”,勾选“延伸到墙中(至核心层)”选项。

5)绘制 F2 楼梯间楼板。在楼梯间西墙与梯段边缘的交点处单击绘制起点,在楼梯间东墙与南墙的交点处单击绘制终点,创建一个封闭的矩形轮廓,如图 7.1-15 左图所示。在上下文选项卡中,单击“模式”面板中的“完成编辑模式”按钮✔,弹出一个对话框,询问

“是否希望将高达此楼层标高的墙附着到此楼层的底部”，单击“否”，完成楼梯间楼板的绘制，如图 7.1-15 右图所示。

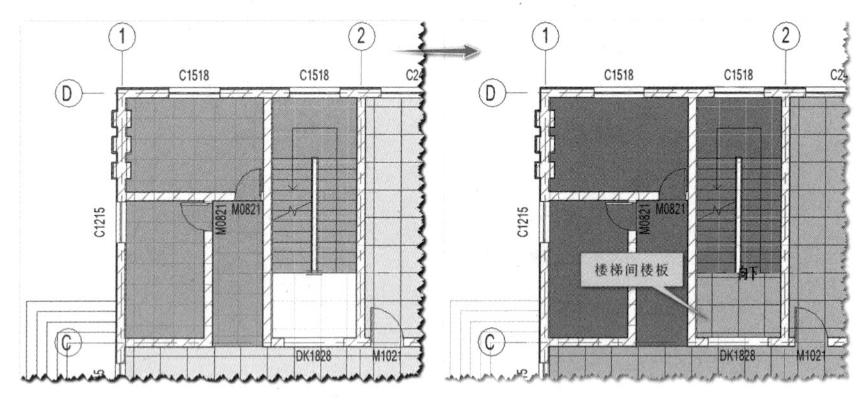

图 7.1-15　绘制楼梯间楼板

Step10 层间复制楼梯间楼板

单击快速访问工具栏中的“默认三维视图”工具，打开默认三维视图。单击 ViewCube 中的“主视图”图标，切换到主视图，适当旋转、放大、移动三维视图，如图 7.1-16 所示。

单击选择 F2 楼梯间楼板，在上下文选项卡中，单击“剪贴板”面板中的“复制到剪贴板”工具，将楼板复制到剪贴板中。再单击“粘贴”下拉按钮，在下拉列表中选择“与选定的标高对齐”工具，打开“选择标高”对话框。在“选择标高”对话框中，单击选择 F3，按住 Shift 键不放再单击 F6，将 F3~F6 四个标高全部选中，再单击“确定”按钮完成楼板层间复制，如图 7.1-17 所示。

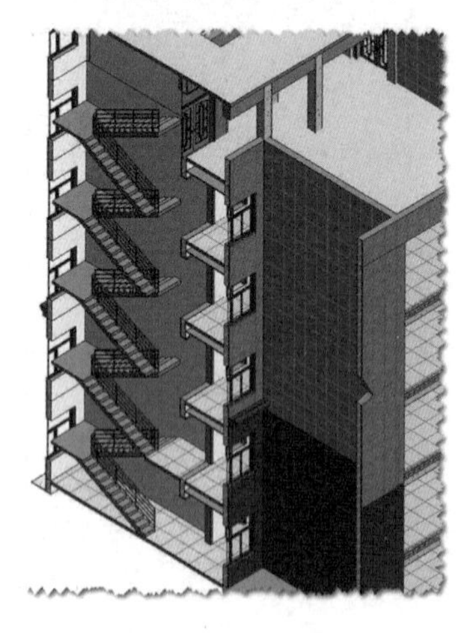

图 7.1-16　三维视图中的楼梯间楼板

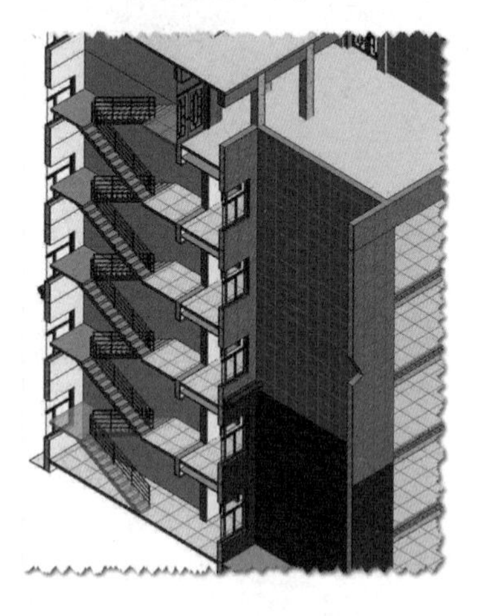

图 7.1-17　层间复制楼梯间楼板

Step11 镜像生成东侧 F1 楼梯及 F6 楼梯间楼板

选择楼梯和楼板。单击选择 F1 楼梯，按住 Ctrl 键不放再单击 F6 楼梯间楼板，将两个图元选中，如图 7.1-17 所示。切换操作视图。在项目浏览器中，双击“楼层平面”中的 F2，切换至 F2 楼层平面视图。镜像生成东侧 F1 楼梯及 F6 楼板。在上下文选择卡中，单击“修改”面板中的“镜像-拾取轴”工具，进入镜像修改状态。在选项栏中，勾选“复制”选项。然后单击 SN 参照平面，将以 SN 参照平面为对称轴复制生成东侧 F1 楼梯及 F6 楼板。

Step12 生成东侧连续多层楼梯

单击快速工具栏中的“默认三维视图”工具，打开默认三维视图。单击 ViewCube 中的“上”，切换到顶视图。如果方位不正确，可单击 ViewCube 中的旋转箭头，将综合楼调整到北朝上的位置。确认图中已显示了剖面框，单击剖面框，再单击东侧的控制柄按住鼠标不放，往左移动到东侧楼梯间位置，松开鼠标完成剖切位置的调整，如图 7.1-18 所示。单击 ViewCube 中的“主视图”图标，切换到主视图。适当旋转、放大、移动三维视图，便可观察到东侧楼梯，如图 7.1-20 左图所示。

单击选择 F1 楼梯，在上下文选项卡中，单击“多层楼梯”面板中的“选择标高”工具，进入选择标高生成多层楼板状态，并自动切换到“修改 | 多层楼梯”上下文选项卡，如图 7.1-19 所示。单击 F3 标高，按住 Ctrl 键不放再依次单击 F4、F5、F6，选择 4 个标高，如图 7.1-20 中图所示。在“修改 | 多层楼梯”上下文选项卡中，单击“模式”面板中的“完成”工具，生成东侧所有楼梯，如图 7.1-20 右图所示。

层间复制生成的每一层楼梯都是独立的，都可单独修改，而选择标高生成的楼梯是一体的，不可单独修改。

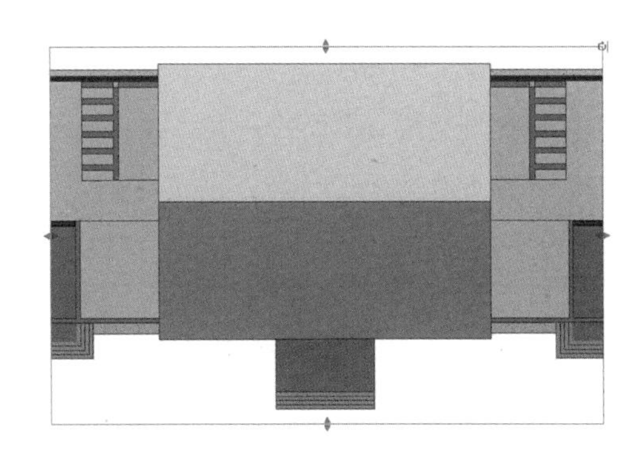

图 7.1-18　调整剖面框

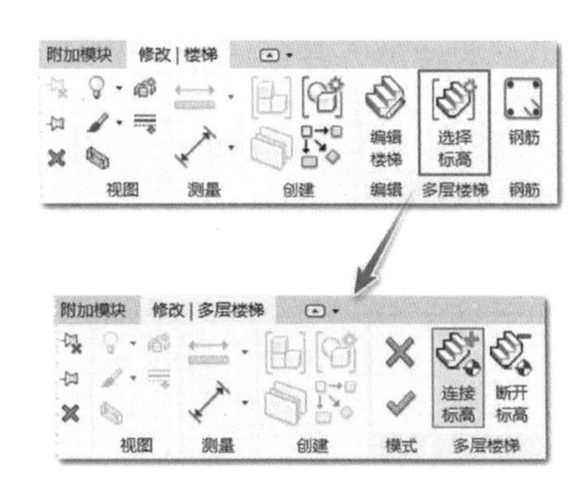

图 7.1-19　“修改 | 多层楼梯”上下文选项卡

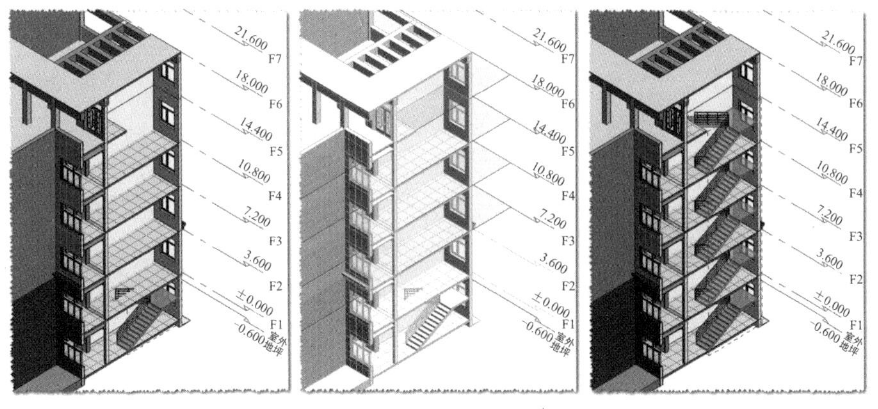

图 7.1-20　生成东侧连续多层楼梯

7.2　坡道

使用坡道工具为综合楼项目添加入口处的室外坡道。坡道的平面图如图 7.2-1 所示。

Step01 选择绘制视图

在项目浏览器中，双击楼层平面的“室外地坪”，切换至“室外地坪”楼层平面视图。

Step02 绘制参照平面及模型线

1）绘制参照平面 PD-1。适当向南延长参照平面 SN。单击打开“建筑”选项卡，在“工作平面”面板中单击“参照平面”工具，进入绘制参照平面状态。捕捉入口处台阶板的左侧中心点和右侧中心点分别单击，绘制一个参照平面，拖动两端点适当延长参照平面，在“属性面板”中，将“名称”参数修改为“PD-1”，命名该参照平面，如图 7.2-2 所示。

2）绘制参照平面 PD-2。在入口处台阶的下面，通过单击鼠标左键绘制起点、终点的方式绘制一个垂直于 SN 的参照平面，并将其命名为“PD-2”。

坡道

3）精确定位 PD-2。选择 PD-2，单击临时尺寸的上部夹点按住不放，将其拖至 PD-1 参照平面上，然后单击临时尺寸标注数值，在编辑框中通过键盘输入“15000”回车，移动 PD-2 到距离 PD-1 为“15000”的位置，精确定位 PD-2 的位置，即确定了圆弧形坡道的圆心位置，如图 7.2-2 所示。

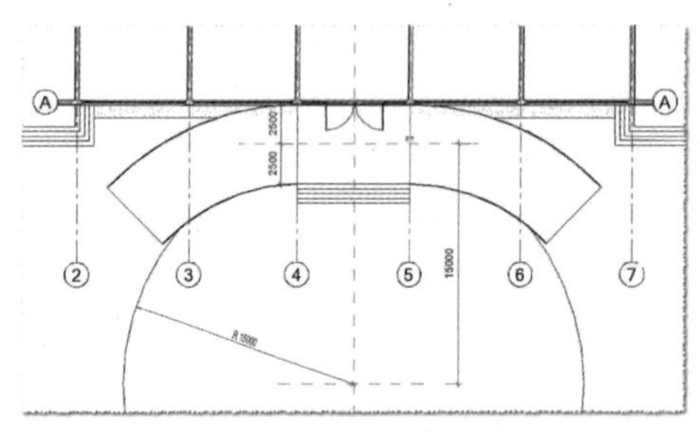

图 7.2-1　坡道的平面图

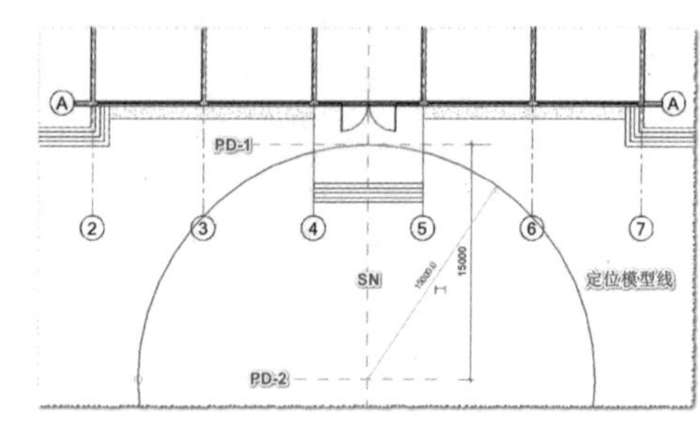

图 7.2-2　参照平面及模型线

4）绘制定位模型线。单击打开“建筑”选项卡，在“模型”面板中单击选择“模型线”工具，进入绘制模型线的状态，自动切换到“修改|放置模型线”上下文选项卡。在“修改|放置模型线”上下文选项卡中，选择“绘制”面板中的“圆形”工具，移动鼠标到 SN 参照平面与 PD-2 参照平面的交点单击作为圆心，向外移动鼠标，然后在键盘中输入“15000”，绘制出来了一个半径为 15000mm 的圆，该圆刚好通过 SN 与 PD-1 的交点，如图 7.2-2 所示。注意参照平面是直的，不能绘制圆弧形参照平面，而模型线可绘制成任意形状，因此使用了模型线作为临时定位线。

Step03 激活面板工具

单击打开“建筑”选项卡，在“楼梯坡道”面板中单击“坡道”工具，进入“创建坡道草图”状态，自动切换至“修改|创建坡道草图”上下文选项卡，如图 7.2-3 所示。

图 7.2-3　“修改|创建坡道草图”上下文选项卡

Step04 新建图元类型

在属性面板中,单击类型选择器中的下拉按钮,在下拉列表中选择坡道中的“坡道 1”族类型。单击属性面板中的“编辑类型”按钮,打开“类型属性”对话框。在“类型属性”对话框中,单击“复制”按钮,在弹出的“名称”对话框中输入“ZHL-坡道”,单击“确定”按钮,新建了一种新的“ZHL-坡道”族类型,如图 7.2-4 所示。在类型参数栏中,造型方式更改为“实体”,功能设置为“外部”,坡道材质更改为“混凝土,现场浇筑-C35”,“坡道最大坡度(1/x)”设置为“20.000000”,即坡道最大坡度为 1/20,其余参数按默认,如图 7.2-5 所示。完成后单击“确定”按钮,完成类型参数的设置。

“坡道最大坡度(1/x)”参数表示的是坡顶高度与坡道在水平面投影长度(最大斜坡长度)的比值,此实例中,坡顶高度为 600mm,最大斜坡长度为 12000mm,因此由 1/x = 600/12000 可计算得出 x = 20。

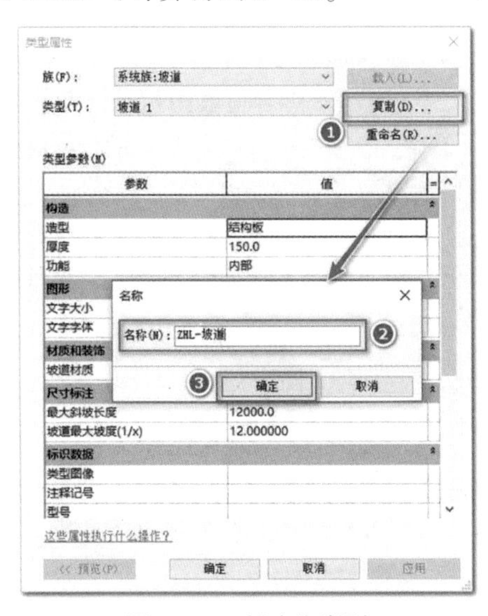

图 7.2-4　新建族类型

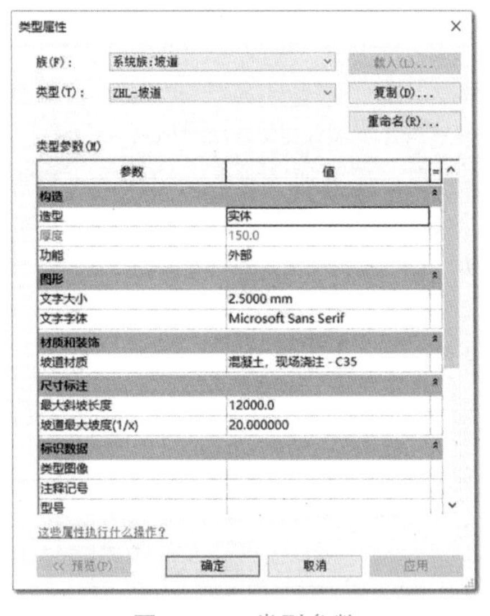

图 7.2-5　类型参数

Step05 设置绘制参数

1)设置绘制方式。在上下文选项卡中,确认绘制面板中选择是“梯段”,单击选择“圆心-端点弧”的绘制方式。

2)设置绘制参数。在属性面板中,将尺寸标注中的宽度修改为“5000.0”,与入口处台阶板的宽度保持一致,其他参数按默认,如图 7.2-6 所示。在上下文选项卡中,单击“工具”面板中的“栏杆扶手”,打开“栏杆扶手”对话框。在“栏杆扶手”对话框中,单击下拉按钮,在下拉列表中选择“900mm 圆管”栏杆扶手类型,如图 7.2-7 所示。

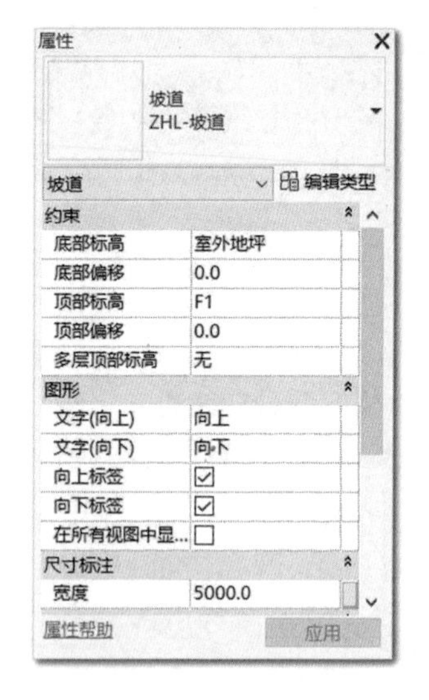

图 7.2-6　属性面板

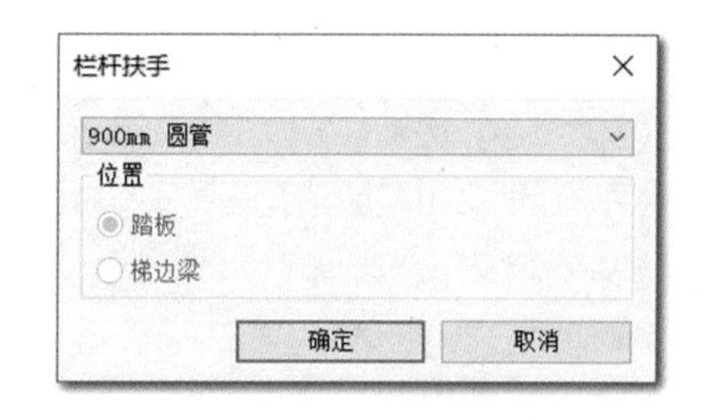

图 7.2-7　“栏杆扶手”对话框

Step06 绘制西侧坡道

单击 PD-2 参照平面与 SN 参照平面的交点确定圆心位置,往左上方移动鼠标至定位模型线上,单击鼠标绘制坡道的起点(即坡脚中心点),此时可以预览整个坡道,沿顺时针方向移动鼠标超过坡道的长度,在定位模型线上大概位置单击绘制坡道终点(即坡顶中心点),绘制坡道的圆弧形中心线。在上下文选项卡中,单击“模式”面板中的“完成编辑模式”按钮,便绘制了半径为 15000mm 的圆弧坡道,如图 7.2-8 所示。

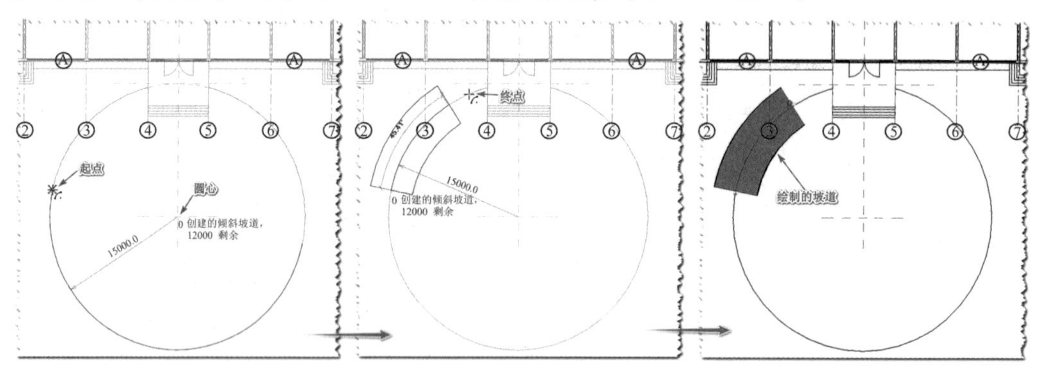

图 7.2-8　绘制两侧坡道

Step07 对齐西侧坡道

在视图中单击选择坡道,在上下文选项卡中,单击“修改”面板中的“旋转”工具,进入旋转修改状态。单击旋转中心按住鼠标不放将旋转中心拖至参照平面 PD-2 与 SN 的交点。再单击坡顶线的中点作为起始端点,如图 7.2-9 所示,沿顺时针移动鼠标到参照平面 PD-1 与 SN 的交点,单击确定结束端点,围绕着旋转中心,以旋转中心点与起始端点的连线为起始线,以旋转中心与结束端点的连线为结束线,将坡道沿圆弧方向移动到新的位置,坡顶线与 SN 对齐。

在上下文选项卡中,单击“修改”面板中的“移动”工具,进入移动修改状态。单击参照平面 PD-1 与 SN 的交点作为移动起点，再单击参照平面 PD-1 与台阶板西侧边缘线的交点作为移动终点，将坡道从原来位置向左平移，使坡顶线与台阶板西侧边缘线对齐。

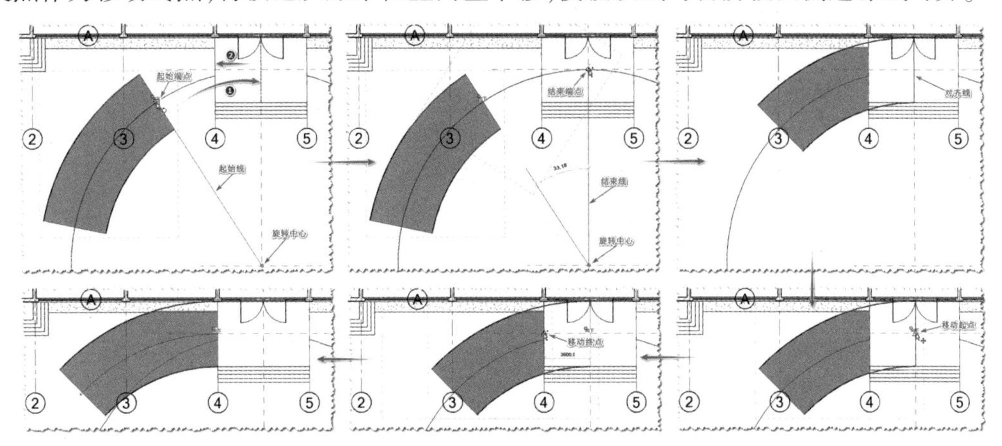

图 7.2-9　对齐两侧坡道

Step08 镜像生成东侧坡道

确认坡道仍然处于选中状态，在上下文选项卡中，单击“修改”面板中的“镜像-拾取轴”工具，进入镜像修改状态。在选项栏中，勾选“复制”选项。再单击 SN 参照平面，以 SN 参照平面为镜像轴复制生成东侧坡道，如图 7.2-10 所示。

完成坡道的绘制后，若后续用不上参照平面 PD-1、PD-2 和定位模型线，可以单击选择它们，按 Delete 键将它们删除。

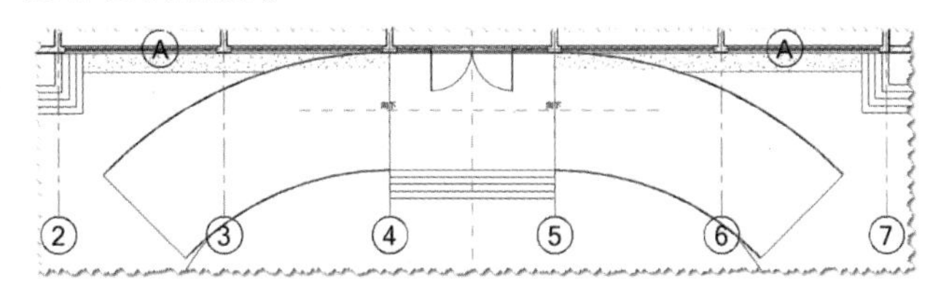

图 7.2-10　镜像坡道

Step09 查看坡道的效果

单击快速工具栏中的“默认三维视图”工具，打开默认三维视图。单击 ViewCube 中的“主视图”图标，切换到主视图。适当旋转、放大、移动三维视图，便可观察到坡道绘制后的效果，如图 7.2-11 所示。

Step10 更改栏杆扶手位置

此时的栏杆扶手位置偏离了坡道，有部分悬空。右键单击选择一个栏杆扶手，在右键菜单中依次单击“选择全部实例”“在整个项目中”，将 4 个栏杆扶手全部选中。在属性面板中，将“从路径偏移”更改为“-100.0”，如图 7.2-12 所示，将栏杆扶手往里偏移100mm，偏移后的效果，如图 7.2-13 所示。

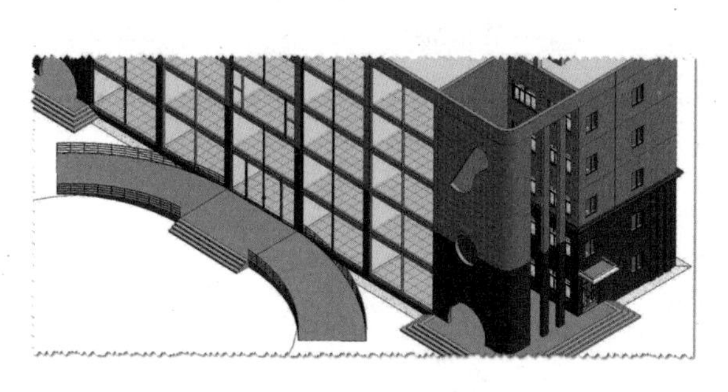

图 7.2-11　坡道绘制后的效果

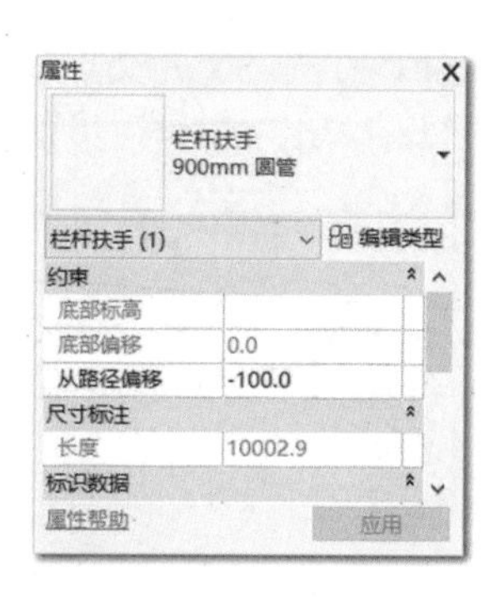

图 7.2-12　属性面板

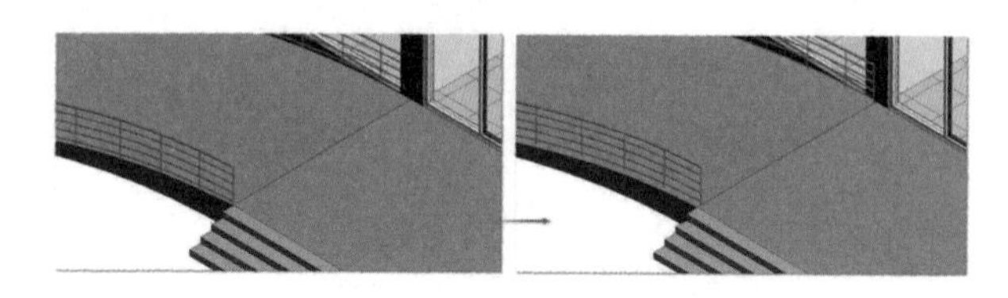

图 7.2-13　更改栏杆扶手位置

7.3　栏杆扶手

(1)绘制 F1 室内栏杆扶手

Step01 选择绘制视图

在项目浏览器中,双击"楼层平面"中的 F1,切换至 F1 楼层平面视图。

Step02 激活面板工具

单击打开"建筑"选项卡,在"楼梯坡道"面板中单击"栏杆扶手"的下拉按钮,在下拉列表中选择"绘制路径"工具,进行绘制栏杆扶手路径的模式,自动切换至"修改|创建栏杆扶手路径"上下文选项卡,如图 7.3-1 所示。

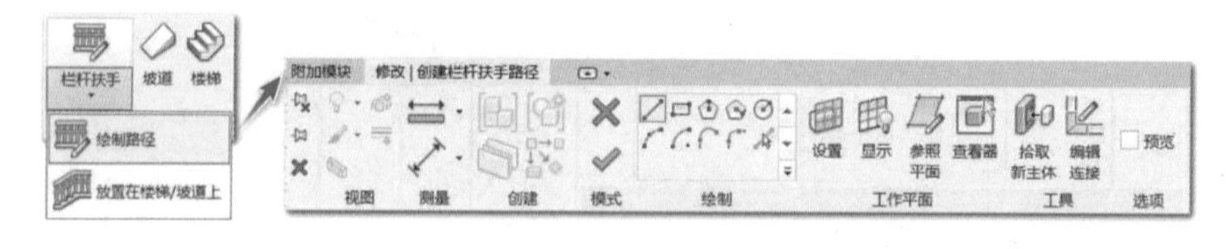

图 7.3-1　"栏杆扶手"工具及"修改|创建栏杆扶手路径"上下文选项卡

Step03 选择图元类型

栏杆扶手

在属性面板中,单击类型选择器的下拉按钮,在下拉列表中选择"1100mm"的栏杆扶手。

Step04 设置绘制参数

1)选择绘制方式。在上下文选项卡中,确认"绘制"面板选择的是直线绘制方式。

2)设置绘制参数。在选项栏中,不勾选"链",偏移设置为"0.0",不勾选"半径"选项。在属性面板中,确认底部标高为 F1,底部偏移为"0.0",从路径偏移为"0.0"。

Step05 绘制 F1 西侧栏杆扶手

在 A、B 轴线之间的 2 轴线上任意位置单击绘制起点，如图 7.3-2 所示，按住 Shift 键不放沿水平方向移动鼠标，在 4 轴线上单击绘制终点。按 Esc 键两次退出路径绘制状态。单击选择刚绘制的路径，将临时尺寸标注的垂直方向的夹点拖动到 A 轴线上，再单击临时尺寸标注数值，在编辑框中输入“400”回车，完成栏杆扶手路径的精确定位。在上下文选项卡中，单击“模式”面板中的“完成编辑模式”工具，沿着绘制的路径自动放样生成栏杆扶手。

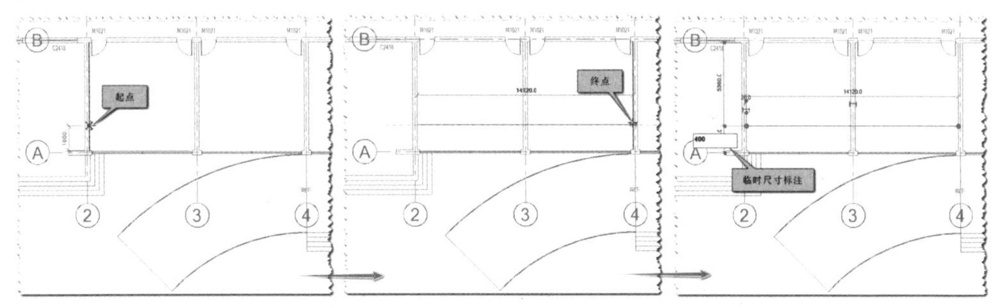

图 7.3-2　绘制 F1 西侧栏杆扶手路径

Step06 镜像生成 F1 东侧栏杆扶手

单击选择刚绘制完成的栏杆扶手。在上下文选项卡的“修改”面板中单击“镜像-拾取轴”工具，在选项栏中，勾选“复制”选项，然后再单击 SN 参照平面，以 SN 参照平面为对称轴复制生成 F1 东侧栏杆扶手。

Step07 查看 F1 栏杆扶手的效果

单击快速工具栏中的“默认三维视图”工具，打开默认三维视图。单击 ViewCube 中的“主视图”图标，切换到主视图。适当旋转、放大、移动三维视图，便可观察到 F1 栏杆扶手绘制后的效果，如图 7.3-3 所示。

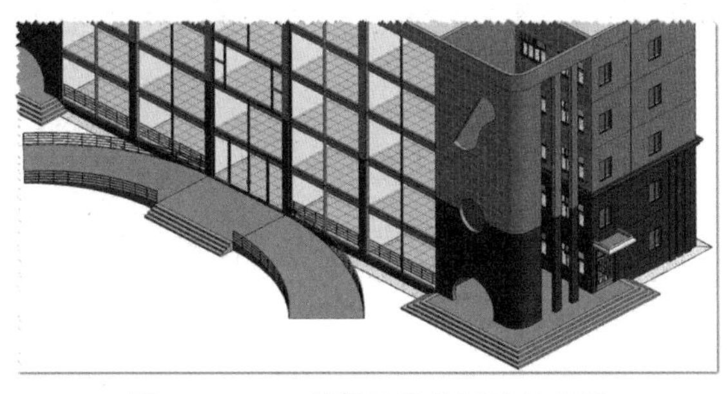

图 7.3-3　F1 栏杆扶手绘制后的效果

(2)绘制其他楼层的室内栏杆扶手

Step01 层间复制生成 F2 栏杆扶手

切换到 F1 楼层平面视图。单击选择 F1 西侧的栏杆扶手，在上下文选项卡中，单击“剪贴板”面板中的“复制到剪贴板”工具，将 F1 西侧的栏杆扶手复制到剪贴板中。再单击“粘贴”下拉按钮，在下拉列表中选择“与选定的标高对齐”工具，打开“选择标高”对话框。在“选择标高”对话框中，单击选择 F2，再单击“确定”按钮复制生成 F2 栏杆扶手。

Step02 修改 F2 栏杆扶手

切换到 F2 楼层平面视图。单击选择 F2 栏杆扶手，在上下文选项卡中，单击“模式”面板中

的“编辑路径”工具，切换到“修改|栏杆扶手>绘制路径”上下文选项卡。在“修改|栏杆扶手>绘制路径”上下文选项卡中，单击“修改”面板中的“修剪/延伸单个图元”工具，进入修剪/延伸修改状态。单击7轴线上墙的西侧墙面确定延伸的目标边界，再单击需延伸的图元，即栏杆扶手路径，将栏杆扶手路径延伸到7轴线的墙面，延伸后的效果如图7.3-4所示。

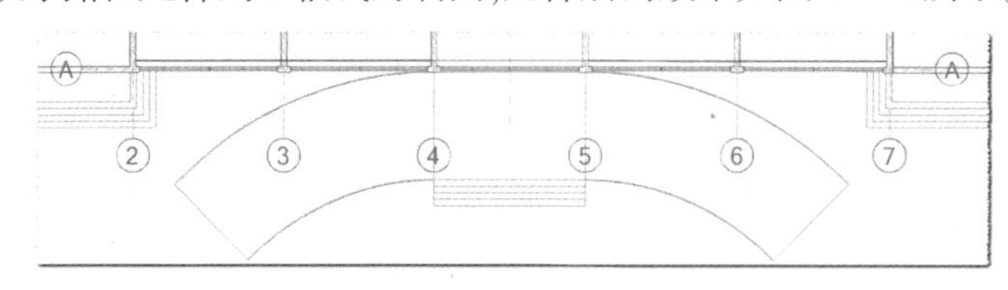

图 7.3-4　延伸栏杆扶手路径

在上下文选项卡中，单击“模式”面板中的“完成编辑模式”工具，完成F2栏杆扶手的修改。

Step03 层间复制生成其他楼层栏杆扶手

单击选择F2栏杆扶手，在上下文选项卡中，单击“剪贴板”面板中的“复制到剪贴板”工具，将F2栏杆扶手复制到剪贴板中。再单击“粘贴”下拉按钮，在下拉列表中选择“与选定的标高对齐”工具，打开“选择标高”对话框。在“选择标高”对话框中，单击选择F3，按住Shift键不放再单击F5，将F3~F5三个标高全部选中，再单击“确定”按钮完成层间复制。

Step04 查看室内栏杆扶手的效果

单击快速工具栏中的“默认三维视图”工具，打开默认三维视图。单击ViewCube中的“主视图”图标，切换到主视图。适当旋转、放大、移动三维视图，便可观察到室内栏杆扶手绘制后的效果，如图7.3-5所示。

图 7.3-5　室内栏杆扶手绘制后的效果

(3)绘制东侧女儿墙栏杆扶手

Step01 选择绘制视图

在项目浏览器中，双击“楼层平面”中的F6，切换至F6楼层平面视图。

Step02 激活面板工具

单击打开“建筑”选项卡，在“楼梯坡道”面板中，单击“栏杆扶手”的下拉按钮，在下拉列表中选择“绘制路径”工具，自动切换至“修改|创建栏杆扶手路径”上下文选项卡。

Step03 选择图元类型

在属性面板中，单击类型选择器的下拉按钮，在下拉列表中选择“1100mm”的栏杆扶手类型。

Step04 设置绘制参数

1）选择绘制方式。在上下文选项卡中，确认“绘制”面板中选择的是直线工具。

2）设置绘制参数。在选项栏中，勾选“链”，偏移设置为“0.0”，不勾选“半径”选项。在属性面板中，底部约束为“F6”，底部偏移设置为“1200”，从路径偏移设置为“0.0”。

Step05 绘制东侧女儿墙栏杆扶手

1）绘制路径 1 生成第一个栏杆扶手。单击 D 轴线上 6 轴线处柱的东侧边缘与 D 轴线的交点绘制起点，再单击 D 轴线上 7 轴线处柱的西侧边缘与 D 轴线的交点绘制终点，完成路径 1 的绘制，如图 7.3-6 所示。在上下文选项卡中，单击“模式”面板中的“完成编辑模式”工具，绘制第一个栏杆扶手。

2）绘制路径 2 生成第二个栏杆扶手。单击 D 轴线上楼梯间东北角柱的东侧边缘与 D 轴线的交点绘制起点，再单击 8 轴线与 D 轴线的交点绘制终点，完成第一段路径的绘制。再单击 8 轴线上直线墙段的南端点，完成第二段路径的绘制。在上下文选项卡中，单击“绘制”面板中的“起点-终点-半圆弧”工具，单击 A 轴线上直线墙段的东端点，再单击 8 轴线和 A 轴线之间圆弧墙段中心线的任意位置，完成圆弧段路径的绘制。再单击 A 轴线与 6 轴线上墙的核心层表面的交点，完成第四段路径的绘制，最后完成整个路径 2 的绘制，如图 7.3-6 所示。在上下文选项卡中，单击“模式”面板中的“完成编辑模式”工具，绘制第二个栏杆扶手。

3）绘制路径 3 生成第三个栏杆扶手。在上下文选项卡中，单击选择“绘制”面板中的直线工具，单击 7 轴线与 A 轴线的交点绘制起点，再单击 7 轴线与 B 轴线的交点绘制终点，完成第一段路径的绘制。单击 8 轴线与 B 轴线的交点，完成第二段路径的绘制，最后完成整个路径 3 的绘制，如图 7.3-6 所示。在上下文选项卡中，单击“模式”面板中的“完成编辑模式”工具，绘制第三个栏杆扶手。

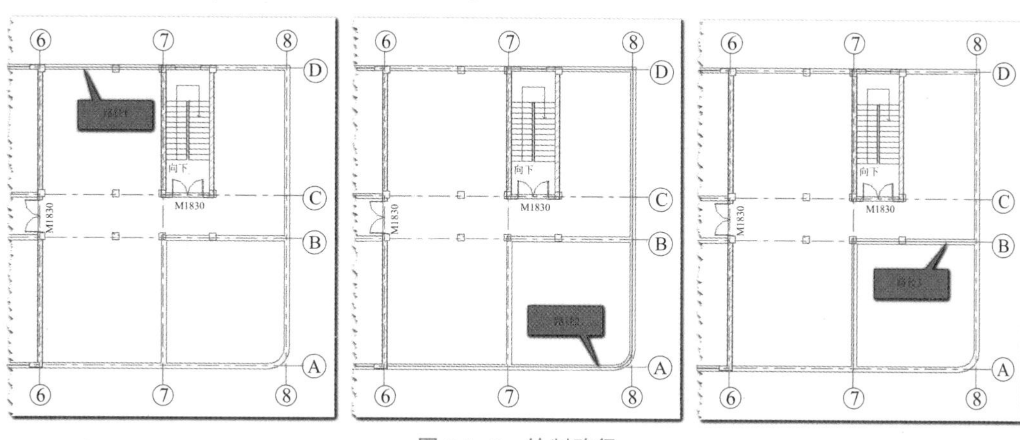

图 7.3-6　绘制路径

Step06 镜像生成西侧女儿墙栏杆扶手

右键单击刚刚绘制的女儿墙栏杆扶手其中一个，在右键菜单中依次单击“选择全部实例”“在视图中可见”，将刚刚绘制的三个女儿墙栏杆扶手全部选中。在上下文选项卡中，单击“修改”面板中的“镜像-拾取轴”工具。在选项栏中，勾选“复制”选项。然后再单击 SN 参照平面，以 SN 参照平面为对称轴复制生成 F6 西侧女儿墙栏杆扶手。

Step07 查看女儿墙栏杆扶手的效果

单击快速工具栏中的“默认三维视图”工具，打开默认三维视图。单击 ViewCube 中的“主视图”图标，切换到主视图。适当旋转、放大、移动三维视图，便可观察到女儿墙栏杆扶手绘制后的效果，如图 7.3-7 所示。

图 7.3-7　女儿墙栏杆扶手绘制后的效果

第 8 章　场地

Revit 中，场地主要包括地形表面、建筑地坪、建筑红线、场地构件、停车场构件等，一般先创建场地三维地形模型、场地红线和建筑地坪等，再添加场地构件和停车场构件。本章主要介绍地形表面的创建、子面域工具的应用以及建筑地坪的创建，综合楼的场地如图 8-1 和图 8-2 所示。场地构件的放置后续有专门章节进行介绍。

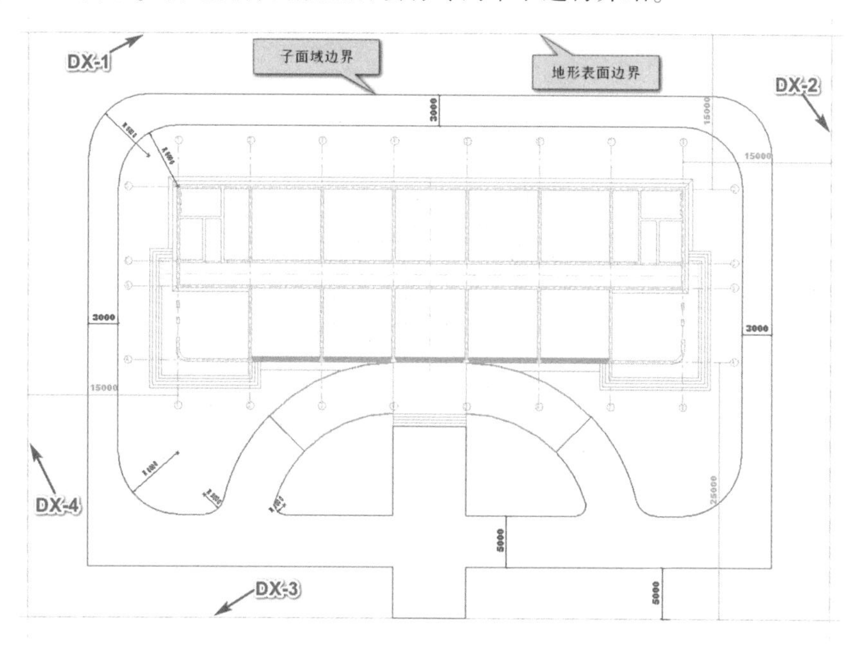

图 8-1　场地平面图

8.1　地形表面

Step01 选择绘制视图

在项目浏览器中，双击“楼层平面”中的“场地”，切换至“场地”楼层平面视图。

Step02 圈定场地的大小和位置

在 D 轴线的北侧，距离 D 轴线 15000mm 处绘制参照平面，并将其命名为 DX-1。在 8 轴线的右侧，距离 8 轴线 15000mm 处绘制参照平面，并将其命名为 DX-2。在 A 轴线的南侧，距离 A 轴线 25000mm 处绘制参照平面，并将其命名

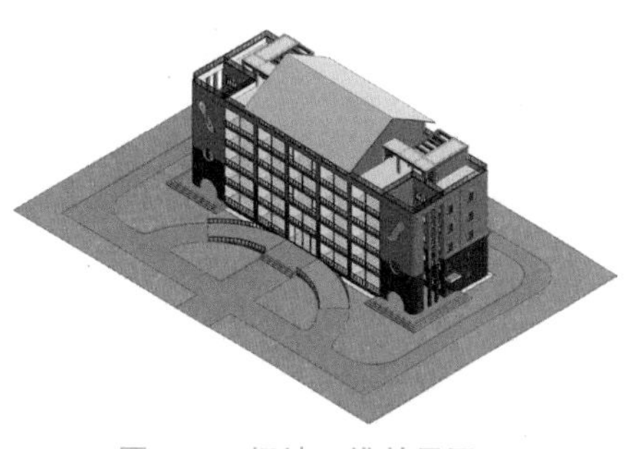

图 8-2　场地三维效果图

为 DX-3。在 1 轴线的左侧，距离 1 轴线 15000mm 处绘制参照平面，并将其命名为 DX-4，如图 8.1-1 所示。

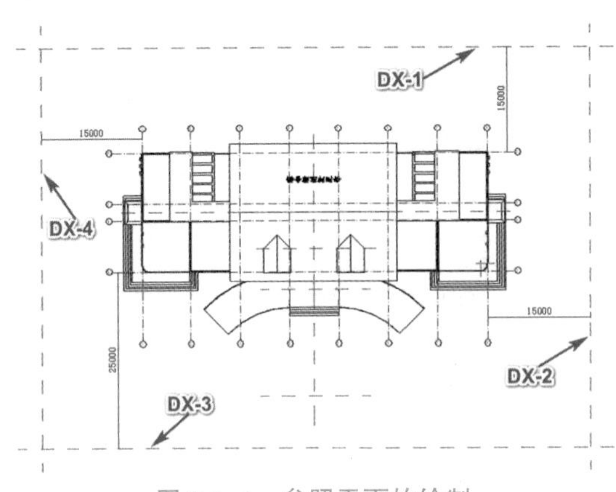

图 8.1-1　参照平面的绘制

Step03 激活面板工具

单击打开“体量和场地”选项卡，在“场地建模”面板中单击“地形表面”工具，如图 8.1-2 所示，进入编辑地形表面模式，自动切换至“修改|编辑表面”上下文选项卡，如图 8.1-3 所示。

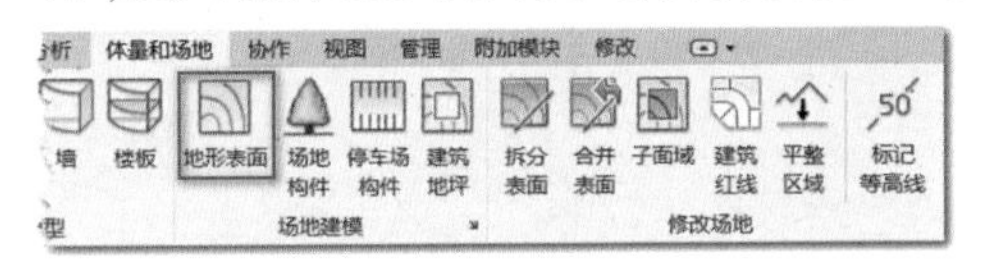

图 8.1-2　“地形表面”工具

图 8.1-3　“修改|编辑表面”上下文选项卡

Step04 设置绘制参数

创建地形表面

1）选择创建方式。确认当前选择的是“工具”面板中的“放置点”地形表面创建方式。

2）设置绘制参数。在“修改|编辑表面”选项栏中，高程设置为“-600”，高程的类型设置为“绝对高程”。高程的类型仅有“绝对高程”一种，高程的数值必须设置正确，地形表面创建后无法更改其高程值，如图 8.1-4 所示。

图 8.1-4　选项栏参数

Step05 创建地形表面

移动鼠标到参照平面 DX-1 和参照平面 DX-2 的交点单击，放置第一个点；同理，在参照平面 DX-2 和参照平面 DX-3 的交点单击放置第二个点，在参照平面 DX-3 和参照平面 DX-4 的交点单击放置第三个点，在参照平面 DX-4 和参照平面 DX-1 的交点单击放置第四个点，如图 8.1-5 所示。在上下文选项卡中，单击“表面”面板中的“完成表面”工具，创建绝对高程为“-600”的地形表面。

Step06 查看地形表面的效果

单击快速工具栏中的“默认三维视图”工具，打开默认三维视图。单击 ViewCube 中的“主视图”图标，切换到主视图，适当放大、移动三维视图，便可查看地形表面创建后的效果，如图 8.1-6 所示。

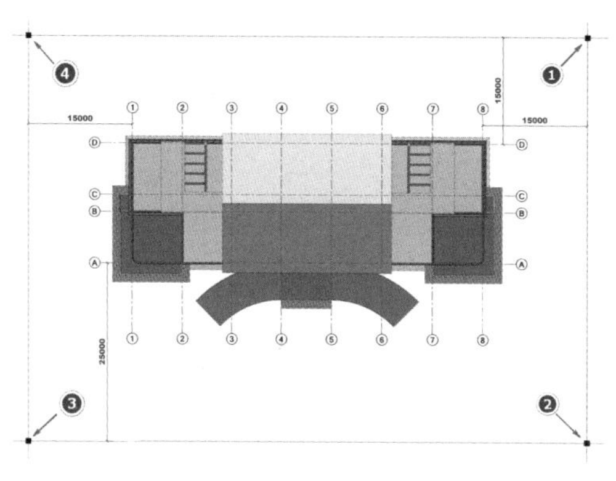
图 8.1-5　放置点

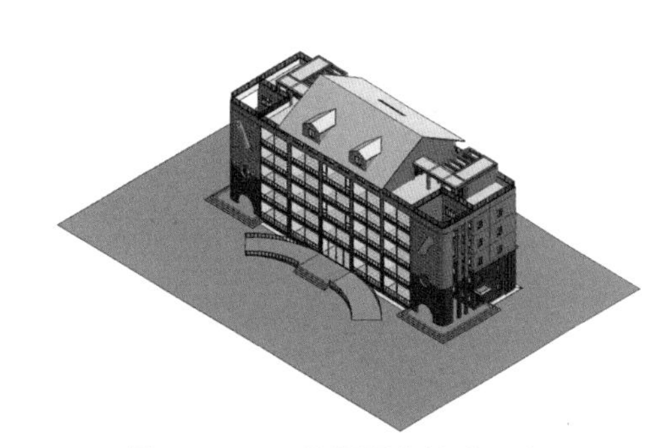
图 8.1-6　三维视图中的地形表面

Step07 修改地形表面材质

单击选择地形表面，在属性面板中单击“材质”右侧的单元格，再单击右侧的浏览按钮，打开“材质浏览器”对话框。在“材质浏览器”对话框中，在材质库中依次单击展开“主视图”“AEC 材质”“其他”，在右侧列表中单击选择“草”材质，再单击右侧的“将材质添加到文档中”按钮，将“草”材质添加到项目材质库中，如图 8.1-7 所示。在项目材质列表中，单击选择刚添加的“草”材质，将着色中的颜色设置为绿色，单击“确定”按钮将“草”材质赋予地形表面。单击属性面板中“应用”按钮，或等待数秒，在默认三维视图中便可观察到修改材质后的效果，如图 8.1-8 所示。

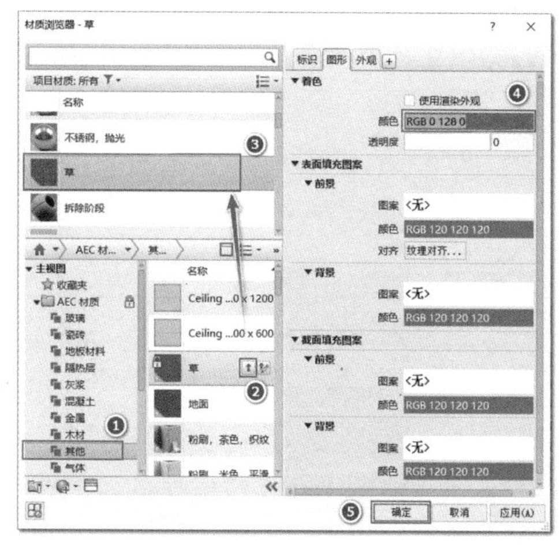
图 8.1-7　材质浏览器

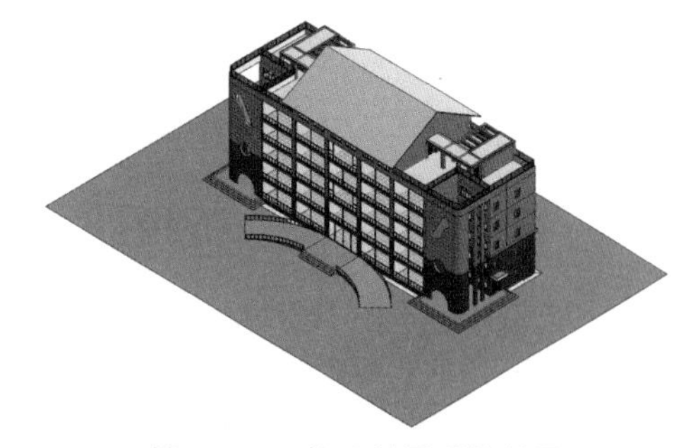
图 8.1-8　修改材质后的效果

8.2　场地道路

Step01 选择绘制视图

在项目浏览器中，双击“楼层平面”中的“场地”，切换至“场地”楼层平面视图。

Step02 激活面板工具

单击打开“体量与场地”选项卡，在“修改场地”面板中单击“子面域”工具，如图8.2-1

所示，自动切换至“修改|创建子面域边界”状态，如图 8.2-2 所示。

图 8.2-1 “体量与场地”选项卡

图 8.2-2 “修改|创建子面域边界”选项卡

Step03 设置绘制参数

绘制场地道路

1）在上下文选项卡中，单击选择“绘制”面板中的“矩形”工具。

2）在选项栏中，偏移设置为“0.0”，不勾选“半径”。在属性面板中，单击材质右侧的浏览按钮，打开“材质浏览器”对话框，如图 8.2-3 所示。在“材质浏览器”对话框中，先将材质库中“沥青混凝土”材质添加到项目材质库中，单击选择刚添加的“沥青混凝土”材质，再单击“确定”按钮将“沥青混凝土”材质赋予子面域。

Step04 使用子面域工具绘制路网

1）绘制主干道路边界。用矩形工具在综合楼的四周大概绘制 2 个矩形边界。选择每条边界线，通过修改临时尺寸标注的方法将每条边界线进行精确定位，最终的结果如图 8.2-4 所示。

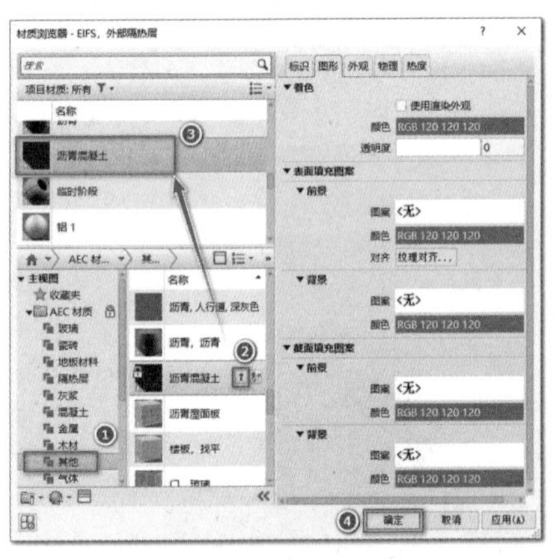

图 8.2-3 材质参数的设置

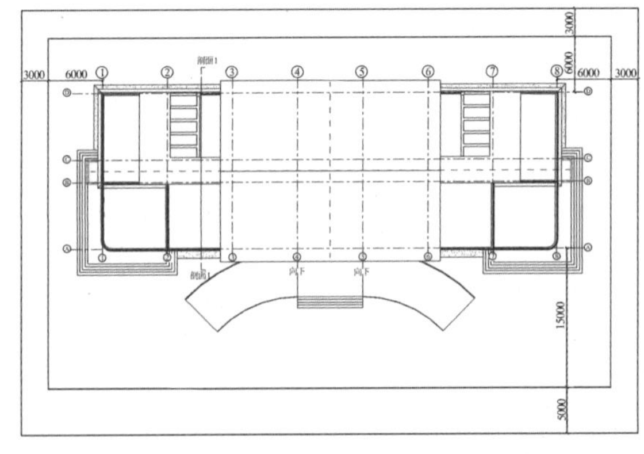

图 8.2-4 精确定位主干道路边界线

2）绘制楼前道路边界线。在上下文选项卡中，单击选择“绘制”面板中的“拾取线”工具。依次拾取左坡道的坡脚线、2 条边界线和坡顶线，台阶的边缘线，右坡道的坡脚线、2 条边界线和坡顶线，生成①~⑨号边界线，如图 8.2-5 所示。

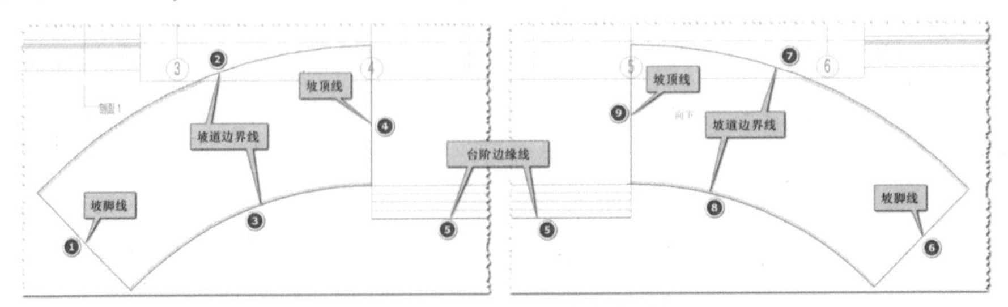

图 8.2-5 绘制楼前道路边界线

3)延伸边界线。在上下文选项卡中,单击选择“修改”面板的“修剪/延伸多个图元”工具,进入修剪/延伸多个图元修改状态。单击选择主干道路的边界线⑩,作为延伸参照,如图 8.2-6 所示,然后单击②号边界线,将②号边界线的圆弧延伸到⑨号边界线。同理,再依次单击③、④、⑦、⑧、⑨号边界线,将这些边界线都延伸到⑩号边界线。按 Esc 键两次,退出修剪/延伸多个图元修改状态。

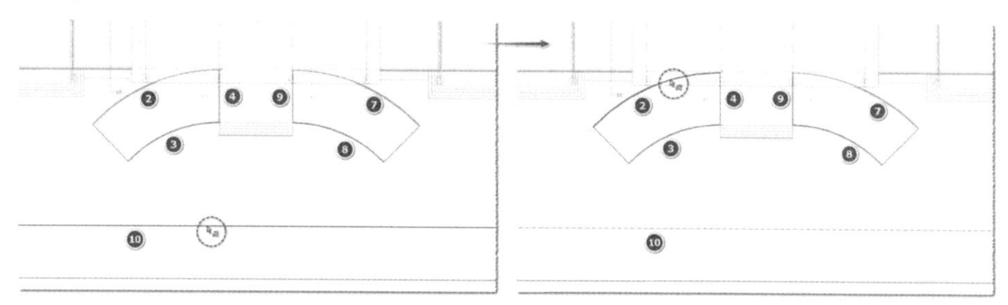

图 8.2-6　延伸边界线

4)拆分边界线。在上下文选项卡中,单击选择“修改”面板的“拆分图元”工具,进入拆分修改状态。依次单击⑩号边界线上的图示中的 3 个点,将边界线拆分成 10~13 四段,如图 8.2-7 所示。

5)修剪边界线。在上下文选项卡中,单击选择“修改”面板的“修剪/延伸为角”工具,进入“修剪/延伸为角”修改状态。依次单击⑩和②、②和①、①和③、③和⑪、⑪和④、④和⑤、⑤和⑨、⑨和⑫、⑫和⑧、⑧和⑥、⑥和⑦、⑦和⑬,将这些边界线两两修剪成角,如图 8.2-8 所示。

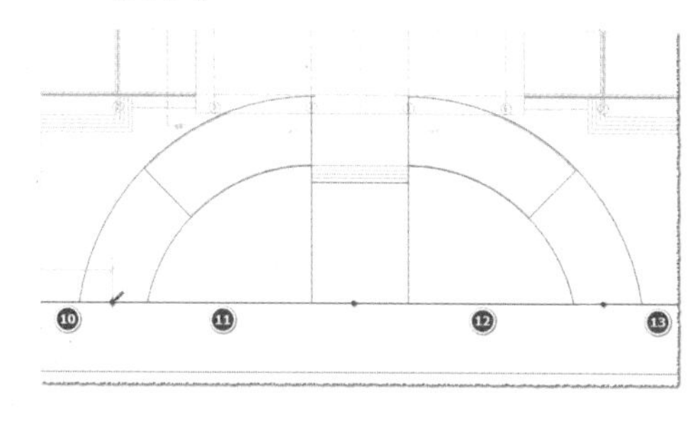

图 8.2-7　拆分边界线

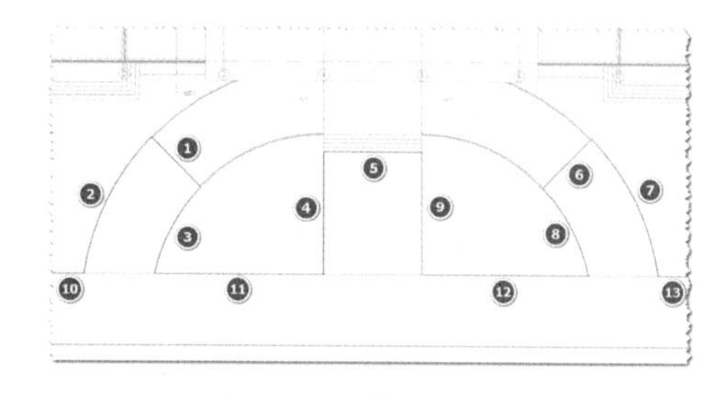

图 8.2-8　修剪边界线

6)绘制圆角弧。在上下文选项卡中,单击选择“绘制”面板的“圆角弧”工具。先单击⑭号边界线,如图 8.2-9 所示,再单击⑩号边界线,可预览到以⑭号和⑩号边界线为切线且经过当前鼠标位置的圆角弧,在大概位置单击鼠标绘制圆角弧。单击临时尺寸标注中的数值,在编辑框中输入“6000”,精确修改圆角弧的半径。同理,在②号和⑩号边界线之间绘制半径为 2000mm 的圆角弧,在③号和⑪号边界线之间绘制半径为 1000 mm 的圆角弧。同理,在主干道路北侧的转角处都绘制出半径为 6000mm 的圆角弧。东侧的边界线对称绘制圆角弧。

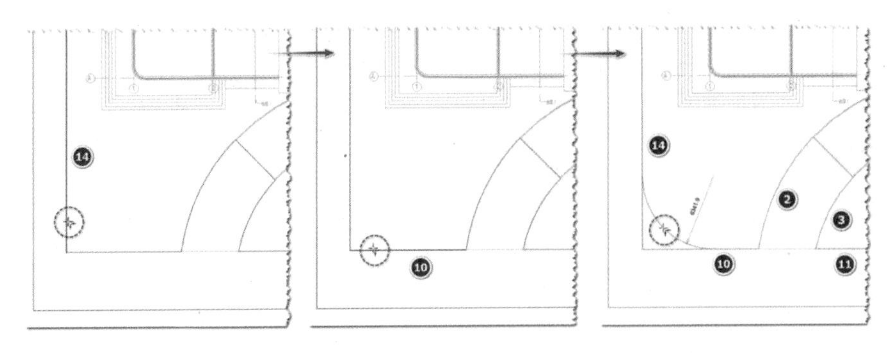

图 8.2-9 绘制圆角弧

7)绘制路口道路边界。在上下文选项卡中,单击选择“绘制”面板中的“矩形”工具。用矩形工具在楼前大致绘制出一个矩形边界,有一条边界线与参照平面 DX-3 重合,如图 8.2-10 左图所示。选择矩形的上边界线,按 Delete 键将该边界线删除。使用对齐工具将矩形的左右边界线对齐到楼前已有的两条南北方向的边界线。使用拆分图元工具将楼前的主干道路中的其中一条边界线拆分为两段。使用“修剪/延伸为角”工具将刚拆分的两条边界线与矩形的左右两条边界线分别修剪成角。最终的结果如图 8.2-10 右图所示。

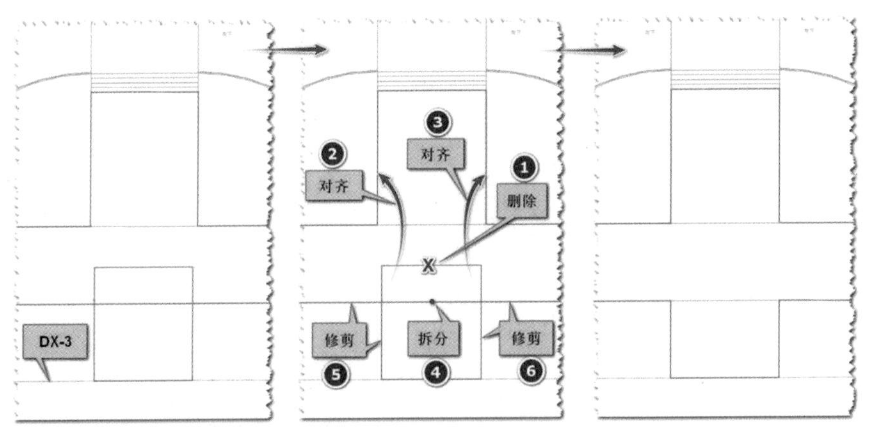

图 8.2-10 绘制路口道路边界

8)在上下文选项卡中,单击“模式”面板中“完成编辑模式”工具,完成子面域的绘制,即完成场地道路的创建。

Step05 查看场地道路效果

单击快速工具栏中的“默认三维视图”工具,打开默认三维视图。单击 ViewCube 中的“主视图”图标,切换到主视图,适当放大、移动三维视图,便可查看场地道路创建后的效果,如图 8-2 所示。

8.3 建筑地坪

Step01 选择绘制视图

在项目浏览器中,双击“楼层平面”中的“场地”,切换至“场地”楼层平面视图。

Step02 激活面板工具

单击打开“体量和场地”选项卡，在“场地建模”面板中单击“建筑地坪” 工具，进入创建建筑地坪模式，自动切换至“修改|创建建筑地坪边界”上下文选项卡，如图 8.3-1 所示。

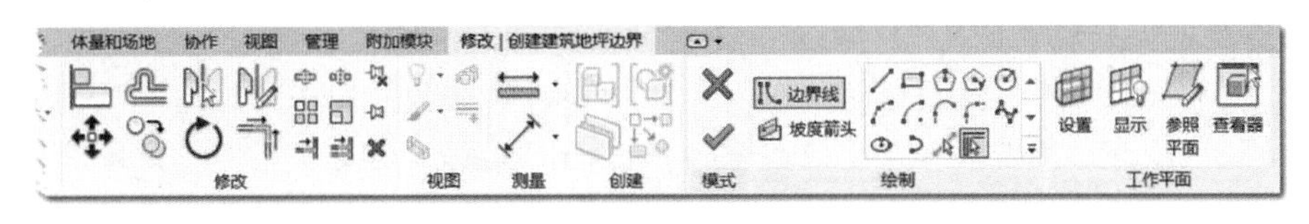

图 8.3-1 “修改|创建建筑地坪边界”上下文选项卡

Step03 新建图元类型

绘制建筑地坪

在属性面板中，单击类型选择器的下拉按钮，在下拉列表中选择“建筑地坪-办公室”的族类型。单击“编辑类型”按钮，打开“类型属性”对话框。在“类型属性”对话框中，单击“复制”按钮，打开“名称”对话框，输入名称“ZHL-建筑地坪”后单击“确定”按钮，创建一种新的族类型。

Step04 修改结构参数

在“类型属性”对话框中，单击结构参数后的“编辑”按钮，打开“编辑部件”对话框。在“编辑部件”对话框中，单击结构[1]层材质右侧的浏览按钮，打开“材质浏览器”对话框。在“材质浏览器”搜索栏中输入“混凝土”回车，单击选择材质列表中的“混凝土，现场浇注-C35”，然后单击“确定”按钮将“混凝土，现场浇注-C35”材质赋予结构[1]层。单击结构[1]层厚度参数的单元格，输入数值 450。单击“确定”按钮关闭“编辑部件”对话框。

Step05 设置绘制参数

1）选择绘制方式。在上下文选项卡中，确认“绘制”面板中选择的是“边界线”“拾取墙”工具。

2）设置绘制参数。在选项栏中，偏移设置为“0.0”，勾选“延伸到墙中（至核心层）”。在属性面板中，标高设置为“F1”，自标高的高度偏移设置为“-150”，不勾选房间边界。

Step06 绘制建筑地坪边界线

1）大概生成建筑地坪的边界线。依次拾取标号为①~⑥的外墙，生成如图 8.3-2 所示的边界线。

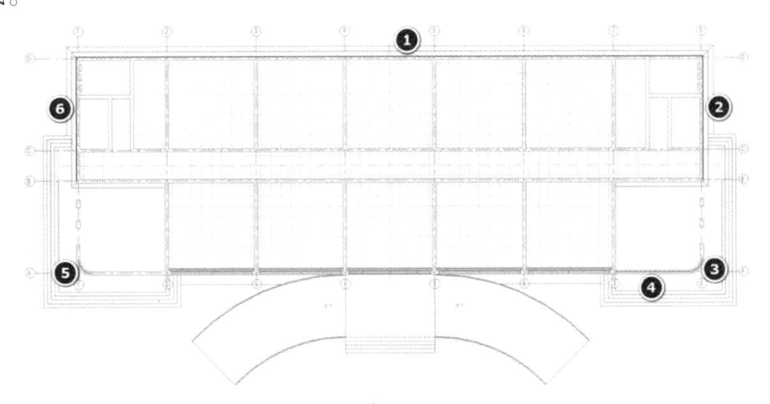

图 8.3-2 大概生成建筑地坪的边界线

2)对齐边界线。③~⑤号边界线并没有在核心层表面生成,可以使用对齐工具对齐到核心层表面。在上下文选项卡中,单击"修改"面板中的"对齐"工具,进入对齐修改状态。在选项栏中,不勾选"多重对齐",首选设置为"参照核心层表面"。单击选择③号边界线处外墙的核心层表面作为对齐目标,再单击③号边界线,将③号边界线对齐到墙的核心层表面。同理,将④号和⑤号边界线对齐到该处外墙的核心层表面。

3)修剪/延伸边界线。在上下文选项卡中,单击"修改"面板中的"修剪/延伸为角"工具,进入修剪/延伸修改状态。依次单击②和③、④和⑤、⑤和⑥号边界线,将边界线延伸相交形成一个封闭轮廓,如图 8.3-3 所示。

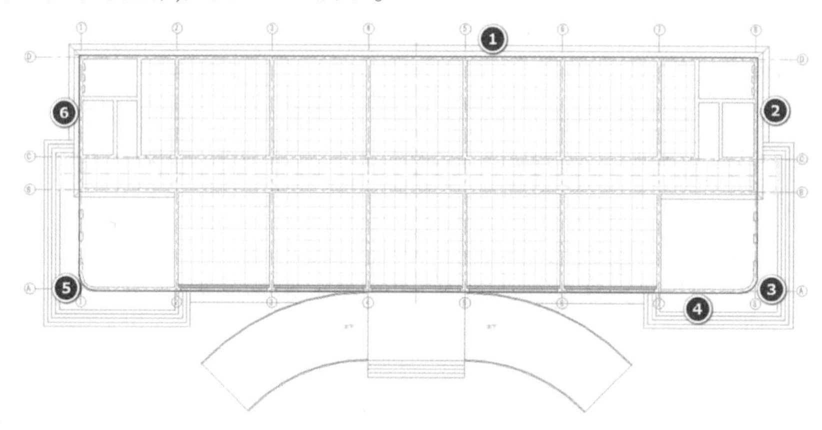

图 8.3-3　修剪/延伸边界线

4)在上下文选项卡中,单击"模式"面板的"完成编辑模式"工具,完成建筑地坪的绘制。

Step07 查看建筑地坪的垂直位置

切换到"剖面 1"视图,适当地缩放、移动视图,可以看到建筑地坪的垂直位置,如图 8.3-4 所示,建筑地坪的顶面与楼板底面平齐,建筑地坪的底面与地形表面平齐。

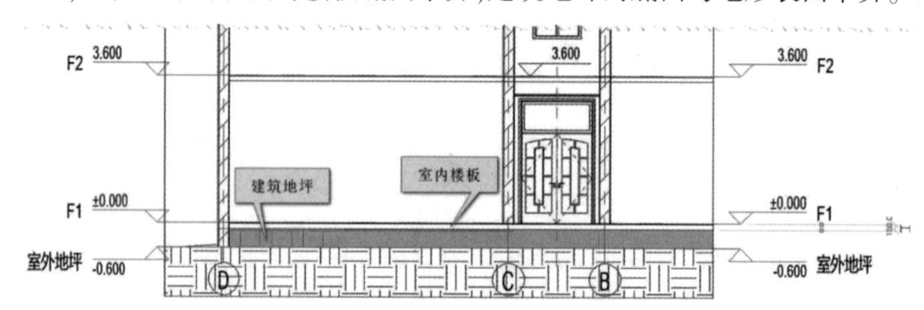

图 8.3-4　剖面图中的建筑地坪

第 9 章　洞口、构件和模型文字

9.1　洞口

9.1.1　垂直洞口

Step01 切换到剖面视图

在项目浏览器中，双击“楼层平面”中的 F1，切换至 F1 楼层平面视图。单击选择“剖面 1”，当光标变为移动符号时按住鼠标不放，沿水平方向拖动到东侧楼梯间稍偏右一点，再单击翻转符号翻转剖面视图方向，如图 9.1.1-1 所示。在项目浏览器中，双击“剖面 1”，切换至剖面视图，如图 9.1.1-2 所示。

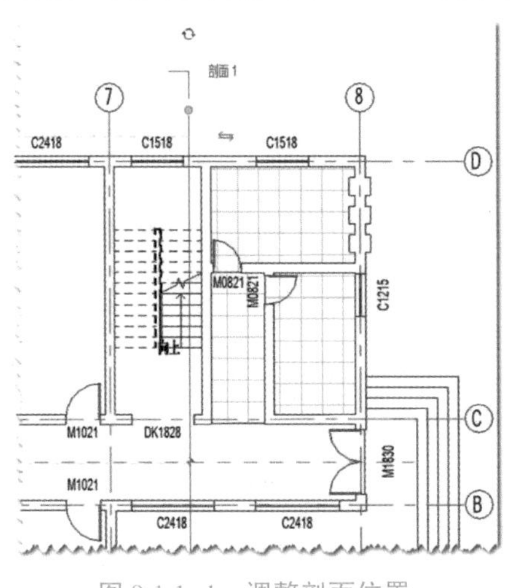

图 9.1.1-1　调整剖面位置

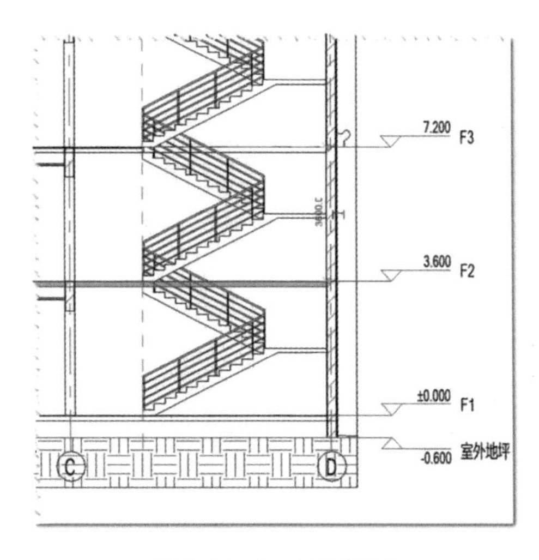

图 9.1.1-2　剖面视图

Step02 激活面板工具

单击打开“建筑”选项卡，在“洞口”面板中单击“垂直”工具，如图 9.1.1-3 所示，进入创建垂直洞口主体模式，状态栏中提示“选择楼板、屋顶、天花板或檐底板以创建垂直洞口”。在剖面视图中单击选择 F2 楼层的楼板，弹出“转到视图”对话框，如图 9.1.1-4 所示。在“转到视图”对话框中，选择“楼层平面：F2”，单击“打开视图”按钮，切换到 F2 楼层平面视图，进入创建洞口边界模式，自动切换到“修改 | 创建洞口边界”上下文选项卡，如图 9.1.1-5 所示。

垂直洞口

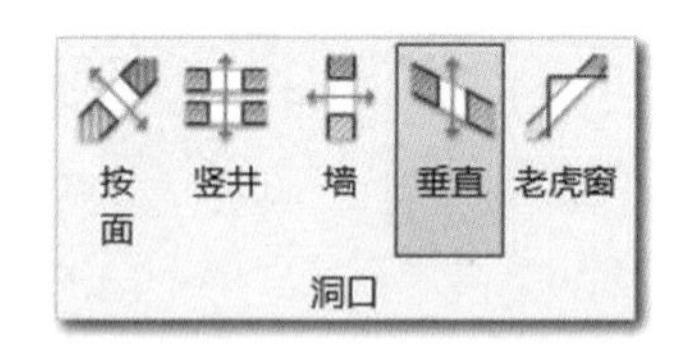

图 9.1.1-3 “垂直”工具

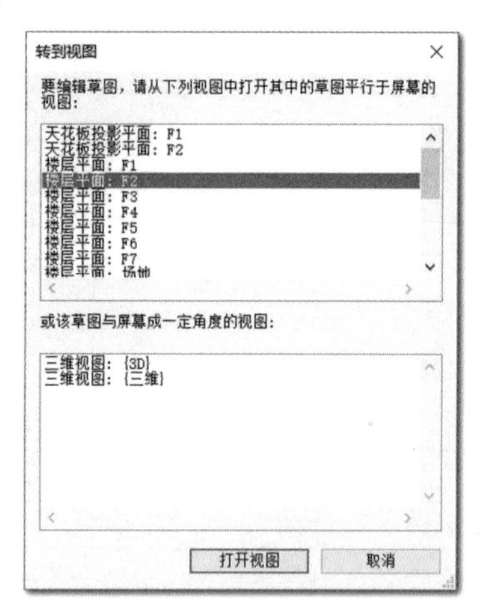

图 9.1.1-4 “转到视图”对话框

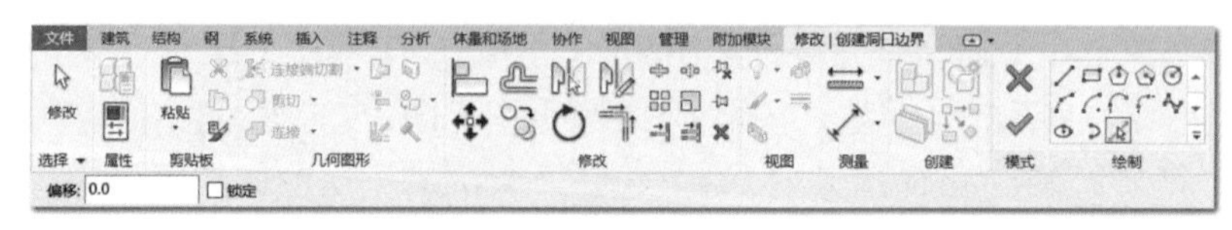

图 9.1.1-5 “修改 | 创建洞口边界”上下文选项卡

Step03 设置绘制参数

1）选择绘制方式。在上下文选项卡中，单击选择“绘制”面板中的“拾取线”工具。

2）设置绘制参数。在选项栏中，偏移设置为“0.0”，不勾选“锁定”选项，如图 9.1.1-5 所示。

Step04 绘制洞口

1）大概绘制洞口边界线。适当移动、缩放视图，如图 9.1.1-6 所示，依次拾取楼梯间的北墙表面、东墙表面、楼梯边界和西墙表面，生成①~④号边界线。

2）修剪形成洞口边界闭合轮廓。在上下文选项卡中，单击“修改”面板中的“修剪/延伸为角”工具，切换到修剪/延伸修改状态。单击②号边界线上侧和③号边界线将②号和③号边界线修剪成角，同理，将③号与④号边界线也修剪或延伸成角，形成一个封闭的边界轮廓，如图 9.1.1-7 所示。

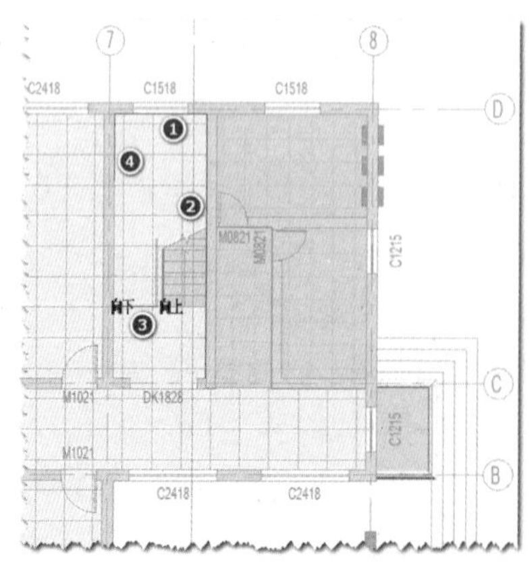

图 9.1.1-6 大概绘制洞口边界线

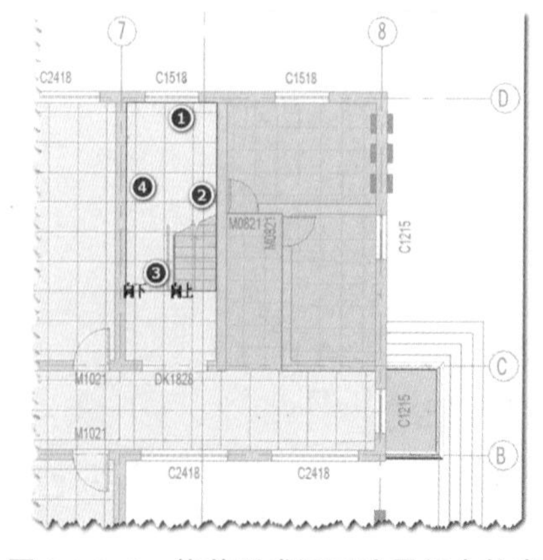

图 9.1.1-7 修剪形成洞口边界闭合轮廓

3)生成洞口。在上下文选项卡中,单击“模式”面板中的“完成编辑模式”按钮✓,弹出一个对话框,询问“是否希望将高达此楼层标高的墙附着到此楼层的底部”,单击“否”,完成洞口的创建,如图 9.1.1-8 所示。

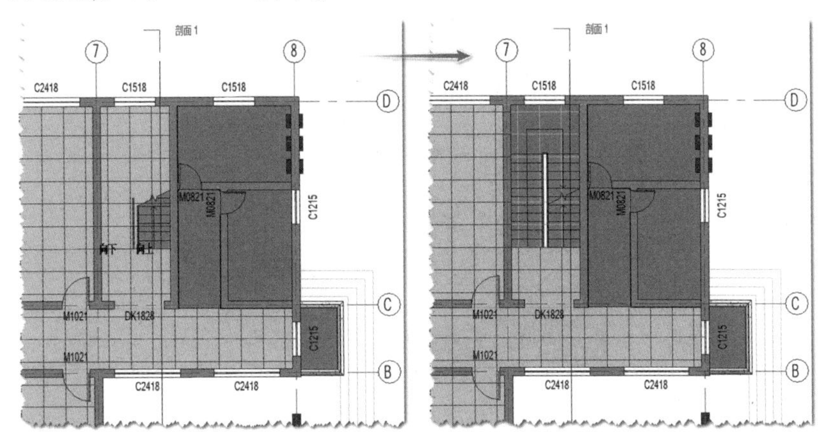

图 9.1.1-8　平面视图中的垂直洞口

Step05 查看洞口创建后的效果

单击快速访问工具栏中的“默认三维视图”工具,打开默认三维视图。在属性面板中勾选“剖面框”,显示剖面框。单击 ViewCube 中的“上”,切换到顶视图。单击选择剖面框,鼠标移动到右侧控制点按住鼠标不放向左移动,移动到东侧楼梯间的合适位置。再单击 ViewCube 中的主视图,切换到主视图,适当放大、移动三维视图,便可查看洞口创建后的效果,如图 9.1.1-9 所示。

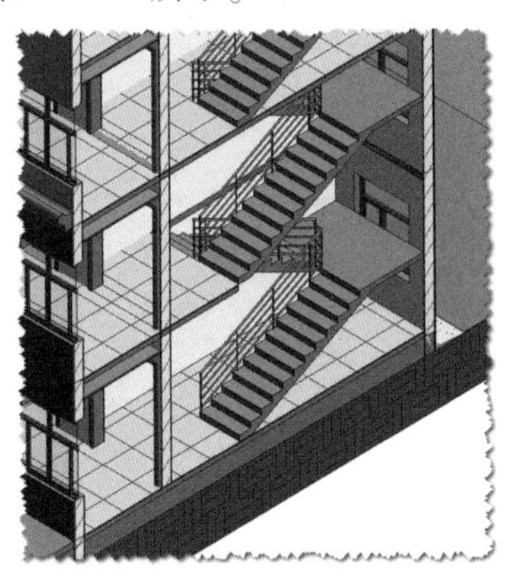

图 9.1.1-9　三维视图中的垂直洞口

Step06 层间复制楼板洞口

在默认三维视图中,单击选择刚创建的 F2 楼板洞口。在上下文选项卡中,单击“剪贴板”面板中的“复制到剪贴板”工具,楼板洞口复制到了剪贴板。单击“粘贴”的下拉按钮,在下拉列表中选择“与选定的标高对齐”,弹出“选择标高”对话框。在“选择标高”对话框中,单击选择 F3,按住 Shift 键不放再单击 F5,F3 ~ F5 全部处于选择状态,单击“确定”按钮,F2 楼层的楼板洞口通过剪贴板复制到了 F3 ~ F5 楼层,如图 9.1.1-10 所示。

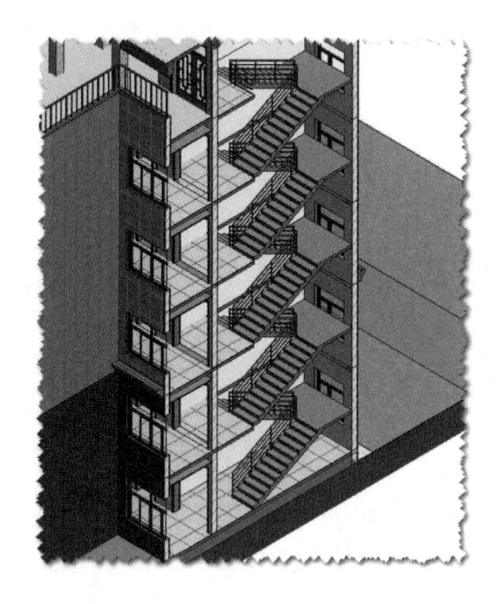

图 9.1.1-10　层间复制楼板洞口

9.1.2　老虎窗

STAGE1　绘制墙体

Step01 选择绘制视图

在项目浏览器中，双击“楼层平面”中的 F7，切换至 F7 楼层平面视图。

Step02 绘制参照平面

在 3 轴线和 4 轴线之间，距离 4 轴线 1400mm 的位置绘制一个参照平面；同理，在 A 轴线和 B 轴线之间，距离 A 轴线 3000mm 的位置绘制一个参照平面，如图 9.1.2-1 所示。

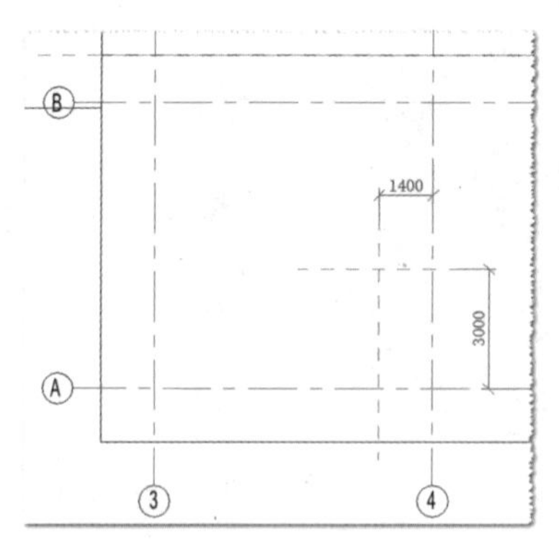

图 9.1.2-1　绘制参照平面

老虎窗

Step03 激活面板工具

单击打开“建筑”选项卡，在“构建”面板中单击“墙”的下拉按钮，在下拉列表中选择“墙：建筑”工具，自动切换至“修改|放置墙”上下文选项卡。

Step04 选择图元类型

在属性面板中，单击类型选择器的下拉按钮，在下拉列表中选择“ZHL-F3-F5-外墙”墙类型。

Step05 设置绘制参数

1)设置绘制方式。在上下文选项卡中,选择“绘制”面板中的直线工具。

2)设置绘制参数。在属性面板中,定位线设置为“核心层中心线”,底部约束按默认F7,底部偏移设为“0.0”,顶部约束设置为“未连接”,无连接高度设置为“2000”。在选项栏中,设置生成方向为“高度”,顶部约束为“未连接”,无连接高度为“2000”,定位线为“核心层中心线”,这几个参数与属性面板中参数保持一致,勾选“链”选项,偏移设置为“0.0”,不勾选“半径”选项,连接状态设置为“允许”。

Step06 绘制墙体

移动鼠标到刚绘制的两个参照平面交点处,如图9.1.2-2所示,单击绘制第1面墙的起点,沿垂直向下方向移动鼠标到A轴线单击绘制第1面墙的终点,生成第1面墙。沿水平向左方向移动鼠标,距离第1面墙的终点2600时,单击绘制第2面墙的终点,生成第2面墙。沿垂直向上方向移动鼠标到与水平参照平面交点处,单击绘制第3面墙的终点,生成第3面墙。

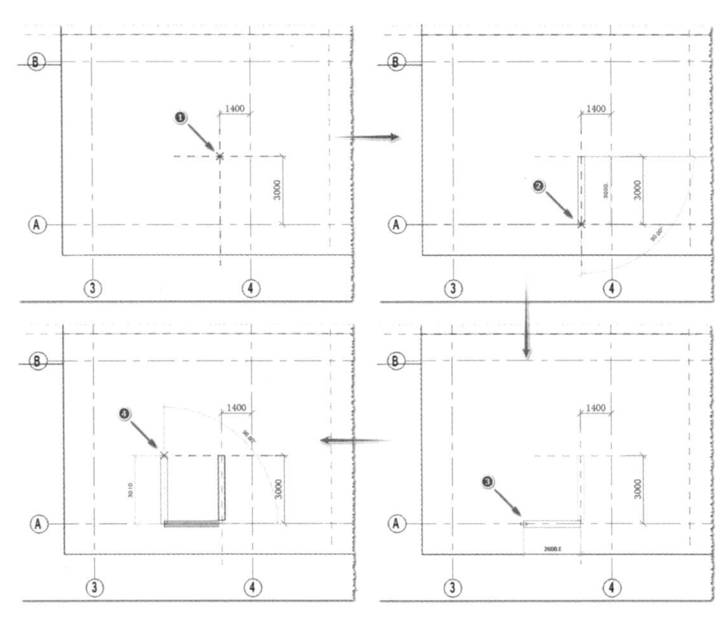

图9.1.2-2 绘制墙体

STAGE2 绘制坡屋顶

Step07 激活面板工具

单击打开“建筑”选项卡,在“构建”面板中单击“屋顶”的下拉按钮,在下拉列表中选择“迹线屋顶”工具,自动切换至“修改|创建屋顶迹线”上下文选项卡。

Step08 选择图元类型

在属性面板的类型选择器中,单击下拉按钮,在下拉列表中选择“ZHL-屋顶”的屋顶类型。

Step09 设置绘制参数

1)选择绘制方式。在上下文选项卡中,选择“绘制”面板中的“拾取线”工具。

2)设置绘制参数。在属性面板中,确认底部标高为“F7”,自标高的底部偏移设置为“2000”,坡度设置为 30°,其他参数按默认。在选项栏中,勾选“定义坡度”,偏移设置为“0.0”,不勾选“锁定”选项。

Step10 绘制坡屋顶

1)大概绘制屋顶边界线。如图 9.1.2-3 左图所示,单击拾取第 1 面墙体的外表面,生成①号边界线。在选项栏中,去除“定义坡度”的勾选,再单击拾取第 2 面墙体的外表面,生成②号边界线。在选项栏中,再次勾选“定义坡度”,单击拾取第 3 面墙体的外表面,生成③号边界线。在选项栏中,去除“定义坡度”的勾选,单击拾取水平参照平面,生成④号边界线。

2)修剪形成屋顶边界闭合轮廓。在上下文选项卡中,选择“修改”面板中的“修剪/延伸为角”工具,单击④号线的左侧和①号线,将④号线和①号线修剪成角。再单击③号线和④号线,将③号线和④号线修剪成角,如图 9.1.2-3 中图所示。

3)在上下文选项卡中,单击“模式”面板中的“完成编辑模式”按钮✔,弹出一个对话框询问“是否希望将高亮显示的墙附着到屋顶?”,单击“是”按钮完成老虎窗坡屋顶的创建,如图 9.1.2-3 右图所示,同时,坡屋顶下面的墙会附着到坡屋顶的下表面。

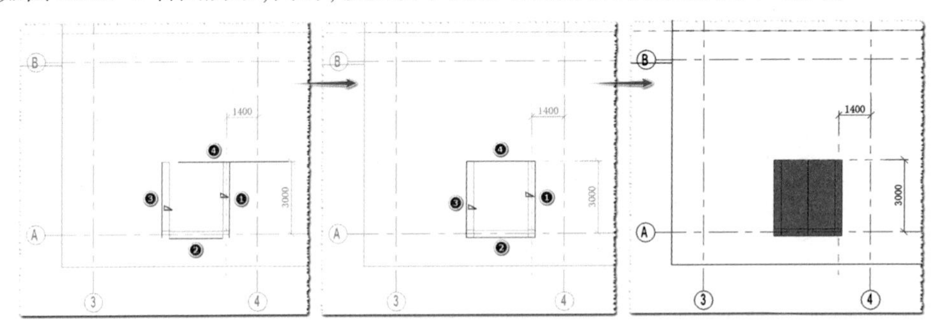

图 9.1.2-3 绘制坡屋顶

STAGE3 连接大小坡屋顶

Step11 切换操作视图

单击快速访问工具栏中默认三维视图工具,切换至默认三维视图,适当地移动、旋转、缩放视图。

Step12 激活面板工具

单击打开“修改”选项卡,单击“几何图形”面板中“连接/取消连接屋顶”工具,如图 9.1.2-4 所示,进入连接屋顶编辑状态。

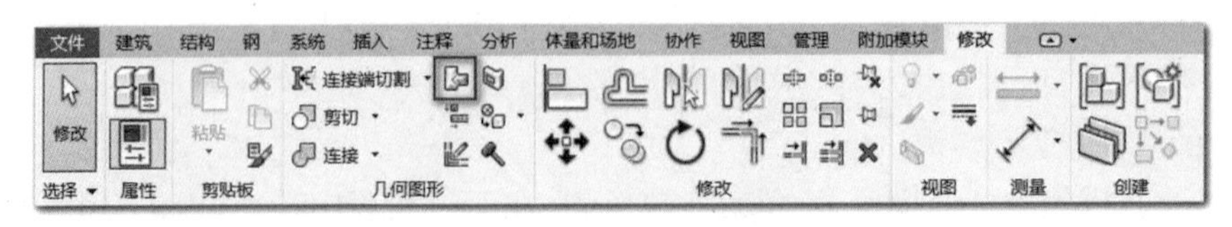

图 9.1.2-4 “连接/取消连接屋顶”工具

Step13 连接屋顶

单击刚绘制完成的小坡屋顶的一侧边缘，如图 9.1.2-5 左图所示，然后单击阁楼上大屋顶的南侧斜坡面，如图 9.1.2-5 中图所示，Revit 会将小坡屋顶延伸，与大坡屋顶连接在一起，如图 9.1.2-5 右图所示。

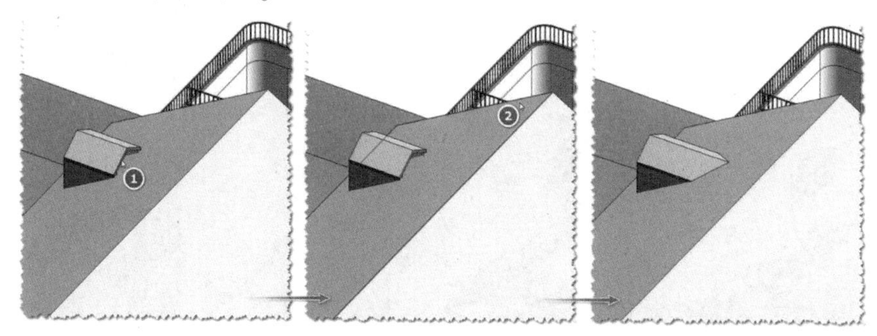

图 9.1.2-5　绘制坡屋顶

STAGE4　绘制老虎窗洞口

Step14 激活面板工具

单击打开“建筑”选项卡，在“洞口”面板中单击“老虎窗”工具，如图 9.1.2-6 所示，进入创建老虎窗洞口状态。

Step15 选择洞口剪切目标

状态栏中提示“选择要被老虎窗洞口剪切的屋顶”，单击阁楼上的大坡屋顶，如图 9.1.2-7 所示，作为老虎窗洞口的剪切目标。自动跳转到下一步，切换到“修改 | 编辑草图”上下文选项卡，如图 9.1.2-8 所示，“拾取屋顶/墙边缘”工具默认处于选中状态。

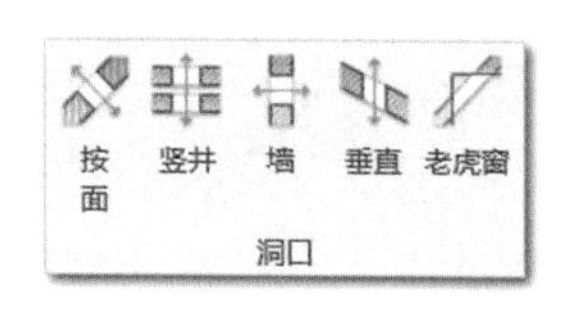

图 9.1.2-6　“老虎窗”工具

图 9.1.2-7　选择剪切目标

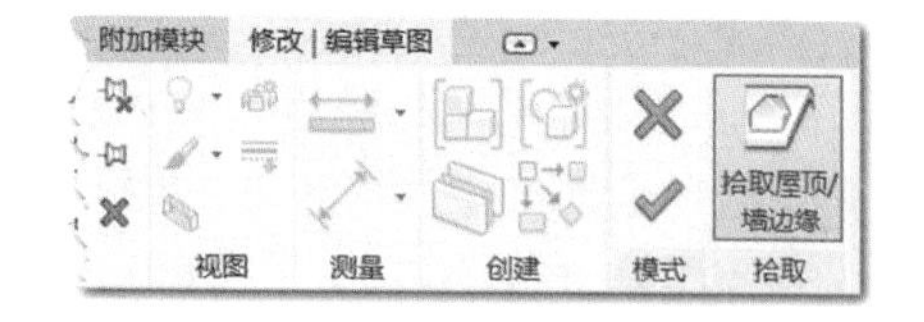

图 9.1.2-8　“修改 | 编辑草图”上下选项卡

Step16 绘制老虎窗洞口

1）大概生成老虎窗洞口边界线。状态栏中提示“拾取连接屋顶、墙的侧面或屋顶连接面以定义老虎窗边界”，依次单击东侧墙、南侧墙、西侧墙和小坡屋顶，大概生成①～④号边界线，如图 9.1.2-9 所示。

2）修剪边界线形成封闭轮廓。在“修改 | 编辑草图”上下文选项卡中，单击“修改”面板中的“修剪/延伸为角”工具，单击①号线和②号线，将①号线和②号线延伸为角，同理，单击②号线和③号线，将②号线和③号线延伸为角，4 条边界线围成一个封闭的图形。

3）生成老虎窗洞口。在“修改 | 编辑草图”上下文选项卡中，单击“模式”面板中的

“完成编辑模式”工具，Revit 会根据大坡屋顶表面绘制的封闭边界轮廓，剪切形成一个老虎窗洞口，将三面墙和小坡屋顶临时隐藏便可观察老虎窗洞口的效果，如图 9.1.2-9 右图所示。

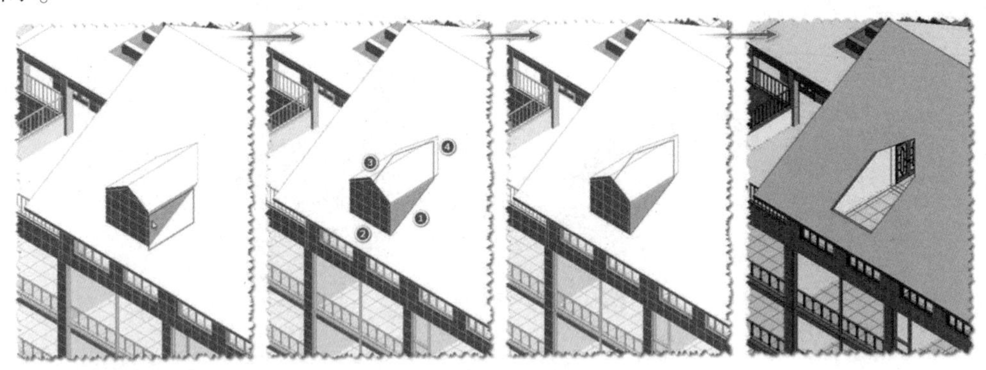

图 9.1.2-9 绘制老虎窗洞口边界

STAGE5 放置窗

Step17 放置窗

1）切换操作视图。在项目浏览器中，双击“立面（建筑立面）”中的“南”，切换至南立面视图。

2）激活面板工具。单击打开“建筑”选项卡，单击“构建”面板中“窗”工具，自动切换到“修改 | 放置窗”上下文选项卡。

3）选择图元类型。在属性面板中，单击类型选择器的下拉按钮，在下拉列表中选择“推拉窗 6”中的 C1215。

4）放置窗。移动鼠标到老虎窗的南墙，在正中位置单击放置窗，修改窗的临时尺寸标注，将窗与 F7 标高的距离更改为 500，放置后的效果，如图 9.1.2-10 所示。

STAGE6 镜像生成东侧老虎窗

Step18 镜像生成东侧老虎窗

1）选择老虎窗的墙、屋顶、窗和洞口。框选方式将老虎窗的三面墙、坡屋顶、窗和老虎窗洞口全部选中，在“修改 | 选择多个”上下文选项卡中，单击打开过滤器，确认选择集仅有 3 面墙、1 个坡屋顶、1 扇窗和 1 个洞口，而没有其他图元。

2）激活面板工具。在“修改 | 选择多个”上下文选项卡中，单击“修改”面板的“镜像-拾取轴”工具，进入镜像修改状态。

3）镜像生成东侧老虎窗。在选项栏中，勾选“复制”参数。然后单击 SN 参照平面，以 SN 参照平面为对称轴复制生成东侧的老虎窗。

Step19 查看老虎窗的效果

单击快速访问工具栏中默认三维视图工具，切换至默认三维视图，适当地移动、旋转、缩放视图，便可观察到老虎窗的效果，如图 9.1.2-11 所示。

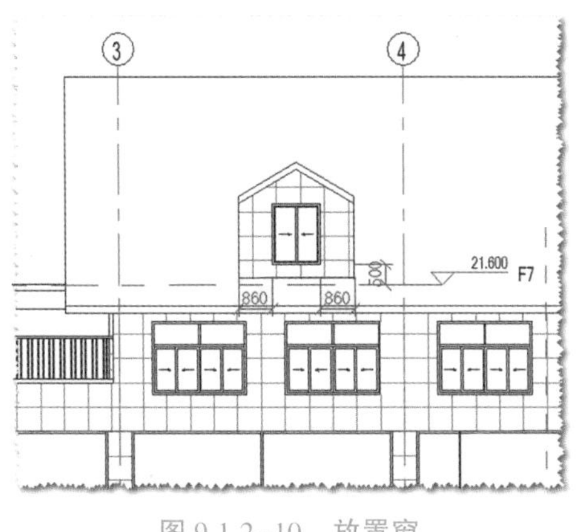

图 9.1.2-10　放置窗

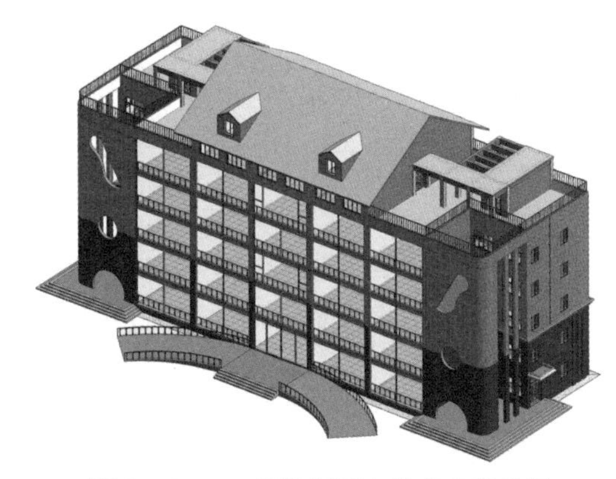

图 9.1.2-11　三维视图中的老虎窗效果

9.2　构件

9.2.1　卫生间构件

本节主要学习构件的放置。综合楼卫生间和盥洗室的构件包括厕所隔断、小便器、台盆和污水池，其三维效果图和平面图如图 9.2.1-1 和图 9.2.1-2 所示。

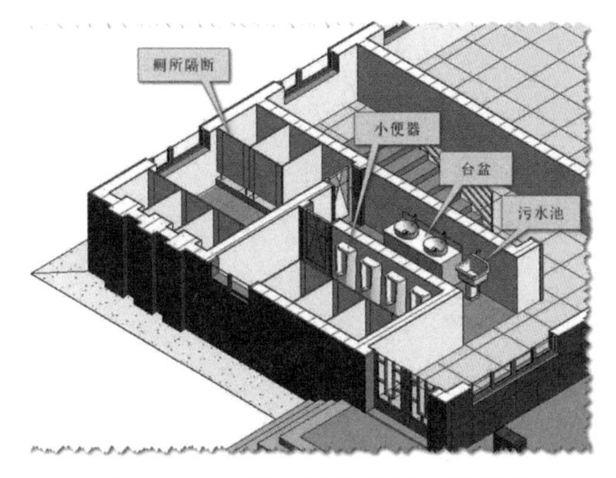

图 9.2.1-1　卫生间构件三维效果图

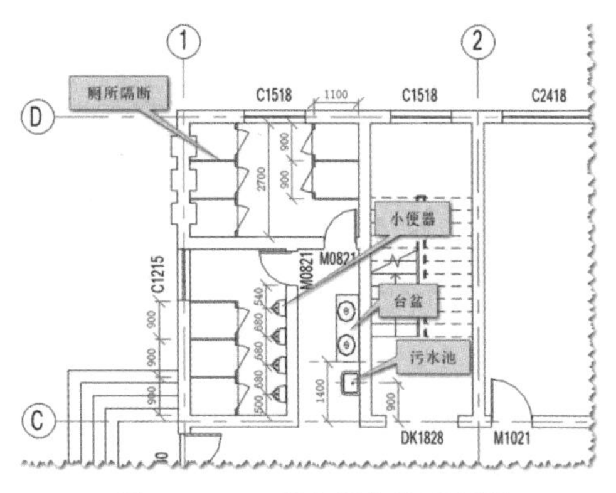

图 9.2.1-2　卫生间构件平面图

STAGE1　载入族

Step01 载入构件族

单击打开"插入"选项卡，在"从库中载入"面板中单击"载入族"工具，打入"载入族"对话框。在"载入族"对话框中，Revit 自动定位到系统自带的族库，一般族库的默认安装路径为" C：\ProgramData\Autodesk\RVT 2020\Libraries\"，依次双击"China""建筑""专用设备""卫浴附件""盥洗室隔断"按路径打开文件夹，选择文件夹中的"厕所隔断 1 3D.rfa"族文件，单击"打开"按钮，将该厕所隔断族载入到当前项目。同理，从路径"建筑\卫生器具\3D\常规卫浴\小便器\"中载入"立式小便器-落地式.rfa"族；从路径"建筑\卫生器具\3D\常规卫浴\洗脸盆\"中载入"桌上式台盆_多个.rfa"族；从路径"建筑\卫生器

具\3D\常规卫浴\污水池\”中载入“污水池.rfa”族。

STAGE2 放置厕所隔断

Step02 选择绘制视图

在项目浏览器中，双击“楼层平面”的 F1，切换至 F1 楼层平面视图。

Step03 激活面板工具

单击打开“建筑”选项卡，单击“构建”面板中“构件”的下拉按钮，在下拉列表中选择“放置构件”工具，自动切换至“修改|放置 构件”上下文选项卡，如图 9.2.1-3 所示。

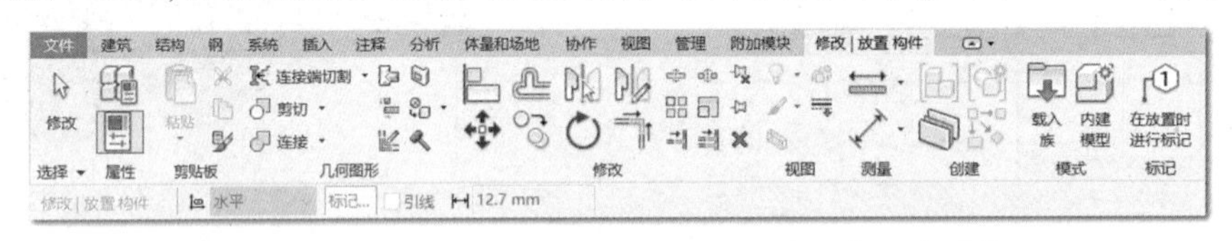

图 9.2.1-3 “修改|放置 构件”上下文选项卡及选项栏

Step04 指定图元类型

在属性面板中，单击类型选择器中的下拉按钮，在下拉列表中选择“厕所隔断 1 3D”中的“中间或靠墙(150 高地台)”族类型，如图 9.2.1-4 所示。

Step05 设置放置参数

在上下文选项卡中，保持“标记”面板中的“在放置时进行标记”工具处于非选中状态，如图 9.2.1-3 所示。在属性面板中，将深度设置为 1100mm，宽度设置为“900.0”，其他参数保持默认，如图 9.2.1-4 所示。

Step06 放置厕所隔断

1)大概放置厕所隔断。适当地缩放、移动视图，当鼠标移动到空白位置时，鼠标指针变为“🚫”，表示禁止放置；当鼠标移动到墙上时，可以预览到厕所隔断的放置效果，如图 9.2.1-5 所示，单击鼠标放置隔断。接着再移动鼠标到墙的其他位置单击，放置其他位置的隔断，放置后的效果如图 9.2.1-6 所示。

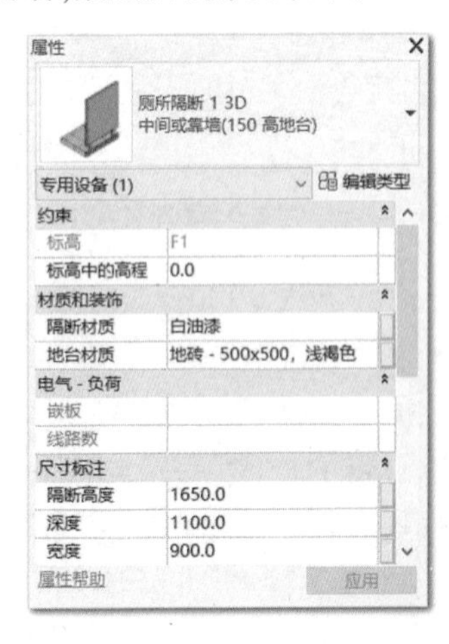

图 9.2.1-4 属性面板

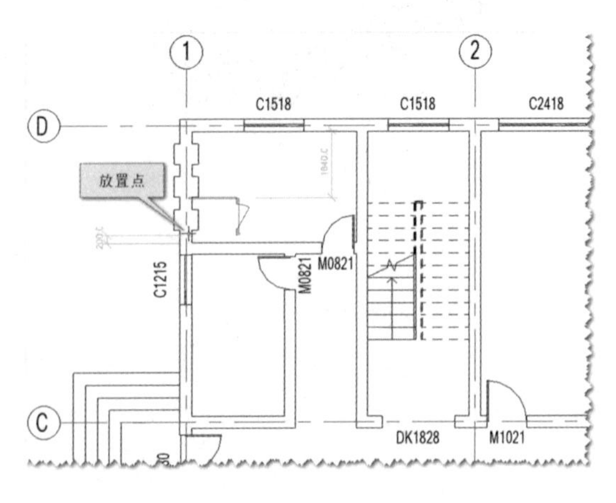

图 9.2.1-5 厕所隔断放置预览

2)精确定位女卫生间隔断。精确定位可以通过临时尺寸标注。单击选择女卫生间的第 1 个隔断，将临时尺寸标注的上夹点调整到北墙表面位置，再单击临时尺寸标注数值，在编辑框中输入“1800”回车，如图 9.2.1-7 所示，便可将隔断移动到距北墙表面 1800mm 的位置。同理，将女卫生间的第 2 个隔断和第 3 个隔断调整到距离北墙表面 900mm 的位置，将第 4 个隔断调整到距离南墙表面 1800mm 的位置，如图 9.2.1-8 所示。

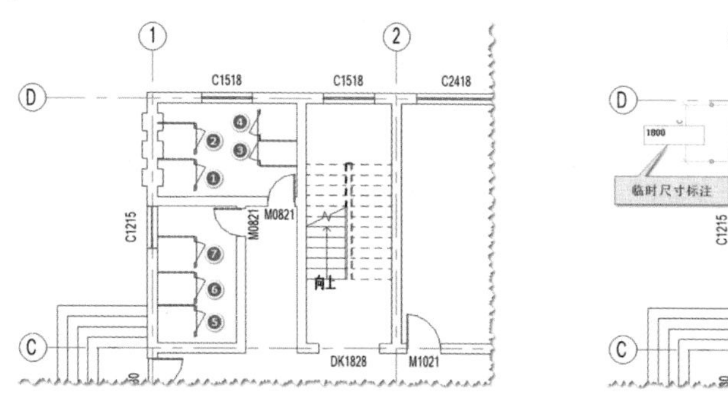

图 9.2.1-6　大概放置厕所隔断

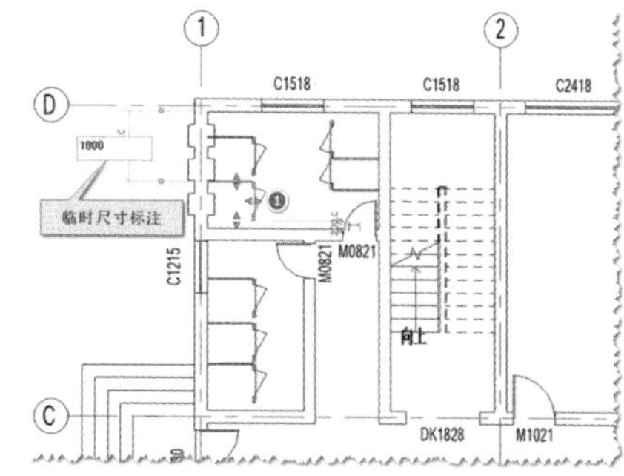

图 9.2.1-7　通过临时尺寸标注精确定位女卫生间隔断

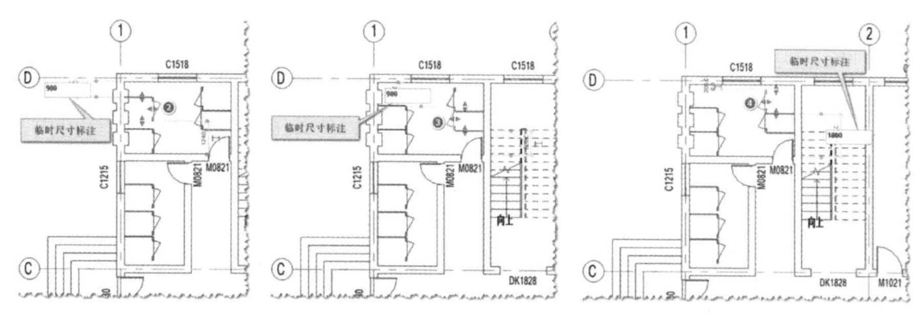

图 9.2.1-8　精确定位女卫生间隔断

3）精确定位男卫生间隔断。如果临时尺寸标注不好控制或不好计算数值时，也可通过尺寸标注精确定位。单击打开“注释”选项卡，单击“尺寸标注”面板中的“对齐”工具，放置如图 9.2.1-9 左图所示尺寸标注。单击选择男卫生间第 5 个隔断，再单击与南墙的尺寸标注数值，在编辑框中输入“900”回车，便可将隔断移动到距南墙表面 900mm 的位置。同理，将第 6 个隔断调整到距离第 5 个隔断 900mm 的位置，将第 7 个隔断调整到距离第 6 个隔断 900mm 的位置，如图 9.2.1-9 所示。

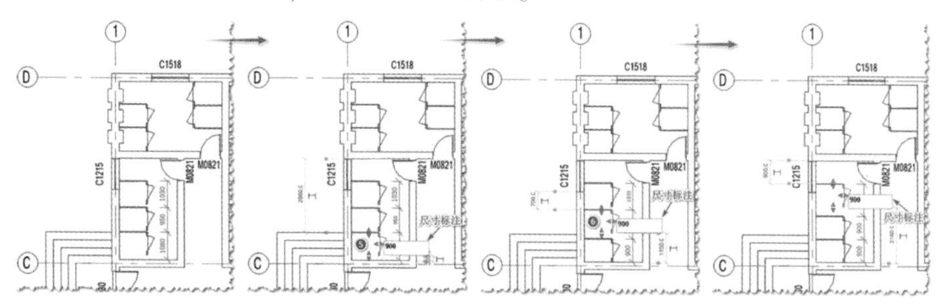

图 9.2.1-9　通过尺寸标注精确定位男卫生间隔断

Step07 指定图元类型

在属性面板中,单击类型选择器中的下拉按钮,在下拉列表中选择“厕所隔断 1 3D”中的“末端靠墙(150 高地台)”族类型,将深度设置为“1100.0”,宽度设置为“900.0”,其他参数保持默认,如图 9.2.1-10 所示。

Step08 放置隔断

大概放置厕所隔断。鼠标移动到女卫生间西侧墙上,在合适的位置单击鼠标放置隔断,如图 9.2.1-11 左图所示。

精确定位隔断。将临时尺寸标注的下夹点调整到南墙表面位置,再单击临时尺寸标注数值,在编辑框中输入 1800 回车,如图 9.2.1-11 右图所示,将隔断移动到距南墙表面 1800mm 的位置。

图 9.2.1-10 属性面板

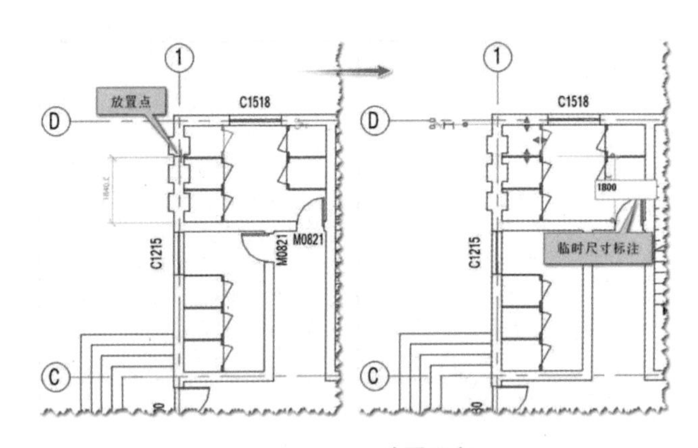

图 9.2.1-11 放置隔断

STAGE3 放置小便器

Step09 激活面板工具

单击打开“建筑”选项卡,在“构建”面板中单击“构件”的下拉按钮,在下拉列表中选择“放置构件”工具,自动切换至“修改|放置 构件”上下文选项卡。

Step10 指定图元类型

在属性面板中,单击类型选择器中的下拉按钮,在下拉列表中选择“立式小便器-落地式”中的“标准”族类型,如图 9.2.1-12 所示。

Step11 设置放置参数

在上下文选项卡中,保持“标记”面板中的“在放置时进行标记”工具处于非选中状态。属性面板中的参数保持默认不变。

Step12 放置小便器

1)大概放置小便器。适当地缩放、移动视图,移动鼠标到男卫生间东墙位置,小便器朝向不正确时可以多次按键盘上的空格键进行调整,从上往下依次放置 4 个小便器,如图 9.2.1-13 所示。

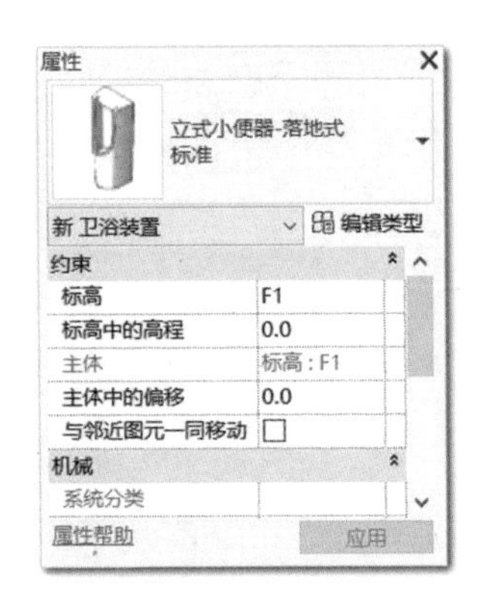

图 9.2.1-12　属性面板

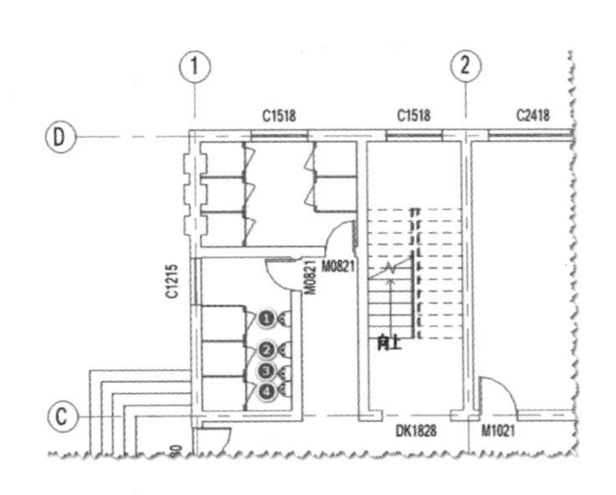

图 9.2.1-13　大概放置小便器

2）精确定位小便器。单击选择第 1 个小便器，调整竖向的夹点，起点在小便器中心线，终点男卫生间门的边缘，单击临时尺寸标注数值，在编辑框中输入“540”回车，如图 9.2.1-14 所示，移动第 1 个小便器到距离门边缘 540mm 的位置。同理，单击选择第 4 个小便器，调整竖向的夹点，起点在小便器中心线，终点南墙表面，单击临时尺寸标注数值，在编辑框中输入“500”回车，移动第 4 个小便器到距离南墙表面 500mm 的位置。单击打开“注释”选项卡，单击“尺寸标注”面板中的“对齐”工具，放置如图 9.2.1-15 所示尺寸标注，单击尺寸标注上的 EQ 等分符号，将自动移动第 2 个和第 3 个小便器到整个距离的三等分点位置。确认尺寸标注仍处于选中状态，按 Delete 键，在弹出的警告信息框中单击“取消约束”，将尺寸标注删除并取消约束限制。

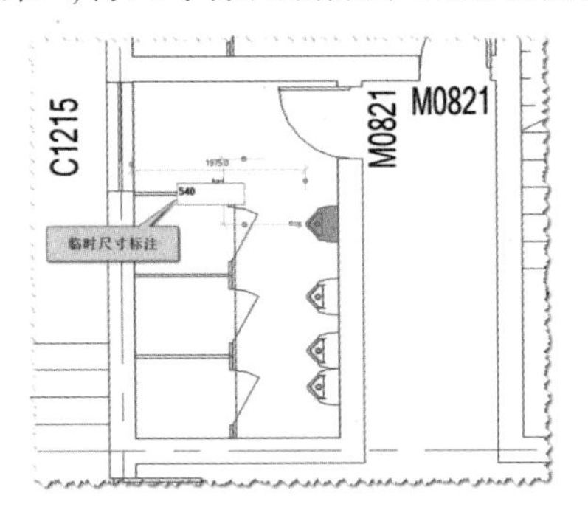

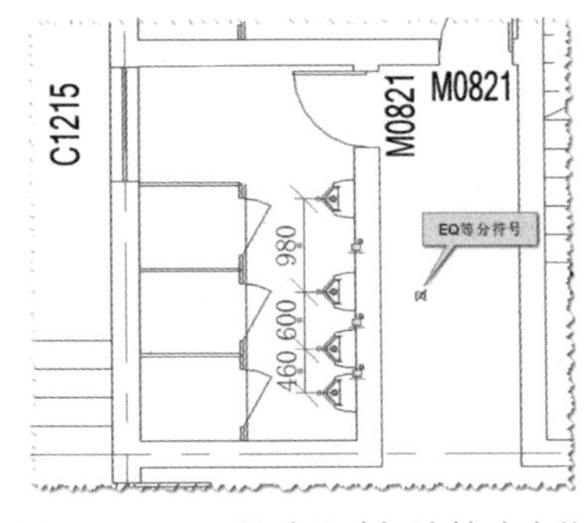

图 9.2.1-14　通过临时尺寸标注精确定位　　图 9.2.1-15　通过尺寸标注精确定位

STAGE4　放置台盆

Step13 绘制参照平面

单击打开“建筑”选项卡，在“工作平面”面板中单击“参照平面”工具，进入绘制参照平面状态。在盥洗室东墙位置先绘制两个水平的参照平面，然后单击选择参照平面，通过临时尺寸标注调整参照平面的位置，到 C 轴线的距离分别为 1400mm 和 900mm，如图 9.2.1-16 所示。

Step14 激活面板工具

单击打开“建筑”选项卡，在“构建”面板中单击“构件”的下拉按钮，在下拉列表中选择“放置构件”工具，自动切换至“修改|放置 构件”上下文选项卡，如图 9.2.1-17 所示。

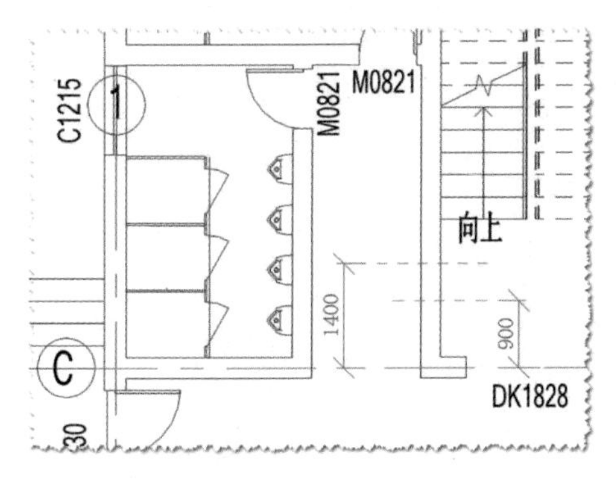

图 9.2.1-16 绘制参照平面

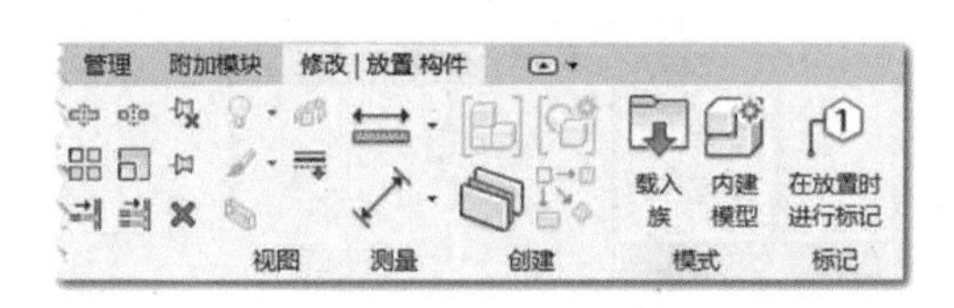

图 9.2.1-17 “修改|放置 构件”上下文选项卡

Step15 指定图元类型

在属性面板中，单击类型选择器中的下拉按钮，在下拉列表中选择“桌上式台盆_多个”中的“标准”族类型，如图 9.2.1-18 所示。

Step16 设置放置参数

在上下文选项卡中，保持“标记”面板中的“在放置时进行标记”工具处于非选中状态，如图 9.2.1-17 所示。属性面板中的参数保持默认不变。

Step17 放置台盆

移动鼠标到盥洗室东墙位置，台盆朝向不正确时可以多次按键盘上的空格键进行调整，靠着东墙表面单击鼠标放置台盆，如图 9.2.1-19 所示，按 Esc 键两次退出放置构件状态。单击打开“修改”选项卡，在“修改”面板单击“对齐”工具，单击拾取距 C 轴线 1400mm的参照平面作为对齐目标位置，再单击台盆的下边缘，将自动移动台盆使其下边缘对齐到参照平面。

图 9.2.1-18 属性面板

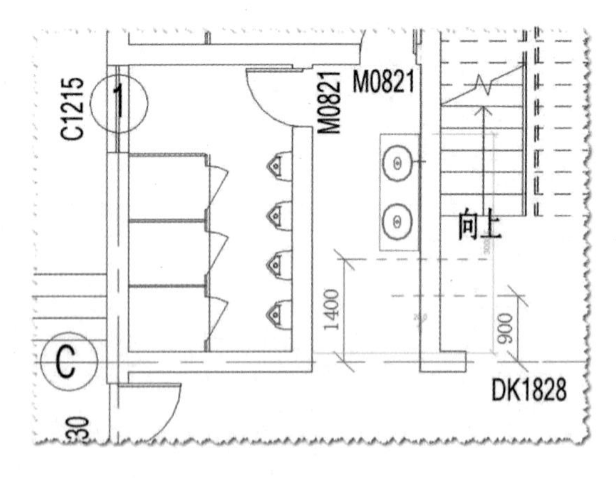

图 9.2.1-19 大概放置台盆

STAGE5 放置污水池

Step18 激活面板工具

单击打开“建筑”选项卡，在“构建”面板中单击“构件”的下拉按钮，在下拉列表中选

择“放置构件”工具，自动切换至“修改|放置 构件”上下文选项卡。

Step19 指定图元类型

在属性面板中，单击类型选择器中的下拉按钮，在下拉列表中选择“污水池”中的“标准”族类型，如图 9.2.1-20 所示。

Step20 设置放置参数

在上下文选项卡中，保持“标记”面板中的“在放置时进行标记”工具处于非选中状态。属性面板中的参数保持默认。

Step21 放置污水池

移动鼠标到盥洗室东墙表面与参照平面的交点，如图 9.2.1-21 所示，单击放置污水池。

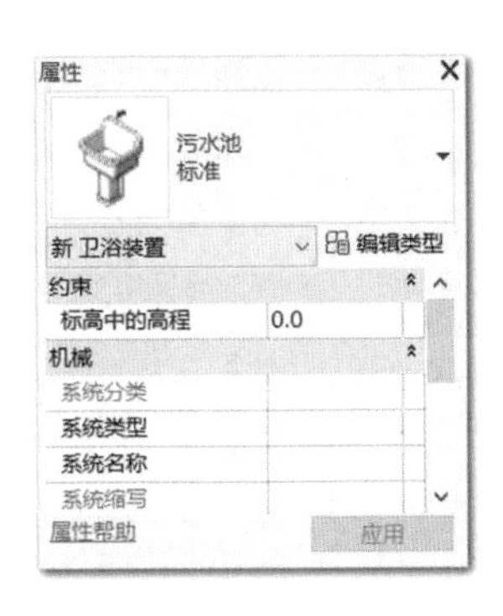

图 9.2.1-20　属性面板

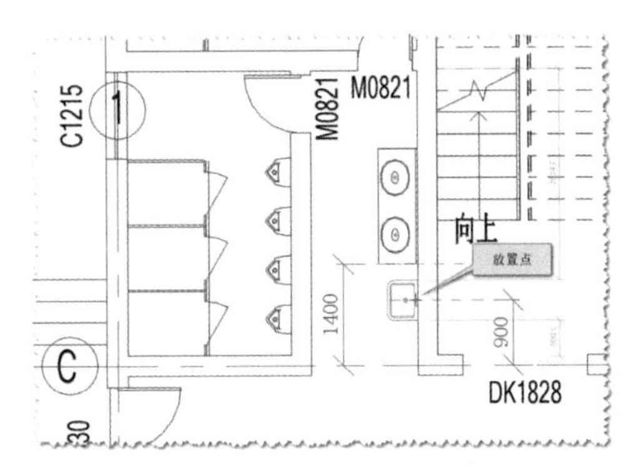

图 9.2.1-21　放置污水池

STAGE6　镜像生成东侧卫生间构件

Step22 镜像生成东侧卫生间构件

1）选择厕所隔断、小便器、台盆和污水池。以框选方式将刚创建的卫生间构件，包括厕所隔断、小便器、台盆和污水池全部选中，在上下文选项卡中，单击“选择”面板中的“过滤器”工具，打开“过滤器”对话框。在“过滤器”对话框中，单击“放弃全部”按钮，取消所有的勾选，然后再勾选“专用设备”和“卫浴装置”，如图 9.1.2-22 所示，单击“确定”按钮关闭该对话框。

2）激活面板工具并设置修改参数。在上下文选项卡中，单击“修改”面板的“镜像-拾取轴”工具，进入镜像修改状态。在选项栏中，勾选“复制”参数。

3）镜像生成东侧卫生间构件。单击 SN 参照平面，以 SN 参照平面为对称轴复制生成东侧卫生间构件。

Step23 查看卫生间构件的效果

单击快速访问工具栏中默认三维视图工具，切换至默认三维视图，在属性面板中，勾选“剖面框”。单击 ViewCube 中的“前”，切换到前视图。单击选择剖面框，移动鼠标到上侧控制柄按住鼠标不放，向下移动鼠标到一层合适位置。单击 ViewCube 中的主视图，切换到主视图，适当地旋转、移动、缩放视图，便可观察到放置卫生间构件后的效果，如图 9.2.1-23 所示。

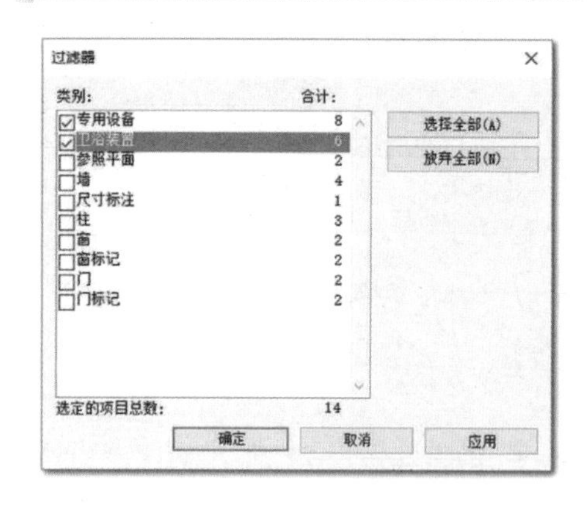

图 9.2.1-22 “过滤器”对话框

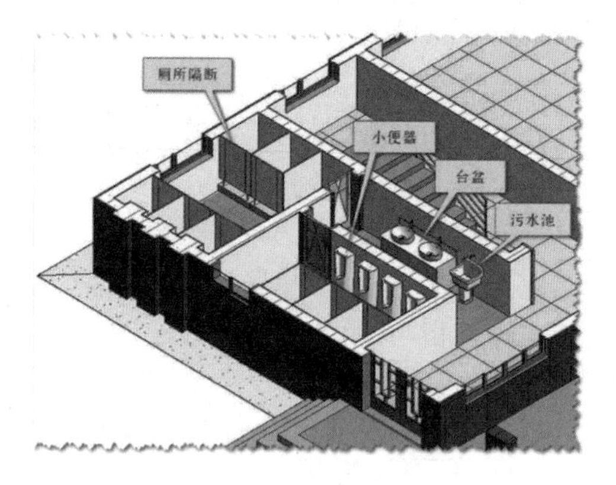

图 9.2.1-23 卫生间构件放置后的效果

9.2.2 场地构件

STAGE1 收集场地构件族

Step01 打开建筑样例项目

若 Revit 主视图中找不到建筑样例项目时，可以在 Revit 的安装目录下找。例如 Revit 的安装路径为“C:\Program Files\Autodesk\Revit 2020”，那么在 Samples 文件夹中，“rac_basic_sample_project.rvt”对应的就是建筑样例项目，双击该文件便可打开该项目。

在快速访问工具栏中单击“默认三维视图”工具，切换到默认三维视图，适当地移动、缩放视图。在视图控制栏中，单击“视觉样式”按钮，在列表中单击选择“真实”，切换到真实视觉样式。单击选择一棵树，在属性面板中就可以看到该树属于 RPC Tree-Deciduous 族的一种类型，如图 9.2.2-1 所示。同理，可以查看两个人物分别属于 RPC Male 族和 RPC Female 族，小汽车属于 M_RPC Beetle 族。

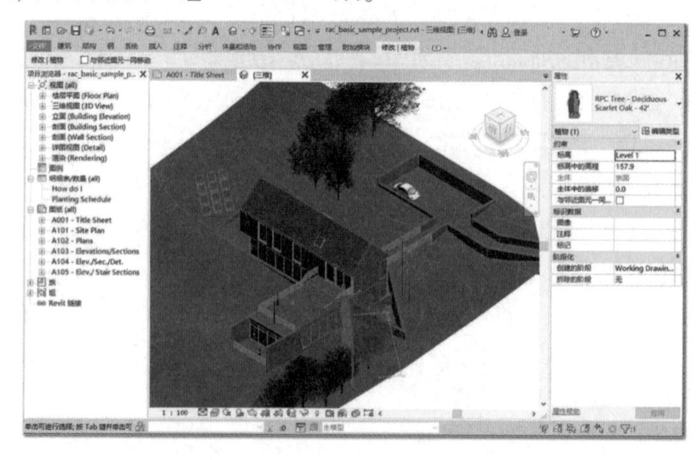

图 9.2.2-1 建筑样例项目中的场地构件

场地构件

Step02 导出项目中的场地构件

单击打开文件选项卡，如图 9.2.2-2 所示，再依次单击“另存为”“库”“族”，打开“保存族”对话框。在“保存族”对话框中，选择桌面上的 RFA 文件夹作为保存位置，文件名保持为“与族名称同名”，文件类型保持为“族文件（ *.rfa）”不变，单击要保存的族右侧的下拉按钮，在列表中找到 RPC Tree-Deciduous 并单击选择，如图 9.2.2-3 所示，再单击“保存”按钮，样例项目中的族将保存到桌面的 RFA 文件夹中，名称为 RPC Tree - Deciduous.rfa 。同理，可以将项目的男人、女人、小汽车分别保存为 RPC male.rfa、RPC female.rfa、M_RPC Beetle.rfa 。

图 9.2.2-2　文件菜单

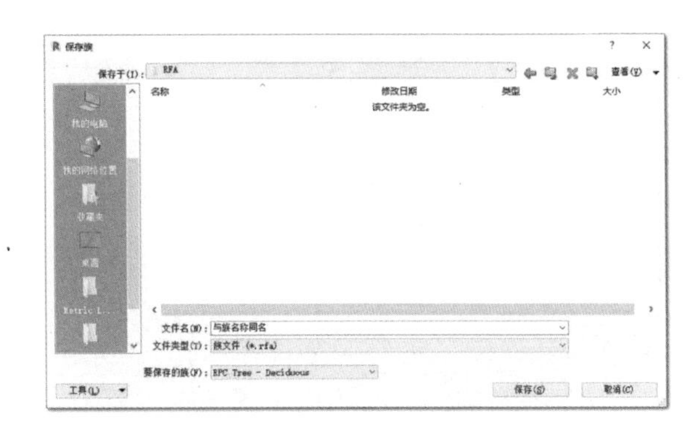

图 9.2.2-3　“保存族”对话框

STAGE2　载入场地构件族

Step03 打开综合楼项目

单击快速访问工具栏中“打开”工具，弹出“打开”对话框，在综合楼存储的路径下，单击选择综合楼项目文件，再单击“打开”按钮，打开综合楼项目。

Step04 选择放置视图

在项目浏览器中，双击“楼层平面”的“场地”，切换至场地楼层平面视图。

Step05 激活面板工具

单击打开“体量和场地”选项卡，在“场地建模”面板中单击“场地构件”工具，自动切换至“修改|场地构件”上下文选项卡。

Step06 载入场地构件族

在“修改|场地构件”上下文选项卡中，单击“模式”面板中“载入族”工具，打开“载入族”对话框。在“载入族”对话框中，打开桌面 RFA 文件夹，单击选择第一个文件，按住 Shift 键不放再单击最后一个文件，将 4 个族文件全部选中，单击“打开”按钮，将 4 个族全部载入到当前项目中。

STAGE3　放置场地构件

Step07 放置树

在属性面板中，单击类型选择器的下拉按钮，在下拉列表中选择“RPC Tree - Deciduous”中的 Scarlet Oak-42′类型，如图 9.2.2-4 所示，然后在场地上的适当位置单击鼠标便可放置树，再次单击可放置第 2 棵树，如图 9.2.2-5 所示。其他类型的树，可根据个人的喜好在场地上进行合理布置，此处便不再一一说明。

图 9.2.2-4　属性面板

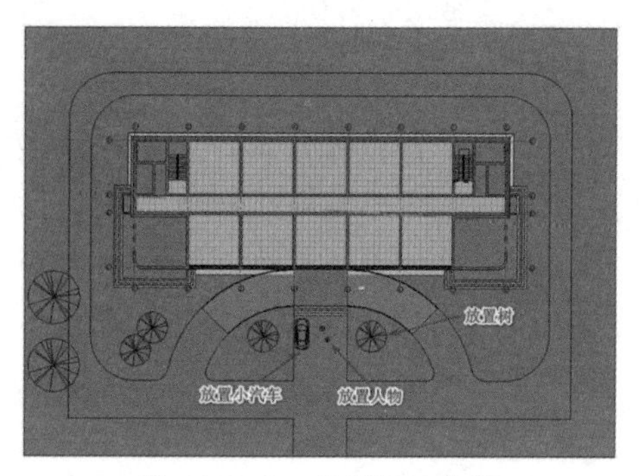

图 9.2.2-5　放置场地构件

Step08 放置小汽车

在属性面板中,单击类型选择器的下拉按钮,在下拉列表中选择 M_RPC Beetle 中的 M_RPC Beetle 类型,然后在入口处台阶前的适当位置单击鼠标放置小汽车,如图 9.2.2-5 所示。

Step09 放置人物

在属性面板中,单击类型选择器的下拉按钮,在下拉列表中选择 RPC male 中的 Alex 类型,然后在楼前道路的适当位置单击鼠标放置男人。同理,单击类型选择器的下拉按钮,在下拉列表中选择 RPC female 中的 YinYin 类型,然后在楼前道路的适当位置单击鼠标放置女人,如图 9.2.2-5 所示。单击选择人物,可以使用"修改"面板中的移动、旋转工具修改人物的位置及朝向。

Step10 查看场地构件的效果

单击快速访问工具栏中默认三维视图工具,切换至默认三维视图,适当地缩放、移动视图。在视图控制栏中,单击"视觉样式"按钮,在列表中单击选择"真实",切换到真实视觉样式。便可观察到放置场地构件后的效果,如图 9.2.2-6 所示。

图 9.2.2-6　放置场地构件后的效果

9.3　模型文字

Step01 切换绘制视图

在项目浏览器中,双击"立面(建筑立面)"中的"北",切换至北立面视图。

Step02 设置工作平面

单击打开"建筑"选项卡,在"工作平面"面板中单击"显示"工具,在视图中显示当前工作平面的位置。再单击“设置”工具，打开“工作平面”对话框，在指定新的工作平面中选择“拾取一个平面”，单击“确定”按钮。在绘图区域中，移动鼠标到阁楼坡屋顶的边缘位置单击，如图 9.3-1 上图所示，便将该坡屋顶的北侧斜面设置为当前工作平面，如图 9.3-1 下图所示。

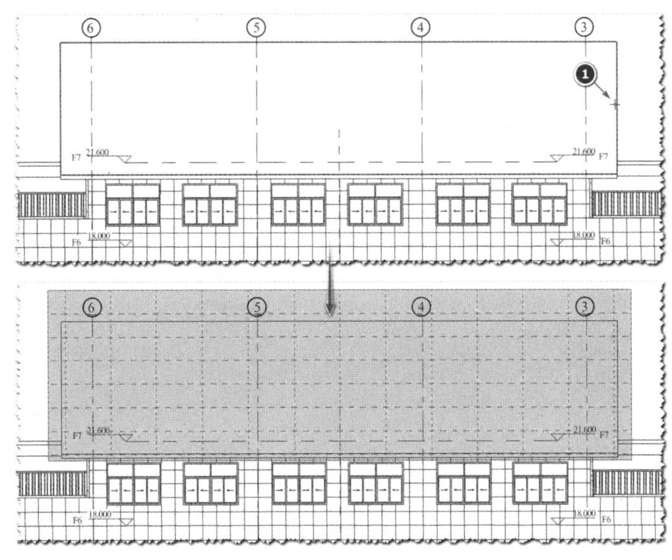

图 9.3-1　设置工作平面

Step03 创建模式文字

模型文字

单击打开“建筑”选项卡，在“模型”面板中单击“模型文字”工具，弹出“编辑文字”对话框。在“编辑文字”对话框中，编辑框中输入“安阳师院综合楼”（名字随意取），单击“确定”按钮，关闭该对话框。在绘图区域，大概移动鼠标到坡屋顶北侧斜面的中央位置单击，如图 9.3-2 上图所示，将模型文字放置在该斜面上，如图 9.3-2 下图所示。

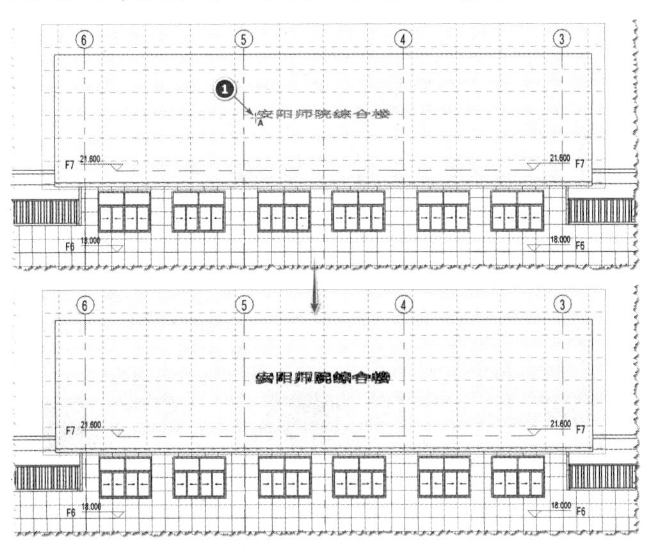

图 9.3-2　放置模式文字

Step04 修改模型文字

1) 修改文字字体和大小。单击选择刚创建的模型文字，在属性面板中，单击“编辑类型”按钮，打开“类型属性”对话框，单击“复制”按钮，打开“名称”对话框，输入名称“1000mm黑体”后单击“确定”按钮，如图 9.3-3 所示，创建一种新的族类型。在“类型属性”对话框中，将文字字体更改为“黑体”，文字大小更改为“1000.0”，如图 9.3-4 所示，单击“确定”按钮将新建的族类型应用于模型文字。

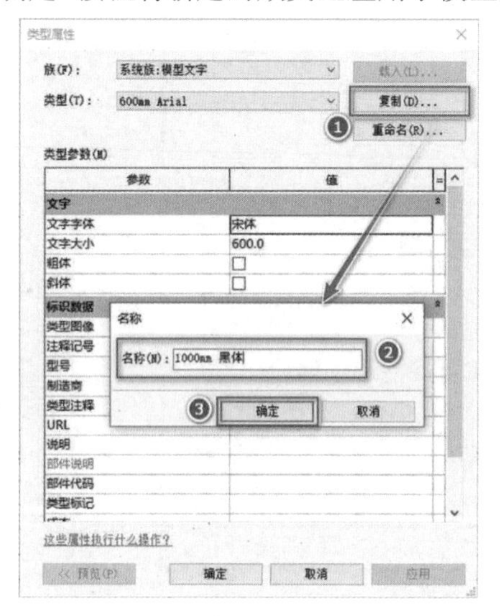

图 9.3-3　新建族类型

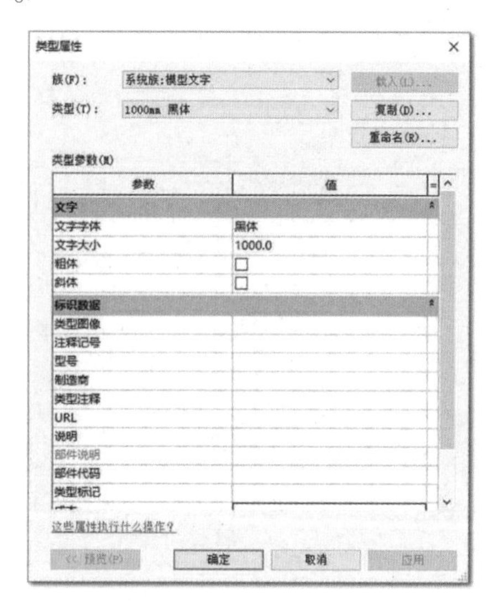

图 9.3-4　修改类型参数

2）修改模型文字的对齐方式、材质及深度。在属性面板中，将水平对齐从“左”更改为“中心线”，如图 9.3-5 所示。单击材质右侧单元格，再单击单元格右侧的浏览按钮，打开材质浏览器，在材质列表中单击选择“金属-黄铜，抛光”材质，再单击“确定”按钮，将该材质赋予模型文字。深度保持为“150.0”不变，单击属性面板中的“应用”按钮。

Step05 查看模型文字的效果

单击快速访问工具栏中默认三维视图工具，切换至默认三维视图，适当地移动、旋转、缩放视图，便可观察到模型文字的效果，如图 9.3-6 所示。

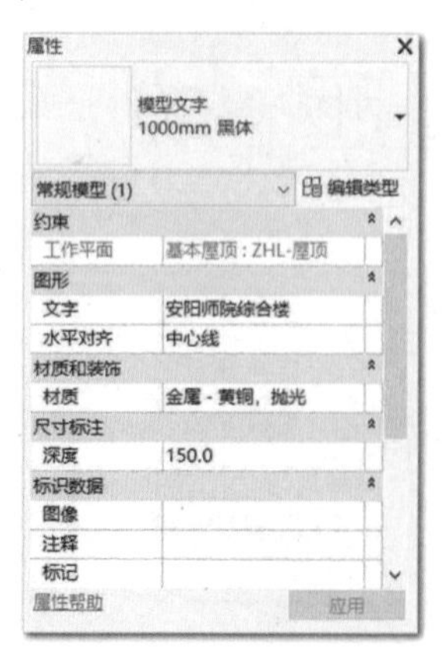

图 9.3-5　属性面板

图 9.3-6　三维视图中的模型文字

第 10 章　渲染与漫游

10.1　渲染

10.1.1　创建三维视图

Step01　选择操作视图

在项目浏览器面板中，双击楼层平面中的“室外地坪”，切换至“室外地坪”楼层平面视图。

Step02　激活面板工具

单击打开“视图”选项卡，在“创建”面板中单击“三维视图”的下拉按钮，在下拉列表中选择“相机”工具，如图 10.1.1-1 所示，进入放置相机(即视点)模式。

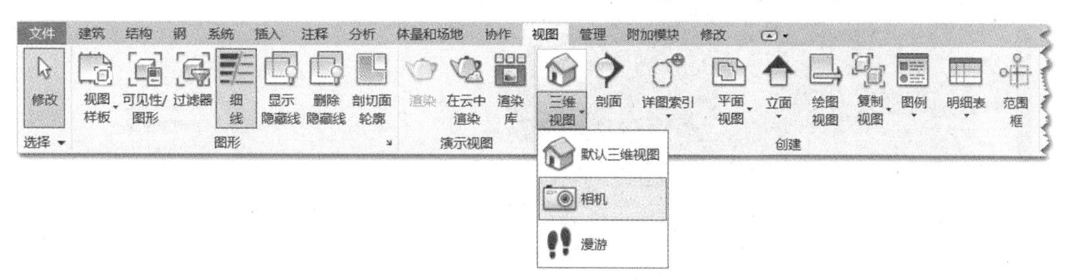

图 10.1.1-1　“相机”工具

Step03　设置相机参数

在选项栏中，勾选“透视图”，偏移量设置为“1750.0”，选择放置标高自“室外地坪”，如图 10.1.1-2 所示。

图 10.1.1-2　选项栏参数

Step04　创建三维视图

在绘图区域中，移动鼠标到综合楼的西南角，单击鼠标可放置视点，如图 10.1.1-3 所示，此时再移动鼠标便可预览到一个三角形区域，状态上提示“单击可将观察目标置于光标位置上”，视点和目标点确定了视线方向(即视角)，三角形两邻边确定了视野范围。再沿东北方向移动鼠标到合适位置单击可放置目标点，创建了三维视图，并自动切换到刚创建的“三维视图 1”三维视图，将视觉样式切换为着色，如图 10.1.1-4 所示。

创建三维视图

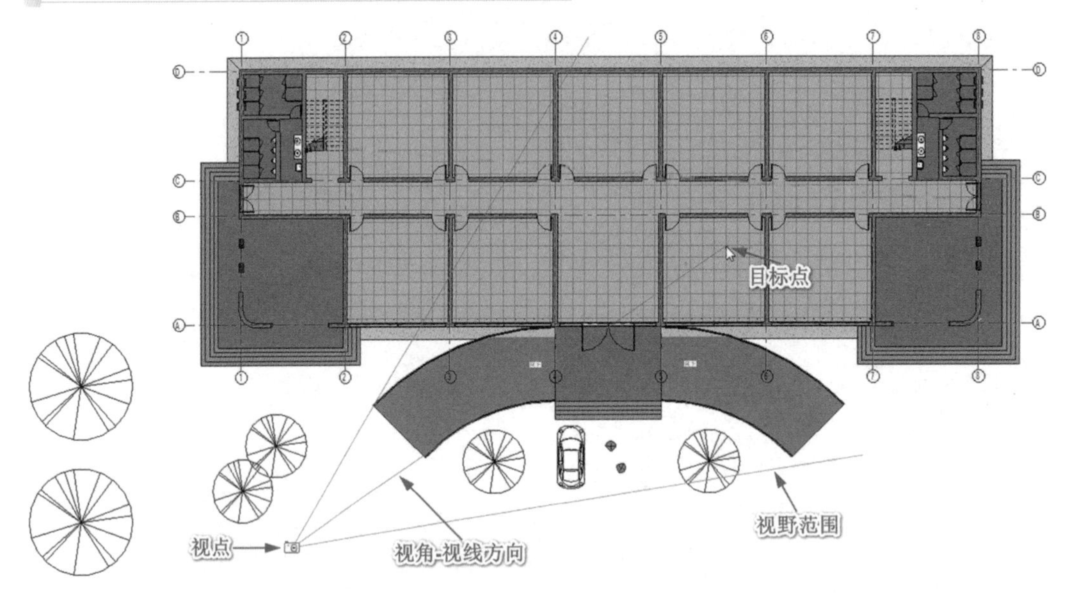

图 10.1.1-3　创建三维视图

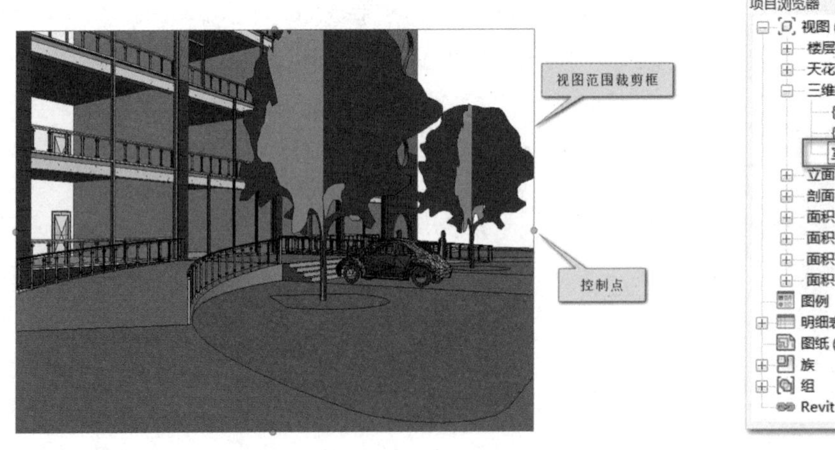

图 10.1.1-4　三维视图

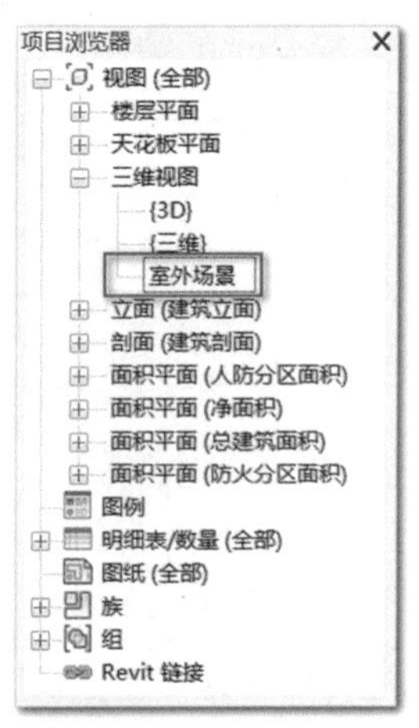

图 10.1.1-5　重命名

Step05　修改视图名称

在项目浏览器中，右键单击"三维视图 1"，在右键菜单中单击"重命名"工具，然后在编辑框中将"三维视图 1"更改为"室外场景"，如图 10.1.1-5 所示，按键盘上的回车键完成三维视图的重命名。

Step06　修改视口大小

在"室外场景"三维视图中，裁剪框四周有四个蓝色的控制点，如图 10.1.1-4 所示，单击控制点按住鼠标不放，然后拖动到新的位置再松开鼠标，便可调整视口上下左右的视野范围。

Step07　显示相机

当相机处于非选中状态时，在楼层平面视图中是看不到相机的，也就无法修改。修改相机之前首先要显示相机,常用的方法有两种。一种方法是先切换到楼层平面视图再通过右键菜单显示相机。在项目浏览器中,双击“室外地坪”切换到室外地坪楼层平面视图,然后在项目浏览器中右键单击“室外场景”,在右键菜单中单击“显示相机”工具,在平面视图中便可看到相机。另一种方法是先在三维视图中选择相机再切换到楼层平面视图。在项目浏览器中,双击“室外场景”切换到三维视图,单击视图的边缘选择裁剪框对应的相机,如图 10.1.1-4 所示,然后在项目浏览器中双击“室外地坪”切换到室外地坪平面视图,在该平面视图中便可看到相机。

Step08　修改相机

在室外地坪平面视图中,确认已显示相机。单击相机图标按住鼠标不放,拖动到新位置松开鼠标便可调整视点位置,如图 10.1.1-6 所示。单击红色的目标点按住鼠标不放,拖动到新位置松开鼠标便可调整相机视角。三角形区域显示了视野的范围,即三角形内的图元可见,三角形外的图元不可见。在三角形底边有一个蓝色的控制点,单击控制点按住鼠标不放,拖动到新的位置松开鼠标便可调整远裁剪的范围(视距)。若属性面板没有勾选“远剪裁激活”选项,则视距变成无穷远。

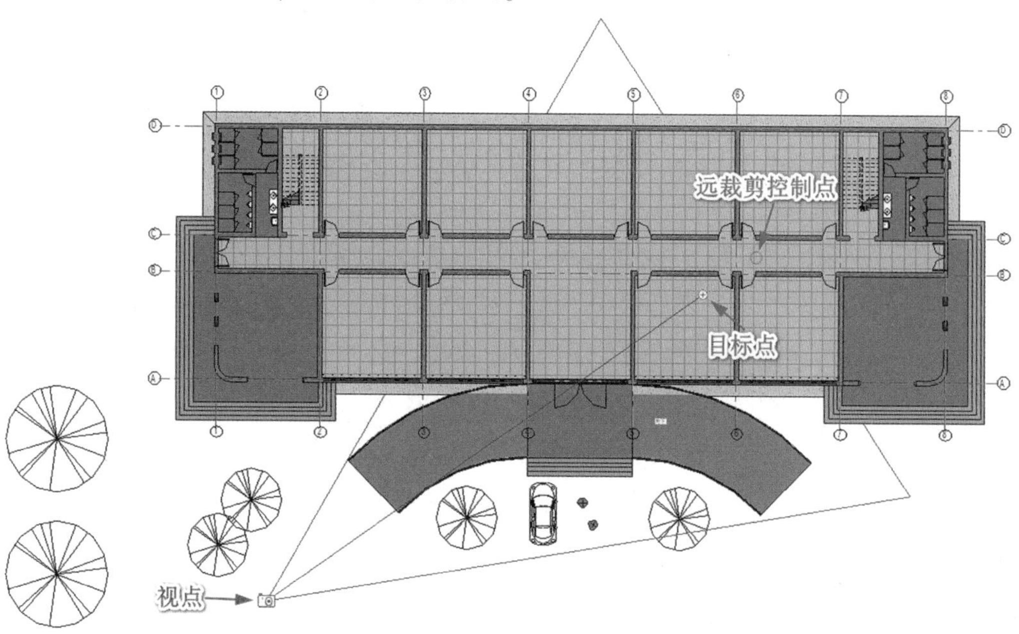

图 10.1.1-6　调整相机的视点、视角和视矩

在属性面板中,如图 10.1.1-7 所示,将视点高度修改为“1650.0”,目标高度修改为“10000.0”,便形成了仰视的效果,如图 10.1.1-8 所示。可以将视点高度和目标高度调整成不同的数值,形成仰视、平视、俯视的效果。

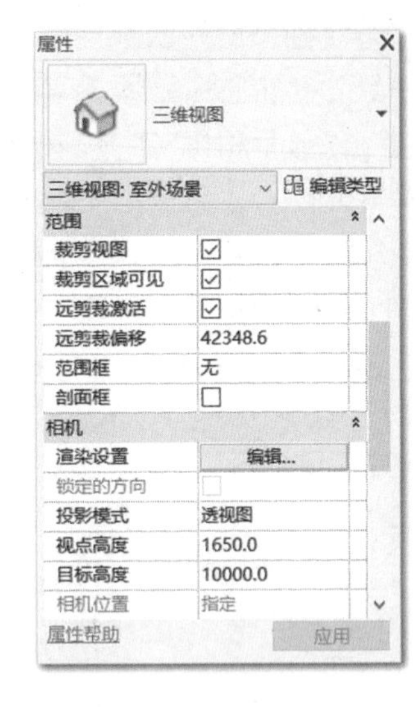

图 10.1.1-7　属性面板

图 10.1.1-8　仰视图

10.1.2　渲染室外场景

Step01　选择操作视图

在项目浏览器中，双击三维视图中的“室外场景”，切换至“室外场景”三维视图。

Step02　激活面板工具

单击打开“视图”选项卡，在“演示视图”面板单击中“渲染”工具，如图 10.1.2-1 所示，或在视图控制栏中单击“显示渲染对话框”工具，打开“渲染”对话框。

图 10.1.2-1　“渲染”工具

Step03　设置参数并渲染

在“渲染”对话框中，如图 10.1.2-2 所示，不勾选“区域”，将质量设置为“绘图”，输出设置中分辨率选择“屏幕”，照明方案选择“室外：仅日光”，背景样式选择“天空：少云”。设置完成后，单击“渲染”按钮，Revit 开始渲染，稍等待一段时间后，在当前视图中显示了渲染后的图像。单击“调整曝光”按钮可以打开“曝光控制”对话框，可以对图像进行曝光值、高亮显示、阴影等调整。显示中单击“显示渲染/显示视图”可在渲染图像和三维视图之间进行切换。

渲染室外场景

一般渲染计算时间较长，常用的策略是先用低质量低分辨率渲染后预览大体效果，如果没有需要修改的，视角和视野也合适时，再设置为高质量高分辨率渲染输出。

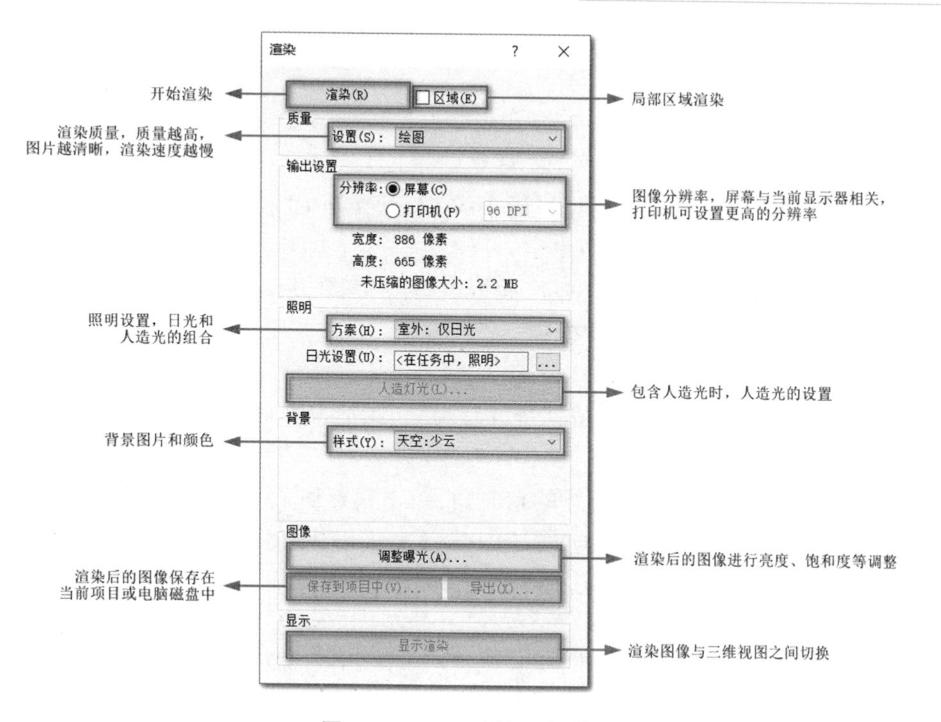

图 10.1.2-2　“渲染”对话框

Step04　保存渲染图像

在“渲染”对话框中，如图 10.1.2-2 所示，单击“保存到项目中”按钮，弹出“保存到项目中”对话框。在“保存到项目中”对话框中，如图 10.1.2-3 所示，名称更改为“室外场景图”，单击“确定”按钮便可把渲染图像保存在当前项目中。单击“导出”按钮，弹出“保存图像”对话框。在“保存图像”对话框中，如图 10.1.2-4 所示，设置图像保存的路径，文件名输入“综合楼室外场景图”，文件类型选择“JPEG 文件”，单击“保存”按钮，便可把渲染图像保存在电脑磁盘上。注意，若不保存或导出图像，关闭渲染对话框后渲染图像将会丢失。

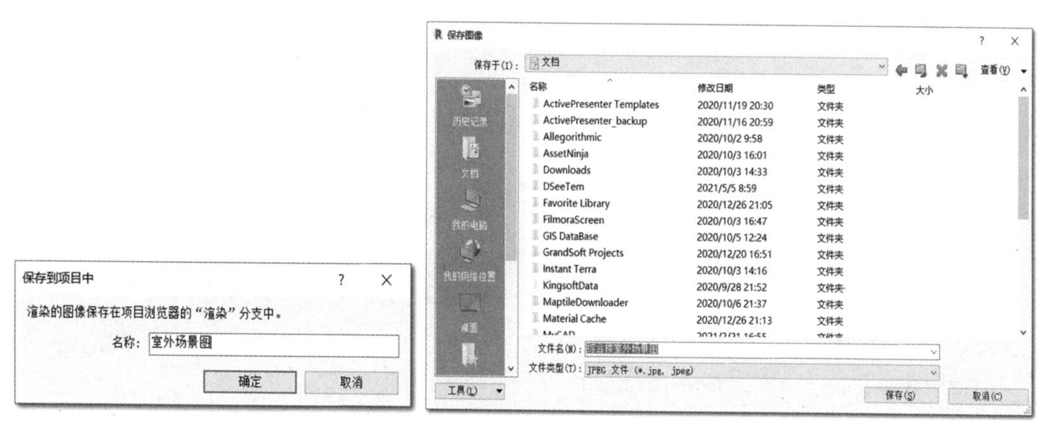

图 10.1.2-3　“保存到项目中”对话框　　　　图 10.1.2-4　“保存图像”对话框

10.1.3 渲染室内场景

STAGE1 创建三维视图

Step01 选择操作视图

在项目浏览器面板中,双击楼层平面中的 F1,切换至 F1 楼层平面视图。

Step02 激活面板工具

单击打开“视图”选项卡,在“创建”面板中单击“三维视图”的下拉按钮,在下拉列表中选择“相机”工具,进入放置视点模式。

Step03 设置相机参数

在选项栏中,勾选“透视图”,偏移量设置为“1750”,选择放置标高自 F1。

Step04 创建三维视图

渲染室内场景

在绘图区域中,移动光标到门厅的东北角,单击鼠标可放置视点,沿西南方向移动鼠标到合适位置单击可放置目标点,如图 10.1.3-1 所示,创建了名为“三维视图 1”的三维视图,将视觉样式切换为着色,如图 10.1.3-2 所示。

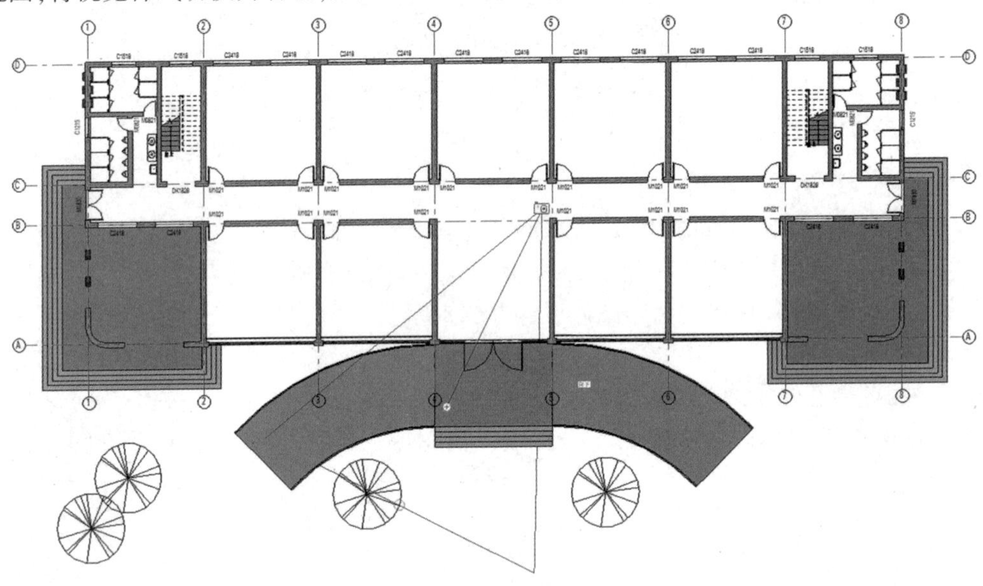

图 10.1.3-1 创建三维视图

Step05 修改视图名称

在项目浏览器中,右键单击“三维视图 1”,在右键菜单中单击“重命名”工具,然后在编辑框中将“三维视图 1”更改为“室内场景”。

STAGE2 渲染室内场景

Step06 激活面板工具

在视图控制栏中单击“显示渲染对话框”工具,打开“渲染”对话框。

Step07 设置参数并渲染

在“渲染”对话框中,不勾选“区域”,将质量设置为“绘图”,输出设置中“分辨率”选择“屏幕”,照明方案选择“室内:仅日光”,背景样式选择“天空:少云”。设置完成后,单

图 10.1.3-2　三维视图

击“渲染”按钮，完成室内场景的渲染。

Step08　保存渲染图像

在“渲染”选项卡中，单击“保存到项目中”按钮，弹出“保存到项目中”对话框，名称更改为“室内场景图”，单击“确定”按钮保存渲染图像。单击“导出”按钮，弹出“保存图像”对话框，设置图像保存的路径，文件名输入“综合楼室内场景图”，文件类型选择 JPEG 文件，单击“保存”按钮，把渲染图像保存在电脑磁盘上。

10.2　漫游

STAGE1　创建漫游

Step01　选择操作视图

在项目浏览器中，双击“楼层平面”中的“室外地坪”，切换至“室外地坪”楼层平面视图。

Step02　激活面板工具

单击打开“视图”选项卡，在“创建”面板中单击“三维视图”的下拉按钮，在下拉列表中单击“漫游”工具，如图 10.2-1 所示，进入创建漫游模式，自动切换至“修改|漫游”上下文选项卡，如图 10.2-2 所示。

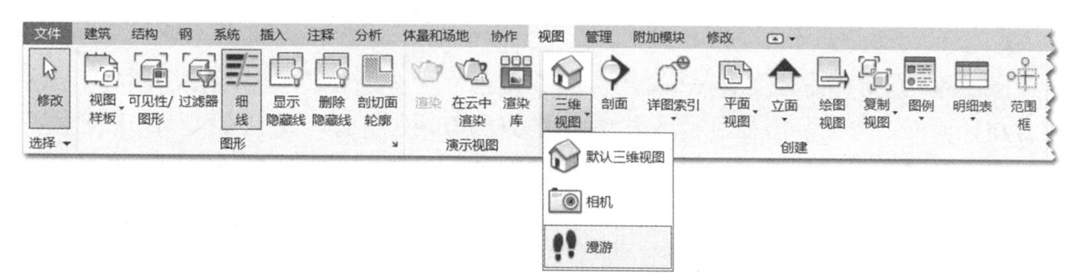

图 10.2-1　“漫游”工具

Step03　设置相机参数

在选项栏中,勾选“透视图”选项,偏移量设置为“1750”,即普通人的平均高度,也可把每个相机设置为不同高度,起始位置选择自“室外地坪”,如图 10.2-2 所示。

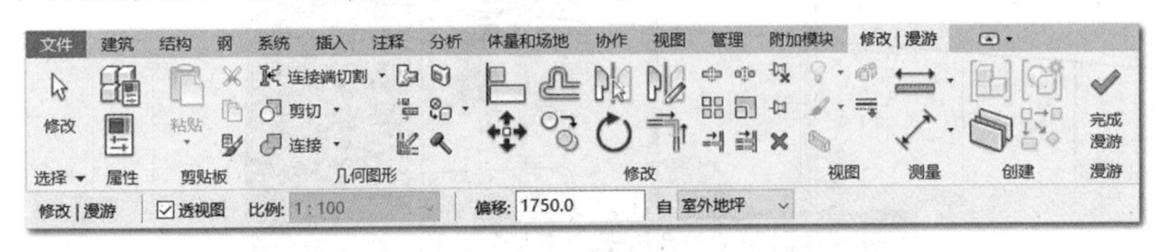

图 10.2-2　“修改|漫游”上下文选项卡及选项栏

Step04　创建漫游路径

将光标移动到想要放置关键帧的位置,单击鼠标左键即可放置关键帧。通过在综合楼前的合适位置单击鼠标放置不同关键帧,如图 10.2-3 所示,先放置关键帧 1 和 2,然后在选项栏中,将偏移量设置为“2050”,再放置关键帧 3,将偏移量修改为“2350”后放置关键帧 4,将偏移量修改为“2050”后放置关键帧 5,然后将偏移量修改为“1750”,再放置关键帧 6、7、8,然后按键盘上的 Esc 键一次退出创建模式。每两个关键帧之间,Revit 会自动计算并插入合适数量的帧数,每一帧都会渲染一张照片,沿着路径行走漫游的过程就转化为按一定速率切换照片的过程,这也是动画制作的基本原理。

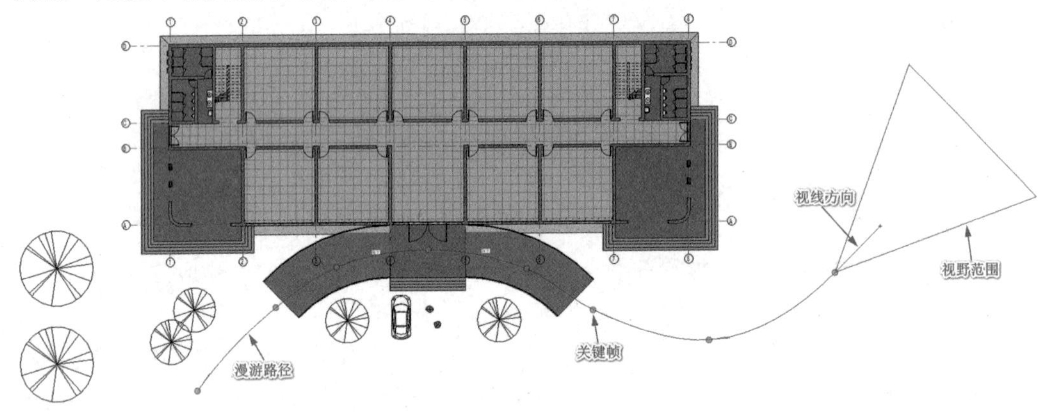

图 10.2-3　放置关键帧创建漫游路径

STAGE2　修改漫游

Step05　显示漫游

漫游路径上的相机处于非选择状态时,在楼层平面视图中不会显示漫游路径。编辑漫游路径前需要将漫游路径显示出来,常用的方法有两种。一种方法是先切换到楼层平面视图再通过右键菜单显示相机。在项目浏览器中,双击“室外地坪”切换到室外地坪楼层平面视图,然后在项目浏览器中右键单击“漫游 1”,在右键菜单中单击“显示相机”工具,如图 10.2-4 所示,在平面视图中便可看到漫游路径。另一种方法是先在漫游视图中选择相机再切换到楼层平面视图。在项目浏览器中,双击“漫游 1”切换到漫游视图,单击视图的边缘选择裁剪框对应的相机,如图 10.2-5 所示,然后在项目浏览器中双击“室外地坪”切换到室外地坪平面视图,在该平面视图中便可看到漫游路径。

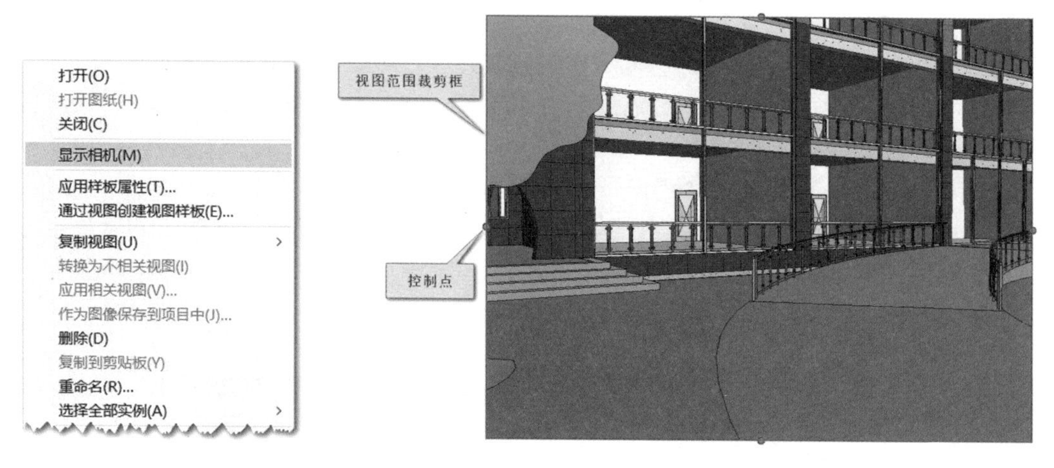

图 10.2-4　显示相机　　　　图 10.2-5　漫游视图

Step06　修改漫游路径

1）在室外地坪平面视图中，确认漫游路径已显示。在“修改|相机”上下文选项卡，单击“漫游”面板中“编辑漫游”工具，如图 10.2-6 所示，进入编辑漫游状态，自动切换到“编辑漫游”上下文选项卡，如图 10.2-7 所示。在“修改|相机”选项栏中，如图 10.2-7 所示，提供了 4 种控制方式用于修改漫游路径，分别是活动相机、路径、添加关键帧和删除关键帧。在选项栏中，还显示了整个漫游路径的总帧数和当前帧。

图 10.2-6　“编辑漫游”工具

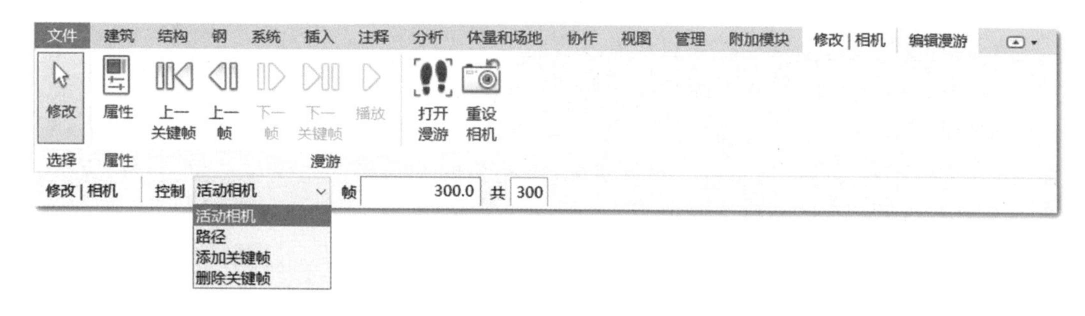

图 10.2-7　“编辑漫游”上下文选项卡及“修改|相机”选项栏

2）修改路径。在“修改|相机”选项栏中，将控制设置为“路径”，进入路径修改状态。单击关键帧（即浅蓝色的点）按住鼠标不放，拖动到合适的位置再松开鼠标，可移动关键帧位置。若缺少关键帧可以将控制切换到“添加关键帧”，然后在路径单击鼠标添加关键帧；若关键帧过密则可以将控制切换到“删除关键帧”，然后在已有的关键帧上单击将其

删除。最后调整为如图 10.2-3 所示的形状。

3）修改相机。在"修改|相机"选项栏中，将控制设置为"活动相机"，进入相机修改状态。此时关键帧显示为红色的点，当前关键帧上显示一个相机图标，三角形表示视野范围，当前帧与目标点的蓝色线段表示视线方向。通过"编辑漫游"上下文选项卡中的"上一关键帧"和"下一关键帧"切换到不同的关键帧。单击粉红色的目标点按住鼠标不放，再拖动鼠标可旋转视线方向，转动到合适位置松开鼠标。单击三角形底边上的蓝色空心点按住鼠标不放，拖动鼠标可调整远端的视距，移动到合适位置再松开鼠标。相机调整后的效果如图 10.2-8 所示。

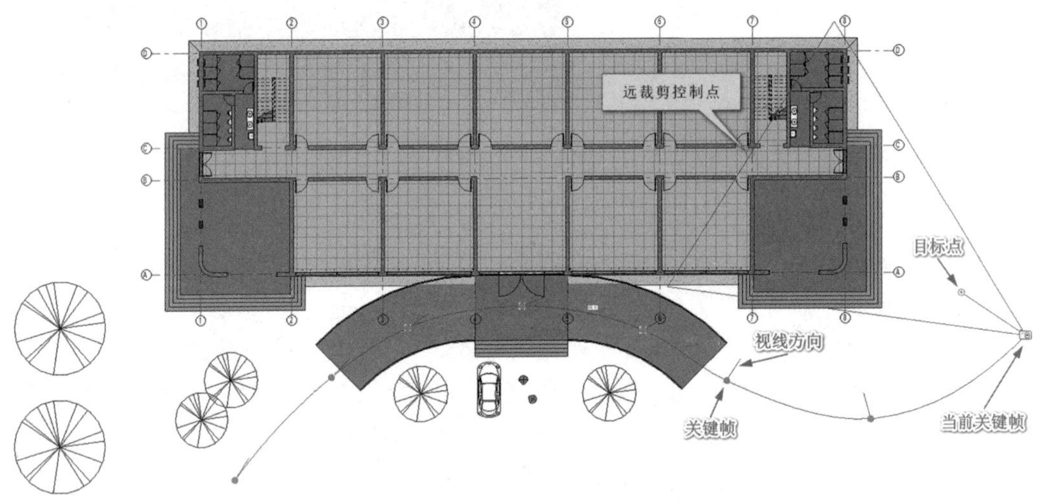

图 10.2-8　修改相机

Step07　播放漫游动画

确认路径仍显示，相机仍处于选中状态。在"编辑漫游"上下文选项卡中单击"打开漫游"可快速切换到漫游视图，在选项栏中，如图 10.2-9 所示，将帧更改为"1.0"，将当前帧调整到漫游的起始位置，再单击"编辑漫游"上下文选项卡中的"播放"工具即可播放漫游动画。通过拖拽边框上的控制点可调整视野大小。

Step08　进一步修改漫游路径

前面形成的动画视线高度的调整，是通过前期计算，然后在放置关键帧时设置的。然而，很多情形下是没有办法精确计算视点高度，相机的调整也不是仅在平面上便可完成，此时需要多视图配合调整方能完成。

在项目浏览器中双击视图名称，分别打开漫游 1、室外地坪、东立面、南立面四个视图，把其他视图关闭，单击打开"视图"选项卡，在"窗口"面板中单击"平铺视图"工具，如图 10.2-10 所示，将四个视图平铺显示，在视图中双击鼠标中键可缩放匹配显示所有图元，如图 10.2-11 所示。一般也是先调整路径再调整相机的视角和视距。调整路径时，在室外地坪平面视图中调整路径关键帧的水平位置，在东立面和南立面视图中调整路径关键帧的垂直位置。调整相机时，在室外地坪平面视图中调整相机的左右视角，在东立面和南立面视图中调整相机的俯仰视角，随时切换到漫游 1 视图查看调整后的效果。

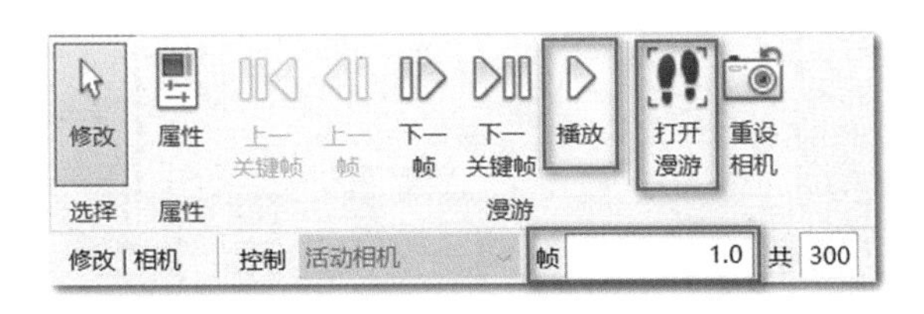

图 10.2-9　播放漫游动画

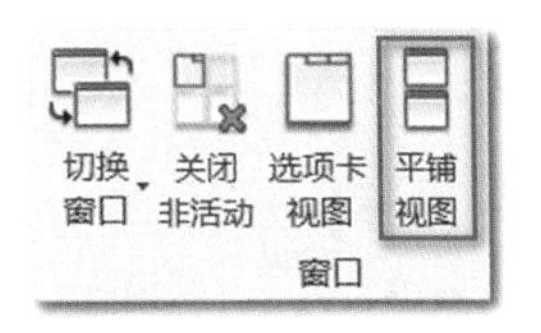

图 10.2-10　“平铺视图”工具

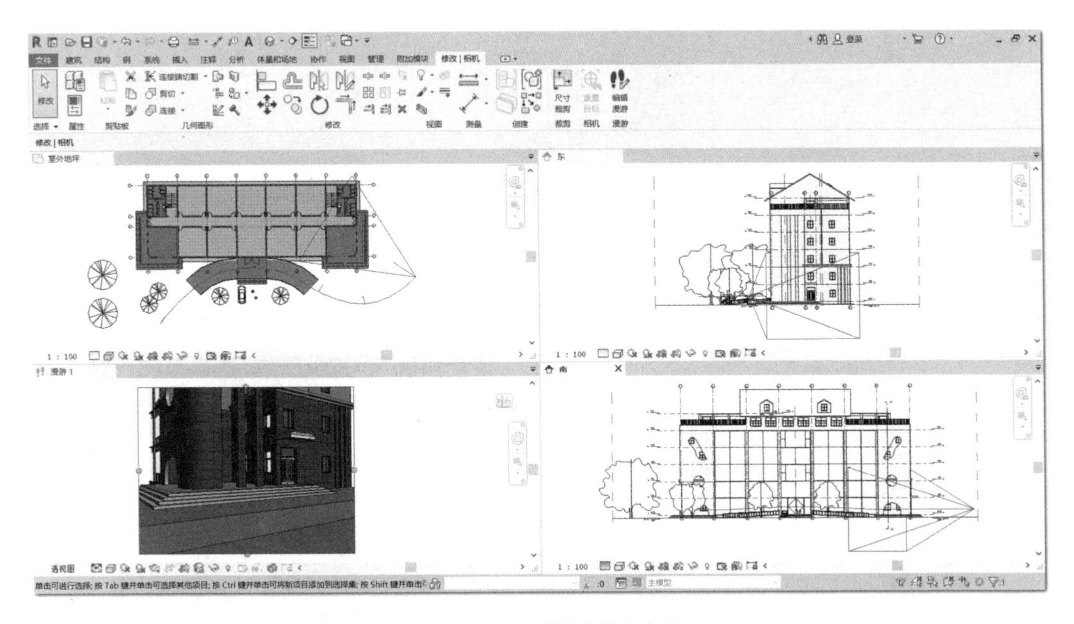

图 10.2-11　调整路径和相机

STAGE3　导出漫游动画

Step09　导出漫游动画

选择漫游 1 为当前视图，在“视图”选项卡中，单击“窗口”面板中“选项卡视图”工具切换回默认窗口显示状态。在文件选项卡中依次单击“导出”“图像与动画”“漫游”，打开“长度/格式”对话框。在“长度/格式”对话框中，可以设置输出长度为全部帧或起点到终点的帧范围、帧速，也可设置视觉样式、视图的分辨率、缩放比例等（图 10.2-12），单击“确定”按钮，弹出“导出漫游”对话框。在“导出漫游”对话框中设置保存的路径，文件类型选择“AVI 文件”，再单击“保存”按钮，如图 10.2-13 所示。弹出“视频压缩”对话框。在“视频压缩”对话框中，选择压缩程序为“全帧（非压缩的）”，再单击“确定”按钮关闭该对话框，如图 10.2-14 所示。等待 Revit 渲染每一帧的图片并将图片合成为视频，便完成了漫游动画的导出，可以用播放器打开电脑中的 AVI 文件查看漫游动画。导出漫游动画一般时间较长，最好先渲染一小段看看效果，效果满意后再导出整个漫游动画，如图 10.2-15 所示。

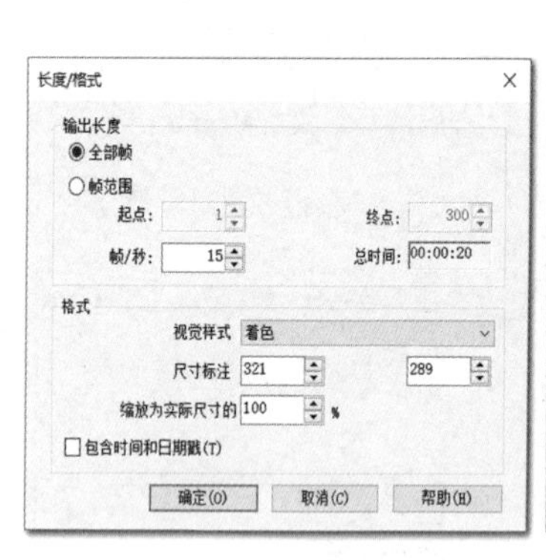

图 10.2-12 “长度/格式”对话框

图 10.2-13 “导出漫游”对话框

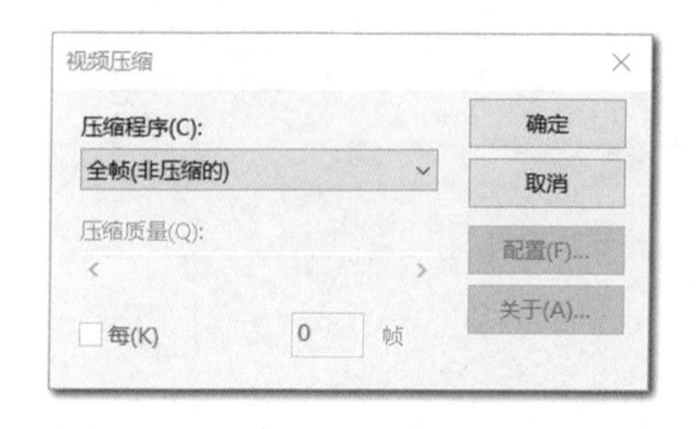

图 10.2-14 “视频压缩”对话框

图 10.2-15 播放 AVI 动画

第 11 章　房间与面积

模型创建完成后，为表示设计项目的房间分布、房间面积等房间信息，可以使用房间和面积工具分别创建房间和面积，再由明细表视图统计项目的房间或面积信息。还可以根据房间或面积的属性在视图中创建图例，以彩色填充图案直观标识各房间或各面积。

11.1　房间

11.1.1　放置房间

Step01　选择操作视图

在项目浏览器中，双击“楼层平面”中的 F1，切换至 F1 楼层平面视图。

Step02　设置计算规则

单击打开“建筑”选项卡，在“房间与面积”面板中单击“房间与面积”下拉按钮，在下拉列表中选择“面积和体积计算”工具，如图 11.1.1-1 所示，打开“面积和体积计算”对话框，如图 11.1.1-2 所示。

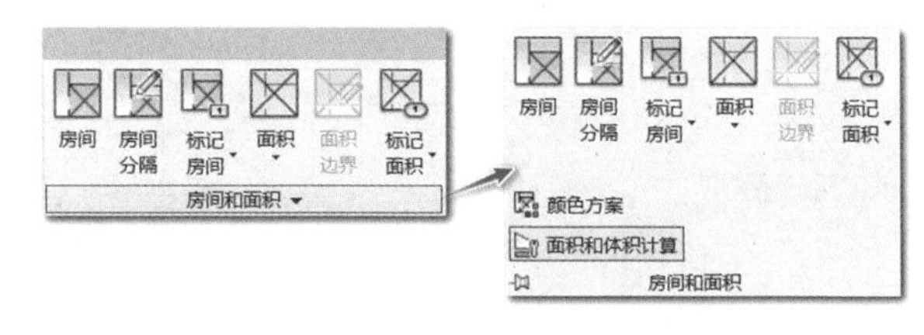

图 11.1.1-1　“房间和面积”面板

在“面积和体积计算”对话框中，设置体积计算方式为“仅按面积(更快)”，即仅计算房间面积而不计算房间体积，设置房间面积计算规则为“在墙面面层”，即计算房间净面积，单击“确定”按钮，关闭“面积和体积计算”对话框。

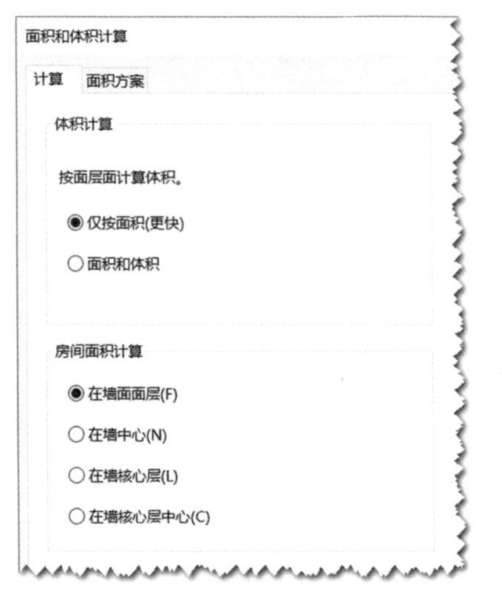

图 11.1.1-2　“面积和体积计算”对话框

Step03　激活面板工具

在“房间与面积”面板中，单击“房间”工具，进入房间放置模式，自动切换到“修改 | 放置房间”上下文选项卡，如图 11.1.1-3 所示。

Step04　设置放置参数

在“修改 | 放置房间”上下文选项卡中，如图 11.1.1-3 所示，确认“在放置时进行标记”已选中。在选项栏中，确认上限为“F1”，偏移设置为“2500”，不勾选“引线”，房间设置为“新建”。在属

放置房间

性面板中,确认类型选择器中房间标记类型为“标记_房间-有面积-方案-黑体-4-5mm-0-8”,底部偏移为“0.0”,上限和高度偏移与选项栏参数一致,如图 11.1.1-4 所示。

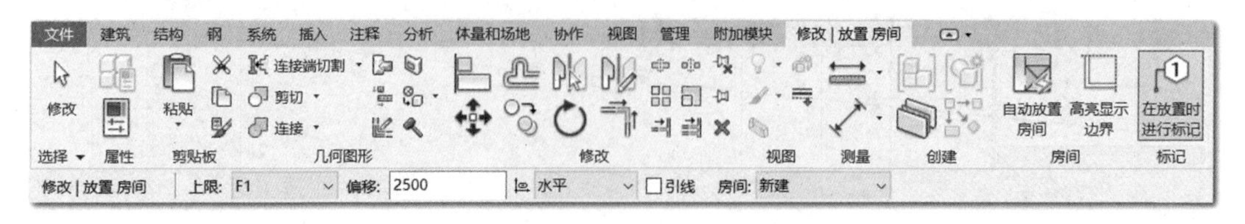

图 11.1.1-3 “修改|放置房间”上下文选项卡及选项栏

Step05 放置房间

在绘图区域移动鼠标,Revit 会根据当前鼠标位置自动搜索房间边界围合的区域,如图 11.1.1-5 所示,以两条对角交叉线表示房间,蓝色线条显示了房间边界,移动鼠标到房间的大概中间位置单击便放置了房间,同时也放置了房间标记,房间标记显示了房间名称以及根据计算规则自动计算的房间面积。

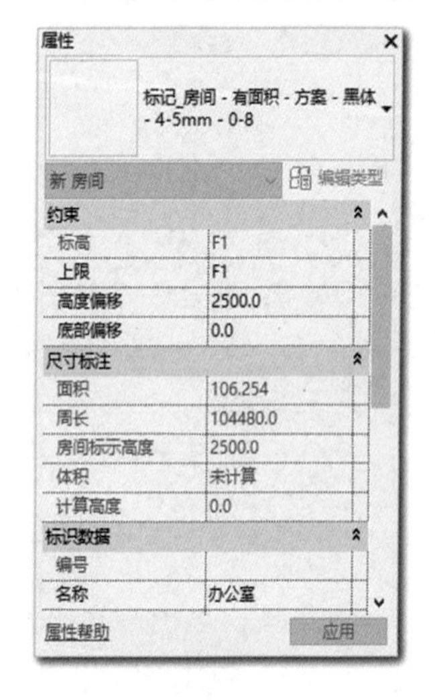

图 11.1.1-4 属性面板

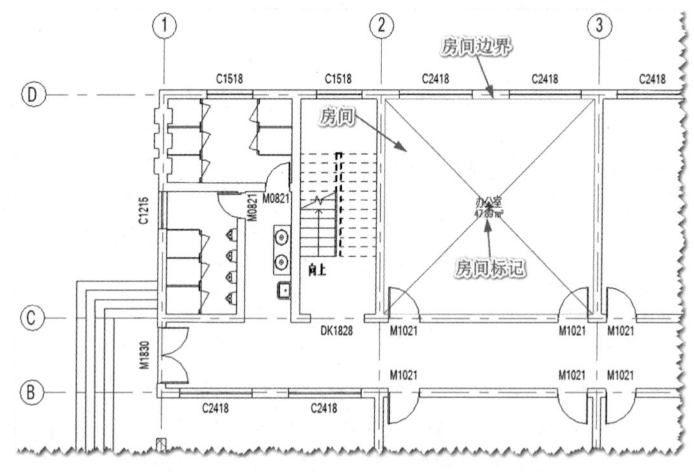

图 11.1.1-5 放置房间

Step06 分隔房间

在综合楼里,不是每个功能分区都有相应的房间边界。在“修改|放置房间”上下文选项卡中,单击“高亮显示边界”工具,便可查看所有房间边界,如图 11.1.1-6 所示。左右两个盥洗室、走廊和大厅连在了一起。此时可以使用房间分隔工具来进行房间分隔。

在警告信息框中,单击“关闭”按钮关闭高亮显示边界。在“修改|放置房间”上下文选项卡中,单击“房间分隔”工具,进入分隔房间模式,自动切换到“修改|放置房间分隔”上下文选项卡,如图 11.1.1-7 所示。以直线绘制方式在盥洗室和大厅绘制如图 11.1.1-8 所示的线段,完成了房间的分隔,按 Esc 键退出房间分隔绘制模式。

Step07 自动放置房间

当房间数量很多时,如此一个一个手动放置效率太低,可以使用自动放置房间功能。在“修改|放置房间”上下文选项卡中,单击“自动放置房间”工具,Revit 根据 Step04 设置

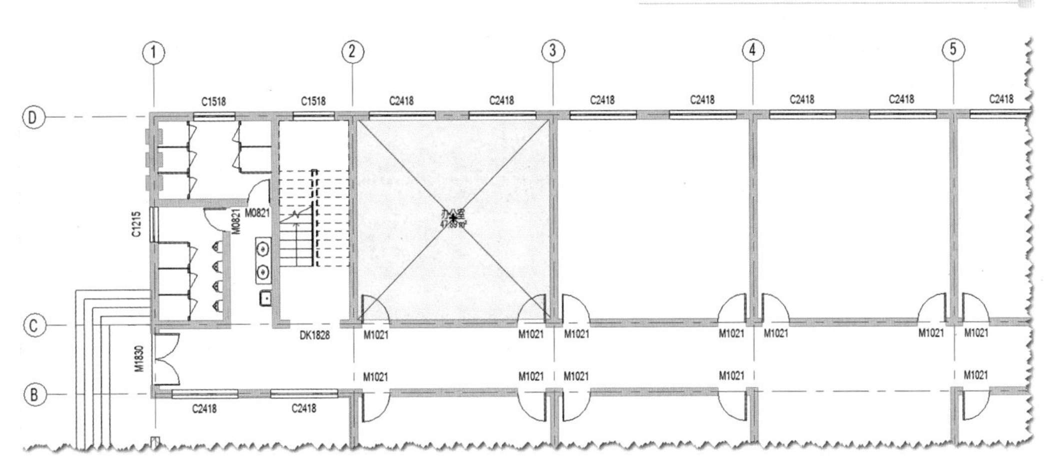

图 11.1.1-6　高亮显示房间边界

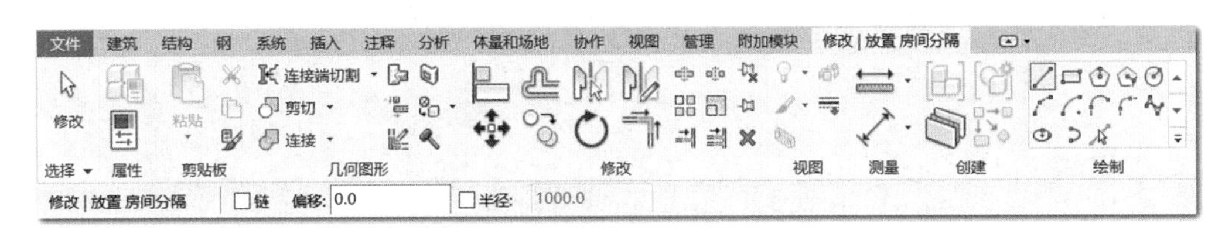

图 11.1.1-7　“修改|放置房间分隔”上下文选项卡及选项栏

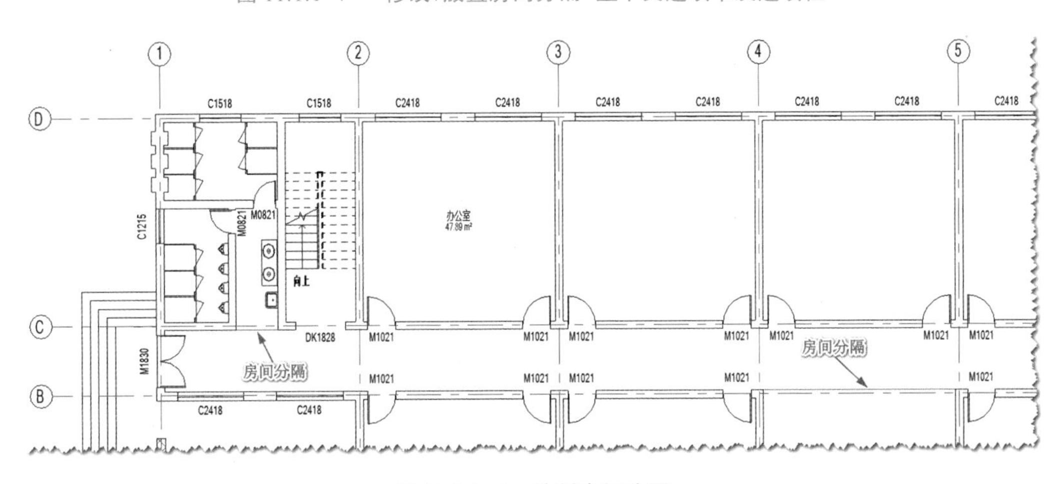

图 11.1.1-8　绘制房间分隔

的放置参数及房间边界围合情况自动放置所有房间，并弹出一个提示对话框显示自动放置的房间数量，单击“关闭”按钮关闭该对话框。自动放置房间后效果如图 11.1.1-9 所示。

Step08　修改房间名称及标记位置

如房间标记的位置以及房间名称有些不正确。单击房间标记按住鼠标不放拖动到新的位置，或通过键盘上的箭头键移动房间标记。双击房间标记，在编辑框中可以将名称修改为正确的名称，或通过属性面板中的参数进行重命名。房间修改后的效果，如图 11.1.1-10 所示。

在属性面板中还可以对房间进行编号。单击选择房间，按键盘上 Delete 键可以删除房间。房间和房间标记是两个不同的图元,是相对独立,即使删除了房间标记,房间对象还是存在的。

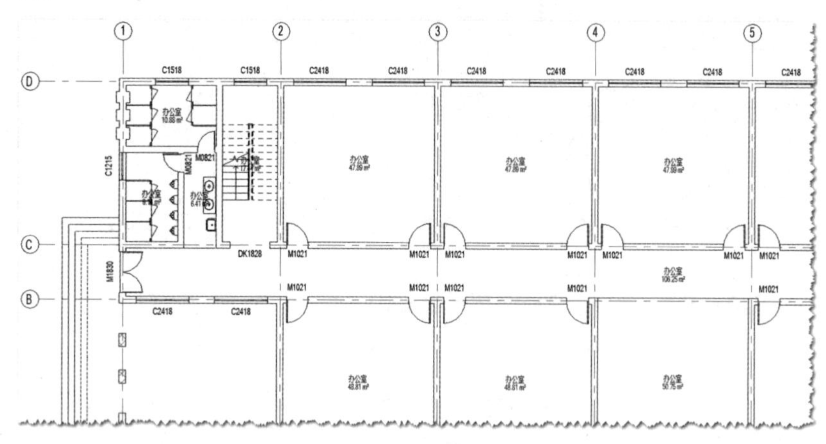

图 11.1.1-9　自动放置房间

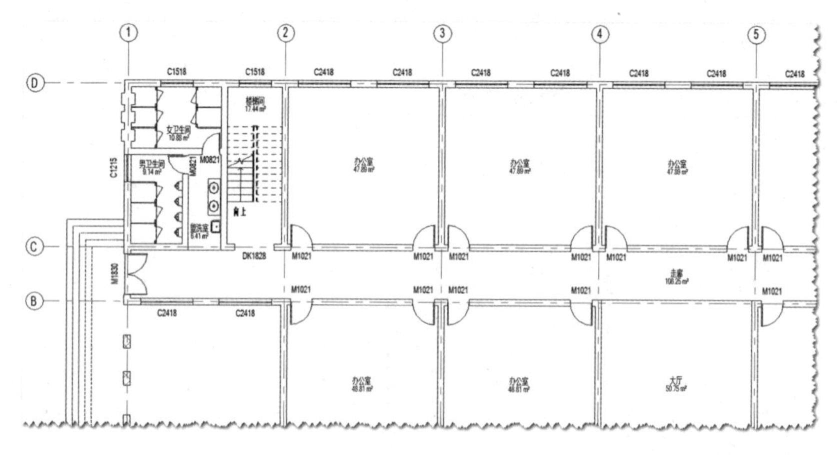

图 11.1.1-10　修改房间名称及标记位置

11.1.2　房间图例

Step01　复制视图

在项目浏览器的楼层平面中,右键单击 F1,在右键菜单中依次单击“复制视图”“带细节复制”,复制新建了名为“F1 副本 1”的新视图并自动切换至该视图。右键单击“F1 副本 1”,在右键菜单单击“重命名”,将其重命名为“F1 房间图例”。若使用的是“复制”而不是“带细节复制”,在新建的视图中虽然有房间,但不会有房间标记。此时,可以单击打开“建筑”选项卡,在“标记房间”下拉列表中的“标记所有未标记对象”工具,在弹出的话框中勾选“房间标记”,便可标记所有的房间。

房间图例

Step02　隐藏图元

在属性面板中,单击“可见性/图形替换”右侧的“编辑”按钮,打开“可见性/图形替换”对话框。在“可见性/图形替换”对话框中,切换至“注释类别”选项卡,取消勾选当前视图中的剖面、参照平面、尺寸标注、详图索引符号、立面、轴网等不必要或不想看到的图元类别，单击“确定”按钮完成注释图元的隐藏，如图 11.1.2-1 所示。

楼层平面: F1房间图例的可见性/图形替换

模型类别　注释类别　分析模型类别　导入的类别　过滤器

☑ 在此视图中显示注释类别(S)　　如果没有选中某个类别，则该类别将不可见。

过滤器列表(F): <全部显示>

可见性	投影/表面 线	半色调
☑ 剪力钉标记		☐
☑ 卫浴装置标记		☐
☐ 参照平面		☐
☑ 参照点		☐
☑ 参照线		☐
☑ 喷头标记		☐
☑ 图框		☐
☑ 场地标记		☐
☑ 基础跨方向符号		☐
☑ 墙标记		☐
☑ 多类别标记		☐
☑ 天花板标记		☐
☑ 孔标记		☐
☑ 安全设备标记		☐
☑ 家具标记		☐
☑ 家具系统标记		☐
☑ 导向轴网		
☑ 导线标记		☐
☐ 尺寸标注		☐
☑ 屋顶标记		☐

图 11.1.2-1　“可见性/图形替换”对话框

Step03　修改颜色方案

单击打开“建筑”选项卡，单击“房间与面积”的下拉按钮，在下拉列表中选择“颜色方案”工具，打开“编辑颜色方案”对话框。在“编辑颜色方案”对话框中，类别选择“房间”，在方案列表中选择“方案 1”，将标题修改为“一层房间图例”，单击颜色下拉按钮，在下拉列表选择“名称”，即按房间名称定义颜色。在弹出的“不保留颜色”对话框中单击“确定”按钮，不保留原来的配色方案重新进行配色。在颜色方案定义列表中自动为项目中所有房间根据名称生成不同颜色，如图 11.1.2-2 所示。单击“确定”按钮，完成颜色方案设置。

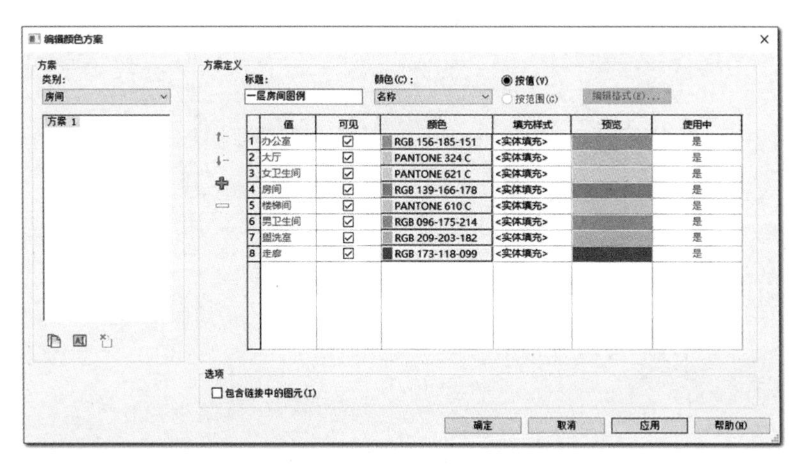

图 11.1.2-2　修改颜色方案

在“编辑颜色方案”对话框中，可以新建多个方案。单击颜色列表左侧的向上、向下按钮可调整房间名称的顺序。在“颜色”列中可以对自动生成的图例颜色进行更改，在“填充样式”列中可以对图例的填充样式（默认是“实体填充”）进行更改。

Step04　放置房间图例

单击打开“注释”选项卡,在“颜色填充”面板中单击“颜色填充图例”工具,进入放置颜色填充图例状态,如图 11.1.2-3 所示。在视图右侧欲放置图例的位置单击鼠标,弹出“选择空间类型和颜色方案”对话框,空间类型选择“房间”,颜色方案选择“方案 1”,单击“确定”按钮,完成房间图例的放置,如图 11.1.2-4 所示。完成后的房间图例如图 11.1.2-5 所示。

图 11.1.2-3　颜色填充面板

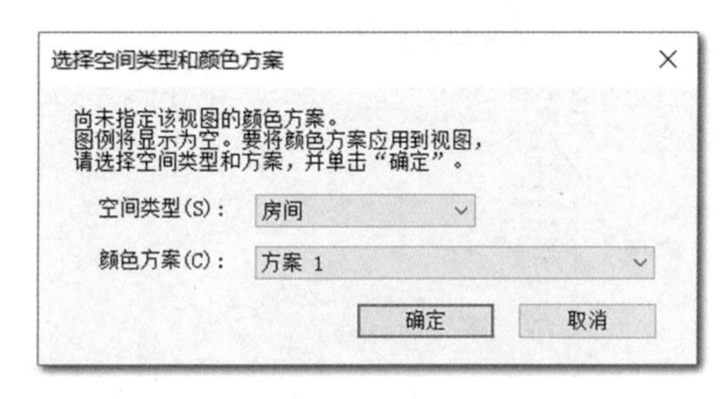

图 11.1.2-4　“选择空间类型和颜色方案”对话框

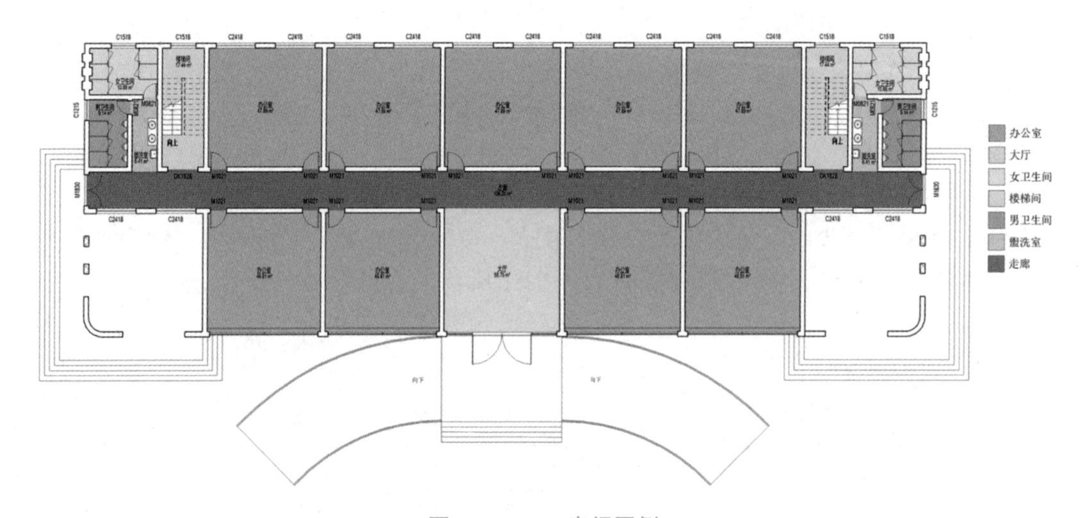

图 11.1.2-5　房间图例

11.2　面积

11.2.1　放置面积

Step01　新建面积方案

单击打开“建筑”选项卡,单击“房间与面积”下拉按钮,在下拉列表中选择“面积和体积计算”工具,打开“面积和体积计算”对话框。在“面积和体积计算”对话框中,切换至“面积方案”选项卡,如图 11.2.1-1 所示,单击“新建”按钮创建新的面积方案,修改方案“名称”为“ZHL 总建筑面积”,说明修改为“综合楼总建筑面积”,单击“确定”按钮,退出

“面积和体积计算”对话框。

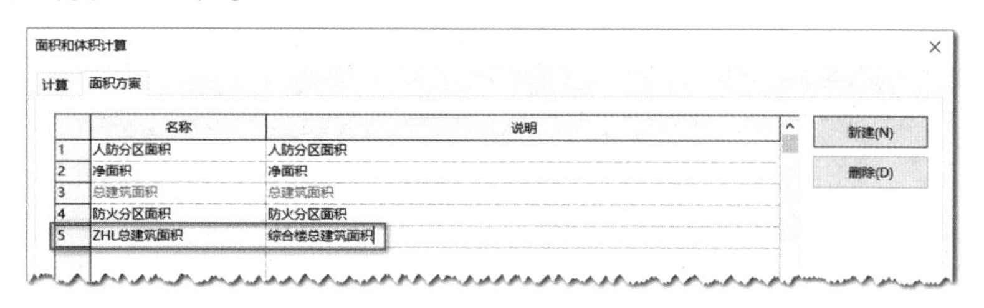

图 11.2.1-1　新建面积方案

Step02　新建面积平面视图

在“建筑”选项卡，单击“房间和面积”面板中的“面积”下拉按钮，在列表中选择“面积平面”工具，如图 11.2.1-2 所示，弹出“新建面积平面”对话框，如图 11.2.1-3 所示，选择面积类型为“ZHL 总建筑面积”，在标高列表中选择 F2，单击“确定”按钮关闭该对话框，Revit 将新建一个名为“F2”、类型为“面积平面(ZHL 总建筑面积)”的平面视图，如图 11.2.1-4 所示，并自动切换到该视图。

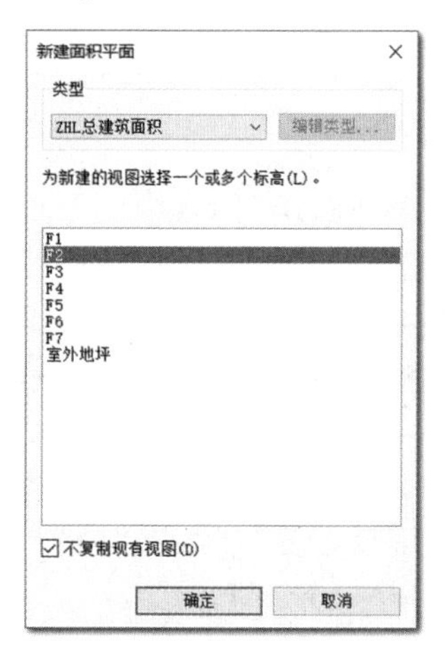

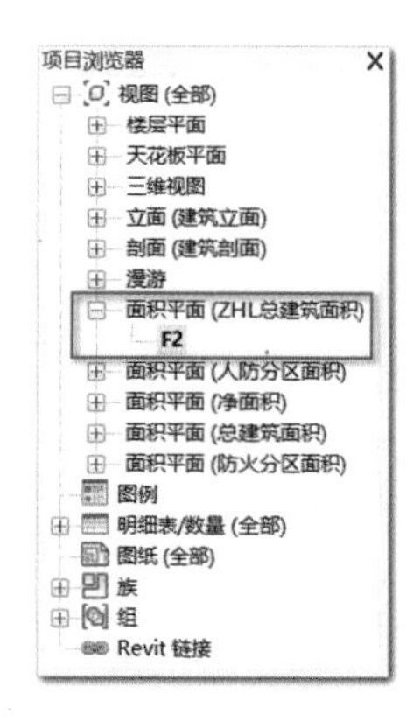

图 11.2.1-2　“面积平面”工具　图 11.2.1-3　“新建面积平面”对话框　图 11.2.1-4　面积平面视图

Revit 弹出一提示对话框，询问用户“是否要自动创建与所有外墙关联的面积边界线?”，如果单击“是”，Revit 将自动搜索面积边界线并生成面积，此处我们选择“否”，后续通过绘制面积边界来生成面积。

为了让视图更加简洁，在属性面板中，单击“可见性/图形替换”右侧的“编辑”按钮，打开“可见性/图形替换”对话框，切换至“注释类别”选项卡，取消勾选当前视图中的剖面、参照平面、尺寸标注、立面、轴网、窗标记、门标记等不必要或不想看到的对象类别。

放置面积

Step03　绘制面积边界

在“建筑”选项卡，单击“房间和面积”面板中的“面积边界”工具，进入放置面积边界模式，如图 11.2.1-5 所示。选择“拾取线”绘制方式，在选项栏中，不勾选“应用面积规则”选项，偏移设置为“0.0”。沿外墙的外表面拾取线大概生成边界线，再使用“修剪/延伸为角”工具将边界线修剪/延伸为封闭轮廓，如图 11.2.1-6 所示。

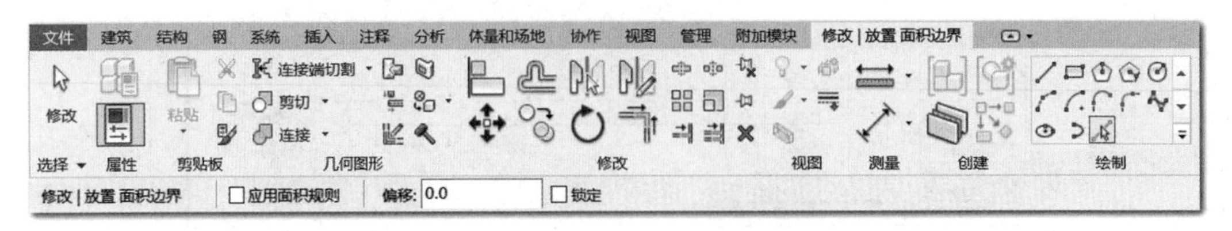

图 11.2.1-5 “修改|放置面积边界”上下文选项卡及选项栏

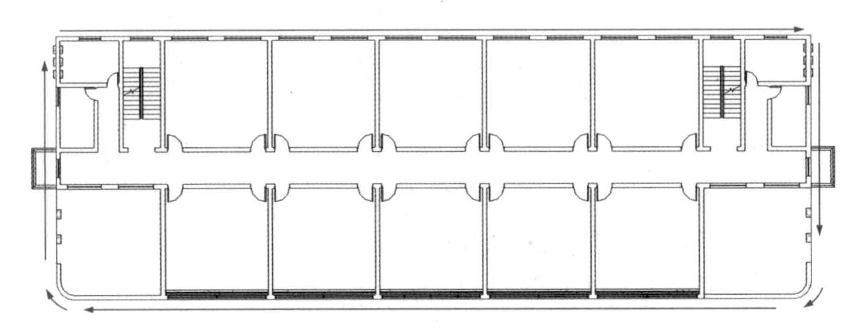

图 11.2.1-6 绘制面积边界

Step04 放置面积

在“建筑”选项卡，单击“房间和面积”面板中的“面积”下拉按钮，在列表中选择“面积”工具，进入放置面积模式。上下文选项卡中确认选择了“在放置时进行标记”，选项栏中不勾选“引线”，类型选择器中确认面积标记类型为“标记_面积”，属性面板中的“名称”更改为“总建筑面积”，移动鼠标到合适位置单击，如图 11.2.1-7 所示，Revit 会根据面积边界轮廓生成面积，按 Esc 键退出放置面积模式。

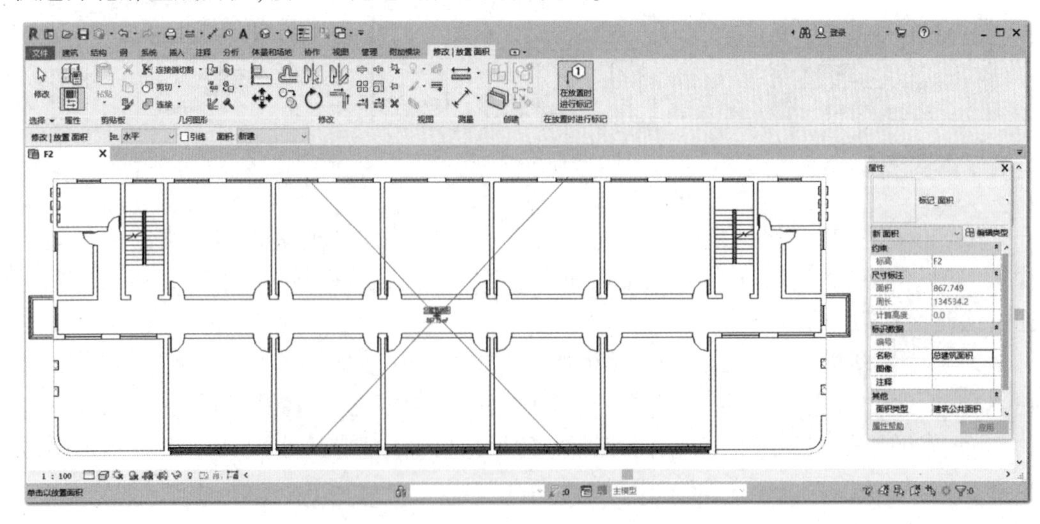

图 11.2.1-7 放置面积

11.2.2　面积图例

Step01　修改颜色方案

在“建筑”选项卡，单击“房间与面积”的下拉按钮，在下拉列表中选择“颜色方案”工具，打开“编辑颜色方案”对话框，如图 11.2.2-1 所示。在“编辑颜色方案”对话框中，类别选择“ZHL 总建筑面积”，在方案列表中选择“方案 1”，标题修改为“二层建筑面积图例”，单击颜色下拉按钮，在下拉列表中选择“名称”，即按房间名称定义颜色。在弹出的“不保留颜色”对话框中单击“确定”按钮，不保留原来的配色方案重新进行配色。在颜色方案定义列表中自动为项目中所有建筑面积根据名称生成不同颜色，单击“确定”按钮，完成颜色方案设置，如图 11.2.2-1 所示。

面积图例

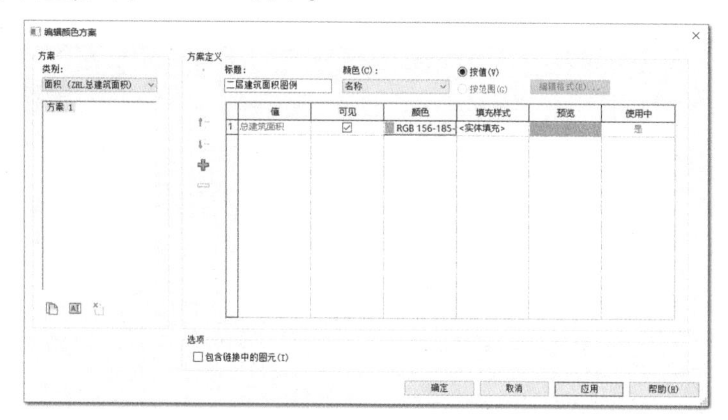

图 11.2.2-1　修改颜色方案

Step02　放置面积图例

单击打开“注释”选项卡，在“颜色填充”面板中单击“颜色填充图例”工具，进入放置颜色填充图例状态。在视图下侧欲放置图例的位置单击鼠标，弹出“选择空间类型和颜色方案”对话框，空间类型选择“ZHL 总建筑面积”，颜色方案选择“方案 1”，单击“确定”按钮，完成面积图例的放置。需要更改颜色方案时，单击属性面板中颜色方案右侧的按钮便可打开“编辑颜色方案”对话框。可以先通过属性面板设置颜色方案，再通过注释放置颜色填充图例。面积图例如图 11.2.2-2 所示。

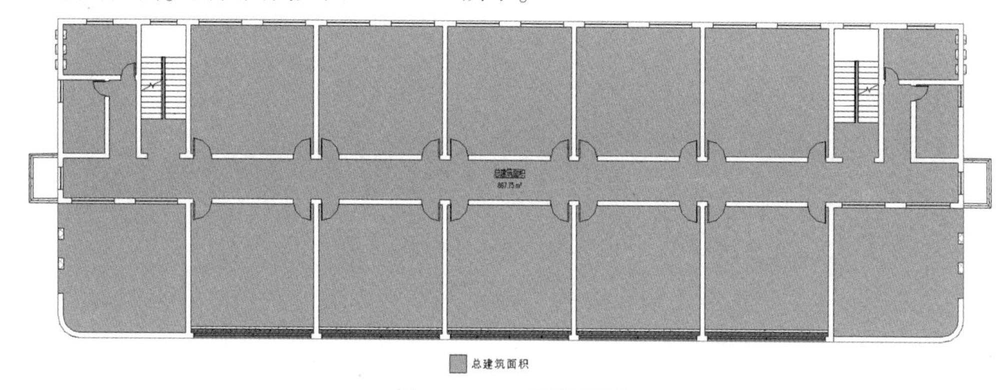

图 11.2.2-2　面积图例

合理使用面积工具可以显示楼层中各部分的面积,例如,在由多个单元户型组成的住宅平面中,可以建立面积平面并绘制各户型的面积边界,分别显示各户型的总建筑面积信息。

第 12 章　明细表

Revit 中明细表是对项目构件数量信息的统计汇总。设置明细表属性后，即可一键生成构件明细表。本章主要讲解综合楼门、窗、墙材质明细表的创建方法，创建后的效果如图 12-1 所示。

<ZHL-门明细表>

A	B	C	D	E	F	G	H
	洞口尺寸				标准图集		
设计编号	宽度	高度	洞口面积	数量	图集代号	编号	备注
DK1828	1800	2800	5.04	10			
M0821	800	2100	1.68	20	05YJ4-1	1PM-0821	木质平开门
M1021	1000	2100	2.10	98	05YJ4-1	1PM-1021	木质平开门
M1830	1800	3000	5.40	6			
M3535	3550	3525	12.51	1			

<ZHL-窗明细表>

A	B	C	D	E	F	G	H
	洞口尺寸				标准图集		
设计编号	宽度	高度	洞口面积	数量	图集代号	编号	备注
C1215	1200	1500	36.00	20			铝合金双扇推拉窗
C1518	1500	1800	59.40	22			铝合金双扇平开窗
C2418	2400	1800	354.24	82			铝合金四扇推拉窗带亮窗

<ZHL-墙材质明细表>

A	B	C	D	E
材质：名称	材质：面积	材质：体积	材质：制造商	材质：说明
ZHL-F1-F2-外墙粉刷	756.40	7.56		外部面层
ZHL-F3-F5-外墙粉刷	1630.60	16.30		外部面层
ZHL-内墙粉刷	8293.26	165.85		外部面层
砖石建筑 - 砖 - 截面	5347.03	1281.33		
隔热层/保温层 - 外墙隔热层	2386.60	71.57		

图 12-1　综合楼门、窗、墙材质明细表

12.1　门明细表

Step01　新建明细表

单击打开“视图”选项卡，在“创建”面板中单击“明细表”下拉按钮，在下拉列表中单击“明细表/数量”工具，如图 12.1-1 所示，弹出“新建明细表”对话框，如图 12.1-2 所示。在“新建明细表”对话框中，单击“过滤器列表”右侧下拉按钮，在列表中单击选择“建筑”，在“类别”列表中单击选择“门”，名称更改为“ZHL-门明细表”，确认勾选“建筑构件明细表”，然后单击“确定”按钮，关闭“新建明细表”对话框并打开“明细表属性”对话框。

Step02　设置明细表属性

1）字段选项卡。在“明细表属性”对话框中，如图 12.1-3 所示，打开“字段”选项卡，确认“选择可用的字段”中选择的是“门”，然后在“可用的字段”列表中找到相应的字段，

门明细表

单击中间的“添加参数”按钮，将其添加到“明细表字段”列表中。如果字段添加错误，选择明细表字段列表中的错误字段，单击中间的“移除参数”按钮，可将字段从明细表字段列表中移除。添加的字段包括：合计、型号、宽度、类型、类型注释、说明、高度，如图 12.1-3 所示。

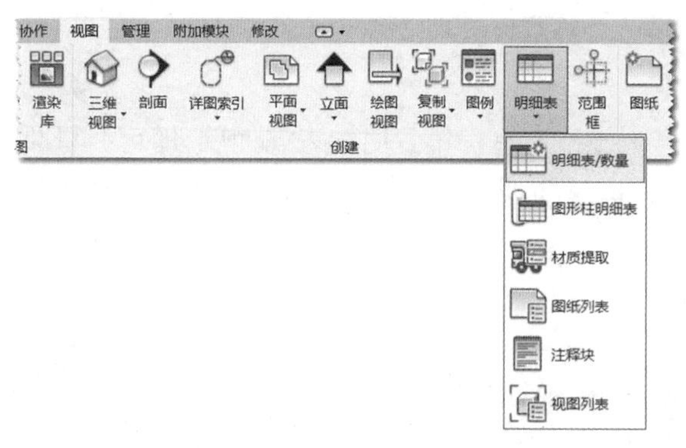

图 12.1-1 “明细表/数量”工具

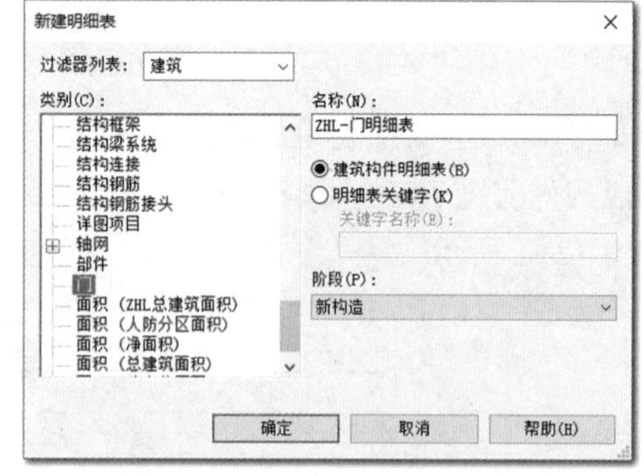

图 12.1-2 “新建明细表”对话框

2）调整字段顺序。对于已添加到明细表字段列表中的字段，从上往下的顺序就是明细表从左往右的顺序。通过右下方的“上移”和“下移”工具可以调整字段的顺序，调整顺序后的字段如图 12.1-4 所示。

图 12.1-3 “明细表属性”对话框

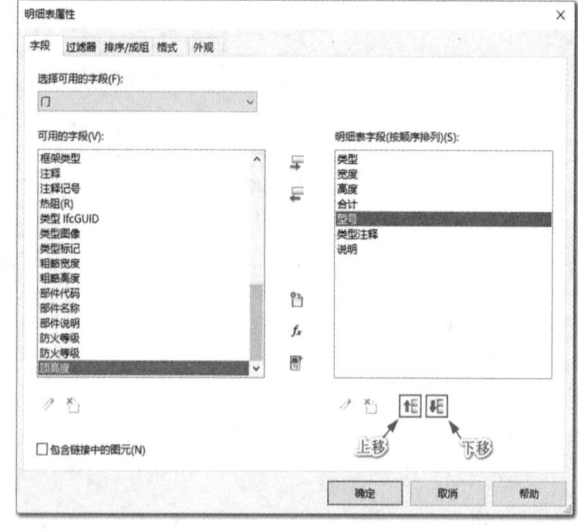

图 12.1-4 字段排序

3）过滤器选项卡。切换到“过滤器”选项卡，如图 12.1-5 所示，可以选择仅统计符合某项条件的构件，这里不进行设置。

4）“排序/成组”选项卡。切换到“排序/成组”选项卡，单击“排序方式”右侧下拉按钮，在下拉列表中选择“类型”字段，右侧的单选按钮选择“升序”，不勾选左下角的“逐项列举每个实例”，如图 12.1-6 所示。

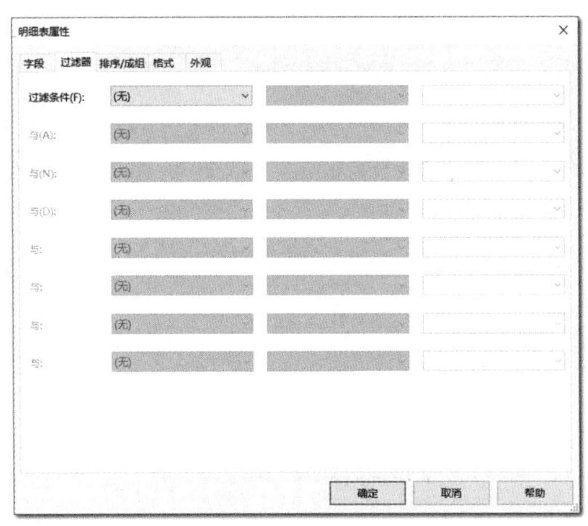

图 12.1-5　“过滤器”选项卡

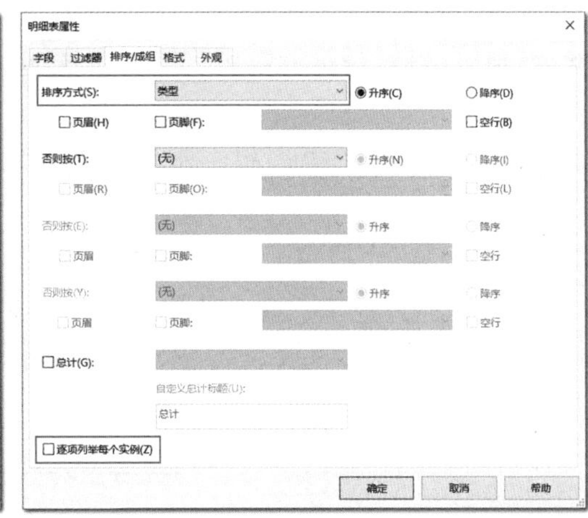

图 12.1-6　“排序/成组”选项卡

5)“格式”选项卡。切换到“格式”选项卡,“字段”列表与明细表标题名称不完全一致时,可以在“格式”选项卡中进行修改。在“字段”列表中单击选择“类型”,将右侧“标题”更改为“设计编号”,标题方向按照默认的“水平”,对齐按照默认的“左”,如图 12.1-7 所示。同理,将字段“类型”“合计”“型号”“类型注释”“说明”的标题分别修改为“设计编号”“数量”“图集代号”“编号”和“备注”,如表 12.1-1 所示。

表 12.1-1　字段的标题名称

字段	类型	宽度	高度	合计	型号	类型注释	说明
标题	设计编号	宽度	高度	数量	图集代号	编号	备注

6)“外观”选项卡。切换到“外观”选项卡,如图 12.1-8 所示,可以对图形和文字进行设置。在“文字”下方,单击“标题文本”右侧下拉按钮,在下拉列表中选择“Hei_4mm”。同理,将“标题”设置为“仿宋 3.5mm”,“正文”设置为“宋体 3mm”。

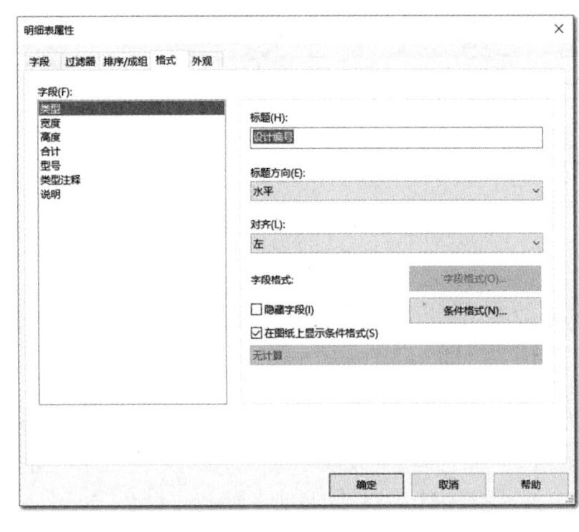

图 12.1-7　“格式”选项卡

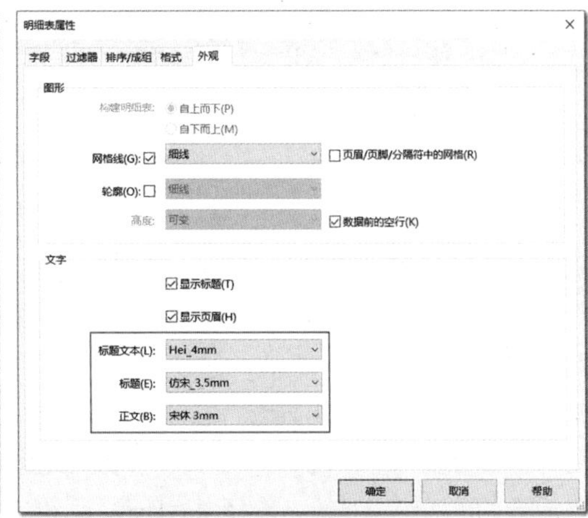

图 12.1-8　“外观”选项卡

在“明细表属性”对话框中，单击“确定”按钮，完成明细表属性设置，生成“ZHL-门明细表”视图，如图 12.1-9 所示。项目浏览器的明细表/数量中相应增加了新视图，Revit 自动切换到“修改明细表/数量”上下文选项卡，如图 12.1-10 所示。如果需要更改明细表属性，在属性面板中单击相应属性右侧的“编辑”按钮便可重新打开“明细表属性”对话框。

<ZHL-门明细表>

A	B	C	D	E	F	G
设计编号	宽度	高度	数量	图集代号	编号	备注
DK1828	1800	2800	10			
M0821	800	2100	20			
M1021	1000	2100	98			
M1830	1800	3000	6			
M3535	3550	3525	1			

图 12.1-9　ZHL-门明细表

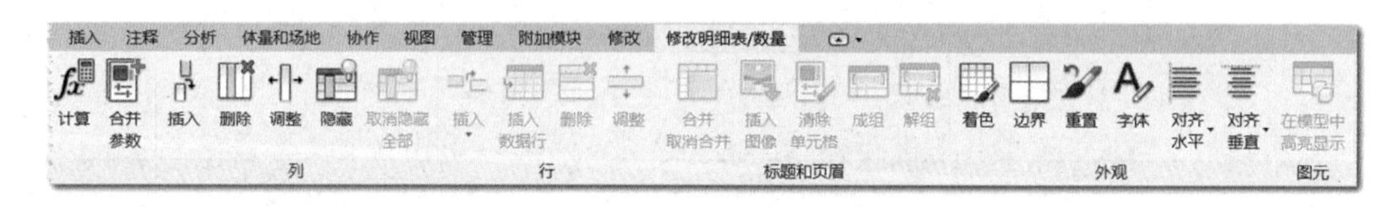

图 12.1-10　“修改明细表/数量”上下文选项卡

Step03　修改标题样式

在明细表视图中，可以进一步编辑明细表标题样式。单击“宽度”单元格按住鼠标不放再拖动到“高度”单元格，将两个单元格全部选中，在“修改明细表/数量”上下文选项卡中，单击“标题和页面”面板中的“成组”工具，“宽度”和“高度”上合并增加一个新单元格。在此单元格内输入成组名称“洞口尺寸”，如图 12.1-11 所示，修改明细表表头名称不会修改图元参数名称。同样方法，将“图集代号”与“编号”成组，名称为“标准图集”。

<ZHL-门明细表>

A	B	C	D	E	F	G
	洞口尺寸					
设计编号	宽度	高度	数量	图集代号	编号	备注
DK1828	1800	2800	10			
M0821	800	2100	20			
M1021	1000	2100	98			
M1830	1800	3000	6			
M3535	3550	3525	1			

图 12.1-11　标题成组

Step04　更新注释信息

在门明细表中，宽度和高度基本几何参数及数量都正确地统计了出来，但图集代号、编号及备注没有任何信息。切换到 F1 楼层平面视图，单击选择任意一扇 M1021 的门，在属性面板中单击“编辑属性”按钮，打开“类型属性”对话框，如图 12.1-12 所示，在型号右侧的单元格中输入“05YJ4-1”。同理在类型注释和说明中分别输入“1PM-1021”和“木质平开门”，单击“确定”按钮关闭该对话框。切换到“ZHL-门明细表”视图，可以看到注释信息已更新，如图 12.1-13 所示。当然，更为简单的方法是直接在明细表的单元格中输入注释信息，例如，在 M0821 的编号单元格中输入“1PM-0821”回车，弹出确认对话框，如图 12.1-14 所示，单击“确定”按钮，将所有 M0821 门的“类型注释”类型参数值修改为 1PM-0821。对于图集代号和备注，可以单击单元格下拉按钮，选择列表中已有“05YJ4-1”和“木质平开门”，在确认对话框中单击“确定”按钮，确认修改。

图 12.1-12　“类型属性”对话框

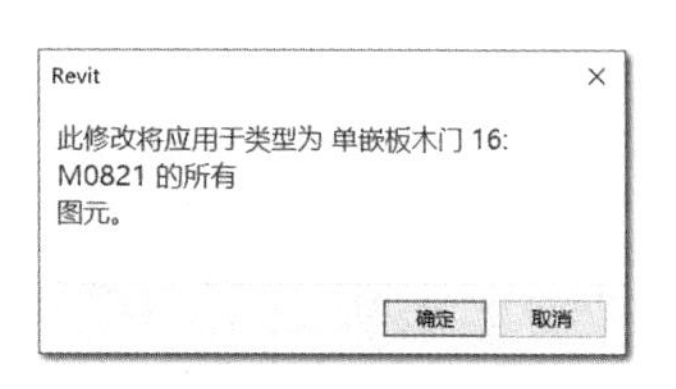

图 12.1-14　更新注释信息

<ZHL-门明细表>

A	B	C	D	E	F	G
	洞口尺寸			标准图集		
设计编号	宽度	高度	数量	图集代号	编号	备注
DK1828	1800	2800	10			
M0821	800	2100	20			
M1021	1000	2100	98	05YJ4-1	1PM-1021	木质平开门
M1830	1800	3000	6			
M3535	3550	3525	1			

图 12.1-13　确认对话框

Step05　添加计算参数

在属性面板中，单击字段右侧的“编辑”按钮，打开“明细表属性”对话框。单击“计算值”按钮，如图 12.1-15 所示，弹出“计算值”对话框。在“计算值”对话框中，字段名称输入“洞口面积”，设置字段类型为“面积”，单击“公式”后的浏览按钮，打开“字段”对话框。在“字段”对话框中，选择“宽度”后单击“确定”关闭该对话框。在宽度后输入乘号“*”，同理再通过浏览按钮选择“高度”字段，形成“宽度*高度”的公式，然后单击“确定”按钮关闭“计算值”对话框。在“明细表属性”对话框中，将“洞口面积”字段上移到“高度”字段下方，单击“确定”按钮关闭对话框。在明细表中便添加了“洞口面积”参数，根据公式自动计算了面积数值，如图 12.1-16 所示。

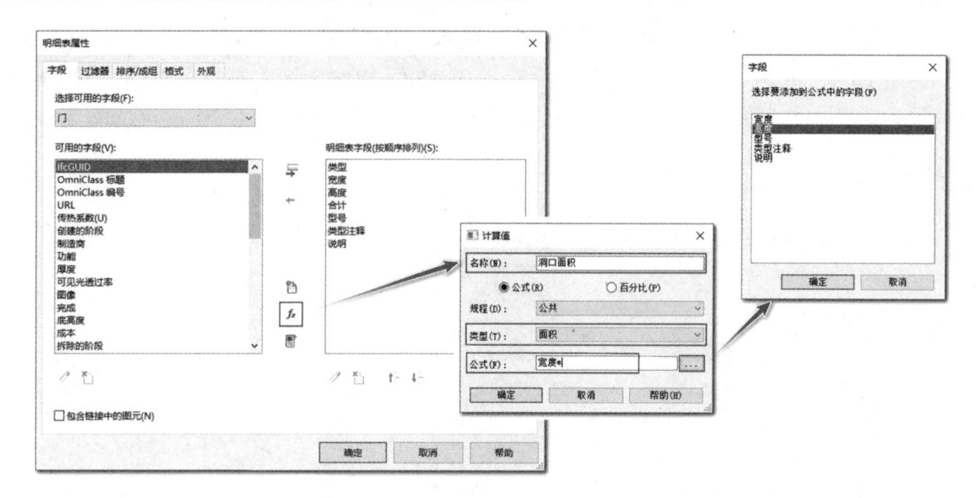

图 12.1-15　添加计算参数

A	B	C	D	E	F	G	H
<ZHL-门明细表>							
	洞口尺寸				标准图集		
设计编号	宽度	高度	洞口面积	数量	图集代号	编号	备注
DK1828	1800	2800	5.04	10			
M0821	800	2100	1.68	20	05YJ4-1	1PM-0821	木质平开门
M1021	1000	2100	2.10	98	05YJ4-1	1PM-1021	木质平开门
M1830	1800	3000	5.40	6			
M3535	3550	3525	12.51	1			

图 12.1-16　门明细表

12.2　窗明细表

Step01　新建明细表

单击打开“视图”选项卡，在“创建”面板中单击“明细表”下拉按钮，在下拉列表中单击“明细表/数量”工具，弹出“新建明细表”对话框。在“新建明细表”对话框中，单击“过滤器列表”右侧下拉按钮，在列表中选择“建筑”，在“类别”列表中选择“窗”，名称更改为“ZHL-窗明细表”，确认勾选“建筑构件明细表”，然后单击“确定”按钮，关闭“新建明细表”对话框并打开“明细表属性”对话框。

Step02　设置明细表属性

1）字段选项卡。在“明细表属性”对话框中，打开“字段”选项卡。与门明细表类似，先将“可选用的字段”的字段添加到右侧“明细表字段”，然后通过上移下移按钮进行排序，最后的顺序为类型、宽度、高度、洞口面积合计、型号、类型注释、说明。

窗明细表

2）添加计算参数。单击“计算值”按钮，弹出“计算值”对话框。在“计算值”对话框中，字段名称输入“洞口面积”，设置字段类型为“面积”，公式输入“宽度 * 高度”，单击“确定”按钮关闭“计算值”对话框。在“明细表属性”对话框中，将“洞口面积”字段上移到“高度”字段下方，如图 12.2-1 所示。

3）排序/成组选项卡。切换到“排序/成组”选项卡，将第一个排序方式更改为“类型”，右侧单选按钮选择“升序”，不勾选左下角“逐项列举每个实例”，如图 12.2-2 所示。

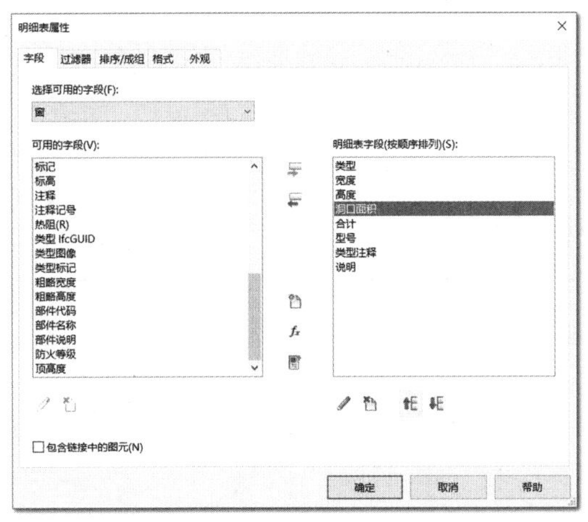

图 12.2-1　“字段”选项卡

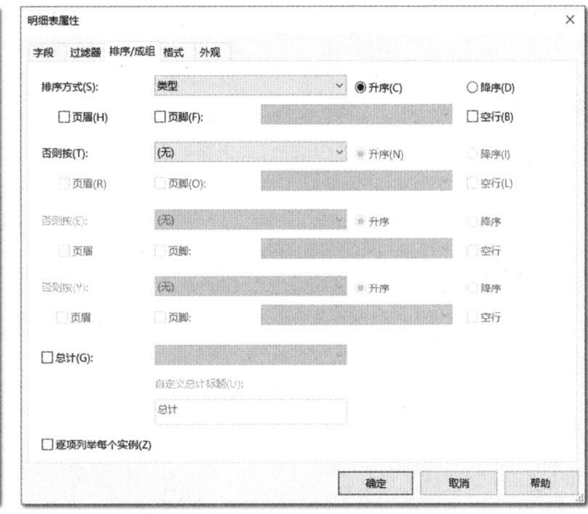

图 12.2-2　“排序/成组”选项卡

4）格式选项卡。切换到“格式”选项卡，将字段“类型”“合计”“型号”“类型注释”“说明”的标题分别修改为“设计编号”“数量”“图集代号”“编号”和“备注”，如表 12.2-1 所示。同时，将所有字段的对齐设置为“中心线”，如图 12.2-3 所示，洞口面积参数选择“计算总数”统计洞口的总面积，如图 12.2-4 所示。

表 12.2-1　字段的标题名称

字段	类型	宽度	高度	洞口面积	合计	型号	类型注释	说明
标题	设计编号	宽度	高度	洞口面积	数量	图集代号	编号	备注

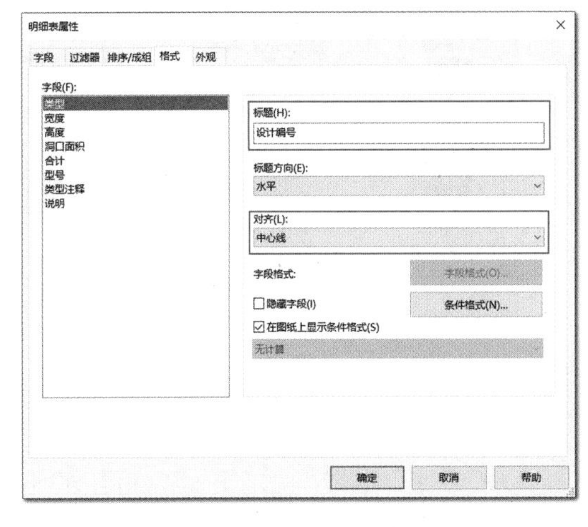

图 12.2-3　修改字段的格式

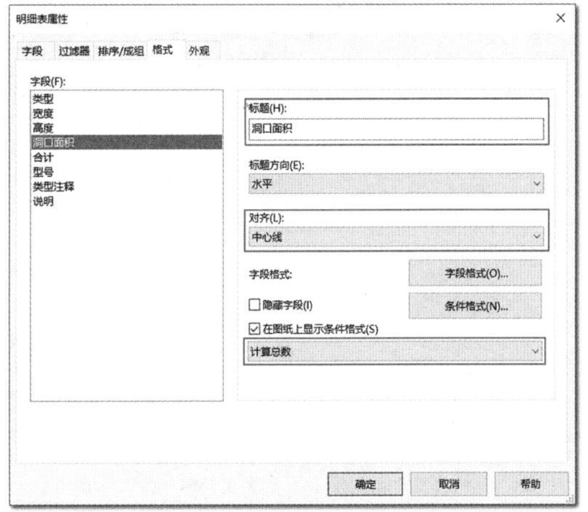

图 12.2-4　洞口面积的格式

5）外观选项卡。切换到“外观”选项卡，将标题文本设置为“Hei_4mm”，标题设置为“仿宋 3.5mm”，正文设置为“宋体 3mm”。

在“明细表属性”对话框中，单击“确定”按钮，完成明细表属性设置，生成“ZHL-窗明细表”视图，Revit 自动切换到“修改明细表/数量”上下文选项卡。

Step03　修改标题样式

在明细表视图中，单击选择“宽度”“高度”和“洞口面积”三个单元格，再单击上下文选项卡中的“成组”工具，在上侧新增一个合并单元格，在单元格中输入“洞口尺寸”。同理，将“图集代号”与“编号”成组，名称为“标准图集”。窗明细表完成后的效果如图 12.2-5 所示。

<ZHL-窗明细表>							
A	B	C	D	E	F	G	H
	洞口尺寸				标准图集		
设计编号	宽度	高度	洞口面积	数量	图集代号	编号	备注
C1215	1200	1500	36.00	20			铝合金双扇推拉窗
C1518	1500	1800	59.40	22			铝合金双扇平开窗
C2418	2400	1800	354.24	82			铝合金四扇推拉窗带亮窗

图 12.2-5　窗明细表

12.3　墙材质明细表

Step01　新建明细表

单击打开“视图”选项卡，在“创建”面板中单击“明细表”下拉按钮，在下拉列表中单击“材质提取”工具，如图 12.3-1 所示，弹出“新建材质提取”对话框，如图 12.3-2 所示。在“新建材质提取”对话框中，单击“过滤器列表”右侧下拉按钮，在列表中选择“建筑”，在“类别”列表中选择“墙”，“名称”更改为“ZHL-墙材质明细表”，单击“确定”按钮，关闭“新建明细表”对话框并打开“明细表属性”对话框。

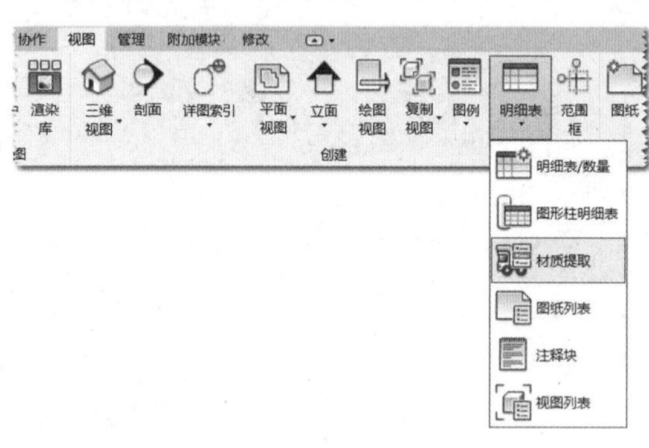

图 12.3-1　“材质提取”工具

图 12.3-2　新建 ZHL-墙材质明细表

Step02　设置材质提取属性

墙材质明细表

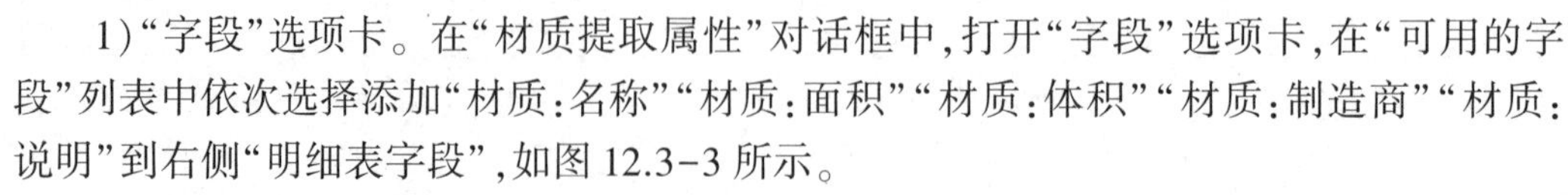

1)“字段”选项卡。在“材质提取属性”对话框中，打开“字段”选项卡，在“可用的字段”列表中依次选择添加“材质：名称”“材质：面积”“材质：体积”“材质：制造商”“材质：说明”到右侧“明细表字段”，如图 12.3-3 所示。

2)“排序/成组”选项卡。切换到“排序/成组”选项卡，单击第一行“排序方式”右侧下拉按钮，在下拉列表中单击选择“材质：名称”字段，右侧单选按钮单击选择“升序”，不勾选左下角“逐项列举每个实例”。

3)“格式”选项卡。切换到“格式”选项卡,字段列表中单击选择“材质:面积”,再单击右侧“在图纸上显示条件格式”下方的下拉按钮,在下拉列表中选择“计算总数”,如图 12.3-4 所示。同理,“材质:体积”字段也选择“计算总数”,其他参数不变。

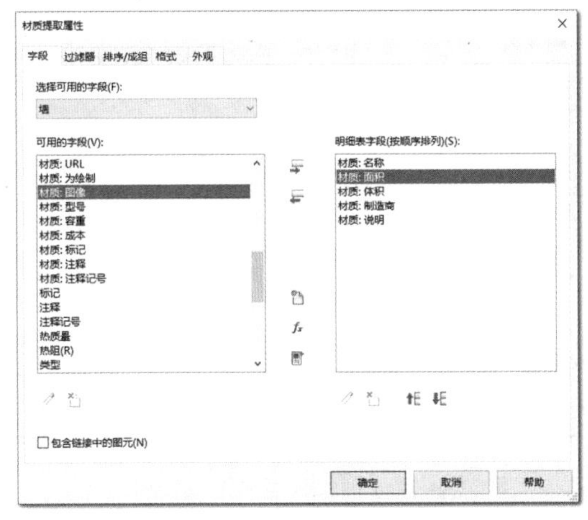

图 12.3-3　“字段”选项卡

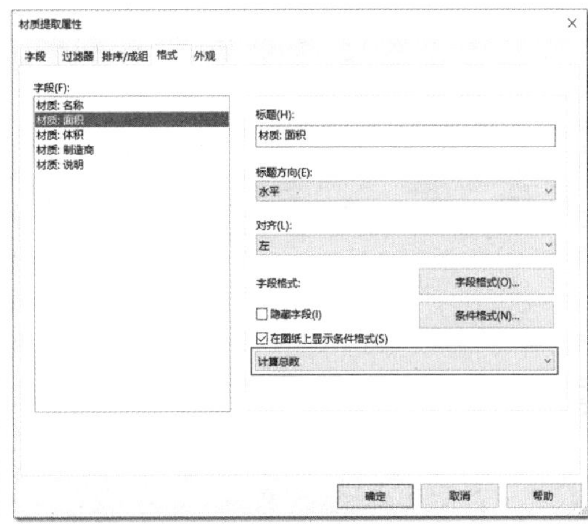

图 12.3-4　“格式”选项卡

4)外观选项卡。切换到“外观”选项卡,将标题文本设置为“Hei_4mm”,标题设置为“仿宋 3.5mm”,正文设置为“宋体 3mm”。

在“明细表属性”对话框中,单击“确定”按钮,完成明细表属性设置,生成“ZHL-墙材质明细表”视图,如图 12.3-5 所示。

<ZHL-墙材质明细表>

A	B	C	D	E
材质: 名称	材质: 面积	材质: 体积	材质: 制造商	材质: 说明
ZHL-F1-F2-外墙粉刷	756.40	7.56		外部面层
ZHL-F3-F5-外墙粉刷	1630.60	16.30		外部面层
ZHL-内墙粉刷	8293.26	165.85		外部面层
砖石建筑 - 砖 - 截面	5347.03	1281.33		
隔热层/保温层 - 外墙隔热层	2386.60	71.57		

图 12.3-5　ZHL-墙材质明细表

12.4　图纸目录

Step01　新建图纸列表

单击打开“视图”选项卡,在“创建”面板中单击“明细表”下拉按钮,在下拉列表中单击“图纸列表”工具,如图 12.4-1 所示,弹出“图纸列表属性”对话框,如图 12.4-2 所示。

Step02　设置图纸属性

1)“字段”选项卡。在“图纸列表属性”对话框中,打开“字段”选项卡,在“可用的字段”列表中依次选择添加“图纸编号”“图纸名称”到右侧“明细表字段”。

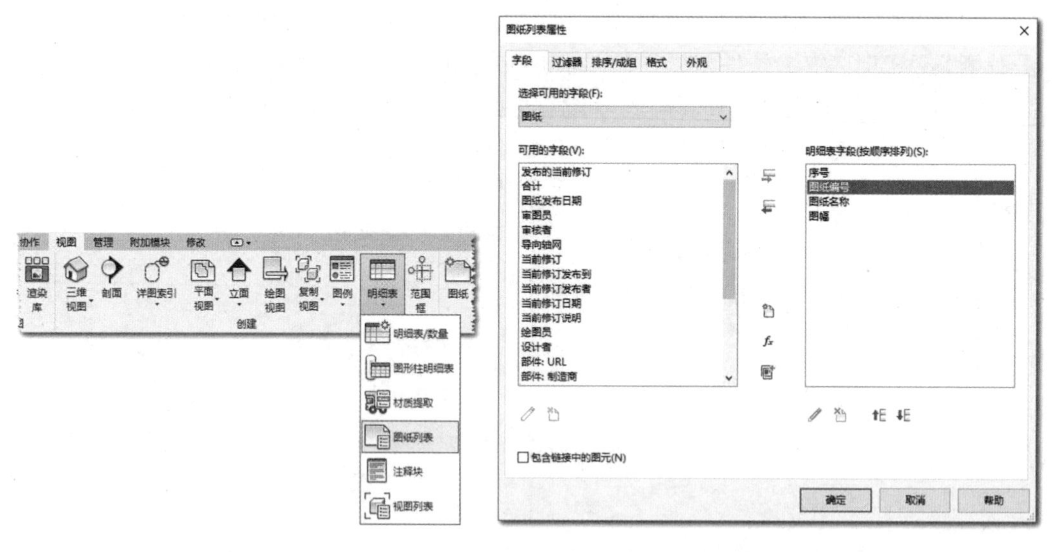

图 12.4-1 “图纸列表”工具　　　　图 12.4-2 “图纸列表属性”对话框

2)添加项目参数。单击“新建参数”按钮,弹出“参数属性”对话框。在“参数属性”对话框中,选择“项目参数”,名称输入“序号”,规程设置为“公共”,参数类型选择“整数”,参数分组方式选择“其他”,如图 12.4-3 所示,单击“确定”按钮添加一个项目参数。同理,再单击“新建参数”按钮,弹出“参数属性”对话框,选择“项目参数”,名称输入“图幅”,规程设置为“公共”,参数类型选择“文字”,参数分组方式选择“其他”,如图 12.4-4 所示,单击“确定”按钮添加项目参数。利用上移和下移按钮将“序号”放在最前,将“图幅”放在最后,如图 12.4-2 所示。

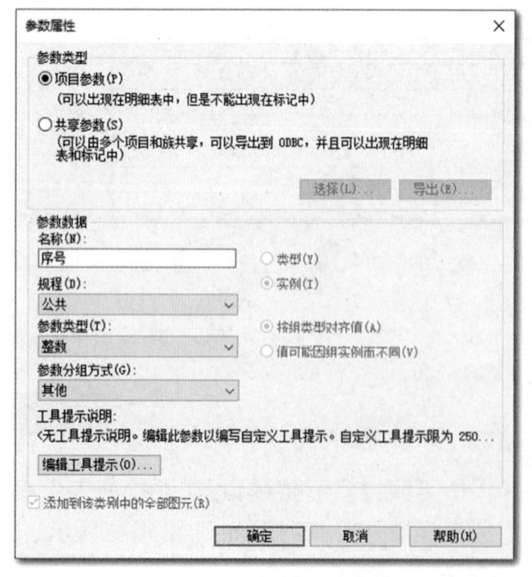

图 12.4-3 “序号”参数　　　　图 12.4-4 “图幅”参数

3)“排序/成组”选项卡。切换到“排序/成组”选项卡,单击第一行“排序方式”右侧下拉按钮，在下拉列表中单击选择“图纸编号”字段，右侧单选按钮单击选择“升序”，勾选左下角“逐项列举每个实例”。

4）外观选项卡。切换到“外观”选项卡，不勾选“显示标题”，勾选“显示页眉”。

在“图纸列表属性”对话框中，单击“确定”按钮，完成图纸属性设置，生成“图纸列表”视图。由于项目中尚未创建图纸，所有列表中没有显示内容，待项目添加图纸后，Revit 会自动统计图纸列表。

第 13 章　注释

应用 BIM 技术的主要目的还是优化和拓展工程项目在规划、设计、施工和运维中的沟通和交流，提高工作的效率。BIM 三维模型是最直观、最高效的媒介，当然，传统的效果图、施工图也是必不可少的工具。施工图中，要完整地表达图形的信息，依据制图规范，需要对构件添加尺寸标注、高程点、文字、标记、符号等注释信息，提高施工图的可读性。同时，Revit 中的尺寸标注等图元也能帮助我们进行某些便捷操作，以提高效率。本章为独立章节，通过一个小实例，如图 13-1 所示，学习几种常用注释工具的使用方法，具体应用在后续的施工图中会详细讲解。

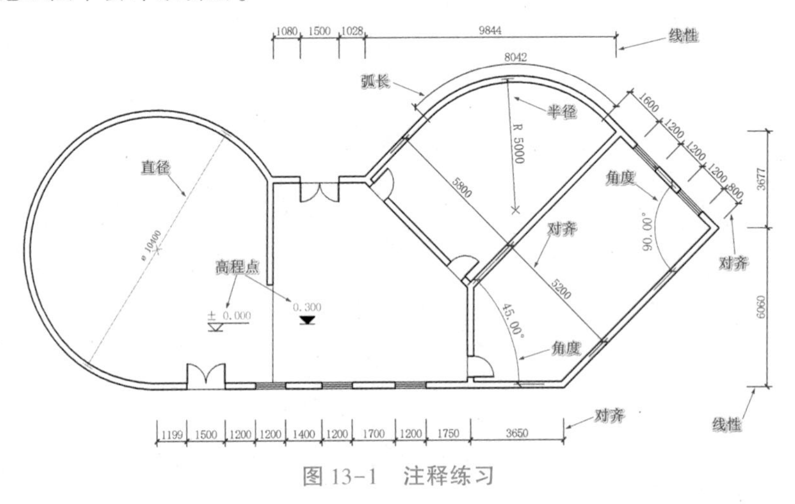

图 13-1　注释练习

13.1　尺寸标注

13.1.1　对齐尺寸标注

Step01　打开绘制视图

打开随书附带的"注释练习.rvt"项目文件（见 288 页二维码），在项目浏览器中，双击"楼层平面"中的 F1，切换至 F1 楼层平面视图。

Step02　激活面板工具

单击打开"注释"选项卡，如图 13.1.1-1 所示，在"尺寸标注"面板中单击"对齐"工具，进入对齐尺寸标注模式，自动切换至"修改|放置尺寸标注"上下文选项卡。

Step03　选择图元类型

在属性面板中，单击类型选择器的下拉按钮，选择"固定尺寸界限"族类型。单击"编辑类型”按钮，如图 13.1.1-2 所示，打开“类型属性”对话框，在该对话框中，可以对图形和文字格式进行修改。单击颜色右侧的按钮，打开“颜色”对话框，选择蓝色，再单击“确定”按钮关闭“颜色”对话框，再单击“确定”按钮关闭“类型属性”对话框。

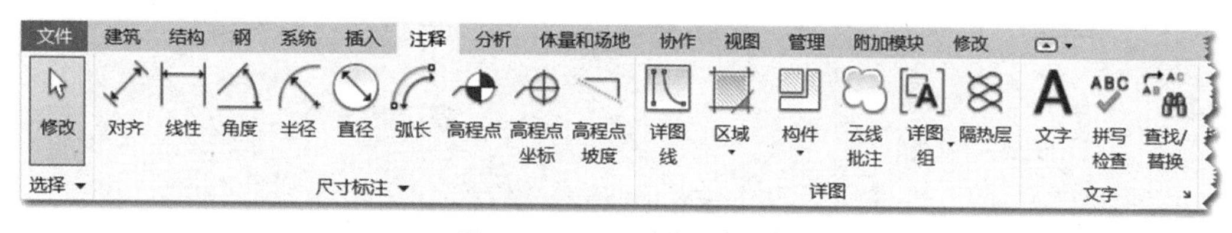

图 13.1.1-1　“注释”选项卡

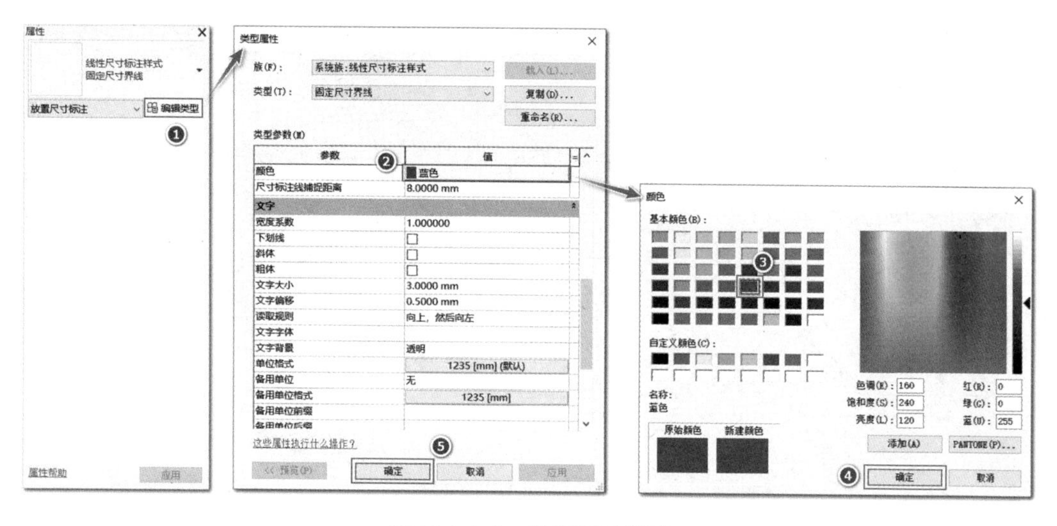

图 13.1.1-2　选择图元类型

Step04　设置放置参数

在“修改 | 放置尺寸标注”选项栏中，墙参照设置为“参照墙中心线”，拾取设置为“整个墙”，如图 13.1.1-3 所示。

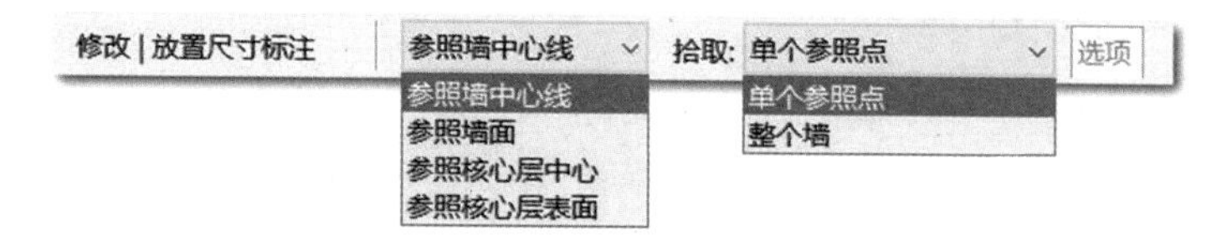

图 13.1.1-3　“修改 | 放置尺寸界线”选项栏

Step05　放置尺寸标注

将鼠标移动到①墙附近，如图 13.1.1-4 所示，Revit 自动捕捉到①墙并高亮显示，单击鼠标，再次移动鼠标时就可以预览到 Revit 自动生成的尺寸标注，墙上的洞口自动识别，然后在非尺寸界线位置单击放置尺寸标注。注意，如果在尺寸界线位置单击将取消该尺寸界线，再次单击时将再次拾取该尺寸界线。

在选项栏中，将拾取更改为“单个参照点”。移动鼠标到①墙附近，如图 13.1.1-5 所示，Revit 根据选项栏中设置的参数自动捕捉墙的中心线并高亮显示，单击鼠标拾取第 1

个参照点(即尺寸边界线)。移动鼠标到②墙,单击拾取第 2 个参照点,再移动鼠标到③墙,单击拾取第 3 个参照点,移动鼠标预览到尺寸标注处于合适位置时,在非尺寸界线位置单击放置尺寸标注。

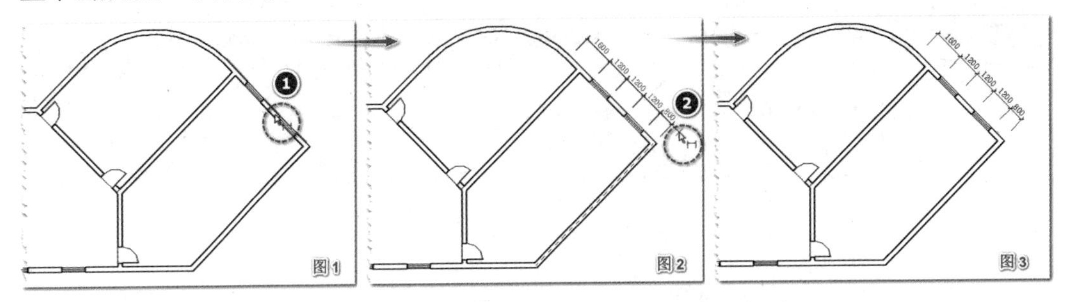

图 13.1.1-4　对齐尺寸标注(整个墙)

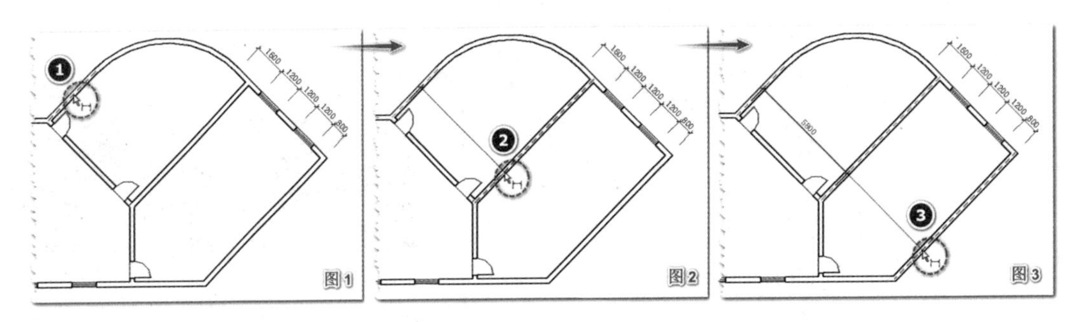

图 13.1.1-5　对齐尺寸标注(单个参照点)

有些情况下,在放置的过程中可能需要切换参照及拾取方式。在选项栏中,将拾取更改为“整个墙”。如图 13.1.1-6 所示,移动鼠标到①墙单击拾取整个墙,移动鼠标后通过预览可以看到尺寸标注并不完全。在选项栏中,将拾取更改为“单个参照点”。移动鼠标拾取②墙添加尺寸界线,再移动鼠标拾取两面墙的交点 3 添加另一条尺寸界线,在非尺寸界线位置单击放置尺寸标注。当然,在放置过程中也可以将参照更改为“参照墙面”等其他参数。按 Esc 键退出尺寸标注模式。

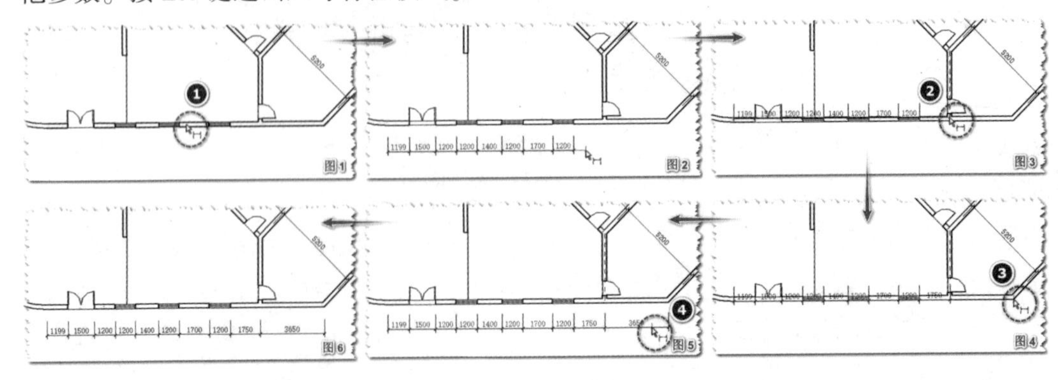

图 13.1.1-6　对齐尺寸标注(组合方式)

13.1.2　线性尺寸标注

Step01　激活面板工具

在“注释”选项卡“尺寸标注”面板中，单击“线性”工具，进入线性尺寸标注模式，自动切换至“修改|放置尺寸标注”上下文选项卡。

Step02　选择图元类型

在属性面板中，单击类型选择器的下拉按钮，选择“固定尺寸界限”族类型。

Step03　放置尺寸标注

线性尺寸标注

移动鼠标单击两墙的交点 1 拾取第 1 条尺寸界线，如图 13.1.2-1 所示，再单击两墙的交点 2 拾取第 2 条尺寸界线，单击两墙的交点 3 拾取第 3 条尺寸界线，此时预览的尺寸标注仍然是水平方向，往右侧移动鼠标，尺寸标注变成了垂直方向，移动到合适位置，在非尺寸界线位置单击放置尺寸标注。

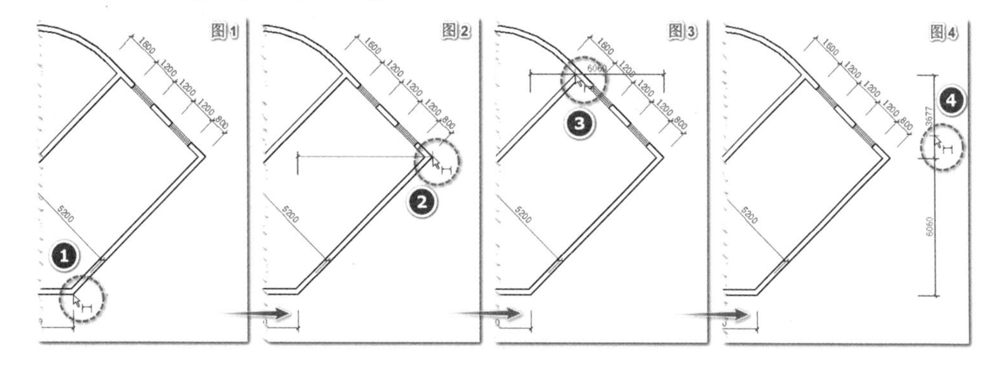

图 13.1.2-1　线性尺寸标注(垂直)

移动鼠标单击两墙的交点 1 拾取第 1 条尺寸界线，如图 13.1.2-2 所示，再单击圆弧墙与直墙的交点 2 拾取第 2 条尺寸界线，单击两墙的交点 3 拾取第 3 条尺寸界线，单击门的左边框 4、右边框 5 拾取第 4 条、第 5 条尺寸界线，往上移动鼠标，移动到合适位置，在非尺寸界线位置单击放置尺寸标注。

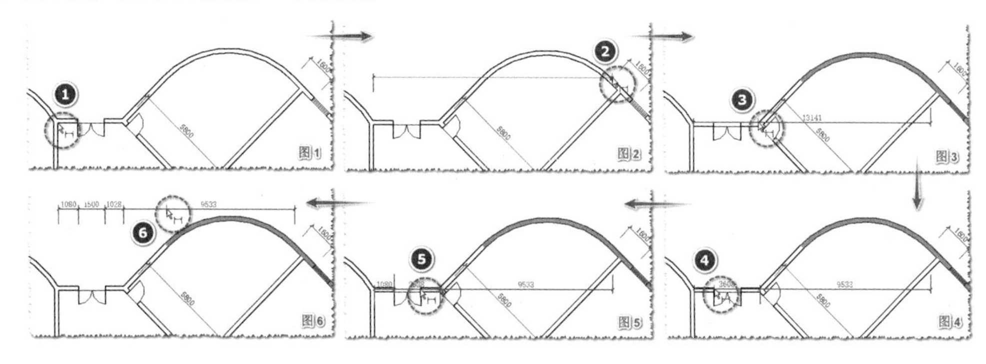

图 13.1.2-2　线性尺寸标注(水平)

13.1.3 角度尺寸标注

Step01 激活面板工具

在“注释”选项卡的“尺寸标注”面板中，单击“角度”工具，进入角度尺寸标注模式。

Step02 选择图元类型

在属性面板中，单击类型选择器的下拉按钮，选择“对角线-3.5mm-固定尺寸界线”族类型。单击“编辑类型”按钮，打开“类型属性”对话框，单击颜色右侧的按钮，打开“颜色”对话框，选择粉红色，再单击“确定”按钮关闭“颜色”对话框，再单击“确定”按钮关闭“类型属性”对话框。

Step03 设置放置参数

在选项栏中，设置为“参照墙中心线”。

Step04 放置尺寸标注

角度尺寸标注

鼠标移动到①墙单击拾取中心线为参照线 1，如图 13.1.3-1 所示，再单击②墙拾取中心线为参照线 2，移动鼠标可预览到两条参照线之间的角度标注，移动到合适位置，在非参照线位置单击放置角度尺寸标注。同理，放置另外两面墙间的角度尺寸标注，如图 13.1.3-2 所示。

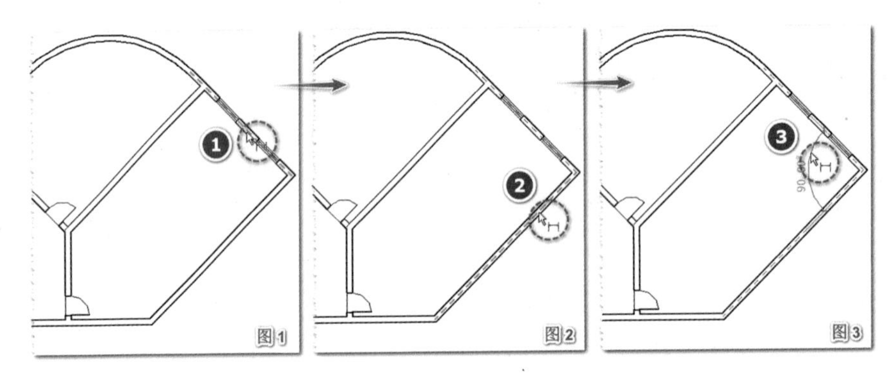

图 13.1.3-1 角度尺寸标注(直角)

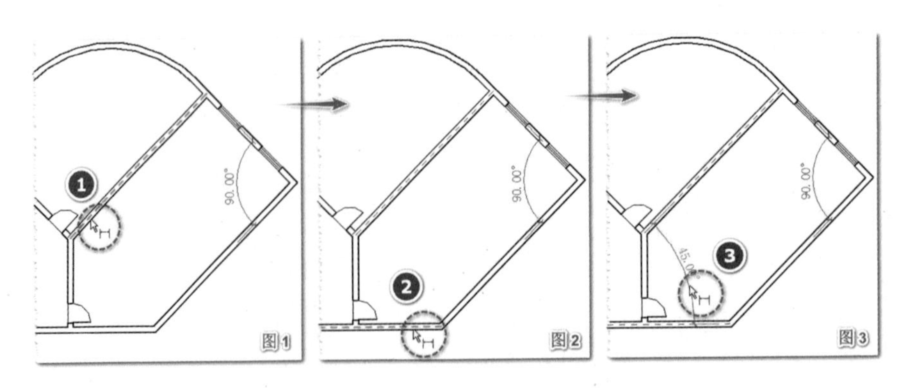

图 13.1.3-2 角度尺寸标注(45°)

13.1.4　半径尺寸标注

Step01　激活面板工具

在“注释”选项卡的“尺寸标注”面板中，单击“半径”工具，进入半径尺寸标注模式。

Step02　选择图元类型

在属性面板中，单击类型选择器的下拉按钮，选择“箭头-3.5mm”族类型。单击“编辑类型”按钮，打开“类型属性”对话框，单击颜色右侧的按钮，打开“颜色”对话框，选择红色，单击“确定”按钮关闭“颜色”对话框，再单击“确定”按钮关闭“类型属性”对话框。

Step03　设置放置参数

在选项栏中，设置为“参照墙中心线”。

半径尺寸标注

Step04　放置尺寸标注

鼠标移动到①墙单击拾取中心线为参照线，如图 13.1.4-1 所示，自动拾取中心线的圆心为尺寸标注参照圆心，移动鼠标到合适位置，在非参照线位置单击放置半径尺寸标注。

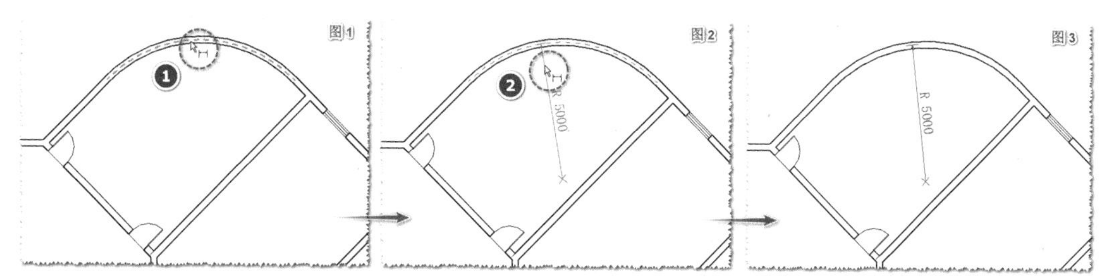

图 13.1.4-1　半径尺寸标注

13.1.5　直径尺寸标注

Step01　激活面板工具

在“注释”选项卡的“尺寸标注”面板中，单击“直径”工具，进入直径尺寸标注模式。

Step02　选择图元类型

在属性面板中，单击类型选择器的下拉按钮，选择“直径”族类型。单击“编辑类型”按钮，打开“类型属性”对话框，单击颜色右侧的按钮，打开“颜色”对话框，选择红色，单击“确定”按钮关闭“颜色”对话框，再单击“确定”按钮关闭“类型属性”对话框。

Step03　设置放置参数

在选项栏中，设置为“参照墙中心线”。

直径尺寸标注

Step04　放置尺寸标注

鼠标移动到①墙单击拾取中心线为参照线，如图 13.1.5-1 所示，自动拾取中心线的圆心为尺寸标注参照圆心，移动鼠标到合适位置，在非参照线位置单击放置直径尺寸标注。

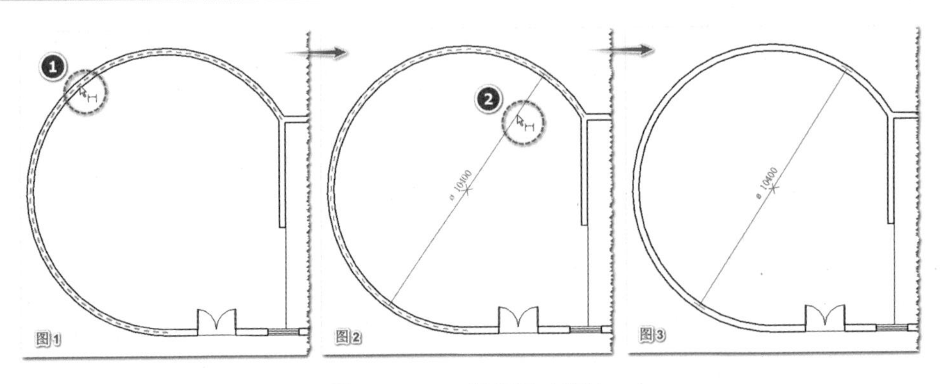

图 13.1.5-1　直径尺寸标注

13.1.6　弧长尺寸标注

Step01　激活面板工具

在“注释”选项卡的“尺寸标注”面板中，单击“弧长”工具，进入弧长尺寸标注模式。

Step02　选择图元类型

在属性面板中，单击类型选择器的下拉按钮，选择“固定尺寸界限”族类型。

Step03　设置放置参数

在选项栏中，设置为“参照墙面”。

弧长尺寸标注

Step04　放置尺寸标注

鼠标移动到①墙单击拾取墙的外表面为参照线，如图 13.1.6-1 所示，再单击与①墙左侧相接的直墙②的外表面，以两个外表面的交点为左尺寸界线，单击与①墙右侧相接的直墙③的外表面，以两个外表面的交点为右尺寸界线，移动鼠标到合适位置，在非尺寸界线位置单击放置尺寸标注。

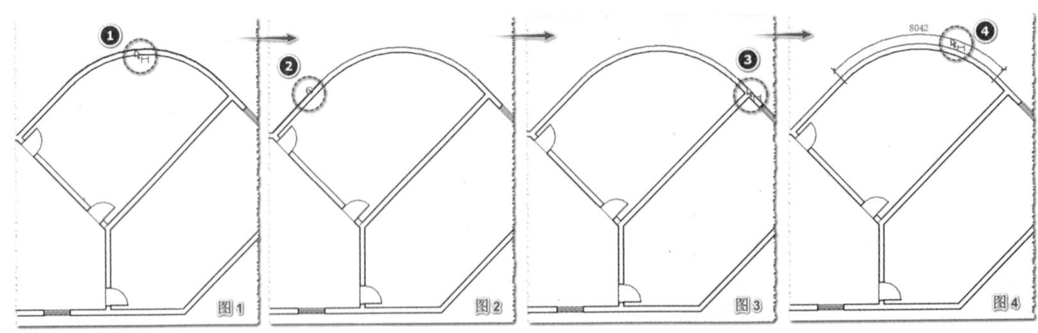

图 13.1.6-1　弧长尺寸标注

13.1.7　高程点标注

Step01　激活面板工具

在“注释”选项卡的“尺寸标注”面板中，单击“高程点”工具，进入高程点标注模式。

Step02　选择图元类型

在属性面板中，单击类型选择器的下拉按钮，选择“立面-正负零”族类型。单击“编辑类型”按钮，打开“类型属性”对话框，单击颜色右侧的按钮，打开“颜色”对话框，选择浅蓝色，单击“确定”按钮关闭“颜色”对话框，再单击“确定”按钮关闭“类型属性”对话框。

高程点标注

Step03　设置放置参数

在选项栏中，不勾选“引线”，显示高程设置为“实际(选定)高程”。

Step04　放置尺寸标注

鼠标移动到地板①位置单击指定测量点，如图 13.1.7-1 所示，然后上下移动可改变三角形的方向，左右移动可调整延长线的位置，沿右上方移动鼠标，在任意位置单击放置高程点标注。注意，没有楼板图元时无法标注高程点，高程点标注文字单击选中后，可通过移动拖拽点移动标注文字位置。

图 13.1.7-1　高程点标注(立面-正负零)

在属性面板中，单击类型选择器的下拉按钮，选择“垂直”族类型。单击“编辑类型”按钮，打开“类型属性”对话框，单击颜色右侧的按钮，打开“颜色”对话框，选择浅蓝色，单击“确定”按钮关闭“颜色”对话框，再单击“确定”按钮关闭“类型属性”对话框。鼠标移动到地板①位置单击指定测量点，如图 13.1.7-2 所示，沿右上方移动鼠标，在任意位置单击放置高程点标注，然后再单击选中标注文字，单击夹点按钮鼠标不放拖动到合适位置松开鼠标，完成高程点标注的放置。

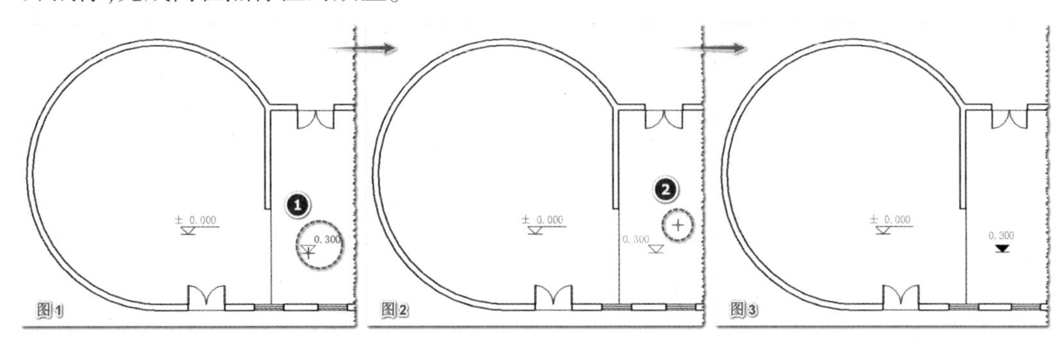

图 13.1.7-2　高程点标注(垂直)

13.2 详图注释

在施工详图中，有些细节在 Revit 中直接通过模型实现比较困难或不方便，此时便可以在建模时简化处理，在施工图中通过详图注释工具添加相应的注释。例如，使用详图线绘制屋面排水图中的排水管、起坡线等。坡度可通过符号注释工具进行注释。

13.2.1 详图线

Step01 打开绘制视图

在项目浏览器中，双击“楼层平面”的“F2”，切换至 F2 楼层平面视图。

Step02 激活面板工具

单击打开“注释”选项卡，在“详图”面板中单击“详图线”工具，进入详图线放置模式，自动切换至“修改|放置详图线”上下文选项卡，如图 13.2.1-1 所示。

Step03 设置绘制参数

选择绘制方式。在上下文选项卡的“绘制”面板中，选择“拾取线”绘制方式。

设置绘制参数。在“修改|放置 详图线”选项栏中，如图 13.2.1-1 所示，偏移设置为“0.0”，不勾选“锁定”。在上下文选项卡的“线样式”面板中，还可以选择不同的线样式。

图 13.2.1-1 “修改|放置详图线”上下文选项卡及选项栏

Step04 绘制详图线

单击西侧直墙、西北侧直墙的墙面，绘制第 1、2 条详图线。

详图注释

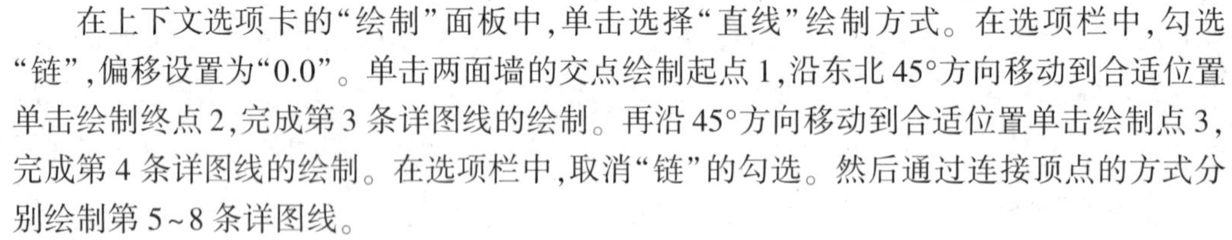

在上下文选项卡的“绘制”面板中，单击选择“直线”绘制方式。在选项栏中，勾选“链”，偏移设置为“0.0”。单击两面墙的交点绘制起点 1，沿东北 45°方向移动到合适位置单击绘制终点 2，完成第 3 条详图线的绘制。再沿 45°方向移动到合适位置单击绘制点 3，完成第 4 条详图线的绘制。在选项栏中，取消“链”的勾选。然后通过连接顶点的方式分别绘制第 5~8 条详图线。

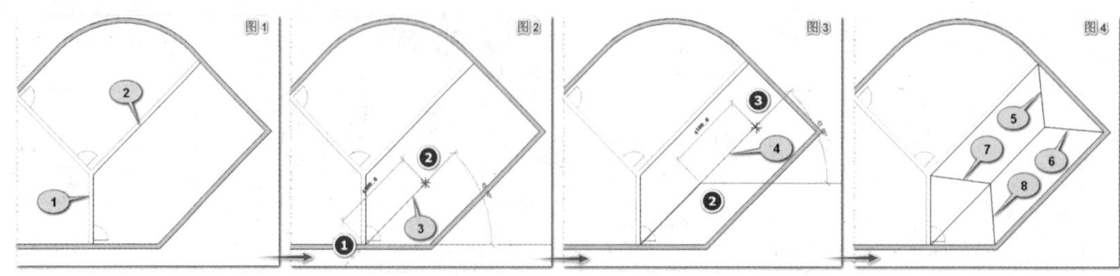

图 13.2.1-2 绘制详图线

13.3　符号注释

13.3.1　排水符号

Step01　激活面板工具

单击打开“注释”选项卡，在“符号”面板中单击“符号”工具，如图 13.3.1-1 所示，进入符号放置模式，自动切换至“修改|放置符号”上下文选项卡。

Step02　选择图元类型

在属性面板中，单击类型选择器的下拉按钮，选择“排水符号”族类型，如图 13.3.1-2 所示。

Step03　设置绘制参数

在“修改|放置符号”选项栏中，如图 13.3.1-3 所示，引线数设置为 0，勾选“放置后旋转”。

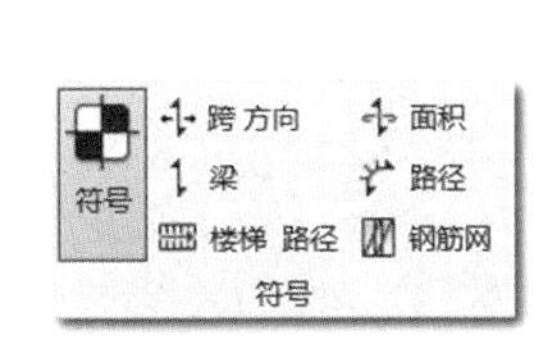

图 13.3.1-1　“符号”工具

属性
C_排水符号
排水符号
常规注释
编辑类型
属性帮助
应用

图 13.3.1-2　属性面板

图 13.3.1-3　选项栏参数

Step04　放置排水符号

1) 放置排水符号。在视图中的合适位置单击鼠标，确定放置点位置，然后往右下方向移动鼠标，当鼠标当前位置与放置点的连线与水平线成 45° 角时单击鼠标，确认排水符号的指向。当然也可以不勾选“放置后旋转”选项，先放置再使用“修改”面板中的“旋转”工具，两种方式等效。同理，在视图中放置其他的 4 个排水符号。如图 13.3.1-4 所示。

符号注释

2) 修改排水坡度。右键单击选择一个排水符号，在右键菜单中依次单击“选择全部实例”“在视图中可见”，选择所有排水符号。在属性面板中，将数值修改为 0.01，单击“应用”按钮，完成排水符号文本的修改。

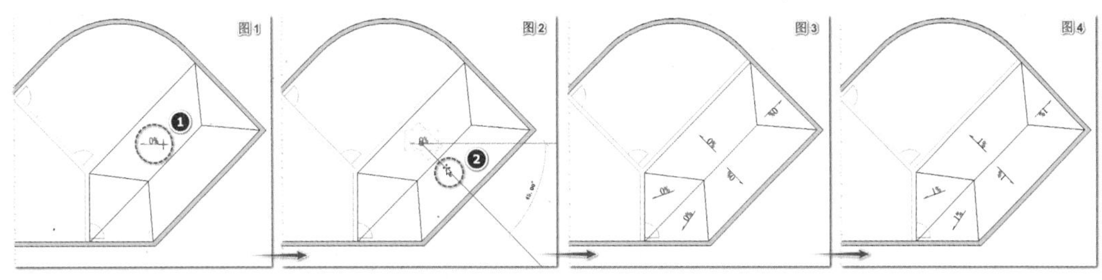

图 13.3.1-4　放置排水符号

13.3.2 指北针

Step01 激活面板工具

单击打开“注释”选项卡，在“符号”面板中单击“符号”工具，进入符号放置模式。

Step02 选择图元类型

在属性面板中，单击类型选择器的下拉按钮，选择“指北针”族类型。

Step03 放置指北针符号

在视图的合适位置单击鼠标，便放置了指北针符号，如图 13.3.2-1 所示。

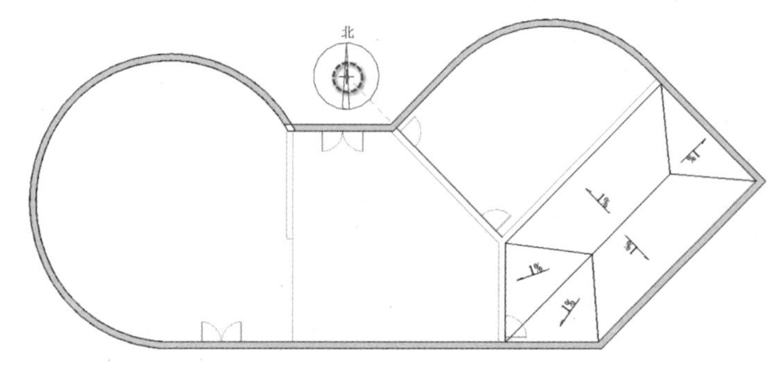

图 13.3.2-1 放置指北针符号

13.4 文字注释

Step01 激活面板工具

单击打开“注释”选项卡，在“文字”面板中单击“文字”工具，进入文字放置模式，自动切换至“修改|放置文字”上下文选项卡，如图 13.4-1 所示。

Step02 设置文字格式及图元类型

在上下文选项卡的“引线”面板中，如图 13.4-1 所示，单击选择“一段”以及“左上引线”格式。在“对齐”面板，选择“顶部对齐”和“左对齐”。在属性面板中，按默认的“3.5mm仿宋”族类型。也可以单击“类型属性”按钮打开“编辑类型”对话框，修改引线和文字的格式。

图 13.4-1 “修改|放置文字”上下文选项卡

文字注释

Step03 放置文字

在女儿墙上单击鼠标绘制引线起点，如图 13.4-2 所示，沿右上角方向移动到合适位置单击放置引线终点，Revit 在起点和终点之间自动绘制引线，同时出现一个原位编辑框，输入文字“女儿墙”，在其他位置单击鼠标完成文字注释的放置。

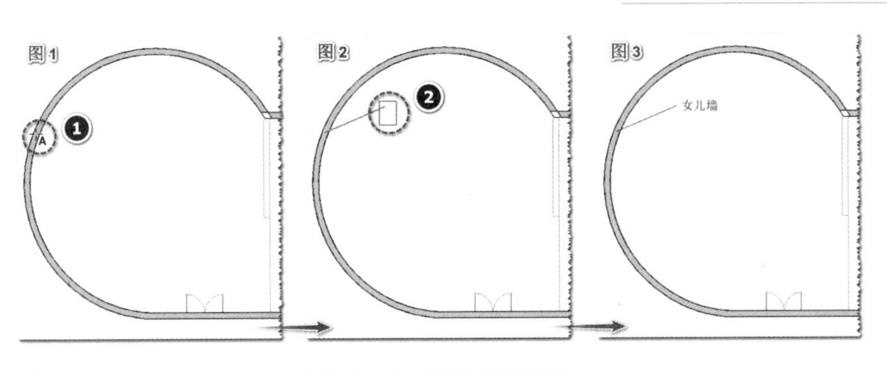

图 13.4-2　放置文字注释

第 14 章　施工图

施工图一般包括图纸目录、设计总说明、建筑施工图(建施)、结构施工图(结施)、设备施工图(设施)等。Revit 中结构和设备的计算分析是弱项,因此结构施工图和设备施工图一般得配合第三方插件或软件来完成,本章重点学习建筑施工图的生成方法。建筑施工图包括平面图、立面图、剖面图和建筑详图等。

14.1　建筑施工图的表现内容

(1)图名、比例、朝向(指北针)

施工图概述

通过属性面板中的"图纸上的标题""视图比例"参数可以修改图名和比例,如图 14.1-1 所示,比例还可通过视图控制栏中的"视图比例"工具进行调整,如图 14.1-2 所示。图名和比例的表现通过视图标题来实现,视图标题有多种制作方法,具体内容可参照第 15 章的 15.2.2。通过属性面板中的"方向"参数可以修改项目的方向,图纸中的朝向(指北针)一般通过放置符号注释来实现,指北针一般仅在底层平面图中绘制。

(2)定位轴线及编号

轴线在第 2 章中已绘制,其样式可以通过更改类型参数进行修改,包括线型、颜色、字体、标头等,标头的样式可以通过族编辑器进行定制,具体内容可参照第 15 章 15.2.1。

(3)墙、板、柱、梁等断面

建筑施工图中最主要的构件是墙、板、屋顶、柱、梁等,在《建筑制图标准》(GB/T 50104)中有详细的规定,例如,制图标准中规定比例为 1:100~1:200 的平面图、剖面图,可画简化的材料图例。在 Revit 中使用详细程度来控制视图中图元断面填充样式(材料图例)的显示。单击"管理"选项卡,在"设置"面板中单击"其他设置"下拉按钮,在下拉列表单击"详细程度"工具便可打开"视图比例与详细程度的对应关系"对话框,如图 14.1-3 所示。在对话框中可以看到默认的对应关系,例如,1:100 的平面图默认对应粗略,当然也可以根据需要进行相应调整。切换到平面视图,在属性面板中当前的详细程度为"粗略",可以将其更改为"中等"或"精细"观察显示的变化。例如,详细程度为粗略时,外墙截面默认填充了"默认墙"材质图例,详细程度为中等、精细时,外墙截面填充了图元材质中设置的"砖石建筑-砖"材质图例。

显示的优先级从高到低一般依次为视图中的设置、图元材质中的设置、项目中的设置。视图一般在"视图专用图元图形"对话框(在图元右键菜单中依次单击"替换视图中的图形""按图元…",如图 14.1-4 所示)或"可见性/图形替换"对话框(在属性面板中单击"可见性/图形替换"的编辑按钮,或在"视图"选项卡中单击"可见性/图形"工具,如

图 14.1-5 所示)中进行设置;图元一般在“材质浏览器”(属性面板中单击“编辑类型”按钮打开“类型属性”对话框,再单击结构右侧的“编辑”按钮打开“编辑部件”对话框,然后单击材质单元格右侧的浏览按钮,如图 14.1-6 所示)中进行设置;项目一般在“对象样式”对话框(在“管理”选项卡“设置”面板中单击“对象样式”工具,如图 14.1-7 所示)中进行设置。

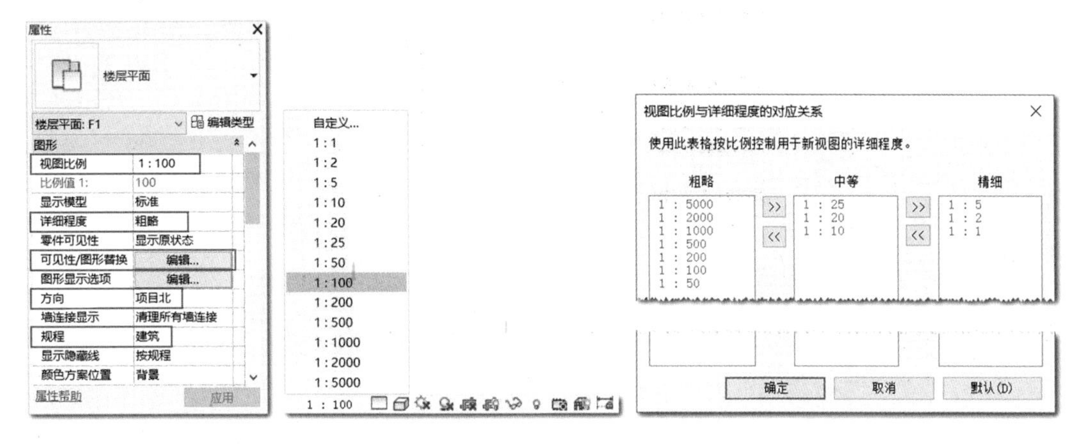

图 14.1-1　属性面板　　图 14.1-2　视图比例　　图 14.1-3　“视图比例与详细程度的对应关系”对话框

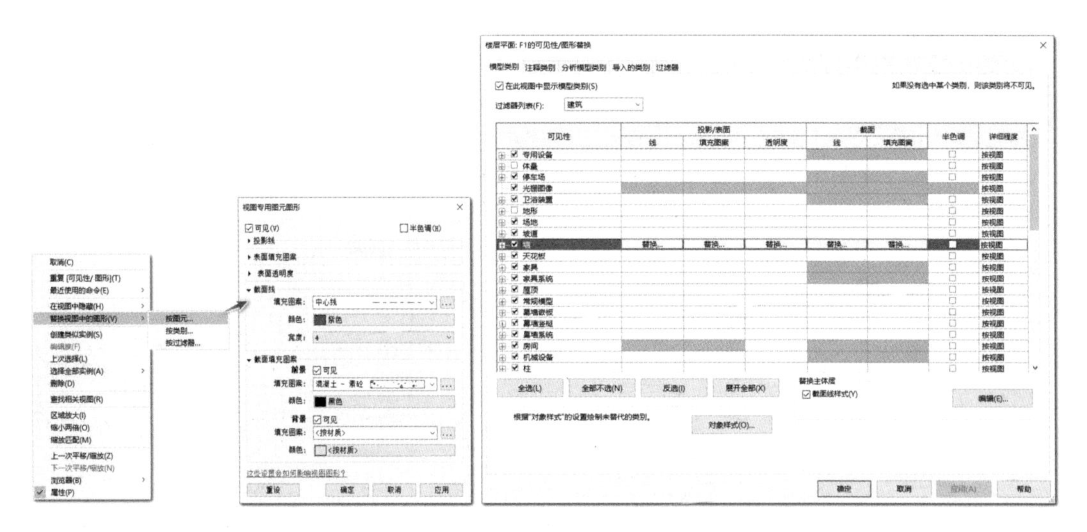

图 14.1-4　“视图专用图元图形”对话框　　图 14.1-5　“可见性/图形替换”对话框

(4)图线

建筑施工图中,需要选用不同的线宽、线型来清晰表示平面图的内容,在《房屋建筑制图统一标准》(GB/T 50001)和《建筑制图标准》(GB/T 50104)中有详细的规定。图线的显示优先级与墙、柱截面相类似,“视图专用图元图形”对话框中的“填充图案”“颜色”和“宽度”优先级最高,其余依次为“可见性/图形替换”对话框中的“截面线样式”、“可见性/图形替换”对话框中的“线”、“对象样式”对话框中的“线宽”、“线颜色”和“线型图案”。

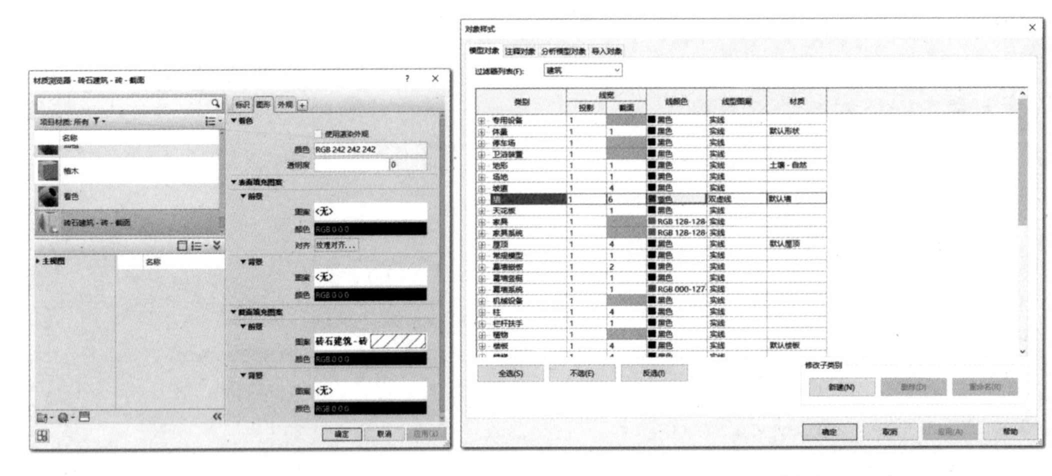

图 14.1-6　材质浏览器　　　　图 14.1-7　“对象样式”对话框

对于线图元,例如模型线、详图线,可通过单击“管理”选项卡“其他设置”下拉列表中的“线样式”工具进行设置。而所有这些设置所涉及的线宽和线型在项目中都可统一进行定制,在“管理”选项卡的“其他设置”下拉列表中,单击“线宽”和“线型图案”工具打开相应对话框,如图 14.1-8、图 14.1-9 所示。

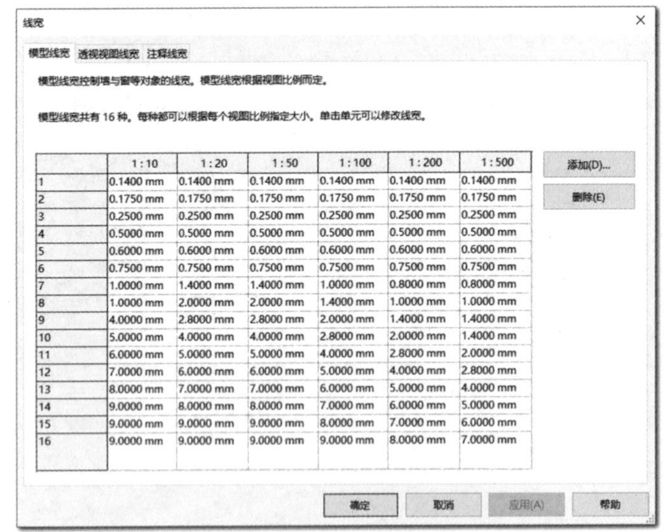

	1:10	1:20	1:50	1:100	1:200	1:500
1	0.1400 mm	0.1400 mm	0.1400 mm	0.1400 mm	0.1400 mm	0.1400 mm
2	0.1750 mm	0.1750 mm	0.1750 mm	0.1750 mm	0.1750 mm	0.1750 mm
3	0.2500 mm	0.2500 mm	0.2500 mm	0.2500 mm	0.2500 mm	0.2500 mm
4	0.5000 mm	0.5000 mm	0.5000 mm	0.5000 mm	0.5000 mm	0.5000 mm
5	0.6000 mm	0.6000 mm	0.6000 mm	0.6000 mm	0.6000 mm	0.6000 mm
6	0.7500 mm	0.7500 mm	0.7500 mm	0.7500 mm	0.7500 mm	0.7500 mm
7	1.0000 mm	1.4000 mm	1.4000 mm	1.0000 mm	0.8000 mm	0.8000 mm
8	1.0000 mm	2.0000 mm	2.0000 mm	1.4000 mm	1.0000 mm	1.0000 mm
9	4.0000 mm	2.8000 mm	2.8000 mm	2.0000 mm	1.4000 mm	1.4000 mm
10	5.0000 mm	4.0000 mm	4.0000 mm	2.8000 mm	2.0000 mm	1.4000 mm
11	6.0000 mm	5.0000 mm	5.0000 mm	4.0000 mm	2.8000 mm	2.0000 mm
12	7.0000 mm	6.0000 mm	6.0000 mm	5.0000 mm	4.0000 mm	2.8000 mm
13	8.0000 mm	7.0000 mm	7.0000 mm	6.0000 mm	5.0000 mm	4.0000 mm
14	9.0000 mm	8.0000 mm	8.0000 mm	7.0000 mm	6.0000 mm	5.0000 mm
15	9.0000 mm	9.0000 mm	9.0000 mm	8.0000 mm	7.0000 mm	6.0000 mm
16	9.0000 mm	9.0000 mm	9.0000 mm	9.0000 mm	8.0000 mm	7.0000 mm

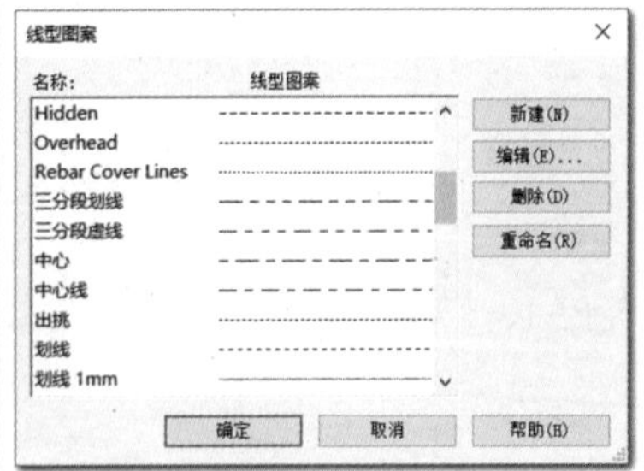

图 14.1-8　线宽　　　　图 14.1-9　线型图案

(5)尺寸标注与标高(高程)

建筑施工图中的尺寸标注包括外部标注和内部标注。

1)外部标注:平面图一般在下方和左侧注写三道尺寸,复杂图可在上方和右侧增加标注。第一道尺寸,标注外墙门窗洞口的细部尺寸;第二道尺寸,标注轴线间距离的尺寸,用以说明房间的开间及进深;第三道尺寸,标注建筑外包总尺寸,从一端外墙边到另一端外墙边的总长和总宽。底层平面图标注外包总尺寸,其他层可省略或仅标注轴线间的总尺寸。

2)内部标注:表示房间的净空大小和室内的门窗洞、孔洞、墙厚和固定设备(例如厕所、工作台、搁板、厨房等)的大小与位置,以及室内楼地面的高度。相同的内部构造或设备尺寸,可省略或简化标注。其他各层平面图的尺寸,除标注出轴线间的尺寸和总尺寸外,与底层平面相同的细部尺寸均可省略。

在Revit中绘制施工图时,尺寸标注的工作量相对是比较大的,主要工具的使用方法请参照第13章。

(6)图例

图例一般分为门窗图例和其他图例(例如孔洞、坑槽、烟道、电梯等)。在Revit中,如果是可载入族,例如门窗,其图例样式可在族中定义,具体内容可参照第15章15.1.1。若不是可载入族,其图例样式一般通过直接绘制二维详图图元或载入二维详图构件的方法实现。

(7)门窗编号

一般在建筑总说明中列出门窗明细表(含门窗的编号、洞口尺寸、数量、所选用的标准图集编号、型号等),在平面图中表示出门窗的编号。在Revit中,门窗编号的显示是通过门窗标记工具实现的,而门窗编号的定义可直接在类型参数“类型标记”中输入,具体内容参照第4章。

(8)房间名称

Revit中的房间是由墙、楼板、屋顶、天花板、房间分隔线等隔离出来的一个细分空间,属于模型图元,有周长、面积和体积等参数,创建后在各视图中相互关联,都可使用,对房间进行标记也非常方便,具体内容可参照第11章。

(9)剖切符号、详图索引等

在平面图、立面图、剖面图中创建剖面视图、详图视图时,Revit会根据设置的族类型参数自动添加剖切符号和详图索引,剖面标头和详图索引标头都是可载入族,按要求可以进行定制。当创建了图纸并添加了该详图后,详图索引中的图纸编号Revit会自动添加。

14.2　平面图

14.2.1　底层平面图

Step01　复制平面视图

在“项目浏览器”面板中,右键单击“楼层平面”中的F1,在右键菜单中依次单击“复制视图”“带细节复制”,复制生成了新的楼层平面并自动切换到新视图,将复制的视图重命名为“底层平面图”。

Step02　尺寸标注

底层平面图

1)激活面板工具。单击打开“注释”选项卡,在“尺寸标注”面板中单击“对齐”工具,进入对齐尺寸标注模式。类型选择器中选择“固定尺寸界限”族类型。

2）添加外部标注。选项栏中设置“参照墙面”，拾取“整个墙”，拾取北侧、西侧外墙，再单击左右、上下外墙面放置第一道尺寸标注。选项栏中拾取设置为“单个参照点”，再放置第二道、第三道尺寸标注，以及南面的三道尺寸标注。左右两边对称，因此东侧未放置外部尺寸标注。有些重叠的尺寸标注数值，可以将其移动到合适位置，如图 14.2.1-1 所示。

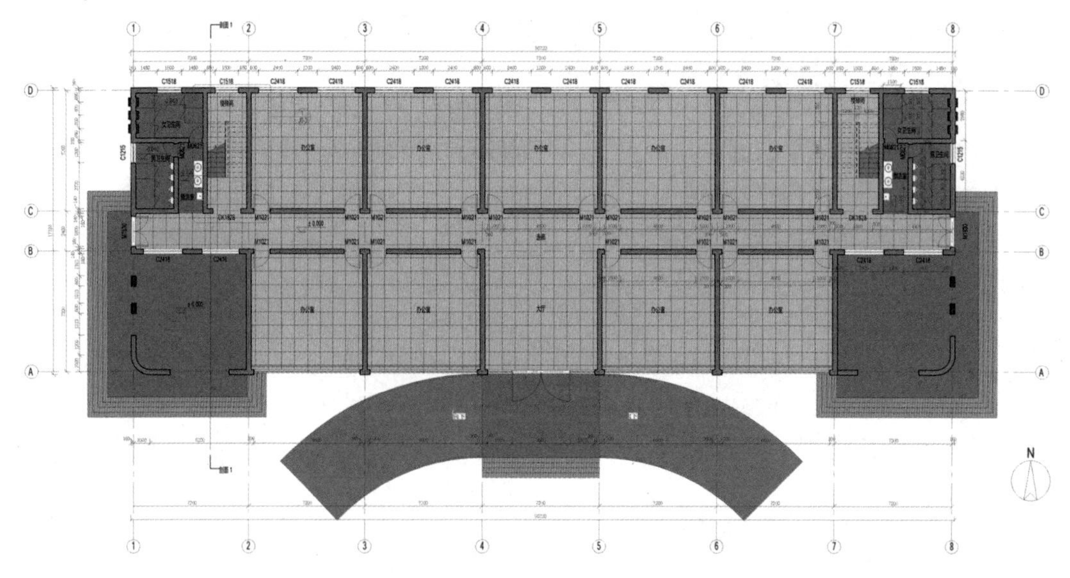

图 14.2.1-1　底层平面图

3）添加内部标注。由于综合楼左右对称，仅添加了东侧的内部标注。主要标注了内墙位置、门窗洞口位置、卫生间构件位置、楼梯的位置等。

Step03　高程标注

在“注释”选项卡的“尺寸标注”面板中，单击“高程点”工具，进入高程点标注模式。类型选择器中选择“正负零高程（项目）”族类型。在室内楼板、室外台阶平台分别放置高程点标注。类型选择器中选择“三角形（项目）”族类型，然后在盥洗室楼板、卫生间楼板分别放置高程点标注。

Step04　门、窗、房间标记

底层平面的门、窗、房间标记在前面章节都已放置，若与尺寸标注重叠，标记的位置可稍作调整。若 Step01 选择的是“复制”工具，则所有的标记都需要重新放置。

Step05　放置指北针

单击打开“注释”选项卡，在“符号”面板中单击“符号”工具，进入符号放置模式。类型选择器中选择“指北针”族类型。在视图的右下角单击放置指北针。

Step06　放置视图标题

在“修改|放置符号”上下文选项卡中，使用“载入族”工具将磁盘中的“ZHL 视图标题[符号].rfa”载入到当前项目，类型选择器中自动选择了“ZHL 视图标题[符号]”，然后在视图的下侧中间位置单击放置视图标题。在属性面板中，将视图标题修改为“底层平面图”，视图比例修改为“1:100”。

14.2.2　标准层平面图

Step01　复制平面视图

在“项目浏览器”面板中，右键单击“楼层平面”中的 F2，在右键菜单中依次单击“复制视图”“带细节复制”，复制生成了新的楼层平面并自动切换到新视图，将复制的视图重命名为“标准层平面图”。

Step02　尺寸标注

标准层
平面图

1）激活面板工具。单击打开“注释”选项卡，在“尺寸标注”面板中单击“对齐”工具，进入对齐尺寸标注模式。类型选择器中选择“固定尺寸界限”族类型。

2）添加外部标注。选项栏中设置“参照墙面”，使用“整个墙”“单个拾取点”拾取方式，在北侧、西侧、南侧分别绘制三道尺寸标注，适当调整尺寸标注数值的位置。

3）添加内部标注。在东侧，给内墙、门洞口、楼梯等构件绘制尺寸标注，如图 14.2.2-1 所示。

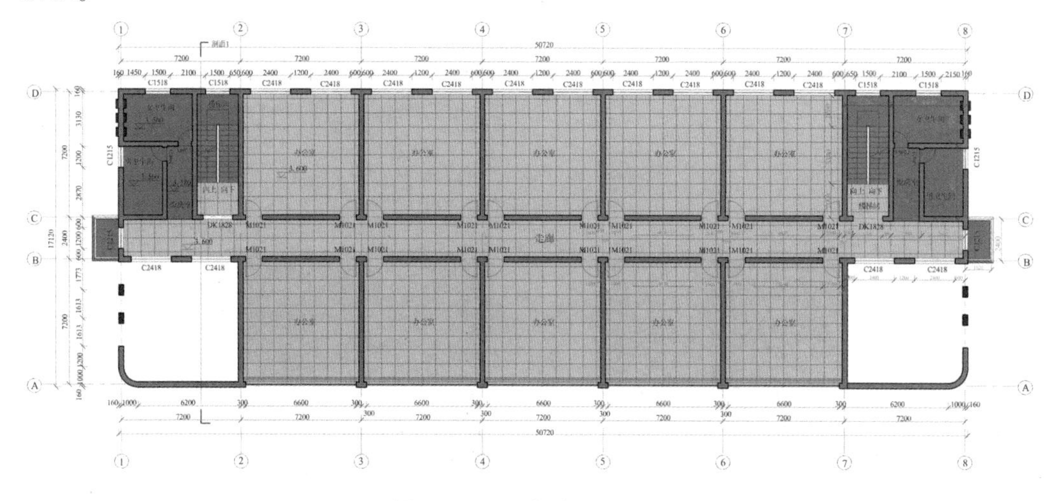

图 14.2.2-1　标准层平面图

Step03　高程标注

在“注释”选项卡的“尺寸标注”面板中，单击“高程点”工具，进入高程点标注模式。类型选择器中选择“三角形(项目)”族类型。在西侧的室内楼板、盥洗室楼板、卫生间楼板分别放置高程点标注。

Step04　房间及房间标记

二层未创建房间，所以在进行房间标记前必须先创建房间。

1）激活面板工具。单击打开“建筑”选项卡，在“房间与面积”面板中单击“房间”工具，进入房间放置模式。

2）分隔房间。在上下文选项卡中，单击“房间分隔”工具，进入分隔房间模式，自动切换到“修改|放置房间分隔”上下文选项卡，以直线绘制方式在东、西两侧盥洗室入口位置绘制线段，完成了房间的分隔，按 Esc 键退出房间分隔绘制模式。

3）设置放置参数。在上下文选项卡中，选择“在放置时进行标记”。在选项栏中，偏移设置为“2500”,不勾选“引线”,房间设置为“新建”,名称设置为“办公室”。类型选择器中房间标记类型为“标记_房间-无面积-方案-黑体-4-5mm-0-8”。

4)自动放置房间。在上下文选项卡中,单击“自动放置房间”工具,Revit 会根据房间边界围合情况自动放置所有房间并添加房间标记。

5)修改房间名称。对男女卫生间、盥洗室、走廊的房间名称进行相应的修改。

14.2.3 顶层平面图

Step01 复制平面视图

在“项目浏览器”面板中,右键单击“楼层平面”中的 F6,在右键菜单中依次单击“复制视图”“带细节复制”,复制生成了新的楼层平面,将复制的视图重命名为“顶层平面图”。

Step02 绘制洞口符号

单击打开“注释”选项卡,在“详图”面板中单击“详图线”工具,进入详图线绘制状态。在上下文选项卡中,选择“线”绘制方式,线样式选择“细线”,选项栏中偏移设置为“0.0”。在东南角 A、B、7、8 轴线之间绘制两条详图线,作为洞口符号,如图 14.2.3-1 所示。

Step03 绘制分水线

确认仍处于详图线绘制状态,在东侧平屋顶绘制分水线,如图 14.2.3-2 所示,分水线也可以使用修改面板的工具进行修改。

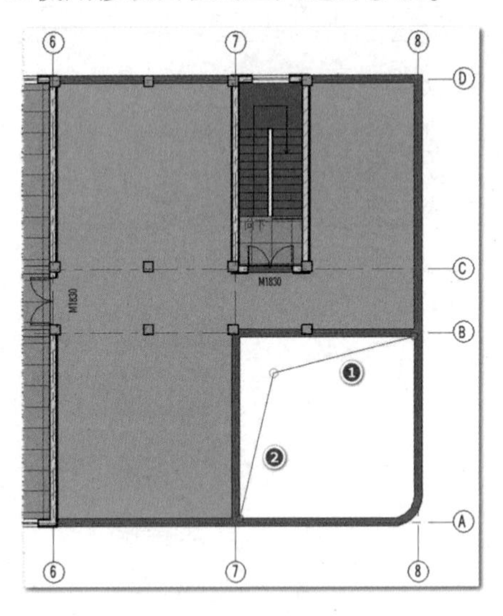

图 14.2.3-1 洞口符号

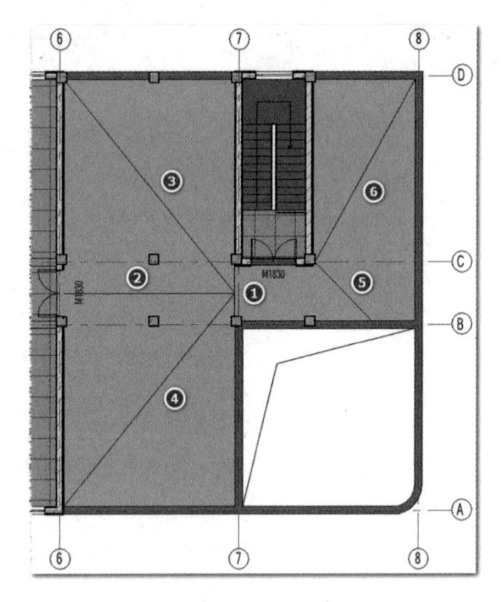

图 14.2.3-2 分水线

Step04 放置排水符号

顶层平面图

单击打开“注释”选项卡,在“符号”面板中单击“符号”工具,进入符号放置模式。类型选择器中选择“排水符号”族类型。在选项栏中,引线数设置为“0.0”,勾选“放置后旋转”。在视图中的合适位置单击鼠标,确定放置点位置,然后再移动鼠标,当鼠标当前位置与放置点的连线与分水线平行或垂直时单击鼠标,确认排水符号的指向。属性面板中修改数值参数可以设置排水坡度,如图 14.2.3-3 所示。如果所有的排水坡度都相同时,可以先放置排水符号,最后将所有排水符号选中一次性修改。

Step05　绘制落水管

落水管可以使用详图线进行绘制,也可载入 2D 详图构件直接放置。在“插入”选项卡中使用“载入族”工具,将磁盘中的“ZHL 落水管[详图构件].rfa”载入到当前项目。切换到“注释”选项卡,在“详图”面板中单击“构件”下拉按钮,在下拉列表中单击“详图构件”工具,进入放置详图构件模式。在类型选择器中选择刚载入的“落水管[详图构件]”,在视图中合适位置单击鼠标放置落水管,如图 14.2.3-4 所示,落水管的尺寸可通过属性面板参数修改。

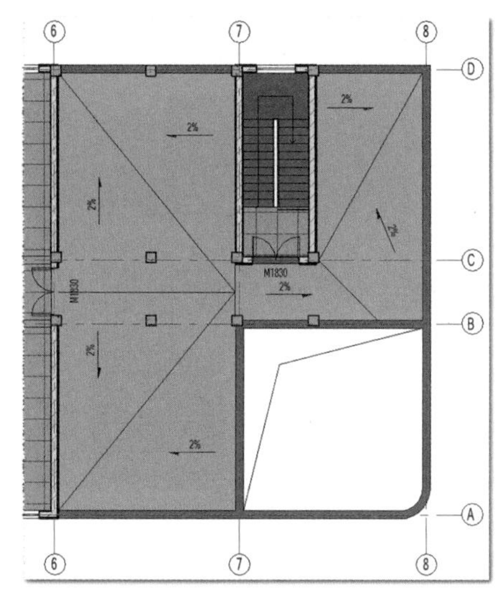

图 14.2.3-3　排水符号

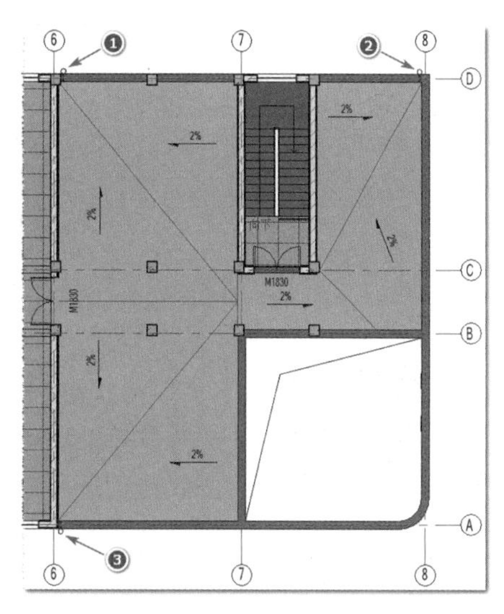

图 14.2.3-4　落水管

Step06　镜像生成西侧注释图元

1)选择洞口符号、分水线、排水符号和落水管。以框选方式将 5 轴线东侧的所有图元选中,通过上下文选项卡中的过滤器,去除其他图元类别,仅保留洞口符号、分水线、排水符号和落水管。

2)激活面板工具。在“修改|选择多个”上下文选项卡中,单击“修改”面板的“镜像-拾取轴”工具,进入镜像修改状态。

3)镜像生成西侧注释图元。在选项栏中,勾选“复制”参数。然后单击 SN 参照平面,以 SN 参照平面为对称轴复制生成西侧的注释图元。

14.3　立面图

14.3.1　正立面图

正立面图

Step01　复制平面视图

在“项目浏览器”面板中,右键单击“立面(建筑立面)”中的“南”,在右键菜单中依次单击“复制视图”“带细节复制”,复制生成了新的楼层平面并自动切换到新视图,将复制的视图重命名为“南立面图”。

Step02　尺寸标注

1)激活面板工具。单击打开“注释”选项卡,在“尺寸标注”面板中单击“对齐”工具,进入对齐尺寸标注模式。类型选择器中选择“固定尺寸界限”族类型。

2)添加外部标注。选项栏中拾取设置“单个拾取点”,在东侧分别绘制三道尺寸标注。在西侧给室外台阶添加尺寸标注。

3)添加内部标注。给老虎窗添加局部尺寸标注,如图 14.3.1-1 所示。

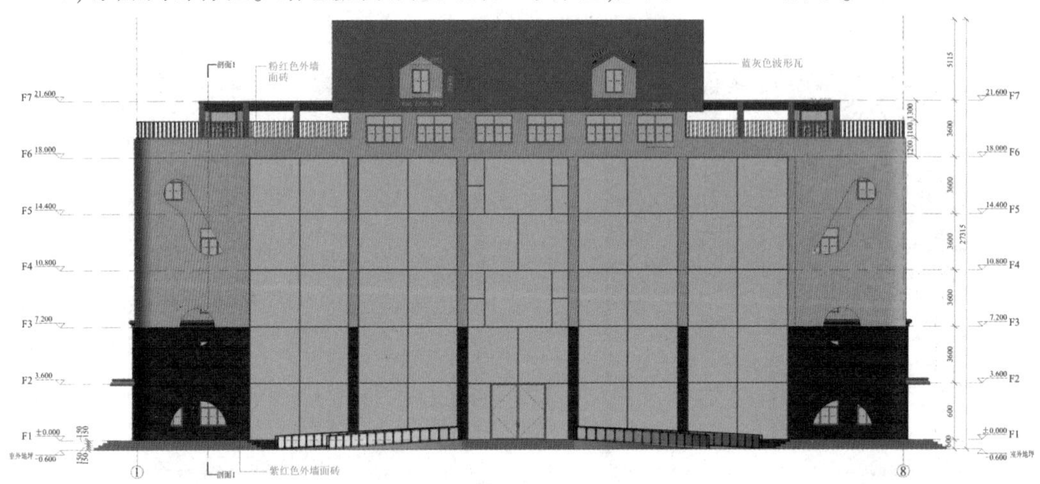

图 14.3.1-1　南立面图

Step03　高程标注

在“注释”选项卡的“尺寸标注”面板中,单击“高程点”工具,进入高程点标注模式。类型选择器中选择“三角形(项目)”族类型。给阁楼窗户以及老虎窗窗户添加高程点标注。在“注释”选项卡的“尺寸标注”面板中,单击“高程点坡度”工具,进入高程点坡度标注模式。类型选择器中选择“坡度”族类型。给老虎窗坡屋顶添加高程点坡度标注。

Step04　文字标注

单击打开“注释”选项卡,在“文字”面板中单击“文字”工具,进入文字放置模式。在上下文选项卡的“引线”面板中,单击选择“一段”以及“左中引线”格式。在属性面板中,按默认的“3.5mm 仿宋”族类型。给阁楼坡屋顶添加文字标注,文字名称为“蓝灰色波形瓦”。在上下文选项卡中选择“两段”以及“左中引线”格式。在女儿墙外墙处添加“粉红色外墙面砖”文字标注,在 F1 外墙外添加“紫红色外墙面砖”文字标注。

Step05　隐藏部分柱网

交叉框选 2~7 号轴线,单击右键打开右键菜单,依次单击“在视图中隐藏”“图元”,在当前视图中隐藏轴线图元。

Step06　轮廓加粗

单击打开“修改”选项卡,在“视图”面板中单击“线处理”工具,然后在线样式选择

"宽线",沿着正立面图的外轮廓拾取边缘线进行加粗处理。

14.3.2 背立面图

Step01 复制平面视图

在"项目浏览器"面板中,右键单击"立面(建筑立面)"中的"北",在右键菜单中依次单击"复制视图""带细节复制",复制生成了新的楼层平面并自动切换到新视图,将复制的视图重命名为"北立面图"。

Step02 尺寸标注

1)激活面板工具。单击打开"注释"选项卡,在"尺寸标注"面板中单击"对齐"工具,进入对齐尺寸标注模式。类型选择器中选择"固定尺寸界限"族类型。

2)添加外部标注。选项栏中拾取设置"单个拾取点",在东侧分别绘制三道尺寸标注。在西侧给室外台阶添加尺寸标注,如图 14.3.2-1 所示。

背立面图

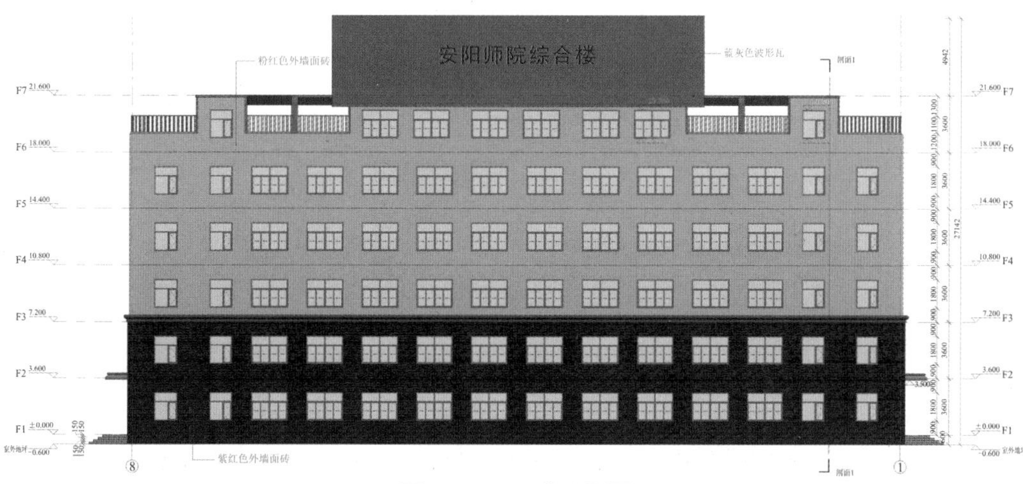

图 14.3.2-1 北立面图

Step03 高程标注

在"注释"选项卡的"尺寸标注"面板中,单击"高程点"工具,进入高程点标注模式。类型选择器中选择"三角形(项目)"族类型。给房间窗户以及 F6 楼梯间窗户添加高程点标注。

Step04 文字标注

单击打开"注释"选项卡,在"文字"面板中单击"文字"工具,进入文字放置模式。在上下文选项卡的"引线"面板中,单击选择"一段"以及"左中引线"格式。在属性面板中,按默认的"3.5mm 仿宋"族类型。给阁楼坡屋顶添加"蓝灰色波形瓦"文字标注。在上下文选项卡中选择"两段"以及"左中引线"格式。在女儿墙外墙处添加"粉红色外墙面砖"文字标注,在 F1 外墙外添加"紫红色外墙面砖"文字标注。

Step05 隐藏部分柱网

选中 2~7 号轴线,单击右键打开右键菜单,依次单击"在视图中隐藏""图元",在当前视图中隐藏轴线图元。

Step06　轮廓加粗

单击打开“修改”选项卡，在“视图”面板中单击“线处理”工具，然后在线样式选择“宽线”，沿着背立面图的外轮廓拾取边缘线进行加粗处理。

14.3.3　侧立面图

Step01　复制平面视图

在“项目浏览器”面板中，右键单击“立面（建筑立面）”中的“西”，在右键菜单中依次单击“复制视图”“带细节复制”，复制生成了新的楼层平面并自动切换到新视图，将复制的视图重命名为“西立面图”。

Step02　尺寸标注

1）激活面板工具。单击打开“注释”选项卡，在“尺寸标注”面板中单击“对齐”工具，进入对齐尺寸标注模式。类型选择器中选择“固定尺寸界限”族类型。

2）添加外部标注。选项栏中拾取设置“单个拾取点”，在西侧分别绘制三道尺寸标注。在东侧给老虎窗添加尺寸标注，如图 14.3.3-1 所示。

侧立面图

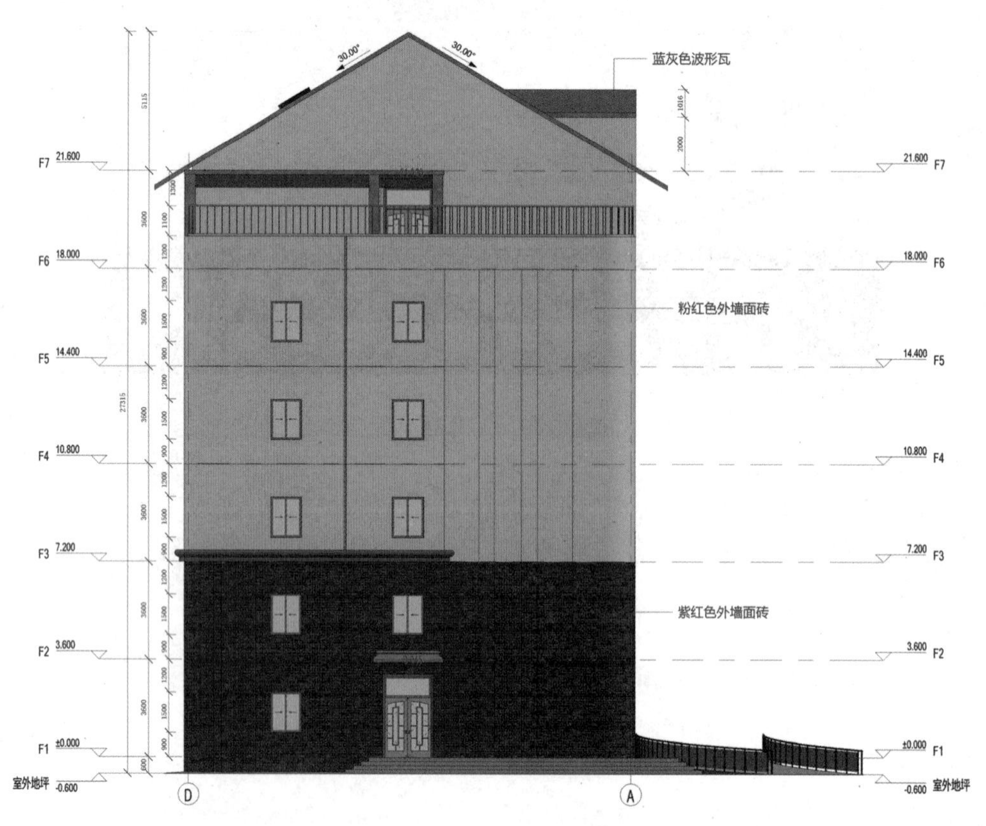

图 14.3.3-1　西立面图

Step03　高程标注

在“注释”选项卡的“尺寸标注”面板中，单击“高程点”工具，进入高程点标注模式。类型选择器中选择“三角形（项目）”族类型。给 F1 门联窗和阁楼门联窗添加高程点标注。在“注释”选项卡的“尺寸标注”面板中，单击“高程点坡度”工具，进入高程点坡度标注模式。类型选择器中选择“坡度”族类型。给阁楼坡屋顶添加高程点坡度标注。

Step04　文字标注

单击打开“注释”选项卡，在“文字”面板中单击“文字”工具，进入文字放置模式。在上下文选项卡的“引线”面板中，单击选择“一段”以及“左中引线”格式。在属性面板中，按默认的“3.5mm 仿宋”族类型。在 F5 外墙处添加“粉红色外墙面砖”文字标注，在 F2 外墙外添加“紫红色外墙面砖”文字标注。在上下文选项卡中选择“两段”以及“左中引线”格式。给老虎窗坡屋顶添加“蓝灰色波形瓦”文字标注。

Step05　隐藏部分柱网

选中 B～C 号轴线，单击右键打开右键菜单，依次单击“在视图中隐藏”“图元”，在当前视图中隐藏轴线图元。

Step06　轮廓加粗

单击打开“修改”选项卡，在“视图”面板中单击“线处理”工具，然后在线样式选择“宽线”，沿着侧立面图的外轮廓拾取边缘线进行加粗处理。

14.4　剖面图

Step01　新建剖面视图

切换到“标准层平面图”视图，单击打开“视图”选项卡，在“创建”面板中单击“剖面”工具，进入创建剖面模式。在 6、7 轴线之间，D 轴线上侧单击绘制起点，沿垂直方向往下，在 A 轴线下侧单击绘制终点，如图 14.4-1 所示，完成剖面线绘制，Revit 自动创建了“剖面 2”的剖面视图。

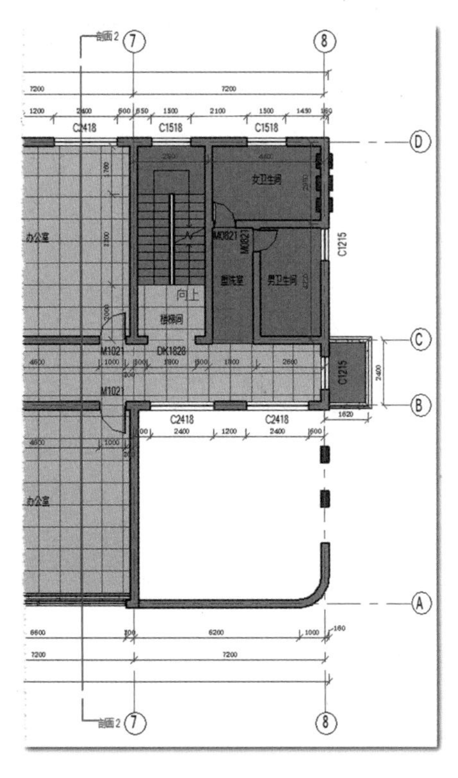

图 14.4-1　剖面符号

Step02　隐藏图元

在属性面板中，单击可见性/图形替换右侧的“编辑”按钮，打开“可见性/图形替换”对话框。在模型类别选项卡中，去除“地形”“植物”和“环境”的勾选，单击“应用”按钮。在注释类别选项卡中，去除“参照平面”的勾选，单击“确定”按钮。

Step03　尺寸标注

1)激活面板工具。单击打开“注释”选项卡，在“尺寸标注”面板中单击“对齐”工具，进入对齐尺寸标注模式。类型选择器中选择“固定尺寸界限”族类型。

2)添加尺寸标注。选项栏中拾取设置“单个拾取点”，在西侧分别绘制三道尺寸标注。在东侧给女儿墙及其栏杆扶手、室外台阶添加尺寸标注。给天花板、屋顶梁添加尺寸标注,如图 14.4-2 所示。

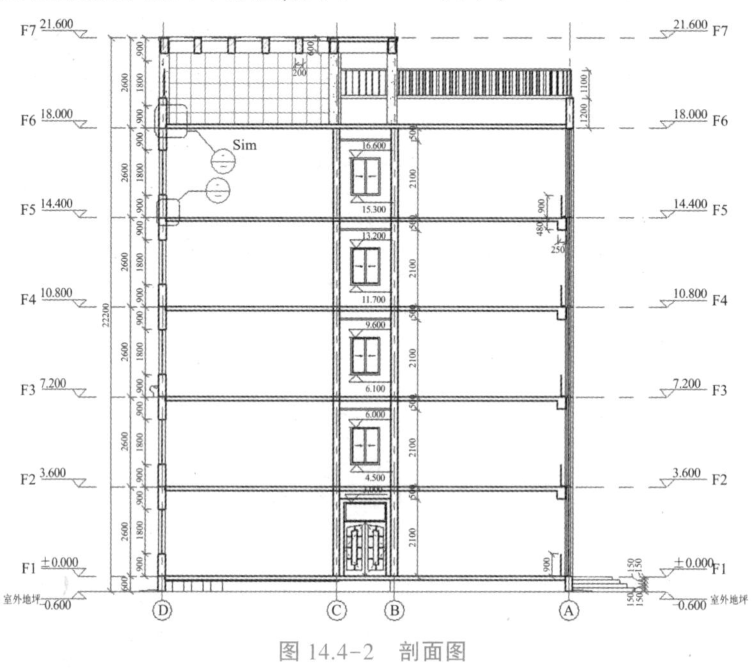

图 14.4-2　剖面图

剖面图

Step04　高程标注

在“注释”选项卡的“尺寸标注”面板中,单击“高程点”工具,进入高程点标注模式。类型选择器中选择“三角形(项目)”族类型。给门联窗和推拉窗添加高程点标注。

14.5　建筑详图

14.5.1　楼梯视图

(1)楼梯平面图

Step01　新建详图视图

切换到“底层平面图”视图,单击打开“视图”选项卡,在“创建”面板中单击“详图索引:矩形”工具,进入创建详图索引模式。类型选择器中选择“楼层平面”。在西侧楼梯间周围绘制矩形生成详图视图,双击详图索引符号切换到详图视图。通过属性面板将视图名称修改为“楼梯底层平面图”。

Step02　调整视图范围

在属性面板中,单击视图范围右侧的“编辑”按钮,打开“视图范围”对话框。将剖切面偏移修改为“2200”,顶部偏移修改为“2600”,由于卫生间和房间门高度为 2100mm,因此在平面图将看不到此类门。

楼梯平面图

Step03　放置楼梯路径

如果楼梯平面图中没有楼梯路径注释,单击打开“注释”选项卡,在“符号”面板中单击“楼梯路径”工具,进入楼梯路径标记模式。在视图单击楼梯梯段便可放置楼梯路径注释,如图 14.5.1-1 所示。

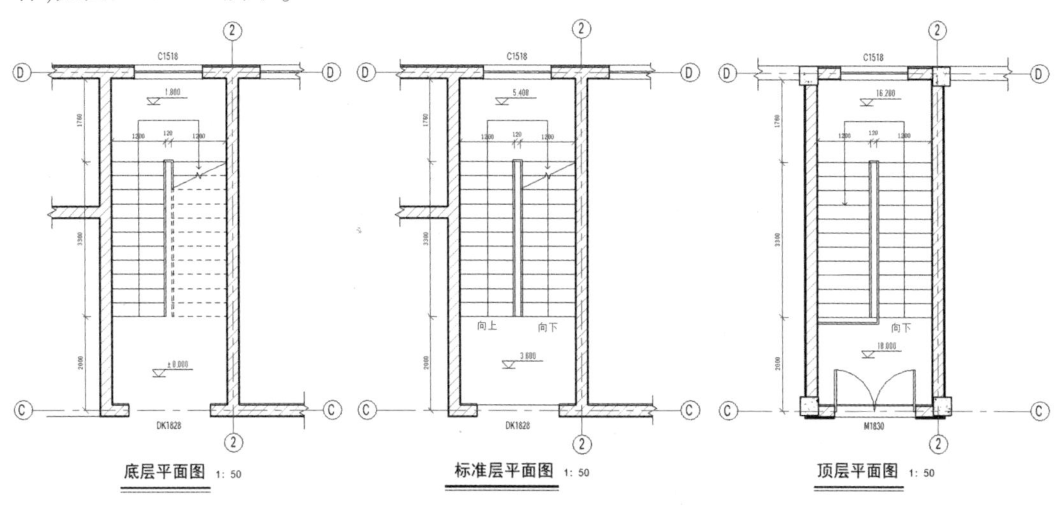

图 14.5.1-1　楼梯平面图

Step04　添加剖断线

剖断线是可载入族,可能是符号也可能是详图构件,本例中使用的是详图构件。在“插入”选项卡中使用“载入族”工具,将磁盘中的“ZHL 剖断线[详图构件].rfa”载入到当前项目。切换到“注释”选项卡,在“详图”面板中单击“构件”下拉按钮,在下拉列表中单击“详图构件”工具,进入放置详图构件模式。在类型选择器中选择刚载入的“剖断线[详图构件]”,在视图中合适位置单击鼠标放置剖断线,放置前通过多次单击空格键可调整剖断线的方向,剖断线的左右长度以及遮罩区的大小可通过属性面板参数修改,也可通过直接拖拽控制柄修改。

Step05　尺寸标注

激活面板工具:单击打开“注释”选项卡,在“尺寸标注”面板中单击“对齐”工具,进入对齐尺寸标注模式。类型选择器中选择“固定尺寸界限”族类型。给楼梯添加纵向和横向两道尺寸标注。

Step06　高程标注

在“注释”选项卡的“尺寸标注”面板中,单击“高程点”工具,进入高程点标注模式。类型选择器中选择“三角形(项目)”族类型。给楼梯休息平台、楼板添加高程点标注。

Step07　门窗标记

在“注释”选项卡的“标记”面板中,单击“按类别标记”工具,进入标记模式。在选项卡中不勾选“引线”。单击楼梯间窗户、盥洗室门洞添加相应的门窗标记,适当调整门窗标记的位置。

Step08　放置视图标题

切换到“注释”选项卡,在“符号”面板中单击“符号”工具,进入符号放置模式。类型选择器中选择“ZHL 视图标题[符号]”族类型。在视图的下侧中间位置单击放置视图标题。在属性面板中,将视图标题修改为“底层平面图”,视图比例修改为“1:50”。

同理,创建楼梯标准层平面图和顶层平面图,如图 14.5.1-1 所示。

(2)楼梯剖面图

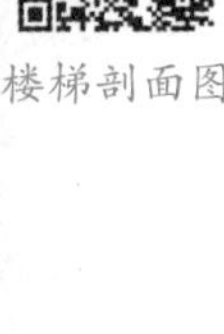

楼梯剖面图

Step01　选择剖面视图

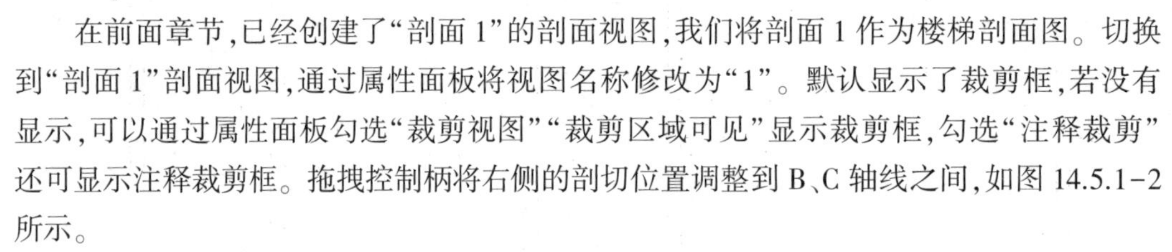

在前面章节,已经创建了“剖面 1”的剖面视图,我们将剖面 1 作为楼梯剖面图。切换到“剖面 1”剖面视图,通过属性面板将视图名称修改为“1”。默认显示了裁剪框,若没有显示,可以通过属性面板勾选“裁剪视图”“裁剪区域可见”显示裁剪框,勾选“注释裁剪”还可显示注释裁剪框。拖拽控制柄将右侧的剖切位置调整到 B、C 轴线之间,如图 14.5.1-2 所示。

Step02　隐藏图元

在属性面板中,单击“可见性/图形替换”右侧的“编辑”按钮,打开“可见性/图形替换”对话框。在模型类别选项卡中,去除“地形”“植物”和“环境”的勾选,单击“应用”按钮。在注释类别选项卡中,去除“参照平面”的勾选,单击“确定”按钮。

Step03　添加剖断线

切换到“注释”选项卡,在“详图”面板中单击“构件”下拉按钮,在下拉列表中单击“详图构件”工具,进入放置详图构件模式。在类型选择器中选择“剖断线[详图构件]”,通过多次单击空格键可调整剖断线的方向,在视图中合适位置单击鼠标放置剖断线,拖拽控制柄修改剖断线的长度以及遮罩区的大小。

Step04　绘制梯边梁

切换到“注释”选项卡,在“详图”面板中单击“区域”下拉按钮,在下拉列表中单击“填充区域”工具,进入绘制填充区域模式。在上下文选项卡中,选择“矩形”绘制工具,在视图中合适位置绘制 300mm×500mm 的楼梯边梁。然后利用上下文选项卡“修改”面板中的“复制”工具,复制生成其他梯边梁。

Step05　尺寸标注

激活面板工具:单击打开“注释”选项卡,在“尺寸标注”面板中单击“对齐”工具,进入对齐尺寸标注模式。类型选择器中选择“固定尺寸界限”族类型。在西侧添加一道楼梯的尺寸标注,在下侧给楼梯添加一道尺寸标注,在右侧给盥洗室门洞添加一道尺寸标注,给梯边梁添加局部尺寸标注。单击西侧的楼梯尺寸标注数值,打开“尺寸标注文字”对话框,尺寸标注值选择“以文字替换”,然后在右侧编辑框中输入“150×12＝1800”,如图 14.5.1-3 所示。同理修改其他尺寸标注文字。

Step06　高程标注

在“注释”选项卡的“尺寸标注”面板中,单击“高程点”工具,进入高程点标注模式。类型选择器中选择“三角形(项目)”族类型。给楼梯休息平台添加高程点标注。

Step07　放置视图标题

切换到“注释”选项卡,在“符号”面板中单击“符号”工具,进入符号放置模式。类型选择器中选择“ZHL 视图标题[符号]”族类型。在视图的下侧中间位置单击放置视图标题。在属性面板中,将视图标题修改为“1-1 剖面图”,视图比例修改为“1∶100”。

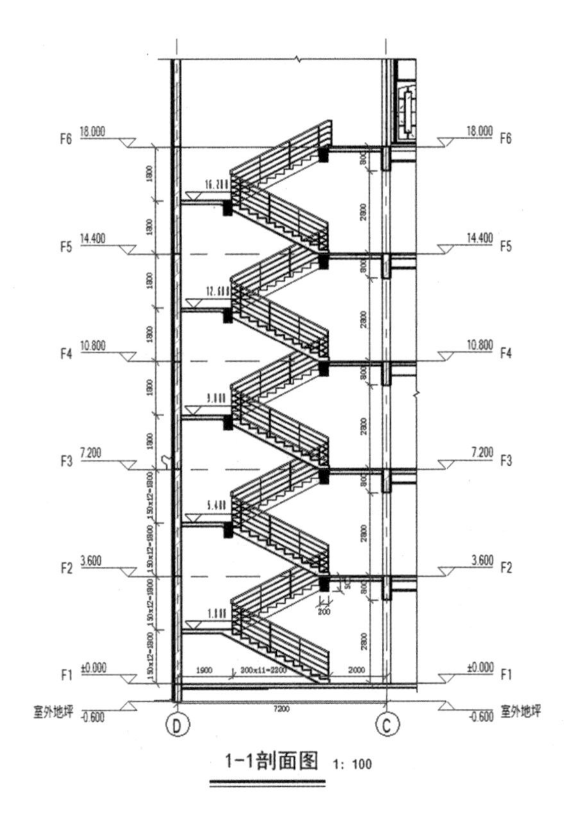

图 14.5.1-2　楼梯剖面图

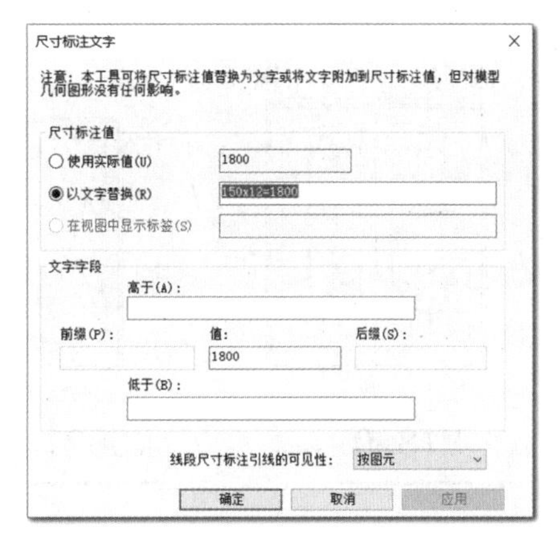

图 14.5.1-3　“尺寸标注文字”对话框

14.5.2　门窗图例

Step01　新建图例视图

单击打开“视图”选项卡，在“创建”面板中单击“图例”下拉按钮，在下拉列表中单击“图例”工具，打开“新图例视图”对话框。在“新图例视图”对话框中，名称输入“门窗图例”，比例保持默认的 1∶50，单击“确定”按钮便创建了门窗图例视图，并自动切换到门窗图例视图。

Step02　添加门窗图例

在项目浏览器中，展开族，在门、窗中将已使用过的族类型通过鼠标直接拖拽方式添加到图例视图中，在选项栏中将视图修改“立面：前”，然后在图例视图中合适位置单击便放置了门窗，按 Esc 键退出放置图例状态。

Step03　尺寸标注

单击打开“注释”选项卡，在“尺寸标注”面板中单击“对齐”工具，进入对齐尺寸标注模式。类型选择器中选择“固定尺寸界限”族类型。给每一扇门窗添加宽、高尺寸标注，如图 14.5.2-1 所示。

门窗图例

Step04　放置视图标题

切换到“注释”选项卡，在“符号”面板中单击“符号”工具，进入符号放置模式。类型选择器中选择“ZHL 视图标题[符号]”族类型。给每一扇门窗添加视图标题，在属性面板中修改相应的名称和比例。

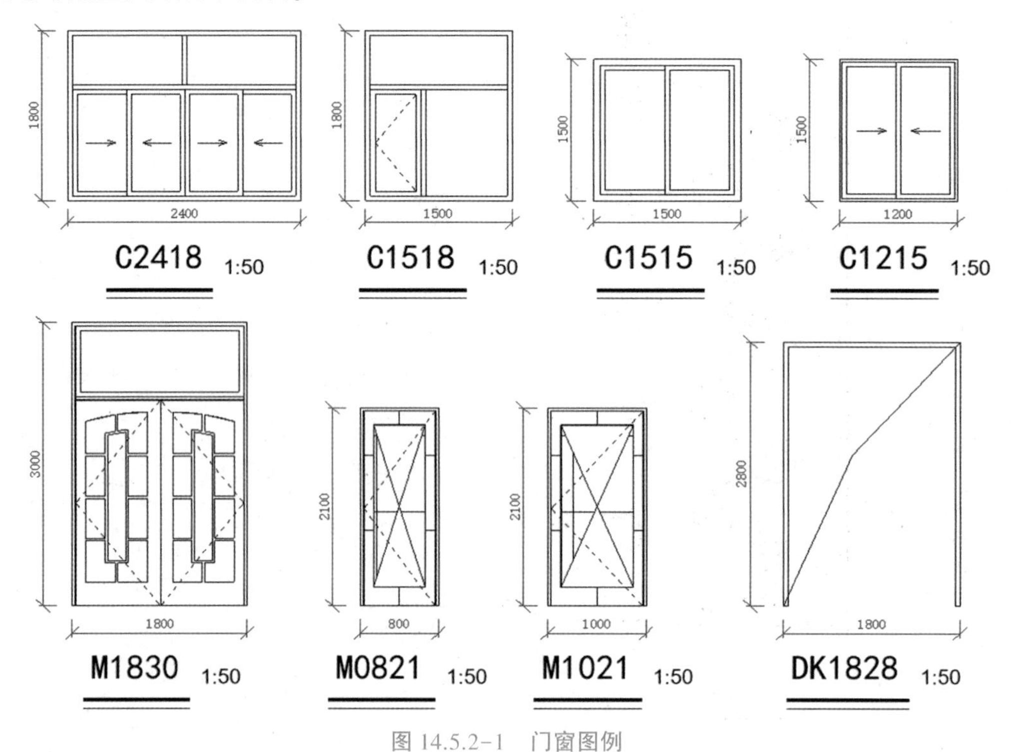

图 14.5.2-1　门窗图例

14.5.3　外墙墙身节点详图

Step01　新建详图视图

切换到“剖面 2”视图，单击打开“视图”选项卡，在“创建”面板中单击“详图索引：矩形”工具，进入创建详图索引模式。类型选择器中选择“详图”的详图视图类型。在 F5 外墙和楼板连接位置绘制矩形生成详图视图，双击详图索引符号切换到详图视图。通过属性面板将视图名称修改为“外墙墙身节点详图”。

Step02　隐藏图元

适当调整剖切框的大小。选择标高，右键单击，在右键菜单中依次单击“在视图中隐藏”“图元”，将标高隐藏。在属性面板中，去掉“裁剪区域可见”的勾选，隐藏剖切框。

Step03　设置视图样板

在属性面板中，单击视图样板右侧的按钮，打开“指定视图样板”对话框。在“指定视图样板”对话框中，视图类型过滤器选择“立面、剖面、详图视图”，名称列表中选择“剖面_详图 1/5”，如图 14.5.3-1 所示，单击“确定”按钮完成视图样板的设置。

Step04　材质标记

外墙墙身节点详图

单击打开“注释”选项卡，在“标记”面板中单击“材质标记”工具，进入材质标记模式。类型选择器中选择“标记_材质名称”的族类型，单击“编辑类型”按钮打开“类型属性”对话框，引线箭头更改为“实心点 3mm”。选项栏中勾选“引线”选项。

在楼板结构层中间单击选择标记对象，沿垂直往上方向移动鼠标到楼板上侧单击绘制第一段引线终点，再沿水平往右方向移动到合适位置单击绘制第二段引线终点，该层结构的材质名称自动地放置在了引线终点位置，如图 14.5.3-2 所示。同理，再放置衬底、面层 2 的材质名称。

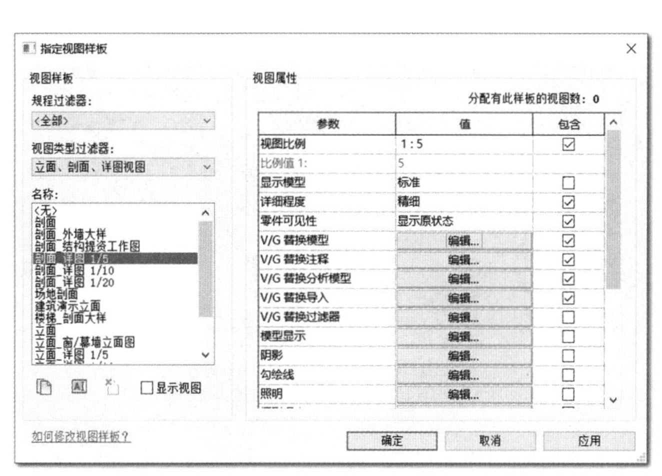

图 14.5.3-1　指定视图样板

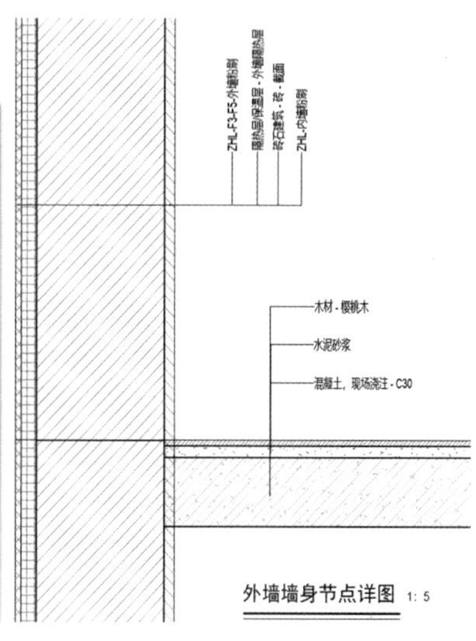

图 14.5.3-2　外墙墙身节点详图

在外墙内墙粉刷层中间单击选择标记对象，沿右上方向移动到墙外单击绘制第一段引线终点，再沿水平往右方向移动到合适位置单击绘制第二段引线终点，该粉刷层的材质名称自动地放置在了引线终点位置。同理，再放置结构层、保温层、外墙粉刷层的材质名称。

Step05　放置视图标题

切换到“注释”选项卡，在“符号”面板中单击“符号”工具，进入符号放置模式。类型选择器中选择“ZHL 视图标题[符号]”族类型。在视图的下侧中间位置单击放置视图标题。在属性面板中，将视图标题修改为“外墙墙身节点详图”，视图比例修改为“1∶5”。

14.5.4　女儿墙防水做法详图

Step01　新建详图视图

切换到“剖面 2”视图，单击打开“视图”选项卡，在“创建”面板中单击“详图索引：矩形”工具，进入创建详图索引模式。在上下文选项卡中，勾选“参照其他视图”，在下拉列表中选择“<新绘图视图>”，如图 14.5.4-1 所示。类型选择器中选择“详图”的详图视图类型。在 F6 女儿墙和屋顶连接位置绘制矩形生成详图视图，双击详图索引符号切换到详图视图。

Step02　修改视图属性

在属性面板中，将视图比例修改为 1∶5，详细程度修改为“精细”，视图名称修改为“女儿墙防水做法详图”。

女儿墙防水做法详图

Step03　导入 CAD 详图

单击打开“插入”选项卡，在“导入”面板中单击“导入 CAD”工具，打开“导入 CAD 格式”对话框。在“导入 CAD 格式”对话框中,选择附书文件中的“女儿墙防水大样.dwg”,颜色设置为“黑白”,导入单位设置为“毫米”,单击“打开”按钮,将 CAD 导入当前视图,如图 14.5.4-2 所示。

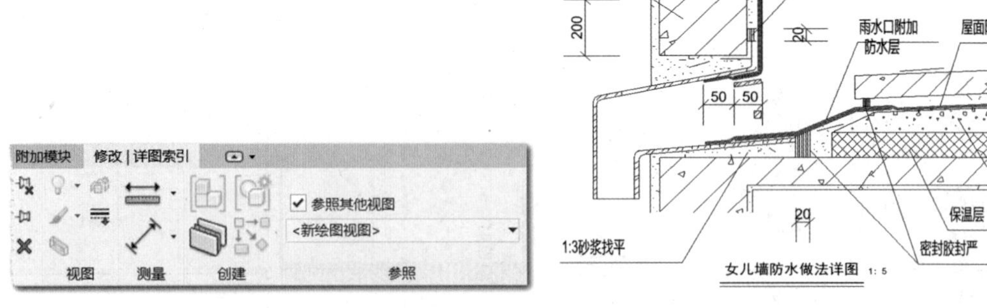

图 14.5.4-1 “修改|详图索引”上下文选项卡

图 14.5.4-2 女儿墙防水做法详图

Step04 放置视图标题

切换到“注释”选项卡,在“符号”面板中单击“符号”工具,进入符号放置模式。类型选择器中选择“XJQ 视图标题[符号]”族类型。在视图的下侧中间位置单击放置视图标题。在属性面板中,将视图标题修改为“女儿墙防水做法详图”,视图比例修改为“1∶5”。

14.6 布图和出图

14.6.1 图纸布置

Step01 载入族

单击打开“插入”选项卡,在“从库中载入”面板中单击“载入族”工具,打开“载入族”对话框。在“载入族”对话框中,在附书文件中找到“A2+0.5L 毕设版.rfa”文件,单击“打开”按钮,将该标题栏族载入到当前项目。

Step02 创建图纸视图

单击打开“视图”选项卡,在“图纸组合”面板中单击“图纸”工具,如图 14.6.1-1 所示,打开“新建图纸”对话框。在“新建图纸”对话框中,如图 14.6.1-2 所示,标题栏选择刚载入的“A2+0.5L 毕设版”,占位符图纸选择“新”,单击“确定”按钮,便创建了名为“J0-1-未命名”的新图纸视图,J0-1 为 Revit 自动按顺序添加的图纸编号,整个项目中图纸编号必须确保是唯一的。重命名图纸视图为“J0-1-底层平面图”。

图纸布置

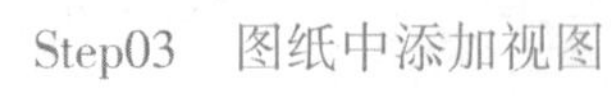

Step03 图纸中添加视图

在“视图”选项卡的“图纸组合”面板中,单击“视图”工具,打开“视图”对话框。在“视图”对话框中,如图 14.6.1-3 所示,选择“楼层平面:底层平面图”,单击“在图纸中添加视图”按钮,在绘图区可预览到一个矩形范围框,然后在图纸的合适位置单击便可将视图放置到图纸中。也可以将项目浏览器的视图直接拖拽到图纸视图中添加视图。

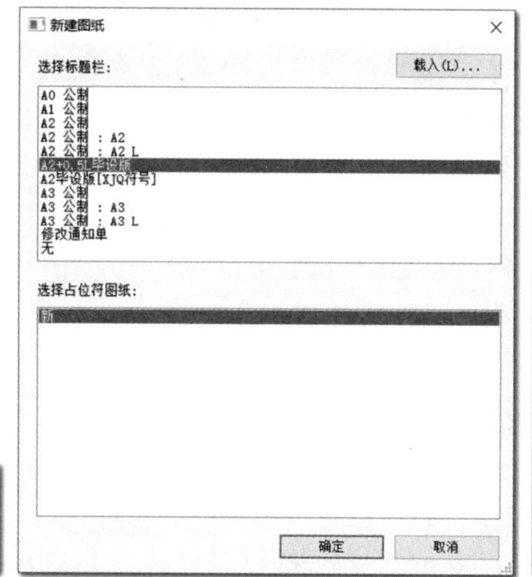

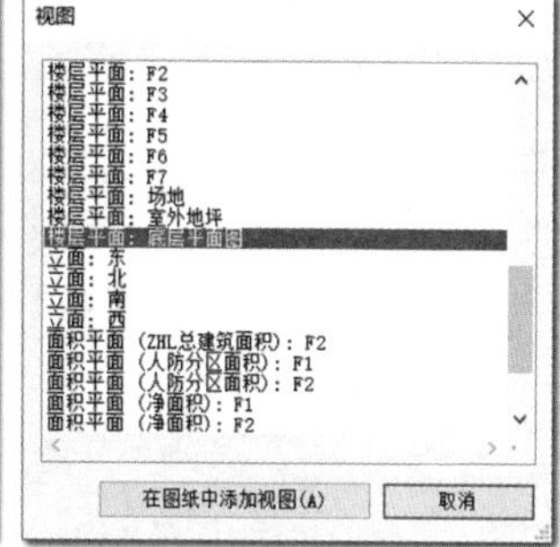

图 14.6.1-1　“图纸”工具　　图 14.6.1-2　“新建图纸”对话框　　图 14.6.1-3　“视图”对话框

Step04　修改视图标题

默认使用了视口族中的“有线条的标题”族类型，因为底层平面图中添加了视图标题，所有视口中的标题不应该再显示。在类型选择器中选择视口中的“无标题”族类型。

Step05　修改标题栏信息

在绘图区空白处单击或按 Esc 键不选择任何图元，在图纸视图的属性面板中，审核者修改为“2020 级土木一班”，设计者修改为“张三三”，审图员修改为“20200210013”，绘图员修改为“肖老师”，如图 14.6.1-4 所示。单击打开“管理”选项卡，在“设置”面板中单击“项目信息”工具，打开“项目信息”对话框，如图 14.6.1-5 所示，将建筑名称修改为“安阳师院综合楼”。当然，所有这些参数都可以通过双击打开编辑框，直接输入信息的便捷方式完成修改。

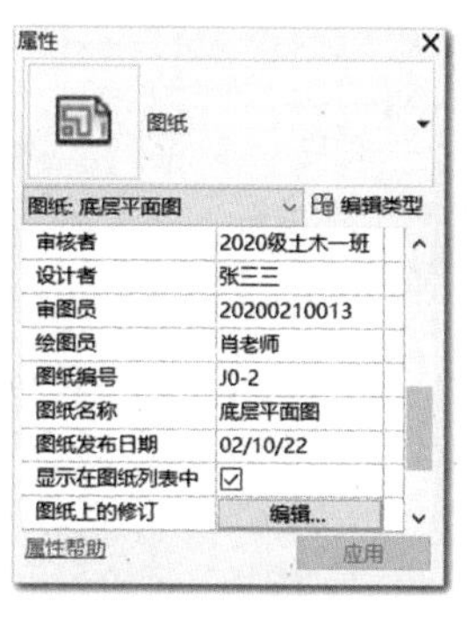

图 14.6.1-4　属性面板

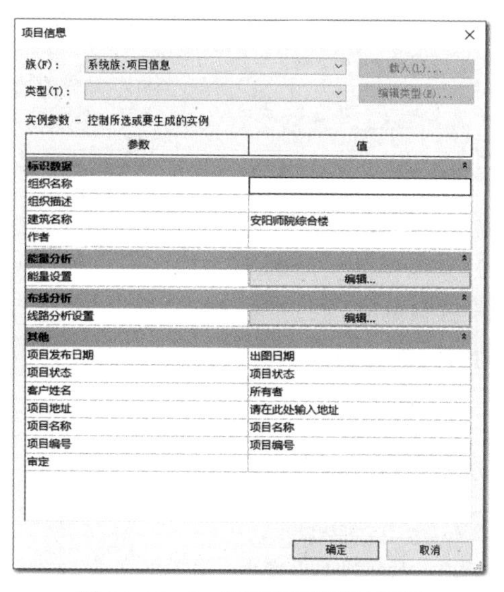

图 14.6.1-5　“项目信息”对话框

Step06　导入外部视图

在 Revit 中制作建筑设计总说明是非常简单的，只要新建一个图纸视图，利用文字工具，在图纸中添加相应的文字便可。当然，更便捷的方法是将图纸目录、建筑设计总说明制作成一个较为通用的模板，使用时只要导入模板，做少许的改动便可。

单击打开“插入”选项卡，在“导入”面板中单击“从文件插入”下拉按钮，在下拉列表中单击“插入文件中的视图”工具，如图 14.6.1-6 所示，弹出“打开”对话框。在“打开”对话框中，找到磁盘中的“ZHL 建筑设计总说明.rvt”文件，单击“打开”按钮，打开“插入视图”对话框。在“插入视图”对话框中，如图 14.6.1-7 所示，视图选择“显示所有视图和图纸”，在列表中将两张图纸和一个明细表全部选中，单击“确定”按钮便将它们一并导入当前项目。项目中增加了一个明细表“图纸目录”，两个图纸视图“J0-X-图纸目录”和“J0-X-建筑设计总说明”。建筑设计总说明中也放置了“图纸目录”明细表，因此仅需要使用其中之一，本例中将“J0-X-图纸目录”图纸删除。然后通过修改属性面板中的“图纸编号”参数，对所有图纸重新进行编号，双击建筑设计总说明中的文字进入编辑状态，根据项目内容进行修改，如图 14.6.1-8 所示。

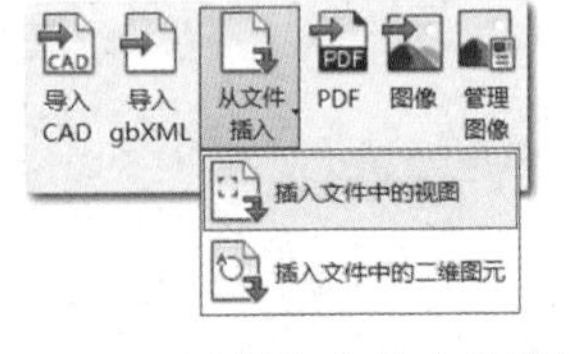

图 14.6.1-6　插入文件中的视图

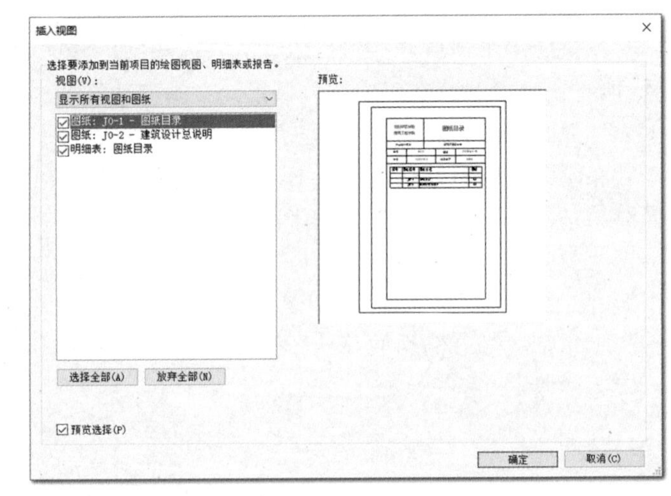

图 14.6.1-7　“插入视图”对话框

14.6.2　导出 DWG 文件

Step01　选择导出视图

在“项目浏览器”面板中，双击“图纸”中的“J0-2-底层平面图”，切换至“J0-2-底层平面图”图纸视图。

导出 DWG 文件

Step02　激活面板工具

单击打开“文件”选项卡，依次单击“导出”“CAD 格式”“DWG”，打开“DWG 导出”对话框，如图 14.6.2-1 所示。

Step03　修改导出设置

在“DWG 导出”对话框中，单击“修改导出设置”按钮，打开“修改 DWG/DXF 导出设置”对话框。在“修改 DWG/DXF 导出设置”对话框中，如图 14.6.2-2 所示，可以设置

建筑设计总说明

一、工程概况
1. 本工程为河南省安阳市安阳师范学院综合楼
2. 设计使用年限：50年
3. 场地类别和建筑安全等级：二类，二级
4. 建筑抗震设防烈度：7度，设计基本地震加速度为0.1g
设计地震分组为第一组
5. 总建筑面积：3850m
6. 建筑层数：地上五层
7. 结构类型：钢筋混凝土框架结构

二、设计依据
1. 设计任务书
2. 当地现行规范、标准
3. 国家现行有关建筑设计规范
《民用建筑设计统标准》GB50352-2005
《房屋建筑制图统标准》GB50345-2004
《建筑设计防火规范》GB50016-2014(2018年版)
《建筑抗震设计规范》GB5001-2010(2016版)
《总图制图标准》B/T50103-2010
《建筑工程设计文件编制深度规定》

三、工程做法
1. 散水。 散水宽度800m
2. 外墙
(1) 砖墙：围护墙采用200m厚非承重空心砖。靠柱处每隔置两根Ø6的拉结钢筋，伸入墙体内1m长
(2) 面砖外墙面：水泥砂浆打底，用加水为20%建筑胶镶贴
(3) +1.000下墙体采用青色大阶砖贴面
(4) 各细部装饰做法详见立面图所注或现场协调
3. 内墙粉刷
(1) 采用砂浆墙面
(2) 150m面砖踢脚
4. 楼面
(1) 室内采用陶瓷地砖地面
(2) 卫生间地面均做防水处理
5. 地面
室内采用陶瓷地砖地面
6. 屋面
(1) 采用倒置式不上人平屋面，采用材料找坡，坡度2%
(2) 采用刚性防水屋面
(3) 屋面坡度按施工图中要求找泛水，雨水口及雨水管施工中应采取措施加以保护，严禁杂物落入雨水管内
(4) 落水管采用PVC塑料管，管径100mm
7. 门窗
(1) 所有外窗均为白色塑钢型材，门窗型式详见平面图
(2) 内木门窗两侧油乳棕色油漆
(3) 门窗应符合防火、防盗、隔声、密闭性、安全性等设计要求，并一次安装到位
(4) 木门均后装木门框、木柜与墙体接触处应涂防腐涂料，所有预埋木砖都需做防腐处理
(5) 铝合金窗安装时与墙体、地面的缝隙，应填塞聚氨酯发泡剂，四周用嵌缝胶封严
(6) 所有门窗除特别注明外，均立中安装
(7) 门窗厂家应提供门窗技术资料，经甲方、设计、监理、施工确认后可订货加工
8. 后浇带的施工工艺。后浇带留置，后浇带保护，后浇带混凝土浇筑，后浇带养护

四、其他部分
1. 施工要求
(1) 所有管线穿越墙体处应用不燃烧材料将其周围空隙塞密实
(2) 本工程所有材料规格施工要求均应符合国家现行规范标准的规定
(3) 本工程所有材料、设备产品均须符合设计技术要求，所选厂家均具有生产其产品的资质，生产合格证明及产品检验证等，并符合国家有关规范及行业标准
(4) 凡需作防水层的楼、屋面，在做完防水层后均应作24小时闭水试验，经检验合格后，再进行下一道施工工序
2. 图纸说明
(1) 本设计图中除特别注明、标高及总图外,图中所注尺寸均以毫米为单位
(2) 除特别注明外,楼层标高均注到建筑面层
(3) 图纸中梁、柱子等尺寸未注明的，详见结构图
(4) 图中门洞、窗洞尺寸均为洞口尺寸，特殊装修面层厚度见标注说明

图纸目录

序号	图纸编号	图纸名称	图幅
1	J0-1	建筑设计总说明	A2
2	J0-2	底层平面图	A2+0.5L
3	J0-3	标准层平面图	A2+0.5L
4	J0-4	顶层平面图	A2
5	J0-5	南立面图	A2+0.5L
6	J0-6	北立面图	A2+0.5L
7	J0-7	西立面图	A2
8	J0-8	楼梯详图	A2+0.5L
9	J0-9	剖面图和节点详图	A2

安阳师范学院建筑工程学院		安阳师院综合楼			
班级	2020级土木一班				
姓名	张三三	图名	建筑设计总说明		
学号	20200210023				
指导老师	肖老师	图号	J0-1	比例	

图 14.6.1-8　建筑设计总说明

Revit 的图元与 DWG 的层、线、文字、颜色等元素的映射关系。这种设置涉及的内容多，专业性强，一般加载现成的设置模板便可。本例按默认设置，不做修改。

Step04　导出 DWG 文件

在“DWG 导出”对话框中，单击“下一步”按钮，弹出“导出 CAD 格式”对话框，如图 14.6.2-3 所示，选择保存路径、文件名称按命名规则“自动-长(指定前缀)”已自动命名，文件类型选择需要的 DWG 文件版本，单击“确定”按钮完成 DWG 文件的导出。

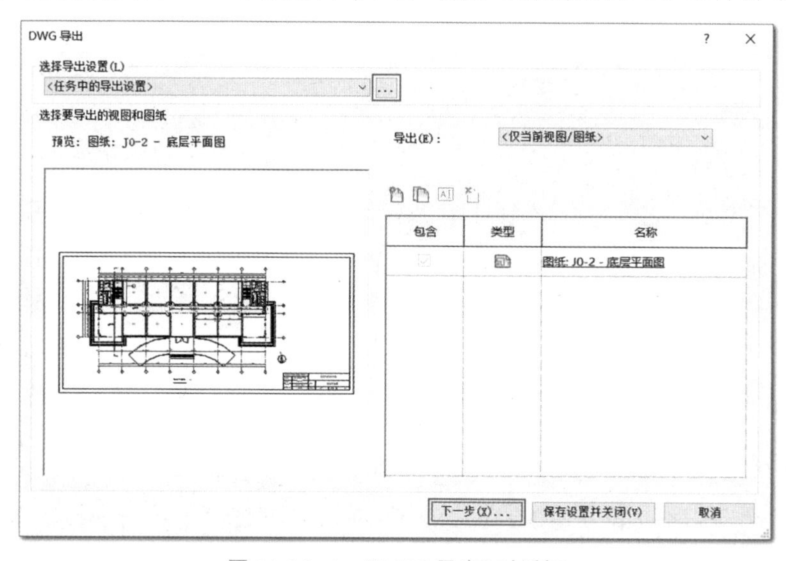

图 14.6.2-1　“DWG 导出”对话框

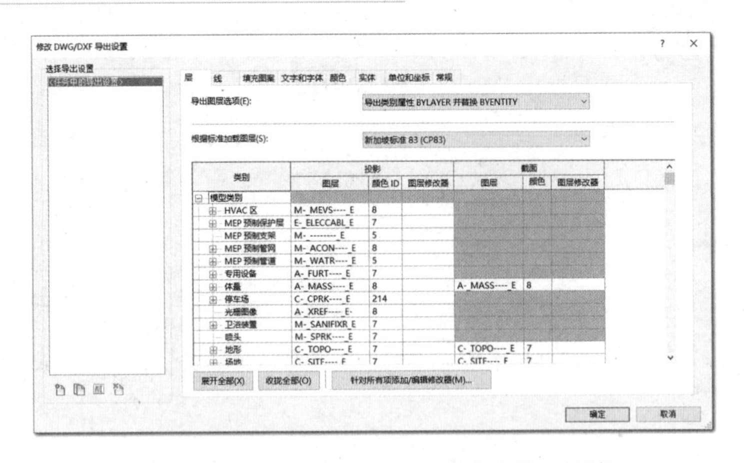

图 14.6.2-2 “修改 DWG/DXF 导出设置”对话框

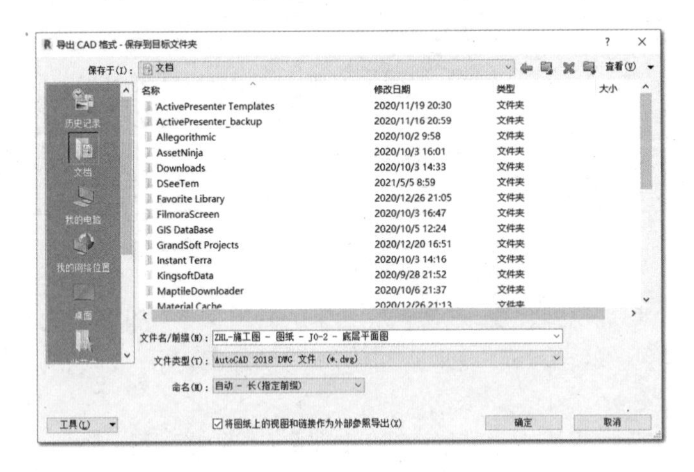

图 14.6.2-3 “导出 CAD 格式”对话框

14.6.3 打印图纸成 PDF 文件

Step01 激活面板工具

单击打开文件选项卡，单击“打印”，打开“打印”对话框，如图 14.6.3-1 所示。

Step02 选择打印机

在“打印”对话框中，PDF 虚拟打印机有很多种类，本例中打印机名称选择“Foxit Reader PDF Printer”，文件选择“将多个所选视图/图纸合并到一个文件”，文件名称可以不用设置，因为 PDF 虚拟打印机接下来还会让你设置文件保存位置及名称。

Step03 选择打印图纸

打印图纸成 PDF

在“打印”对话框中，打印范围选择“所选视图/图纸”，单击其下的“选择”按钮，打开“视图/图纸集”对话框。在“视图/图纸集”对话框中，如图 14.6.3-2 所示，可以通过勾选或去勾选显示下的“图纸”“视图”选项，过滤列表中的显示内容。本例选择列表中的“图纸：J0-2-底层平面图”，单击“确定”按钮完成打印图纸的选择。

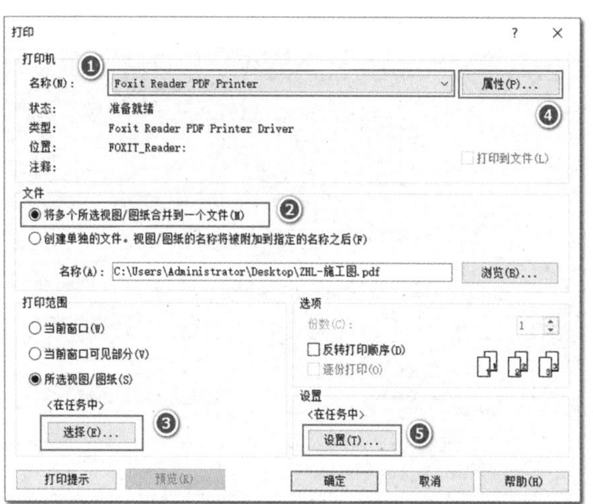

图 14.6.3-1　“打印”对话框

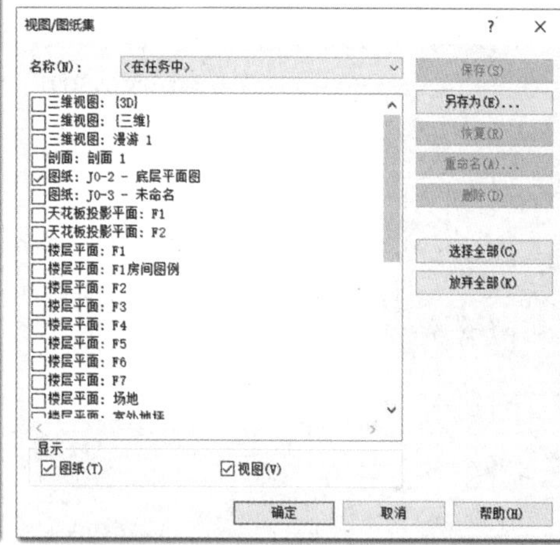

图 14.6.3-2　“视图/图纸集”对话框

Step04　设置打印参数

一般 PDF 虚拟打印机中只设置了常用的打印页面，例如 A4、A3、B4 等，不会有 A1、A2、A2 加长这一类施工图的页面尺寸，因此第一次使用 PDF 虚拟打印机打印施工图时，首先需要自定义页面大小。在“打印”对话框中，单击打印机中的“属性”按钮，打开“Foxit Reader PDF Printer 属性”对话框，如图 14.6.3-3 所示，切换到“布局”选项卡，方向选择“横向”，度量单位选择“毫米”，单击“自定义页面大小”按钮，打开“自定义页面大小”对话框。在“自定义页面大小”对话框中，单击“添加”按钮，打开“添加/编辑自定义页面尺寸”对话框，输入名称“A2+0.5L”、宽度“420”、高度“891”，单击“确定”按钮新建了一种新的页面尺寸，再依次单击“确定”按钮完成 PDF 虚拟打印机新页面大小的添加。

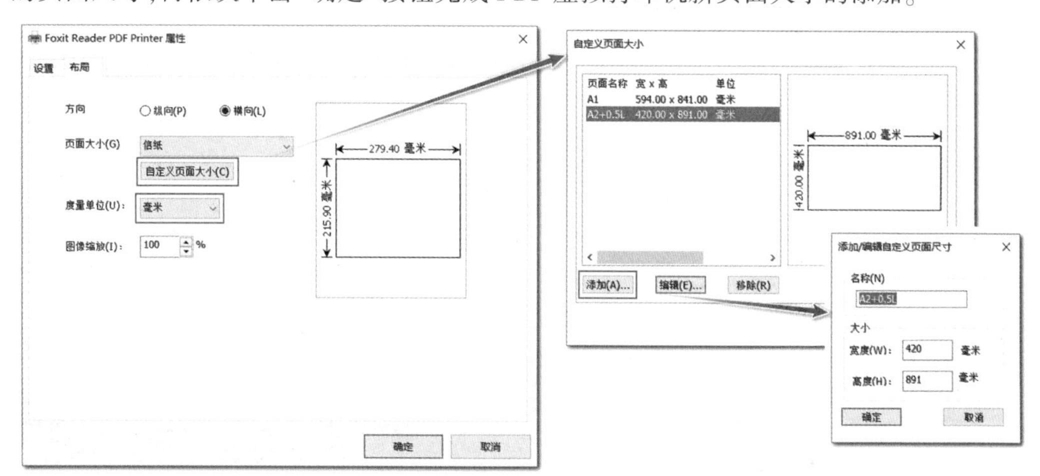

图 14.6.3-3　自定义页面大小

在“打印”对话框中，单击设置中的“设置”按钮，打开“打印设置”对话框。在“打印设置”对话框中，如图 14.6.3-4 所示，纸张尺寸选择刚添加的“A2+0.5L”，页面位置选择

“从角部偏移”“无页边距”,缩放选择“缩放”“100%”,方向为“横向”,删除线的方式为“矢量处理”,光栅质量为“高”,颜色为“彩色”,单击“确定”按钮完成打印设置。如果删除线的方式选择的是“光栅处理”,PDF 质量明显降低;若仅需要黑白结果,颜色选择“黑白线条”。

Step05　打印成 PDF 文件

在“打印”对话框中,单击“确定”按钮,打开“打印成 PDF 文件”对话框。在“打印成 PDF 文件”对话框中,如图 14.6.3-5 所示,选择保存路径、输入文件名称、保存类型按默认的“PDF 文件”,单击“确定”按钮,稍等片刻便完成了图纸打印成 PDF 文件。

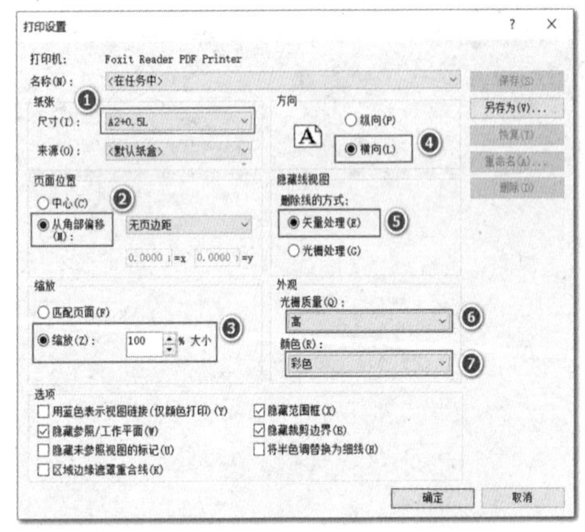

图 14.6.3-4　“打印设置”对话框

图 14.6.3-5　“打印成 PDF 文件”对话框

第 15 章　族

Revit 中的所有图元都是基于族的,共有三种类型的族:系统族、可载入族和内建族。系统族是在 Revit 中预定义的族,可以复制和修改现有系统族,但不能创建新系统族。可载入族亦称为标准构件族,可以从外部导入到项目中,也可以从项目中导出为独立的 RFA 族文件,可以使用族编辑器复制和修改现有构件族,也可以根据各种族样板创建新的构件族。内建族是指归属于某一项目的模型构件或注释构件,内建族只能储存在当前的项目文件里并使用,不能单独存成 RFA 族文件,也不能载入到别的项目中使用。本章主要介绍可载入族中模型族、注释族的创建方法。

15.1　模型族

Revit 族库中已有多种类型的窗族可供选择,但在工程项目中有些窗是需要订制的,此时使用 Revit 进行 BIM 建模时就需要新创建一个窗族,以满足项目要求。本小节以新建“双扇推拉窗”窗族为例,如图 15.1.1-1 所示,讲解窗族创建过程。

Step01　新建族文件

窗族

1)单击打开文件选项卡,依次单击“新建”“族”,打开“新族-选择样板文件”对话框,如图 15.1.1-2 所示。在“新族-选择样板文件”对话框中,默认打开了 Chinese 文件夹,单击选择“基于墙的公制常规模型.rft”族样板文件,单击“打开”按钮进入族编辑器,如图 15.1.1-3 所示。

图 15.1.1-1　“双扇推拉窗”窗族

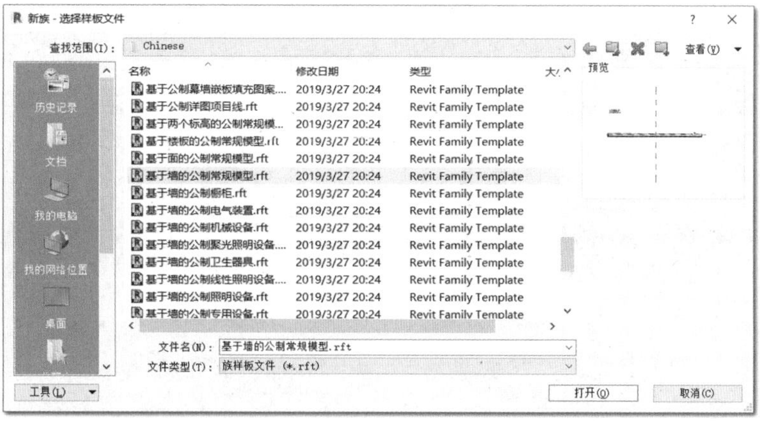

图 15.1.1-2　“新族-选择样板文件”对话框

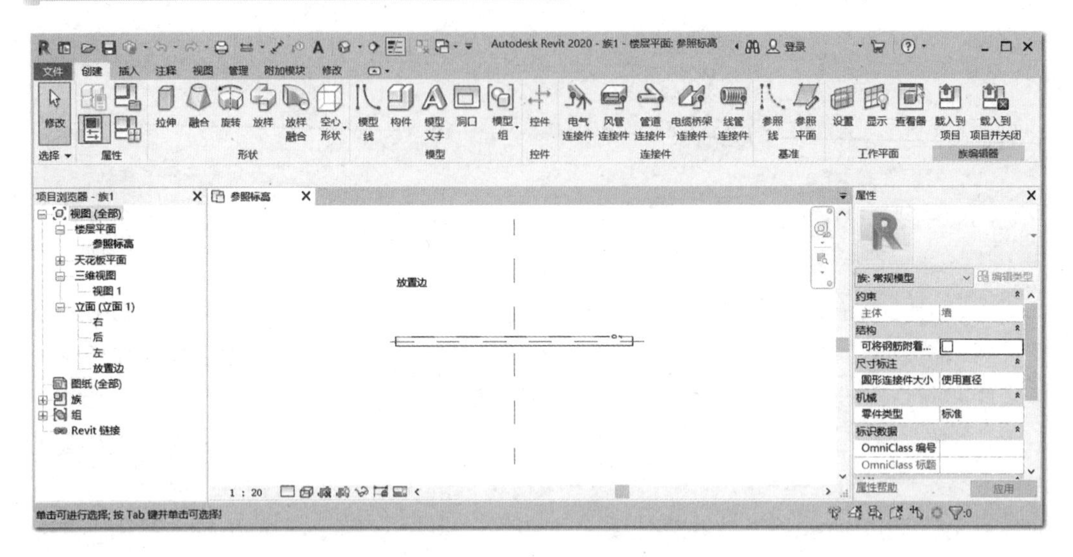

图 15.1.1-3 族编辑器

2)在族编辑器中,单击打开“创建”选项卡,“形状”面板中显示了族三维模型的创建工具,分别为拉伸、融合、旋转、放样、放样融合、空心形状。绘图区域中,样板文件已创建了一面参照墙,“中心(左/右)”和“墙”两个参照平面。

3)保存窗族。单击快速访问工具栏中的“保存”工具,打开“另存为”对话框,选择保存路径,文件名设置为“双扇推拉窗”,文件类型保持为“族文件(*.rfa)”不变,单击“保存”按钮,保存新建的族。

Step02 设置族类别

单击打开“创建”选项卡,单击属性面板中的“族类别和族参数”工具,弹出“族类别与族参数”对话框。在“族类别与族参数”对话框中,单击过滤器列表右侧的下拉按钮,在下拉列表中仅勾选“建筑”,在族类别列表中选择“窗”,如图 15.1.1-4 所示,单击“确定”按钮,退出“族类别和族参数”对话框,完成族类别的设置。

Step03 绘制左右参照平面

1)在“楼层平面-参照标高”楼层平面视图中,单击打开“创建”选项卡,在“基准”面板中单击“参照平面”工具,在“中心(左/右)”参照平面左右两侧绘制两个平行的参照平面。

2)单击打开“注释”选项卡,在“尺寸标注”面板中单击“对齐”工具,在刚绘制的左右参照平面之间添加尺寸标注,如图 15.1.1-5 所示。按 Esc 两次退出尺寸标注状态。

Step04 关联宽度参数

选择左右两参照平面的尺寸标注,自动切换至“修改|尺寸标注”上下文选项卡,单击“标签”下面的下拉按钮,在列表中选择“宽度”标签,不勾选“实例参数”,便将此尺寸标注关联了类型参数。如图 15.1.1-6 所示。关联参数后的效果如图 15.1.1-7 所示。

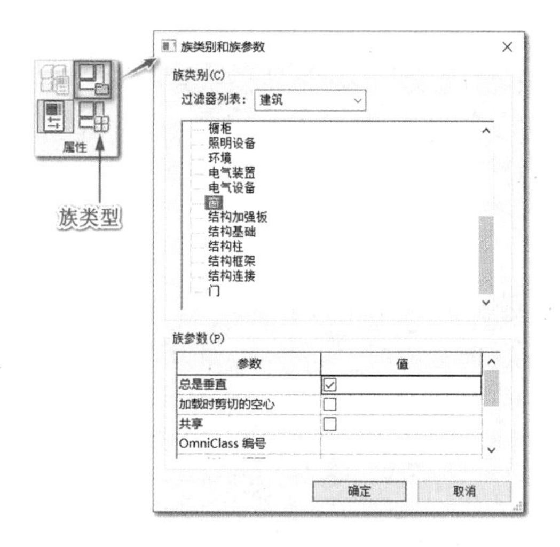

图 15.1.1-4 设置族类别

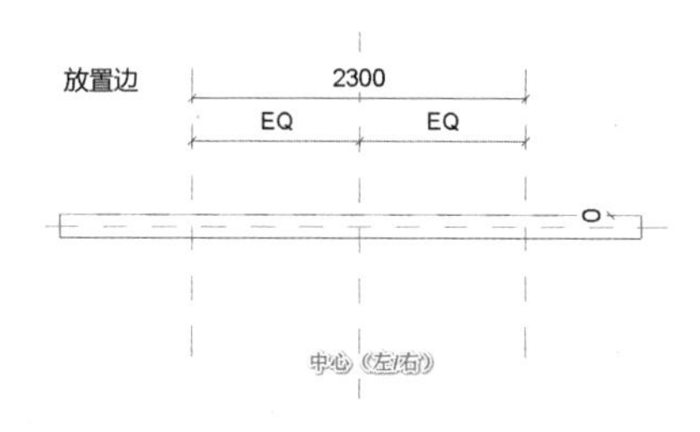

图 15.1.1-5 绘制左右参照平面

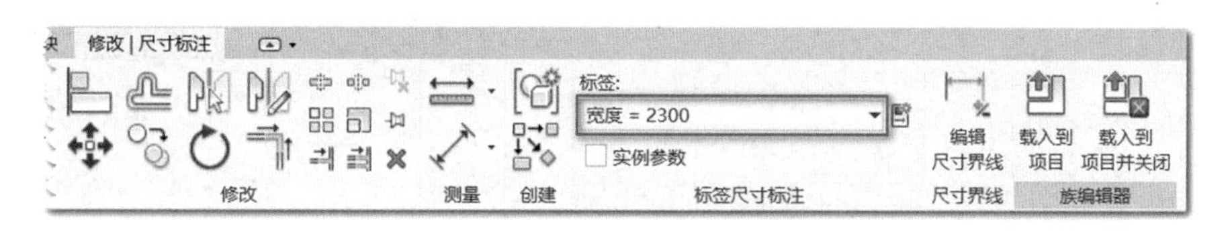

图 15.1.1-6 关联宽度参数

Step05 测试宽度参数

使用两参照平面前，先测试一下参数是否可驱动参照平面正常移动。在上下文选项卡中，单击属性面板中的“族类型”工具，弹出“族类型”对话框。在“族类型”对话框中，将宽度的值改为“1800.00”，单击“应用”按钮。如果视图中尺寸标注变为“宽度 = 1800”，则说明参数关联正确。单击“确定”按钮关闭“族类型”对话框，如图 15.1.1-8 所示。

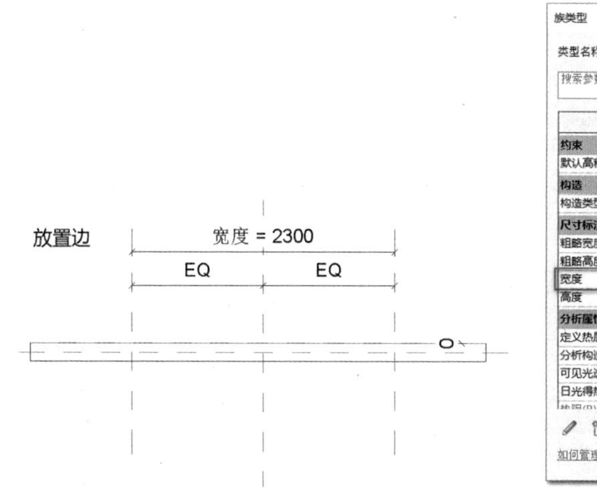

图 15.1.1-7 关联参数后的效果

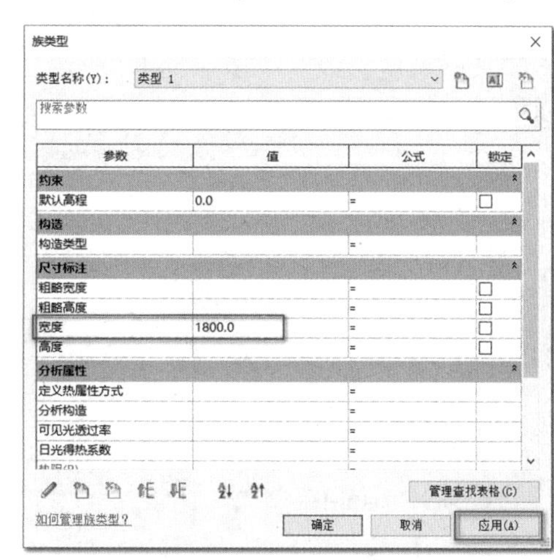

图 15.1.1-8 “族类型”对话框

Step06　绘制上下参照平面

切换到“放置边”立面视图，单击打开“创建”选项卡，在“基准”面板中单击“参照平面”工具，在参照标高的上侧绘制两个平行的参照平面，如图 15.1.1-9 所示。单击打开“注释”选项卡，在“尺寸标注”面板中单击“对齐”工具，在参照标高及参照平面之间分别添加尺寸标注，如图 15.1.1-9 所示。按 Esc 两次退出尺寸标注状态。

Step07　新建并关联类型参数

1）新建并关联类型参数。单击选择下参照平面到参照标高间的尺寸标注，在“修改|尺寸标注”上下文选项卡中，单击“标签”右下侧的“创建参数”按钮，打开“参数属性”对话框，如图 15.1.1-10 所示。在“参数属性”对话框中，选择“族参数”“类型”选项，名称输入“默认窗台高度”，参数分组方式选择“尺寸标注”，单击“确定”按钮新建一个类型参数，并将该参数关联到选中的尺寸标注。

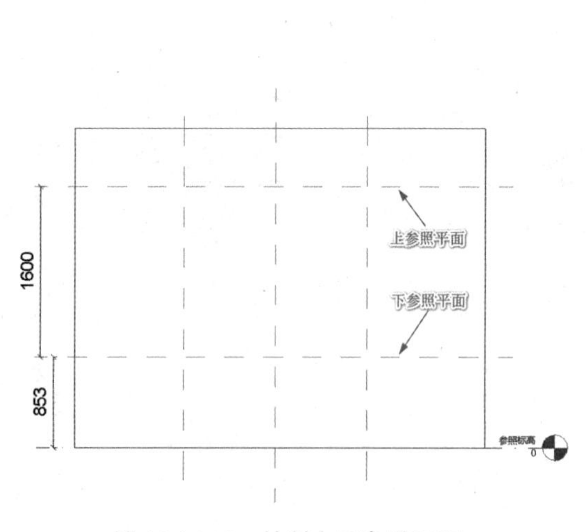

图 15.1.1-9　绘制上下参照平面

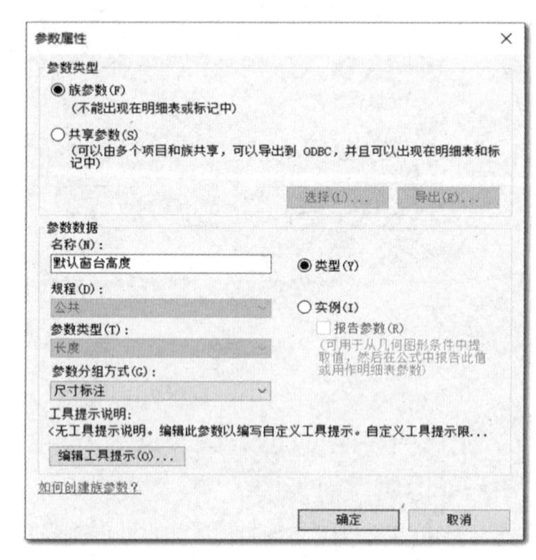

图 15.1.1-10　“参数属性”对话框

2）关联高度参数。单击选择上下参照平面间的尺寸标注，在“修改|尺寸标注”上下文选项卡中，单击“标签”下面的下拉按钮，在列表中选择“高度”标签，不勾选“实例参数”，将此尺寸标注关联到“高度”类型参数，如图 15.1.1-11 所示。

3）测试类型参数。在“修改|尺寸标注”上下文选项卡中，单击属性面板中的“族类型”工具，弹出“族类型”对话框，将默认窗台底高度值改为“800”，高度值改为“1500”，单击“应用”按钮。如果视图中尺寸标注分别变为“默认窗台底高度 = 800”和“高度 = 1500”，则说明参数关联正确。单击“确定”按钮关闭“族类型”对话框。

Step08　创建洞口

接下来需要在墙中创建一个窗洞口，如图 15.1.1-12 所示。单击打开“创建”选项卡，在“模型”面板中单击“洞口”工具，进入创建洞口边界模式，如图 15.1.1-13 所示。单击“绘制”面板中的矩形工具，通过绘制左上角和右下角的方式，在新创建的四参照平面之间绘制一个矩形边界，如图 15.1.1-14 所示。在上下文选项卡中，单击“模式”面板中的“完成编辑模式”工具，完成窗洞口的创建。需要观察洞口创建后的效果时，可单击快速访问工具栏中的“默认三维视图”工具，切换到默认三维视图。

以上是一些准备工作，如果 Step01 中选择是“公制窗.rft”样板文件，则所有的参照平面、类型参数以及窗洞口都会是现成的。

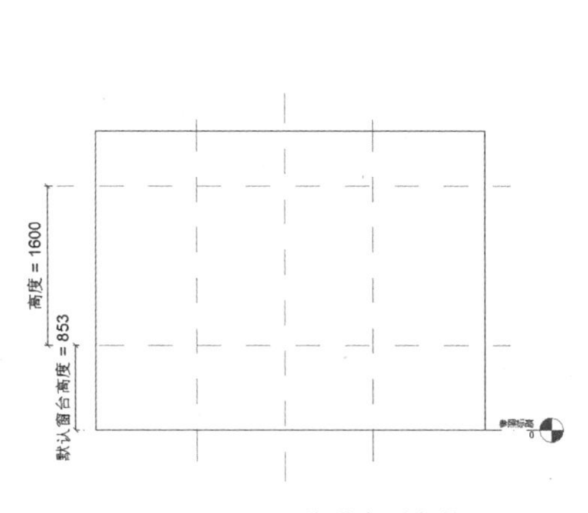

图 15.1.1-11　关联类型参数

图 15.1.1-12　窗洞口

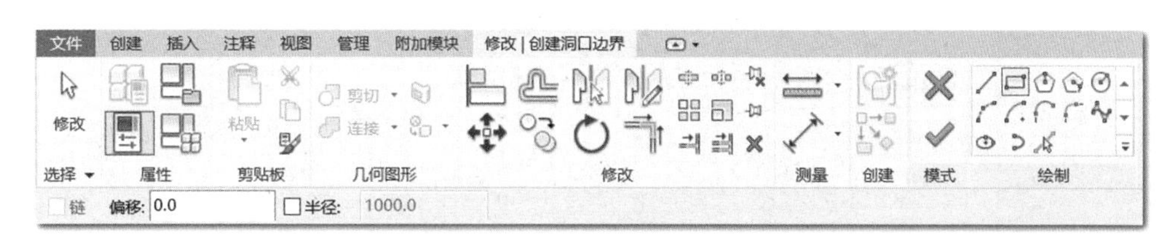

图 15.1.1-13　“修改 | 创建洞口边界”上下文选项卡及选项栏

Step09　设置工作平面

切换至“参照标高”平面视图，在“创建”选项卡中，单击“工作平面”面板中的“设置”工具，弹出“工作平面”对话框，如图 15.1.1-15 所示。在“工作平面”对话框中，单击选择“拾取一个平面”作为指定新工作平面的方式，单击“确定”按钮关闭该对话框。在“参照标高”平面视图中，单击选择名为“墙”的参照平面，弹出“转到视图”对话框，选择“放置边”，单击“确定”按钮关闭对话框，并自动切换到“放置边”立面视图。

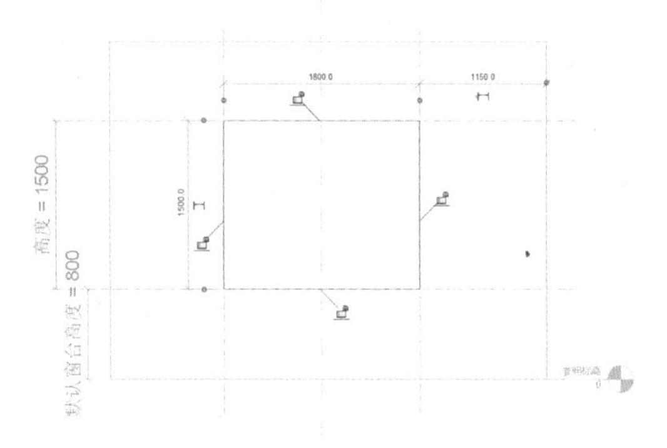

图 15.1.1-14　窗洞口边界

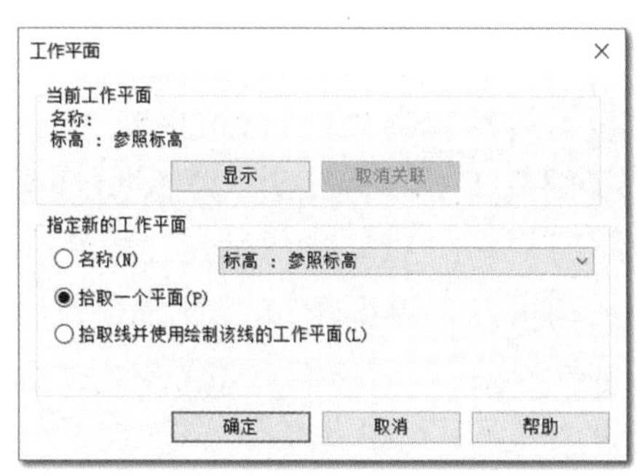

图 15.1.1-15　“工作平面”对话框

Step10　创建外窗框

1）激活面板工具。在“创建”选项卡中，单击“形状”面板中的“拉伸”工具，进入创建拉伸模式，自动切换到“修改|创建拉伸”上下文选项卡，如图 15.1.1-16 所示。

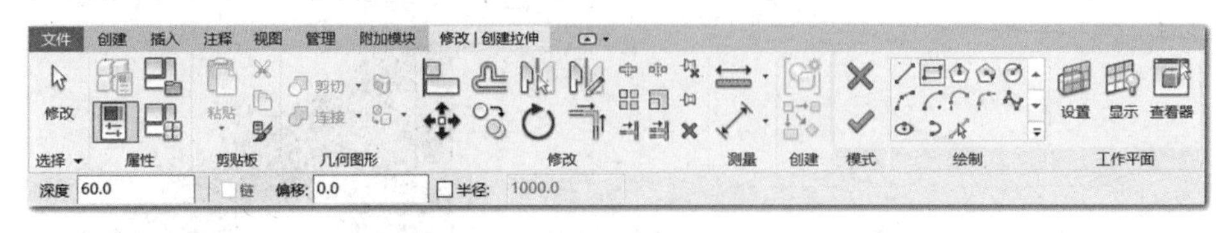

图 15.1.1-16　“修改|创建拉伸”上下文选项卡及选项栏

2）绘制外窗框外轮廓。在“绘制”面板中选择矩形工具，单击窗洞口的左上角绘制起点，再单击窗洞口的右下角绘制终点，单击四条边上“锁定”符号，锁定轮廓线与参照平面间的位置，完成外窗框外轮廓的绘制，如图 15.1.1-17 所示。

3）绘制外窗框内轮廓。确认仍然选择的是“矩形”工具，将选项栏的偏移设置为“-60”，同理，单击窗洞口的左上角绘制起点，再单击窗洞口的右下角绘制终点，完成外窗框内轮廓的绘制，如图 15.1.1-18 所示。

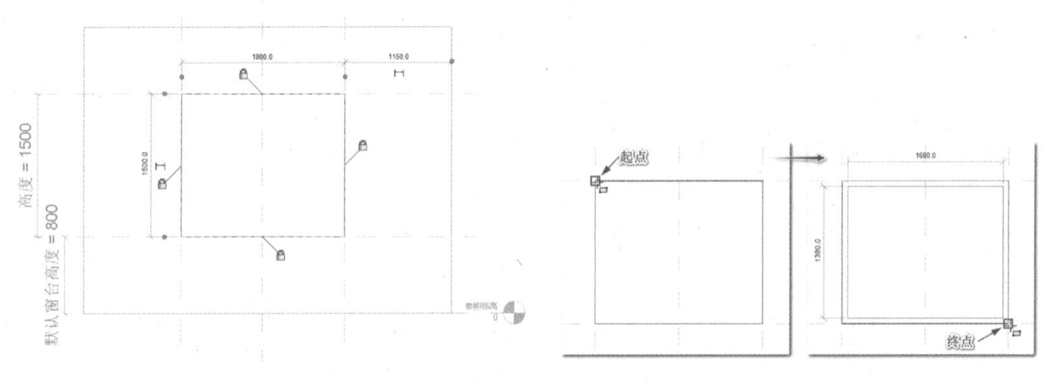

图 15.1.1-17　绘制外窗框外轮廓　　　图 15.1.1-18　绘制外窗框外轮廓

4）设置绘制参数。在属性面板中，如图 15.1.1-19 所示，设置拉伸起点为“-30.0”，拉伸终点为“30.0”，子类别选择“框架/竖梃”，其他参数保持默认。选项栏中的深度会根据拉伸起点和终点自动更新为“60”。

在“修改|创建拉伸”上下文选项卡中，单击“模式”面板中的“完成编辑模式”工具，完成外窗框的创建，如图 15.1.1-20 所示。按 Esc 键两次退出拉伸创建状态。

每创建完一个模型或一类模型，如前面的洞口、此处的外窗框、后面的内窗框和玻璃等，都应该打开“族类型”对话框，将窗口的宽度、高度、默认窗台高度更换一下数值，测试一下约束关系是否正确，若不正确要及时切换回“编辑拉伸”状态，通过对齐、移动等修改工具显示锁定符号，再进行锁定操作。

Step11　创建内窗框

1）激活面板工具。在“创建”选项卡中，单击“形状”面板中的“拉伸”工具，进入创建拉伸模式，自动切换到“修改|创建拉伸”上下文选项卡。

图 15.1.1-19 属性面板

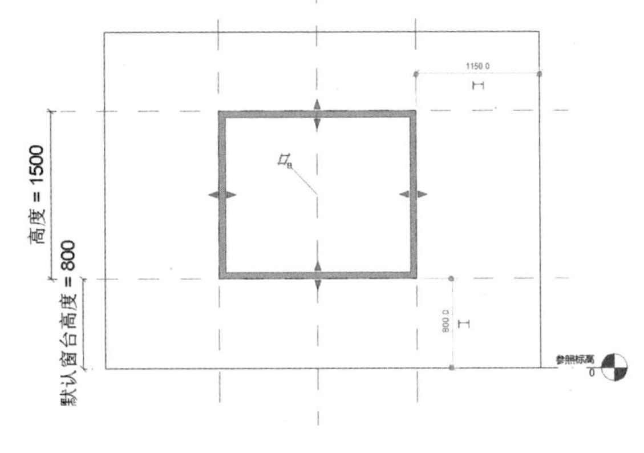

图 15.1.1-20 创建外窗框

2）绘制左侧内窗框外轮廓。在“绘制”面板中选择矩形工具，单击外窗框左上内角点绘制起点，再单击“中心（左/右）”参照平面与外窗框内轮廓的交点绘制终点，单击四条边上“锁定”符号，完成内窗框外轮廓的绘制。

3）绘制左侧内窗框内轮廓。确认仍然选择的是矩形工具，将选项栏的偏移设置为“-40.0”，同理，单击外窗框左上内角点绘制起点，再单击“中心（左/右）”参照平面与外窗框内轮廓的交点绘制终点，完成内窗框内轮廓的绘制，如图 15.1.1-21 所示。

4）设置绘制参数。在属性面板中，设置拉伸起点为“0.0”，拉伸终点为“30.0”，子类别选择“框架/竖梃”，其他参数保持默认。

5）创建左侧内窗框。在“修改｜创建拉伸”上下文选项卡中，单击“模式”面板中的“完成编辑模式”工具，完成左侧内窗框的创建。

6）镜像生成右侧内窗框。确认左侧内窗框仍处于选中状态，在上下文选项卡中，单击“修改”面板中的“镜像-拾取轴”工具，选项栏中勾选“复制”选项，单击“中心（左/右）”参照平面，镜像生成右侧内窗框，如图 15.1.1-22 所示。确认右侧内窗框处于选中状态，在属性面板中，设置拉伸起点为“-30.0”，拉伸终点为“0.0”，单击“应用”按钮，完成右侧内窗框参数的修改。

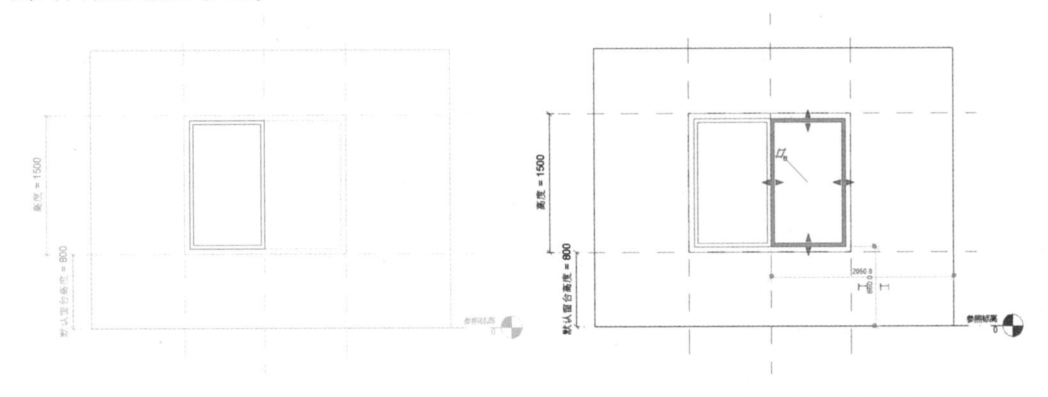

图 15.1.1-21 创建左侧内窗框轮廓　　图 15.1.1-22 镜像生成右侧内窗框

Step12　创建玻璃

1)激活面板工具。在“创建”选项卡中,单击“形状”面板中的“拉伸”工具,进入创建拉伸模式,自动切换到“修改|创建拉伸”上下文选项卡。

2)绘制左侧玻璃轮廓。在“绘制”面板中选择矩形工具,单击内窗框左上内角点绘制起点,再单击内窗框右下内角点绘制终点,完成左侧玻璃轮廓的绘制,如图 15.1.1-23 所示。

3)设置绘制参数。在属性面板中,设置拉伸起点为“10.0”,拉伸终点为“20.0”,子类别选择“玻璃”,其他参数保持默认。

4)创建左侧玻璃。在“修改|创建拉伸”上下文选项卡中,单击“模式”面板中的“完成编辑模式”工具,完成左侧玻璃的创建。

5)镜像生成右侧玻璃。确认左侧玻璃处于选中状态,在上下文选项卡中,单击“修改”面板中的“镜像-拾取轴”工具,选项栏中勾选“复制”选项,单击“中心(左/右)”参照平面,镜像生成右侧玻璃,如图 15.1.1-24 所示。确认右侧玻璃仍处于选中状态,在属性面板中,设置拉伸起点为“-20.0”,拉伸终点为“-10.0”,单击“应用”按钮,完成右侧玻璃参数的修改。

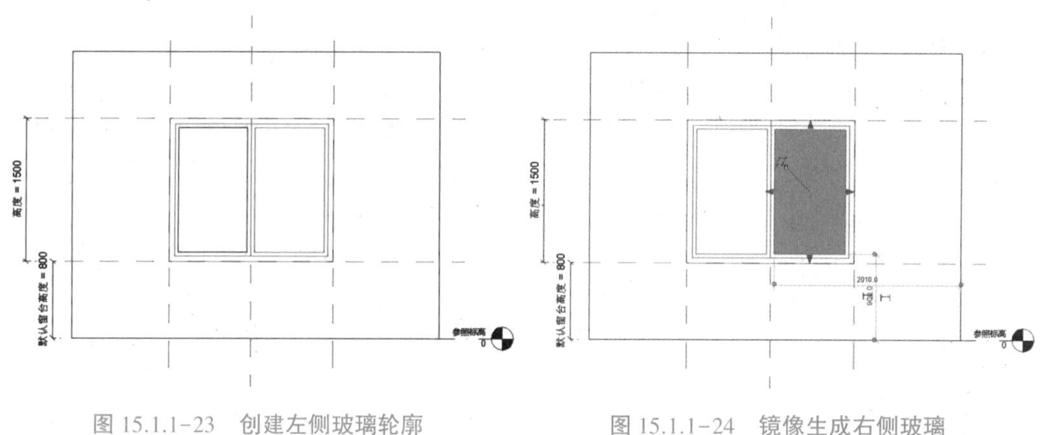

图 15.1.1-23　创建左侧玻璃轮廓　　　图 15.1.1-24　镜像生成右侧玻璃

Step13　创建横梃

1)绘制参照平面。在“创建”选项卡的“基准”面板中,单击“参照平面”工具,在窗中间位置绘制水平参照平面,并对该参照平面添加尺寸标注再单击 EQ 进行等分。

2)绘制左侧横梃。单击“形状”面板中的“拉伸”工具,在“修改|创建拉伸”上下文选项卡中,选择矩形绘制工具,在窗扇中间大概绘制出一个矩形,左右边界线与内窗框内边缘对齐,按 Esc 两次退出绘制状态。分别单击选择上、下边界线,通过临时尺寸标注修改边界线到窗扇中间水平参照平面的距离为“20”,如图 15.1.1-25 所示。在属性面板中,设置拉伸起点为“0.0”,拉伸终点为“30.0”,子类别选择“框架/竖梃”。在“修改|创建拉伸”上下文选项卡中,单击“模式”面板中的“完成编辑模式”工具,完成左侧横梃的创建。

3)镜像生成右侧横梃。确认左侧横梃处于选中状态,在上下文选项卡中,单击“修改”面板中的“镜像-拾取轴”工具,选项栏中勾选“复制”选项,单击“中心(左/右)”参照平面，镜像生成右侧横梃，如图 15.1.1-26 所示。确认右侧横梃仍处于选中状态，在属性面板中，设置拉伸起点为“-30.0”，拉伸终点为“0.0”，单击“应用”按钮。如果镜像生成的右侧横梃产生了变形，则可以通过“编辑拉伸”工具修正边界线位置进行更正。

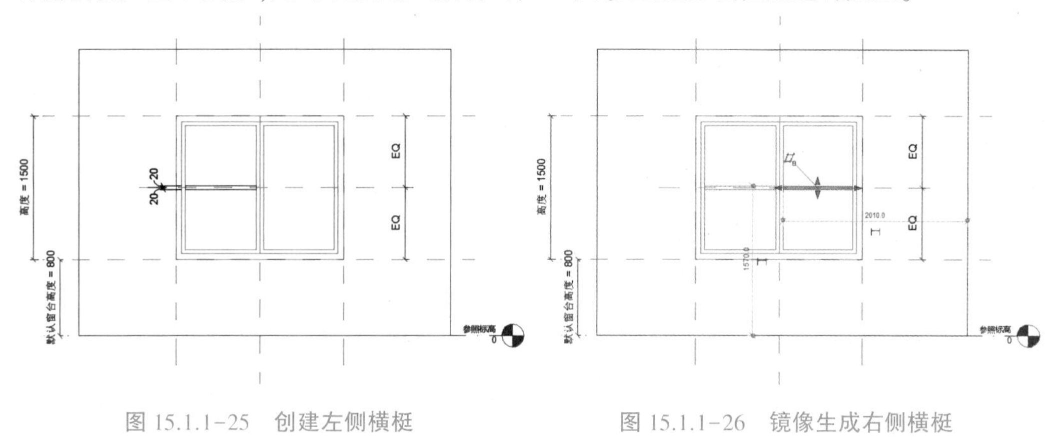

图 15.1.1-25　创建左侧横梃　　　　图 15.1.1-26　镜像生成右侧横梃

Step14　关联参数

1) 关联窗框材质。框选所有图元，在上下文选项卡中单击“过滤器”工具，打开“过滤器”对话框，仅勾选“框架/竖梃”，单击“确定”按钮选择 5 个框架/竖梃图元。在属性面板中，单击“材质”右侧的关联族参数按钮，打开“关联族参数”对话框，如图 15.1.1-27 所示。在“关联族参数”对话框中，单击左下角的“添加参数”按钮，打开“参数属性”对话框。在“参数属性”对话框中，选择“族参数”“类型”，名称输入“窗框材质”，参数分组方式设置为“材质和装饰”，如图 15.1.1-28 所示，单击“确定”按钮关闭该对话框，定义了一个新的类型参数。在“关联族参数”对话框中，增加一个“窗框材质”并默认处于选中状态，单击“确定”按钮将该参数关联给 5 个框架/竖梃图元。

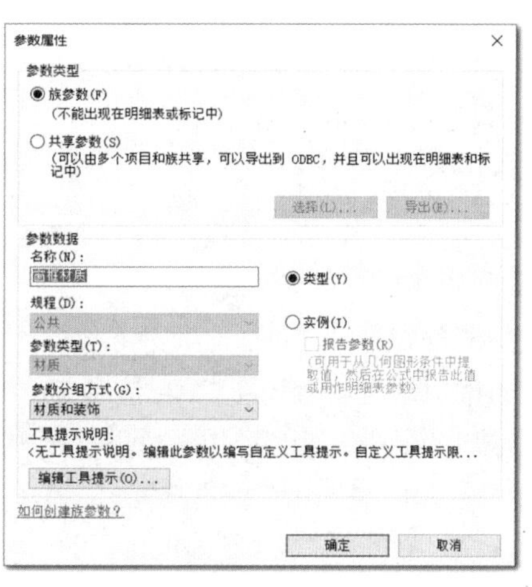

图 15.1.1-27　“关联族参数”对话框　　　　图 15.1.1-28　“参数类型”对话框

2) 关联玻璃材质。同理，选择 2 面玻璃，在属性面板中，单击“材质”右侧的关联族参数按钮，打开“关联族参数”对话框，单击左下角的“添加参数”按钮，打开“参数属性”对话框。在“参数属性”对话框中,选择“族参数”“类型”,名称输入“玻璃材质”,参数分组方式设置为“材质和装饰”,单击“确定”按钮定义了一个新的类型参数。在“关联族参数”对话框中,选择“玻璃材质”,单击“确定”按钮将该参数关联给 2 面玻璃。

3)关联可见性参数。选择 2 个横梃,在属性面板中,单击“可见”右侧的关联族参数按钮,打开“关联族参数”对话框,单击左下角的“添加参数”按钮,打开“参数属性”对话框。在“参数属性”对话框中,选择“族参数”“类型”,名称输入“横梃可见”,参数分组方式设置为“其他”,如图 15.1.1-29 所示,单击“确定”按钮定义了一个新的类型参数。在“关联族参数”对话框中,选择“横梃可见”,如图 15.1.1-30 所示,单击“确定”按钮将该参数关联给 2 个横梃。

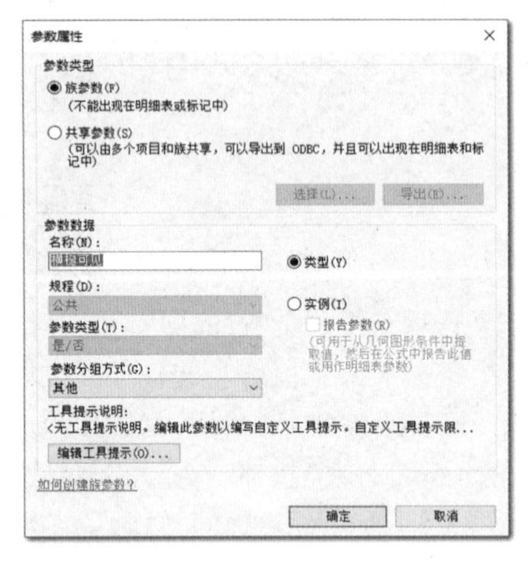

图 15.1.1-29 “参数类型”对话框

图 15.1.1-30 “横梃可见”族参数

Step15 设置窗的显示样式

1)设置图元可见性。选择所有框架/竖梃和玻璃模型,自动切换至“修改|选择多个”上下文选项卡。在属性面板中,单击“可见性/图形替换”右侧的“编辑”按钮,打开“族图元可见性设置”对话框,取消勾选“平面/天花板平面视图”和“当在平面/天花板平面视图中被剖切时(如果类别允许)”选项,如图 15.1.1-31 所示,单击“确定”按钮关闭对话框。切换至“参照标高”楼层平面视图,可以看到所有拉伸模型已灰显,表示在平面视图中将不显示模型的实际剖切轮廓线。

2)绘制符号线。单击打开“注释”选项卡,在“详图”面板中单击“符号线”工具,自动切换到“修改|放置符号线”上下文选项卡。在上下文选项卡中,选择直线绘制工具,设置符号线样式为“窗[截面]”。在选项栏中,“放置平面”设置为“标高:参照标高”,不勾选“链”。在“参照标高”楼层平面视图,沿着外窗框线绘制两条水平符号线,如图 15.1.1-32 所示,单击锁定符号添加约束。

Step16 放置翻转控制符号

在“参照平面”平面视图中,单击打开“创建”选项卡,在“控制”面板中单击“控件”工具,自动切换到“放置|控制点”上下文选项卡。单击“控制点类型”面板中“双向垂直”工具,在“放置边”一侧,窗中心位置放置双向垂直内外翻转控制符号,如图 15.1.1-32 所示。

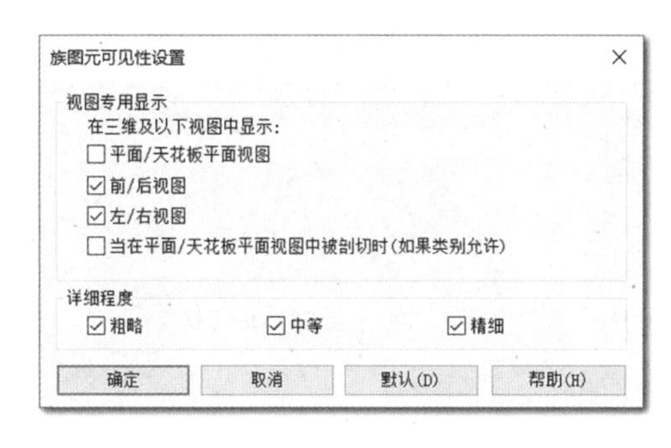

图 15.1.1-31　“族图元可见性设置”对话框

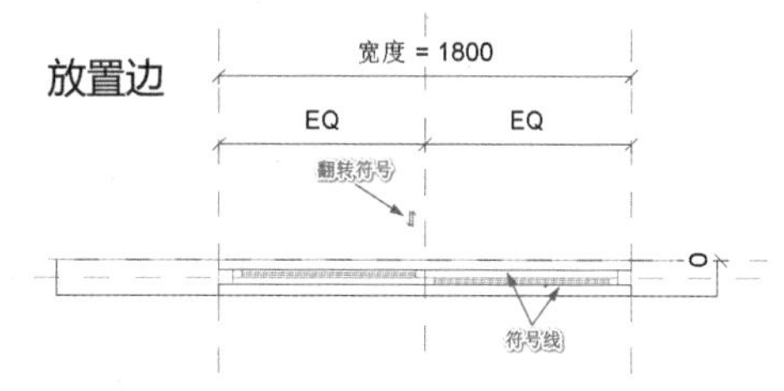

图 15.1.1-32　符号线和翻转符号

Step17　设置族类型

在上下文选项卡中,单击属性面板中的“族类型”工具,弹出“族类型”对话框。在“族类型”对话框中,单击“重命名类型”按钮,在弹出的“名称”对话框中输入“C1815”,单击“确定”按钮完成重命名,如图 15.1.1-33 所示。单击“新建类型”按钮,在弹出的“名称”对话框中输入“C0812”,单击“确定”按钮创建了一种新类型,将宽度的值改为“800”,高度的值改为“1200”,不勾选“横梃可见”,单击“确定”按钮完成新类型参数的设置。

到此,窗族制作完成,单击快速访问工具栏中的“保存”按钮,保存窗族。注意,在创建的过程中及时保存窗族的修改,避免因意外情况造成数据丢失。

Step18　窗族的使用

新建一个项目,在标高 1 楼层平面绘制一面墙,单击“插入”选项卡中的“载入族”工具,找到刚创建的“双扇推拉窗.rfa”,将窗族载入到当前项目。单击“建筑”选项卡中的“窗”工具,在类型选择器中选择双扇推拉窗中的 C1815 和 C0812 族类型,在墙上放置窗,放置后的效果如图 15.1.1-34 所示。当然也可以新建族类型,设置窗的宽度、高度、默认窗台高度、框架材质、玻璃材质、横梃可见等类型参数。

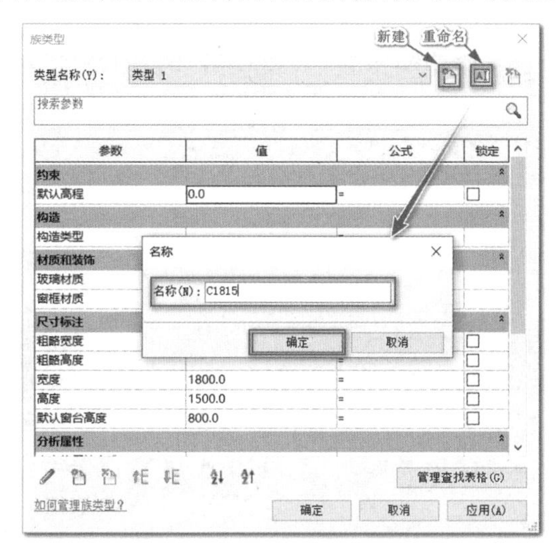

图 15.1.1-33　设置族类型

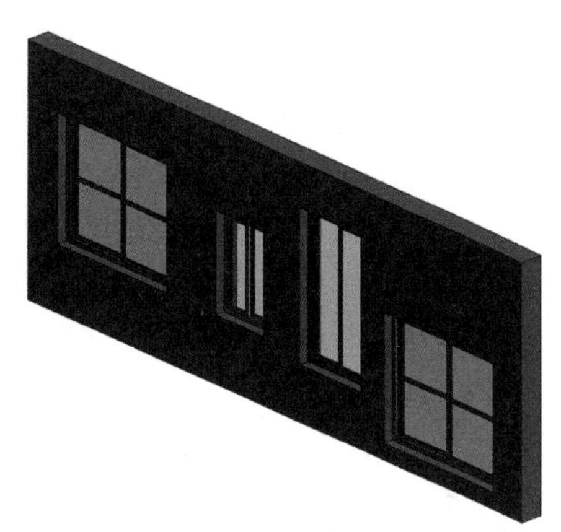

图 15.1.1-34　窗族的使用

15.2 注释族

15.2.1 轴网标头

本小节以单圈轴网标头为例，学习简单注释族的创建过程。单圈轴网标头，由单圈和标签组成。

Step01 新建族文件

1）新建族文件。单击打开文件选项卡，依次单击“新建”“族”，打开“新族-选择样板文件”对话框，如图 15.2.1-1 所示。在“新族-选择样板文件”对话框中，默认打开了 Chinese 文件夹，双击“注释”，在注释文件夹中选择“公制轴网标头.rft”族样板文件，单击“打开”按钮进入族编辑器。

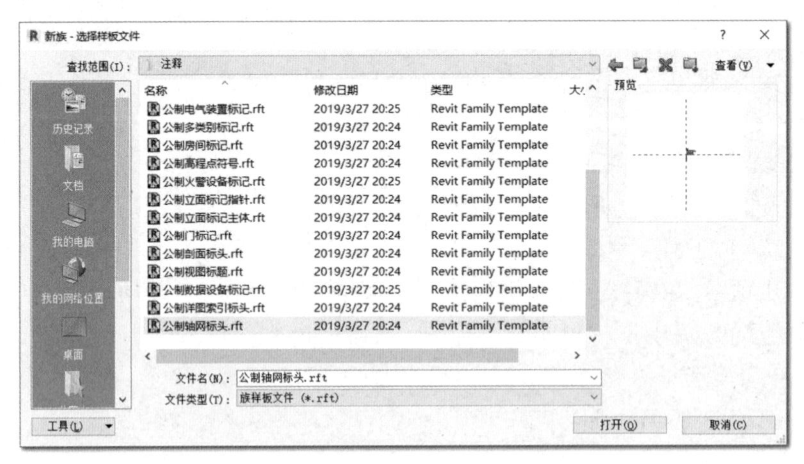

图 15.2.1-1 “新族-选择样板文件”对话框

2）保存族文件。单击快速访问工具栏中的“保存”工具，打开“另存为”对话框，选择保存路径，文件名设置为“符号单圈轴网标头”，文件类型保持为“族文件（*.rfa）”不变，单击“保存”按钮，保存新建的族。

Step02 绘制单圈

轴网标头

单击选择绘图区红色的文字说明，按 Delete 键删除该文字说明。在“创建”选项卡“详图”面板中，如图 15.2.1-2 所示，单击“线”工具，自动切换到“修改|放置线”上下文选项卡，如图 15.2.1-3 所示。使用圆形绘制方式，鼠标指针移动到正交参照平面交点处单击绘制圆心，再从键盘输入“10”回车输入半径，如图 15.2.1-4（图 1）所示，完成单圈的绘制。按两次 Esc 键退出绘制状态。在族编辑器中，子类别中的线样式默认只有“轴网标头”和“<不可见线>”两类，宽线样式也可以通过“填充区域”工具实现，注意边界线设置为<不可见线>。

Step03 关联半径参数

在“创建”选项卡“尺寸标注”面板中，单击“径向尺寸标注”工具，自动切换到“修改|

放置尺寸标注”上下文选项卡。单击单圈放置尺寸标注，如图 15.2.1-4（图 2）所示，完成后按两次 Esc 键退出尺寸标注状态。

单击选择新创建的尺寸标注，自动切换至“修改|尺寸标注”上下文选项卡，单击“标签”面板中的“创建标签”工具，弹出“参数属性”对话框。在“参数属性”对话框中，设置参数名称为“半径”，确认选择的是“族参数”“类型”，其他选项保持默认，单击“确定”按钮关闭该对话框，并将“半径”族类型参数关联到了尺寸标注，如图 15.2.1-4（图 3）所示。

Step04 放置标签

在“创建”选项卡“文字”面板中，单击“标签”工具，自动切换到“修改|放置标签”上下文选项卡。

在单圈内部任意位置单击选择放置点，弹出“编辑标签”对话框。在“编辑标签”对话框中，单击左侧“选择可用字段来源”字段列表中的“名称”，单击“将参数添加到标签”按钮，将“名称”添加到“标签参数”，如图 15.2.1-5 所示，单击“确定”按钮关闭“编辑标签”对话框，如图 15.2.1-4（图 4）所示，按两次 Esc 键退出放置标签状态。

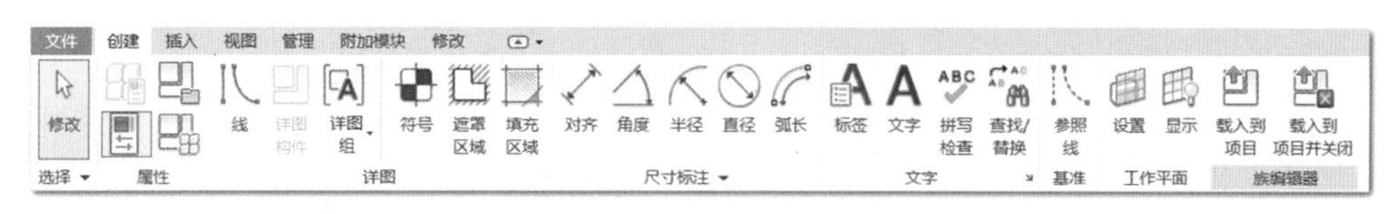

图 15.2.1-2 “创建”选项卡

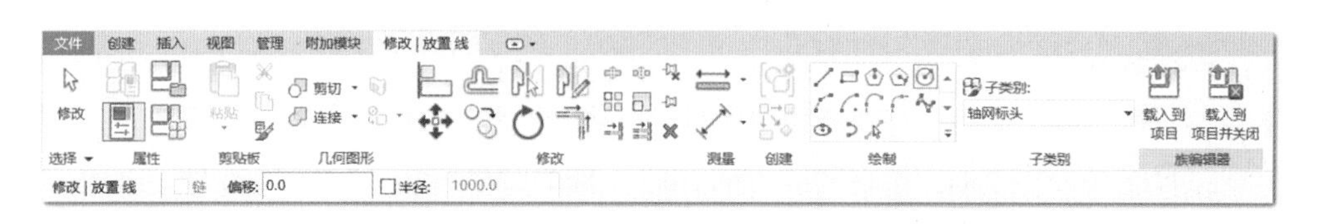

图 15.2.1-3 “修改|放置线”上下文选项卡及选项栏

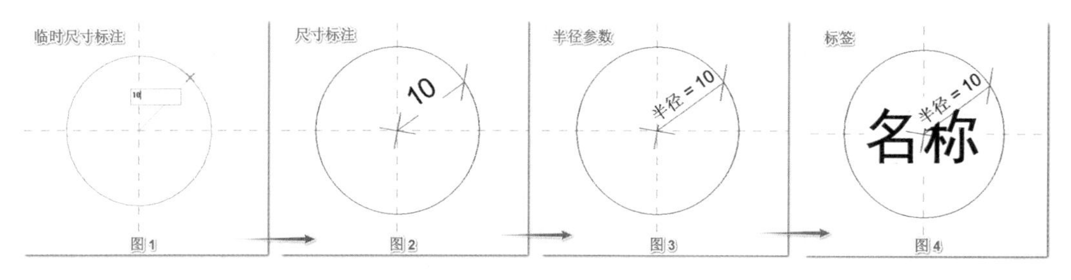

图 15.2.1-4 单圈轴网标头的绘制

Step05 修改标签

单击选择“名称”标签，在属性面板的类型选择器中，默认选择的族类型为“4.5mm”，单击“编辑类型”按钮，打开“类型属性”对话框。在“类型属性”对话框中，单击“复制”按钮，弹出“名称”对话框，输入“5mm”，单击“确定”按钮关闭“名称”对话框，复制生成了名为“5mm”的新标签类型。在类型参数中，设置文字大小为“5mm”，文字字体为“黑体”，其余参数保持默认不变，单击“确定”按钮，关闭“类型属性”对话框。适当调整标签位置，使标签处于正交参照平面的交点位置,完成标签修改。

单击快速访问工具栏中的“保存”工具,保存族文件的修改。

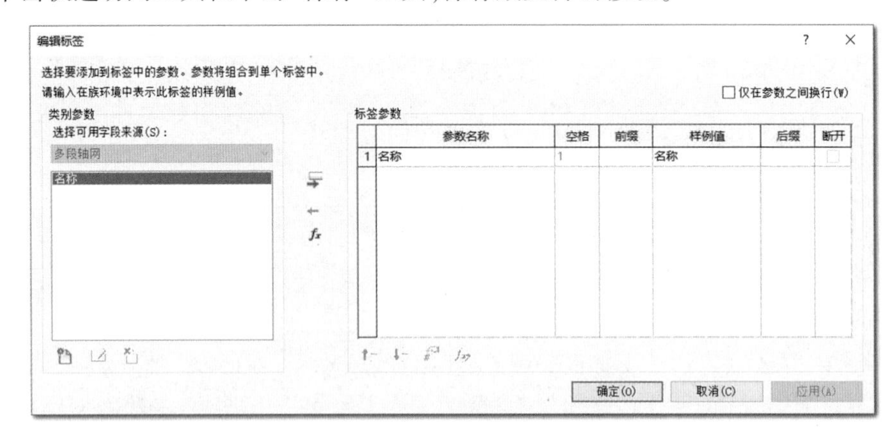

图 15.2.1-5 “编辑标签”对话框

15.2.2 视图标题

在模型成果以图纸形式输出的时候,一张图纸可仅放一个视图,例如底层平面图,也可放置多个视图,例如门窗详图。每一个视图一般都有自己的名称,Revit 中可以使用视图标题族进行注释。

Step01 新建族文件

1)新建族文件。单击打开文件选项卡,依次单击“新建”“族”,打开“新族-选择样板文件”对话框。在“新族-选择样板文件”对话框中,默认打开了 Chinese 文件夹,双击“注释”,在注释文件夹中选择“公制常规注释.rft”族样板文件,单击“打开”按钮进入族编辑器。单击选择绘图区内的文字说明,按 Delete 键删除该文字说明。

2)保存族文件。单击快速访问工具栏中的“保存”工具,打开“另存为”对话框,选择保存路径,文件名设置为“视图标题”,文件类型保持为“族文件(*.rfa)”不变,单击“保存”按钮,保存新建的族。

Step02 绘制参照线

视图标题

在“创建”选项卡“基准”面板中,单击“参照线”工具,进入绘制参照线状态,自动切换到“修改|放置参照线”上下文选项卡,如图 15.2.2-1 所示。在竖向参照平面的左侧,通过单击选择两个点可以绘制一条平行于它的参照线。在“创建”选项卡的“尺寸标注”面板中,单击“对齐尺寸标注”工具,在参照线与竖向参照平面之间添加尺寸标注,如图 15.2.2-2 所示。按两次 Esc 键退出尺寸标注状态。

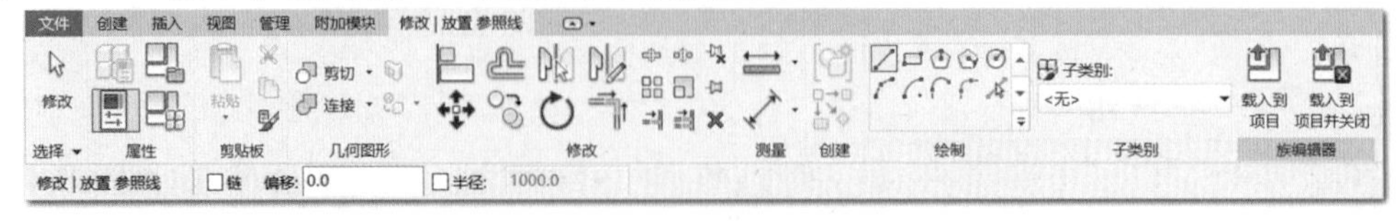

图 15.2.2-1 “修改|放置参照线”上下文选项卡及选项栏

Step03　关联族参数

选择新创建的尺寸标注，切换至“修改|尺寸标注”上下文选项卡，单击“标签”面板中的“创建标签”工具，打开“参数属性”对话框。在“参数属性”对话框中，设置参数名称为“下划线长度”，确认选择的是“族参数”“类型”，参数分组方式是“尺寸标注”，其他选项保持默认，单击“确定”按钮关闭“参数属性”对话框，将“下划线长度”族参数关联到了尺寸标注，如图 15.2.2-3 所示。

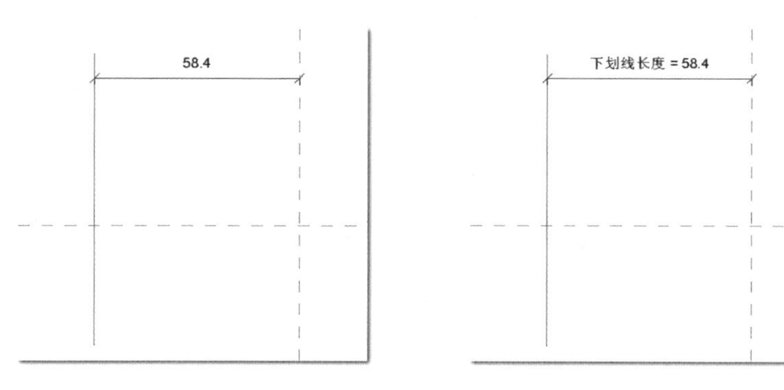

图 15.2.2-2　绘制参照线　　　　图 15.2.2-3　关联族参数

Step04　绘制下划线

1）绘制粗线。单击打开“创建”选项卡，在“详图”面板中单击“填充区域”工具，自动切换到“修改|创建填充区域边界”上下文选项卡，如图 15.2.2-4 所示。

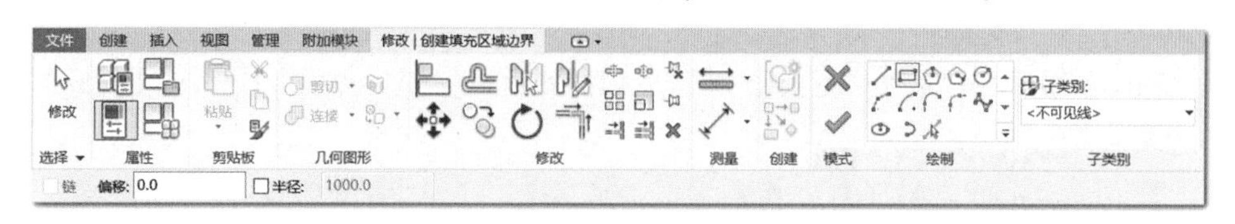

图 15.2.2-4　“修改|创建填充区域边界”上下文选项卡及选项栏

2）在上下文选项卡中，单击选择“绘制”面板中的矩形工具，子类别选择“<不可见线>”，选项栏中偏移按默认的“0.0”，捕捉参照线和水平参照平面的交点单击绘制起点，沿右下方向移动鼠标，在竖向参照平面上单击绘制对角点。再单击三个锁定符号，将左右上三条边界线与参照线和参照平面对齐约束。单击下边界线，确认临时尺寸标注的夹点处于水平参照平面，单击临时尺寸标注数值，在编辑框中输入“0.8”回车，如图 15.2.2-5 所示。然后在上下文选项卡中，单击“模式”面板中“完成编辑模式”工具，完成粗下划线的绘制。按两次 Esc 退出绘制状态。

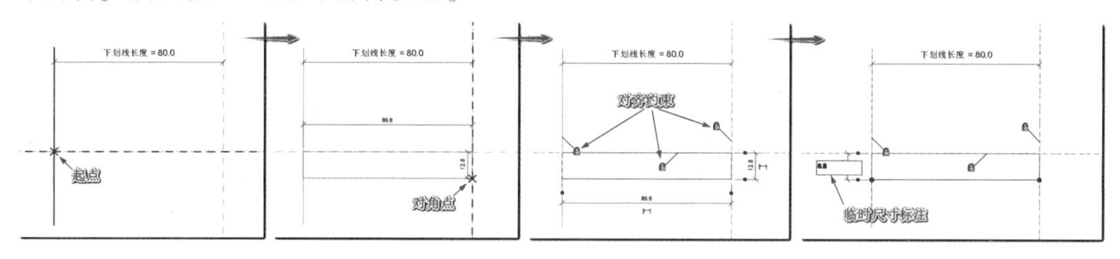

图 15.2.2-5　绘制粗下划线

3)绘制细线。在“创建”选项卡“详图”面板中,单击“线”工具,自动切换到“修改|放置线”上下文选项卡。选择直线绘制方式,其他参数按默认,在粗下划线下面首先在参照线上单击绘制起点,按住 Shift 键保持水平方向,然后在竖向参照平面上单击绘制终点,再单击两个锁定符号,将线段的左右两端点与参照线和参照平面对齐约束。确认临时尺寸标注的夹点处于水平参照平面,单击临时尺寸标注数值,在编辑框中输入“2”回车,完成细下划线的绘制,如图 15.2.2-6 所示,按两次 Esc 退出绘制状态。可以通过族类型对话框测试参数是否能驱动下划线更改。

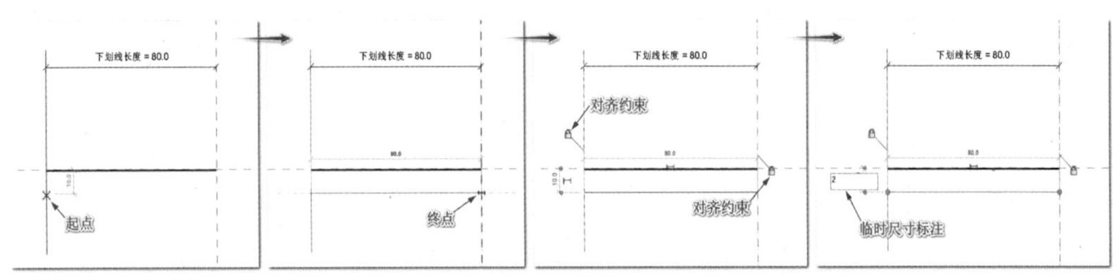

图 15.2.2-6　绘制细下划线

Step05　设置族类别

单击打开“创建”选项卡,在属性面板中单击“族类别和族参数”工具,弹出“族类别与族参数”对话框。在“族类别与族参数”对话框中,在族类别列表中选择“视图标题”,单击“确定”按钮,更改族类别并退出“族类别和族参数”对话框。

Step06　放置标签

在“创建”选项卡“文字”面板中,单击“标签”工具,自动切换到“修改|放置标签”上下文选项卡。

在竖向参照平面右侧任意位置单击选择放置点,打开“编辑标签”对话框。在“编辑标签”对话框中,单击左侧“选择可用字段来源”字段列表中的“视图比例”,单击“将参数添加到标签”按钮,将“视图比例”添加到“标签参数”,修改“样例值”为“1:100”,如图 15.2.2-7 所示,单击“确定”按钮,退出“编辑标签”对话框。

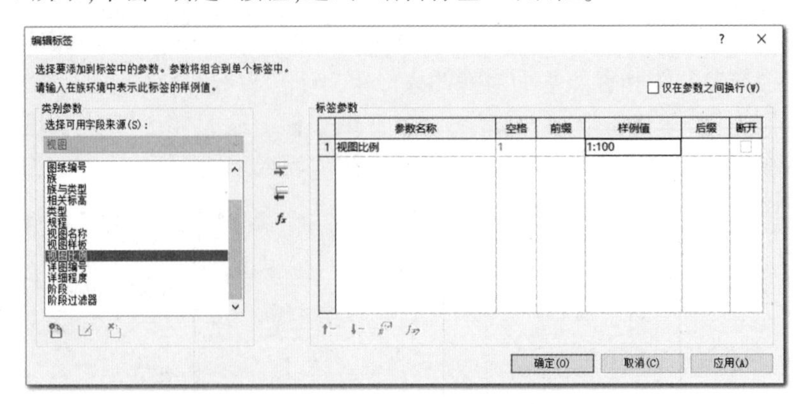

图 15.2.2-7　“编辑标签”对话框

同理，在参照线与竖向参照平面之间任意位置单击选择放置点，弹出“编辑标签”对话框。在“编辑标签”对话框中，单击左侧“选择可用字段来源”字段列表中的“视图名称”，单击“将参数添加到标签”按钮，将“视图名称”添加到“标签参数”，单击“确定”按钮退出“编辑标签”对话框，如图 15.2.2-8 所示。

Step07　修改标签

1）单击选择“视图名称”标签。在类型选择器中，默认选择的族类型为“3mm”，单击“编辑类型”，打开“类型属性”对话框，单击“复制”按钮，弹出“名称”对话框，输入“5mm”，单击“确定”按钮关闭“名称”对话框，新建一种标签类型。在“类型属性”对话框中，设置文字大小为“5mm”，文字字体为“黑体”，其余参数保持默认不变，单击“确定”按钮，退出“类型属性”对话框。在属性面板中，将水平对齐设置为“右”。在绘图区域，适当移动标签位置右对齐到竖向参照平面，下对齐到水平参照平面。

2）单击选择“视图比例”标签，在类型选择器中，保持默认选择的族类型“3mm”不变，在属性面板中，将水平对齐设置为“左”。在绘图区域，适当移动标签位置左对齐到竖向参照平面，下对齐到水平参照平面。标签修改后的效果如图 15.2.2-9 所示。

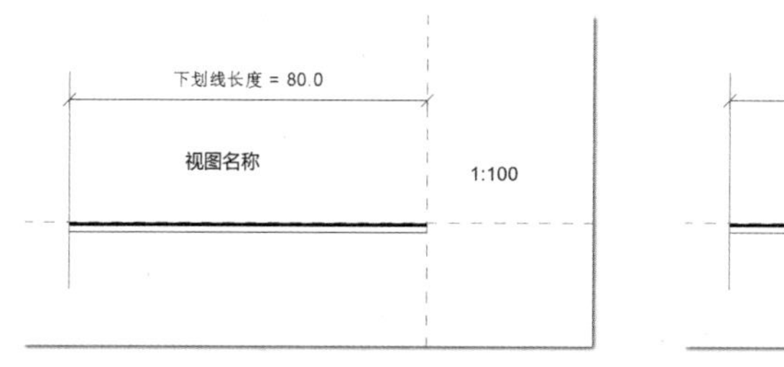

图 15.2.2-8　放置标签

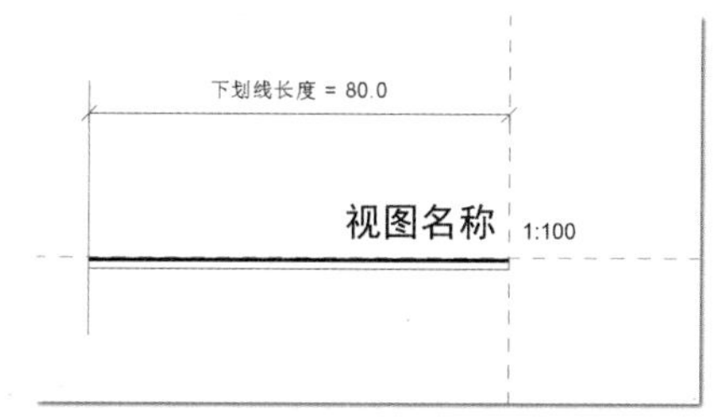

图 15.2.2-9　修改标签

Step08　创建族类型

切换到“创建”选项卡，单击属性面板中的“族类型”工具，打开“族类型”对话框。在“族类型”对话框中，单击“新建类型”按钮，打开“名称”对话框，输入“40mm”，单击“确定”按钮关闭“名称”对话框，如图 15.2.2-10 所示，复制生成了名为“40mm”的新类型，设置“下划线长度”为“40”，单击“应用”按钮。

同理，单击“新建类型”按钮，打开“名称”对话框，输入“60mm”，单击“确定”按钮关闭“名称”对话框，设置“下划线长度”为“60”，单击“应用”按钮，如图 15.2.2-11 所示。单击“新建类型”按钮，打开“名称”对话框，输入“80mm”，单击“确定”按钮关闭“名称”对话框，设置“下划线长度”为“80”，单击“应用”按钮。

单击快速访问工具栏中的“保存”工具，保存族文件的修改。

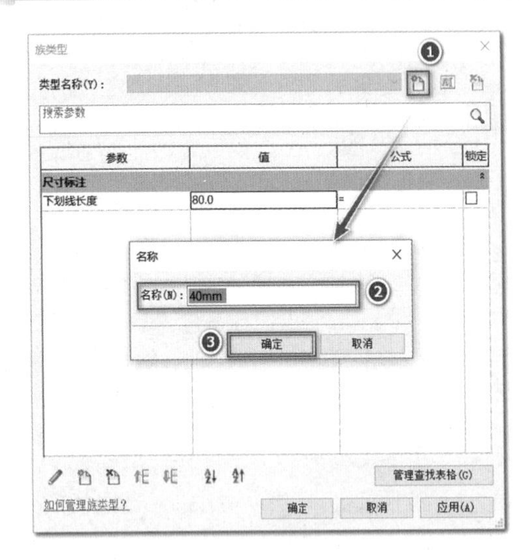

图 15.2.2-10　新建族类型

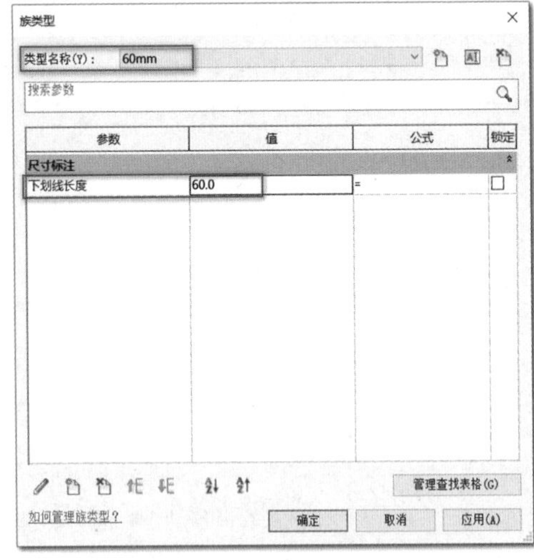

图 15.2.2-11　族类型 60

15.2.3　标题栏

在不同项目的管理要求下，标题栏的会签栏会有差别，尽管 Revit 自带族库中有标准的标题栏，但条目繁杂，很多情形下都需要定制自己的标题栏。本小节将学习如何制作 A2 加长图纸标题栏，如图 15.2.3-1 所示。

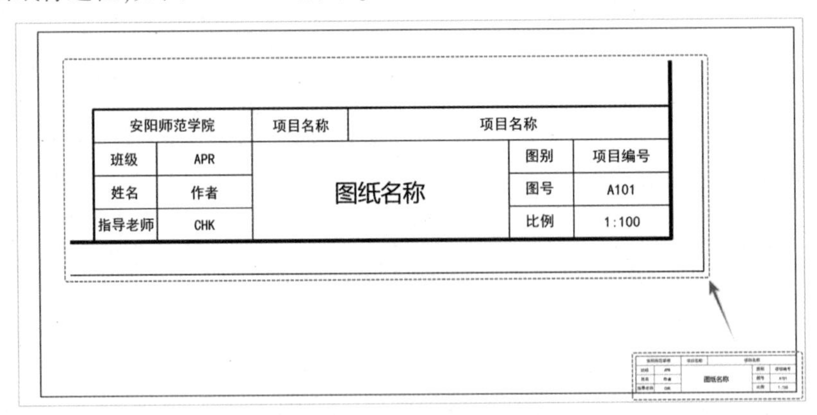

图 15.2.3-1　标题栏

Step01　新建族文件

标题栏

1）新建族文件。单击打开文件选项卡，依次单击“新建”“族”，打开“新族-选择样板文件”对话框。在“新族-选择样板文件”对话框中，默认打开了 Chinese 文件夹，双击“标题栏”，在标题栏文件夹中选择“A2 公制.rft”族样板文件，单击“打开”按钮进入族编辑器。

2）保存族文件。单击快速访问工具栏中的“保存”工具，打开“另存为”对话框，选择保存路径，文件名设置为“A2+0.5L 标题栏”，文件类型保持为“族文件（ *.rfa）”不变，单击“保存”按钮，保存新建的族。

Step02　设置图幅大小

A2 加长图纸的图幅为 891mm×420mm，当前是 A2 图纸，图幅为 594mm×420mm。在绘图区域，单击选择图幅框左侧的线段，单击与右侧线段的临时尺寸标注数值，在编辑框中输入“891”回车，完成了 A2 加长图纸图幅的设置，如图 15.2.3-2 所示。

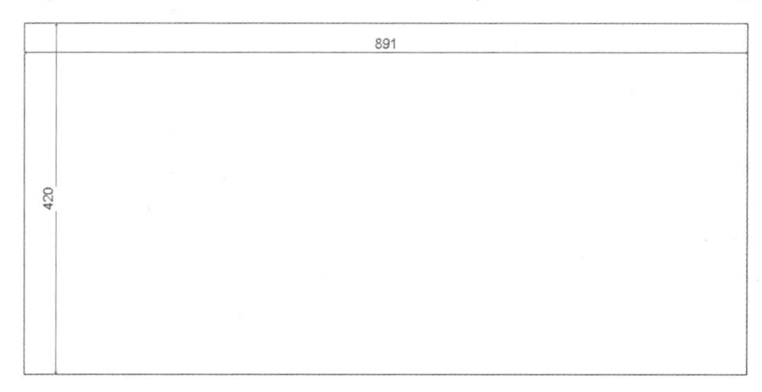

图 15.2.3-2　设置 A2 加长图纸图幅

Step03　准备线样式

在绘制施工图时，制图规范中对线样式有详细规定。在本例中我们首先准备三种线样式，即粗线（宽线）、中粗线和细线。

1）设置线宽。切换到“管理”选项卡，单击“其他设置”下拉按钮，在下拉列表中选择“线宽”工具，打开“线宽”对话框。在“线宽”对话框中，左侧是编号，共有 16 种线宽，右侧是线宽值，单击右侧单元格，将 1、2、3、4 所对应的宽度依次修改为 0.35mm、0.5mm、0.7mm、1.0mm，如图 15.2.3-3 所示，单击“确定”按钮退出“线宽”对话框。

2）设置线样式。在“管理”选项卡，单击“其他设置”下拉按钮，在下拉列表中选择“线样式”工具，打开“线样式”对话框。在“线样式”对话框中，针对“宽线”，依次设置线宽为“4”、线颜色为“黑色”、线型图案为“实线”；针对“中粗线”，依次设置线宽为“3”、线颜色为“黑色”、线型图案为“实线”；针对“细线”，依次设置线宽为“1”、线颜色为“黑色”、线型图案为“实线”，如图 15.2.3-4 所示，单击“确定”按钮退出“线样式”对话框。

Step04　绘制图框

1）大概绘制图框。切换到“创建”选项卡，在“详图”面板中单击“线”工具，自动切换到“修改 | 放置线”上下文选项卡。选择矩形绘制方式，子类别设置为“宽线”，其余参数按默认，在图幅线内绘制一个任意矩形。

2）精确定位图框线。单击选择矩形的左边线，再单击与左侧幅面线的临时尺寸标注数值，在编辑框中输入“25”，更改图框左边线位置，如图 15.2.3-5 所示。同理，单击选择矩形图框的上、下、右边线，再单击与对应图幅边界的临时尺寸标注数值，在键盘上输入“10”，更改图框其他边线的位置。

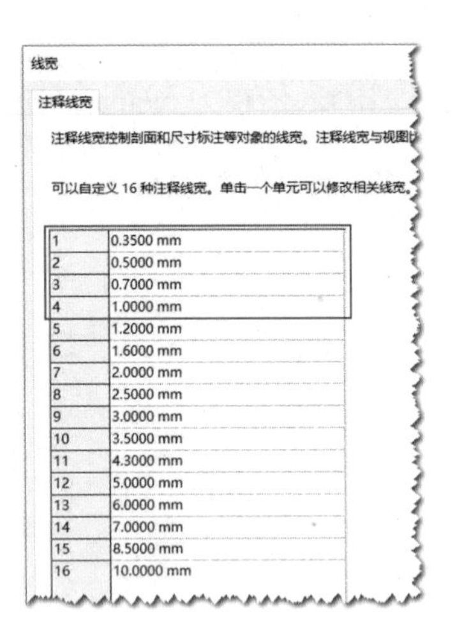

线宽

注释线宽

注释线宽控制剖面和尺寸标注等对象的线宽。注释线宽与视图比

可以自定义 16 种注释线宽。单击一个单元可以修改相关线宽。

1	0.3500 mm
2	0.5000 mm
3	0.7000 mm
4	1.0000 mm
5	1.2000 mm
6	1.6000 mm
7	2.0000 mm
8	2.5000 mm
9	3.0000 mm
10	3.5000 mm
11	4.3000 mm
12	5.0000 mm
13	6.0000 mm
14	7.0000 mm
15	8.5000 mm
16	10.0000 mm

图 15.2.3-3 “线宽”对话框

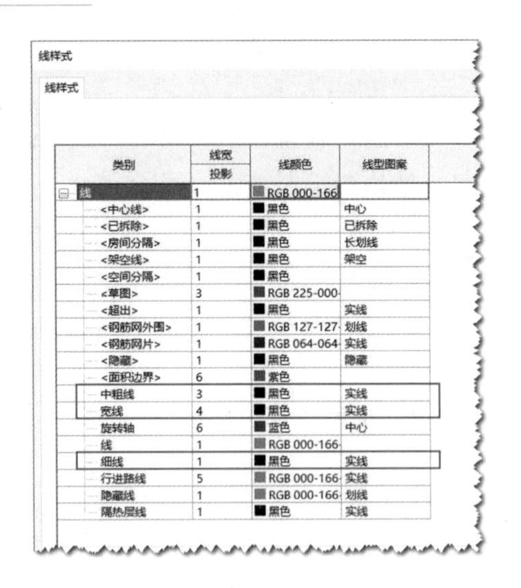

线样式

线样式

类别	线宽	线颜色	线型图案
	投影		
线	1	RGB 000-166	
<中心线>	1	黑色	中心
<已拆除>	1	黑色	已拆除
<房间分隔>	1	黑色	长划线
<架空线>	1	黑色	架空
<空间分隔>	1	黑色	
<草图>	3	RGB 225-000-	
<超出>	1	黑色	实线
<钢筋网外围>	1	RGB 127-127-	划线
<钢筋网片>	1	RGB 064-064-	实线
<隐藏>	1	黑色	隐藏
<面积边界>	6	紫色	
中粗线	3	黑色	实线
宽线	4	黑色	实线
旋转轴	6	蓝色	中心
线	1	RGB 000-166-	
细线	1	黑色	实线
行进路线	5	RGB 000-166-	实线
隐藏线	1	RGB 000-166-	划线
隔热层线	1	黑色	实线

图 15.2.3-4 “线样式”对话框

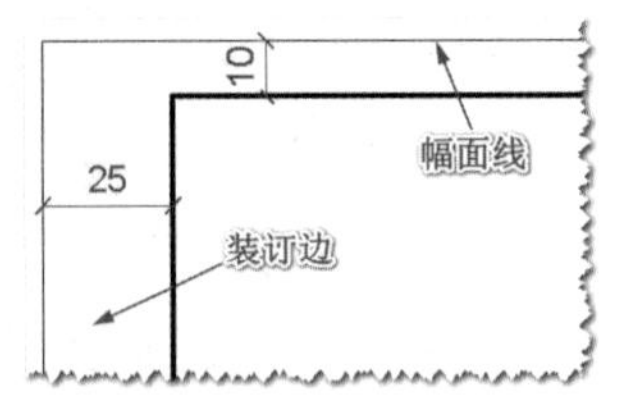

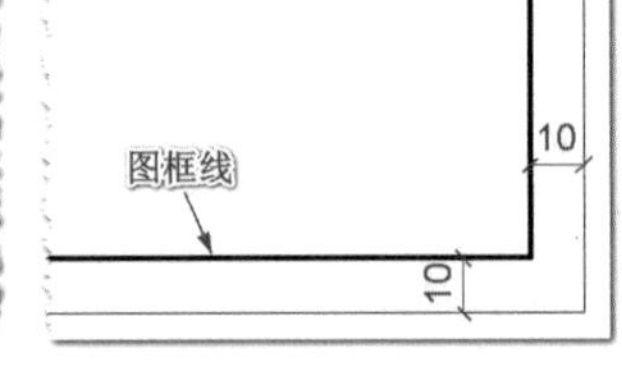

图 15.2.3-5 绘制图框

Step05 绘制标题栏

在“创建”选项卡“详图”面板中，单击“线”工具，自动切换到“修改|放置线”上下文选项卡。选择直线绘制方式，子类别设置为“中粗线”，其余参数按默认，在图框的右下角大概绘制两条标题栏外框线，然后通过临时尺寸标注精确定位外框线。同理，选择直线绘制方式，子类别设置为“细线”，其余参数按默认，在图框的右下角大概绘制标题栏分格线，然后通过临时尺寸标注精确定位分格线，如图 15.2.3-6 所示。

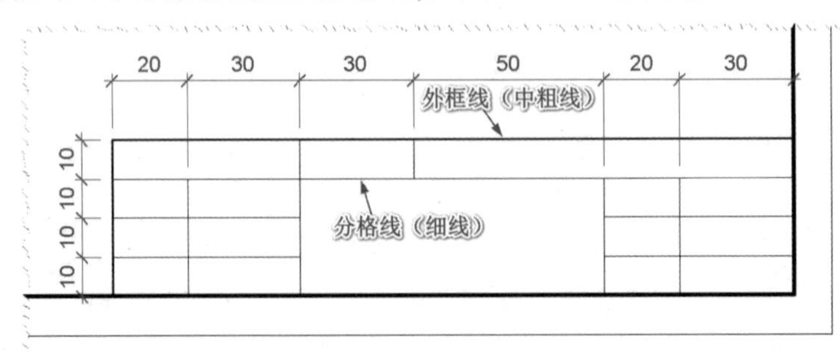

图 15.2.3-6 绘制标题栏

Step06 放置说明文字

在“创建”选项卡“文字”面板中，单击“文字”工具，自动切换到“修改|放置文字”上

下文选项卡。在类型选择器中，默认选择的族类型为“8mm”，单击“编辑类型”按钮打开“类型属性”对话框。在“类型属性”对话框中，单击“复制”按钮，弹出“名称”对话框，输入“3mm”，单击“确定”按钮关闭“名称”对话框。在“类型参数”中，设置文字大小为“3mm”，文字字体为“黑体”，其余参数保持默认不变，单击“确定”按钮，退出“类型属性”对话框。

在标题栏对应的单元格中单击，进入编辑文字模式，自动切换到“放置编辑文字”上下文选项卡，在编辑框中输入说明文字，单击上下文选项卡中的“关闭”按钮，完成文字的放置。然后单击选择文字，按住鼠标不放可以移动文字到新位置，也可以通过键盘上箭头按钮小幅度移动。说明文字放置后的效果，如图 15.2.3-7 所示。

安阳师范学院		项目名称		
班级			图别	
姓名			图号	
指导老师			比例	

图 15.2.3-7　放置文字

Step07　放置标签

在“创建”选项卡“文字”面板中，单击“标签”工具，自动切换到“修改|放置标签”上下文选项卡。

在类型选择器中，默认选择的族类型为“8mm”，单击“编辑类型”按钮打开“类型属性”对话框。在“类型属性”对话框中，单击“复制”按钮，弹出“名称”对话框，输入“3mm”，单击“确定”按钮关闭“名称”对话框。在“类型参数”中，设置文字大小为“3mm”，文字字体为“黑体”，颜色设置为“蓝色”，其余参数保持默认不变，单击“确定”按钮，退出“类型属性”对话框。

单击“项目名称”说明文字后的空白单元格，打开“编辑标签”对话框，将“项目名称”字段添加到标签参数列表中，如图 15.2.3-8 所示，单击“确定”按钮关闭该对话框。然后通过属性面板将水平对齐修改为“中心线”，垂直对齐修改为“中部”，适当地调整标签文本框的大小，完成标签的放置。自定义标题栏中，不是每一项都有相应的字段可用，本例中图别（图纸类别）使用的是“项目编号”字段，班级使用的是“审核者”（APR）字段，姓名使用的是“作者”字段，指导老师使用的是“审图员”（CHK）字段，所有标签放置后的效果如图 15.2.3-9 所示。单击快速访问工具栏中的“保存”工具，保存族文件的修改。标题栏的使用请参考第 14 章 14.6.1。

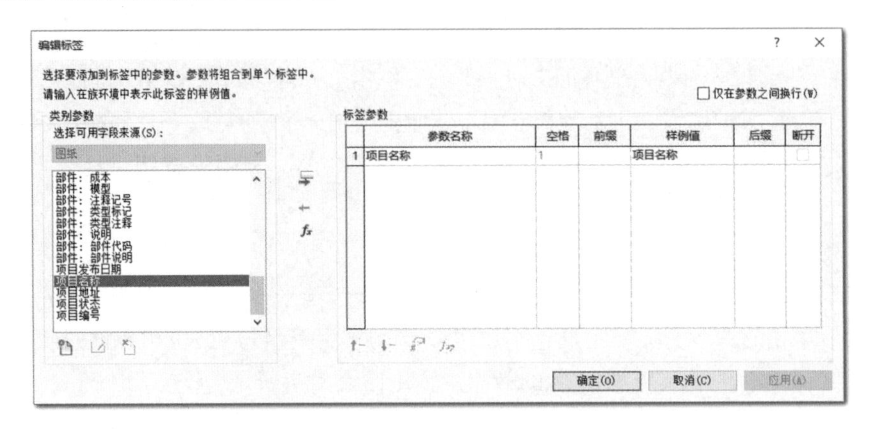

图 15.2.3-8 “编辑标签”对话框

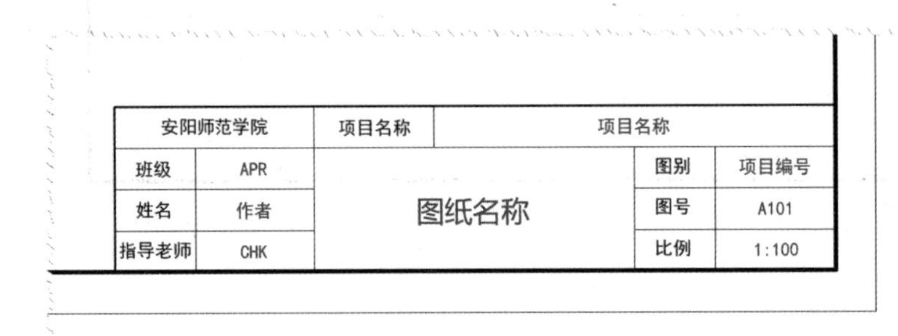

图 15.2.3-9 放置标签

附书文件
下载地址

参考文献

[1]廖小烽，王群峰. Revit 2013/2014 建筑设计火星课堂[M]. 北京：人民邮电出版社，2013.

[2]郭进保. 中文版 Revit 2016 建筑模型设计[M]. 北京：清华大学出版社，2016.

[3]李军华. 为什么是 BIM BIM 技术与应用全解码[M]. 北京：机械工业出版社，2021.

[4]天工在线. 中文版 Autodesk Revit Architecture 2020 从入门到精通[M]. 北京：中国水利水电出版社，2021.

[5]卫涛，李容，刘依莲. 基于 BIM 的 Revit 建筑与结构设计案例实战[M]. 北京：清华大学出版社，2017.

[6]贾璐，吕憬，卓平山. REVIT 族入门与提高[M]. 北京：中国水利水电出版社，2020.

[7]孙仲健. BIM 技术应用：Revit 建模基础[M]. 北京：清华大学出版社，2018.